TIERSCHUTZ für
— GREIFVÖGEL

Impressum

ISBN: 978-3-7888-2106-7

Erstauflage 2024
Printed in Germany

Erschienen im Auftrag des Neumann-Neudamm Verlages

c/o NJN Media AG
Unter dem Schöneberg 1
D-34212 Melsungen

info@neumann-neudamm.de
www.neumann-neudamm.de

Thomas Richter · Susanne Hartmann · Luisa Fischer · Dominik Fischer

TIERSCHUTZ für — GREIFVÖGEL

Knackpunkte & Lösungsmöglichkeiten für Greifvogelhaltung & Beizjagd

Danksagung

Wichtige und liebe Personen waren unverzichtbar nötig, dass dieses Buch geschrieben werden konnte. Ihnen danken wir von ganzem Herzen.

Die Basis haben unsere akademischen Lehrer gelegt, die uns den Einstieg in das Fachwissen vermittelt und das wissenschaftliche Denken gelehrt haben: Prof. Dr. Helga Gerlach, PD Dr. Norbert Kummerfeld, Prof. Dr. Gregor Lämmler (†), Prof. Dr. Michael Lierz, Prof. Dr. Dr. Hans-Hinrich (Hinnerk) Sambraus und Prof. Dr. Klaus Zeeb (†).

Nicht nur die UNESCO hat erkannt, dass Falknerei vom Austausch und dem Zusammenhalt der Falkner und Falknerinnen weltweit geprägt ist. Maßgeblich zu unserer falknerischen Entwicklung beigetragen haben: Thomas Aust, Karl Fischer, Horst Niesters (†), Adi (†) und Wolfgang Schreyer sowie Willi Ziegler.

Die besten Fotos zur Verfügung gestellt haben: Walter Bednarek, Dr. Birgit Blazey, Ulrich Goldbach, Marina Grebe, Dr. Ernst Großmann, Wolfgang Holtmeier, Georg Koch, Lea Leismann, Elisabeth und Klaus Leix, Susanne Lücker, Theresa Marina, Claas Niehues, Bianca Niehues-Wolters, Dr. Martin Peters, Jürgen Plietker, Maike Schmidt, Frank Seifert, Nani Strassl, Dr. Birte Strobel, Dr. Christine Süß-Dombrowski, Jürgen Winkler, Sylvia Urbaniak, Georg Vergatos, Daniel Volpert und Astrid Wilms. Zudem durften dem Fundus der Klinik für Vögel, Reptilien, Amphibien und Fische der Justus-Liebig-Universität Gießen Bilder entnommen werden.

Dr. Patriz Hinderer hat die Berechnung des exponiellen Bakterienwachstums durchgeführt und die dazu gehörige Grafik erstellt.

Das Kapitel 15 „Tierschutzethik" hat Prof. Dr. Peter Kunzmann, das Kapitel 16 „Recht" hat Dr. Maria Dayen durchgesehen und mit sehr wertvollen Anmerkungen und Kommentaren versehen.

Ulrich Goldbach hat sich die große Mühe und uns die große Freude gemacht, die Rechtschreib- und sonstigen Fehler zu suchen und zu korrigieren.

Die wunderbaren Karikaturen hat Dr. Wolfram Rietschel gezeichnet.

Ohne Verlag kein Buch, besonders unterstützt haben uns allen voran Celina Seegers, die mit unermüdlicher Geduld und großer Kreativität unsere Manuskripte in Buchform brachte sowie Sandra Limmeroth, Dr. Rolf Roosen und Elisabeth Leix, die den Kontakt zum Verlag herstellte.

Inhaltsverzeichnis

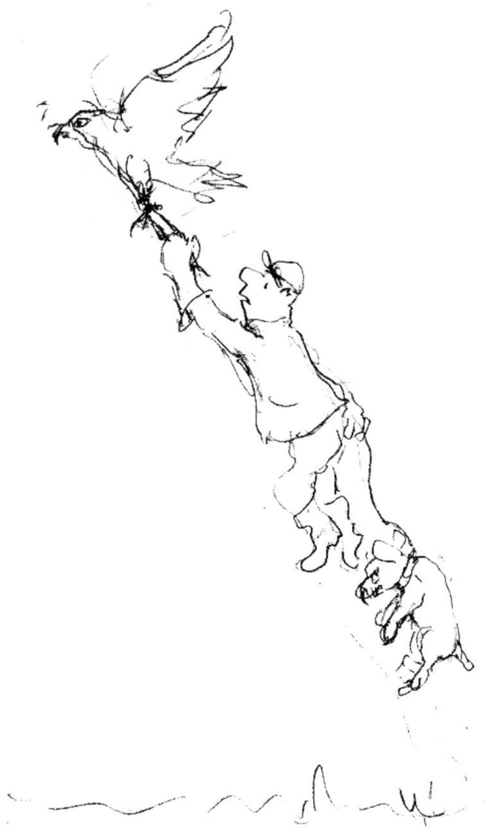

Ein paar Notizen vorab

Um die Einleitung leichter lesbar zu halten fassen wir die Anmerkungen auf dieser Seite zusammen und markieren sie im Text mit einem *.

Greifvögel: Nach der aktuellen biologischen Taxonomie werden auf Grund von Forschungsergebnissen zur Genetik die Falkenartigen als eigenständige Ordnung Falconiformes von den Greifvögeln, der Ordnung Accipitriformes, abgetrennt. Sie weisen eine nähere Verwandtschaft zu Papageien und Sperlingsvögeln auf als zu den Accipitriformes. Da aber die Haltungsgründe und die Haltungsbedingungen bei den Angehörigen beider Ordnungen sehr ähnlich sind, wird im Folgenden auf diese Unterscheidung verzichtet, nicht zuletzt auch um den Lesefluss zu erleichtern. Es wird also der Begriff Greifvogel – oft auch in der Kurzform „Vogel" – als Oberbegriff für Greifvögel im engeren Sinne und Falken verwendet.

Wappen: In Wappen der 193 Mitgliedstaaten der UNO sowie der 11 Staaten, die mindestens von einem UNO-Mitglied als unabhängig anerkannt sind, gibt es 28 Adler, 4 Falken, 4 Kondore, 2 Sekretäre, 1 Geier, 1 Harpyie und je ein mythisches, vom Greifvogel abstammendes Wesen: Garuda (Thailand) und Xumo (Usbekistan). Etliche Wappen enthalten sowohl einen Greifvogel als auch einen Löwen (https://de.wikipedia.org/wiki/Liste_der_Nationalwappen, 15.12.2022).

Alter der Falknerei: Die Interpretation noch älterer bildlicher Darstellungen, z. B. Dobiat, 1996 (13. Jahrh. v. Chr.) und Erdenebat, 2018 (ca. 3000 v. Chr.) wird angezweifelt (Grimm, mündl. Mitteilung und Reiter, 2018).

Gender: Selbstverständlich sind alle Geschlechter und sexuellen Orientierungen immer gleichberechtigt angesprochen. Um den Lesefluss zu erhalten, wird bei der Nennung von Personen die weibliche Form verwendet. Bei feststehenden Begriffen wie „Falknerjagdschein" bleibt es beim generischen Maskulinum.

Als Kuriosum sei ergänzt, dass in der Falknersprache der weibliche Vogel mit dem männlichen Artikel und der Artbezeichnung benannt wird. Ist die Rede von „dem Habicht", ist somit der weibliche Vogel gemeint; der männliche Vogel wird als „Habichtsterzel" bezeichnet.

Tierschutz, Artenschutz, Naturschutz: Diese Begriffe werden oft gleichbedeutend benutzt. Wir verstehen jedoch im Einklang mit den einschlägigen Rechtsquellen unter Tierschutz den Schutz eines individuellen Tieres, unter Artenschutz den Schutz der Populationen von Tier- oder Pflanzenarten und unter Naturschutz den Schutz von Landschaft, Böden, Gewässern, Luft und Klima mit den darin beheimateten Lebensgemeinschaften. In unserem Buch behandeln wir nur den Tierschutz.

Abb.: Rehabilitierter Baumfalke im Wildflug
(Foto: F. Seifert)

01

Einleitung

Greifvögel* faszinieren seit Menschengedenken. Ihre Schönheit und Kraft sind so inspirierend, dass sie von 21% der Staaten weltweit ins Nationalwappen aufgenommen wurden, womit sie noch vor den Löwen mit 19 % liegen*. Ein besonders schönes Wappen zeigt Abb. 1.1.

Abb. 1.1: Nationalwappen von São Tomé und Príncipe (Quelle: Wikipedia)

Aber nicht nur das symbolische Bild, auch der reale, lebende Greifvogel wird seit jeher als Jagdgefährte hochgeschätzt. Greifvogelhaltung zum Zwecke der Beizjagd ist seit mindestens 2.000 Jahren dokumentiert (Abb. 1.2)*. Diese Tradition ist ungebrochen und wird weltweit praktiziert. Die „International Association for Falconry and Conservation of Birds of Prey (IAF)“ als Dachverband der Falknerverbände weltweit, zählt derzeit 110 Verbände aus 87 Ländern mit ca. 75.000 Mitgliedern und stetig steigender Tendenz (https://iaf.org/).

Falknerinnen* lieben ihre Vögel. Die Falknerei ist zeitaufwändig und anspruchsvoll. Wer seinen Greifvogel nicht liebt, nimmt diese Last nicht auf sich. Nur ein Vogel, der sich in optimaler physischer und psychischer Verfassung befindet, kann ein erfolgreicher Jäger sein. Um dies zu erreichen, investieren Falknerinnen sehr viel Mühe, Zeit und Geld in das Wohlbefinden und die Gesundheit, also in die Freiheit von Schmerzen, Leiden und Schäden, ihrer Vögel. Grundlage jeden falknerischen Wirkens sind jedoch die Kenntnisse, die in einem ersten Schritt durch die Jäger- und die Falknerprüfung abgefragt und durch lebenslanges Lernen ergänzt werden müssen. Dazu soll unser Buch beitragen.

Manch tierliebender Mensch ist von der Schönheit der Greifvögel so fasziniert, dass er mit der Greifvogelhaltung beginnen möchte, ohne die notwendige Sachkunde, aber auch ohne die dafür nötige Zeit und die nötigen Ressourcen zu besitzen. Da Anschaffung und Haltung mancher Greifvogelarten auch ohne aufwändige Prüfungen erlaubt sind, kommt es gelegentlich zu unüberlegten Spontankäufen. Jede Halterin übernimmt mit der Anschaffung eines Greifvogels eine Verpflichtung und Verantwortung für viele Jahre, 365 Tage im Jahr und 24 Stunden am Tag. Das muss unbedingt bedacht werden!

Im vorliegenden Buch werden, wie international üblich, die Begriffe „Falknerei“ und „Beizjagd“ synonym verwendet. Falknerei wird dabei definiert als Jagd mit trainierten

Abb. 1.2: Falkner mit Pferd, Beizvogel und Beizwild, ca. 2.000 Jahre alte Zeichnung, China (Wallace, 2018; Nachzeichnung: Lars Foged Thomsen)

(***abgetragenen***) Greifvögeln auf freilebendes Wild in dessen natürlichem Lebensraum (IAF, 2022; DFO, 2022). Die Haltung und das Training von Greifvögeln (und oft auch Eulen) zum Zweck der Zurschaustellung im Freiflug bedient sich falknerischer Techniken, stellt aber im Sinne der oben genannten Definition keine Falknerei dar, auch wenn sich etliche einschlägige Unternehmen so nennen. Deshalb werden alle Freiflugschauen von vielen Mitbürgerinnen pauschal mit dem Begriff „Falknerei" bezeichnet. Selbstverständlich ist das Wohlbefinden der Vögel in Schaubetrieben genauso wichtig wie das der Vögel in Privathaltung von Beizjägerinnen, in Zuchtbetrieben oder in Zoos. Alle diese Haltungsformen mit ihren jeweiligen Herausforderungen und Lösungsmöglichkeiten für den Tierschutz* werden im Folgenden ausführlich behandelt.

Da die Zahl der privaten Falknerinnen die Zahl der Mitarbeiterinnen der Schaubetriebe und der Zoos bei weitem übersteigt, wird im Text der Einfachheit und des Leseflusses wegen immer die Falknerin angesprochen, auch wenn die Mitarbeiterinnen der Schaubetriebe und Zoos gleichfalls gemeint sind.

Unser Buch behandelt die tierschutzkonforme Haltung von Greifvögeln und deren Einsatz zur Beizjagd.

Tierschutz steht auf drei Säulen:

- der rechtlichen,
- der philosophisch/ethischen und
- der biologisch/tiermedizinischen.

Greifvogelhaltung und Beizjagd sind in verschiedenen Rechtsgebieten geregelt, u. a. im Jagdrecht und im Natur- und Artenschutzrecht. Wir beschränken uns auf die Darstellung des deutschen Tierschutzrechtes inklusive des ebenfalls für den Tierschutz relevanten Schlachtrechtes.

Philosophisch/ethische Überlegungen behandeln vor allem die Frage, warum und inwieweit Tiere zu schützen sind. Dabei gibt es keine allgemeingültigen Regeln, sodass jede Falknerin sich mit ihrer eigenen aber auch mit der Moral der Falknereigegnerinnen auseinandersetzen sollte.

Den größten Teil des Buches nimmt die Behandlung der biologisch/tiermedizinischen Säule ein. Dabei wird zunächst dargelegt, wann tierschutzrelevante Zustände entstehen und wie man sie erkennen kann. Zu ihrer Vermeidung sind Kenntnisse notwendig, vor allem über das Lernverhalten der Greifvögel als Grundlage für den Umgang und das falknerische Training, über die Haltungstechniken und das Management inklusive der Fütterung und darüber wie Krankheiten entstehen und wie mit ihnen umzugehen ist.

Leider passieren auch wohlmeinenden Falknerinnen aus Unwissenheit gelegentlich Fehler, die zu tierschutzrelevanten Zuständen führen. Das vorliegende Buch soll helfen solche Fehler zu vermeiden.

Der Hauptschuldige für Tierschutzprobleme bei der Greifvogelhaltung ist aber sicherlich Mr. Murphy, der ja bekanntlich per Gesetz festgelegt hat, dass was schiefgehen kann auch schiefgeht (***„Murphy's Law"***). Um Mr. Murphy ein besonderes Schnippchen zu schlagen, wurden immer wieder kleine Hinweise

Abb. 1.3: Erkennungszeichen Murphy's Law (Zeichnung: W. Rietschel)

eingefügt, die auf seine speziellen Gemeinheiten hinweisen und durch die in Abb. 1.3 vorgestellte Zeichnung gekennzeichnet sind. Aus Gründen der Klarheit und Eindringlichkeit wird hier gelegentlich etwas phantasievoll-pointiert überzeichnet.

Es liegt in der Natur der Sache, dass in einem Buch über Tierschutz im Allgemeinen und den relevanten Krankheiten im Besonderen sehr viele Beispiele und insbesonders Bilder vorkommen, die schlechte, zum Teil schreckliche Zustände zeigen. Daraus kann leicht der Eindruck entstehen, dass die Greifvogelhaltung per se tierschutzrelevant wäre. Das ist natürlich nicht der Fall. In den ganz überwiegenden Fällen treten eben keine Schmerzen, Schäden oder Leiden auf und die Haltung erfolgt tierschutzkonform. Für die amtliche Überwachung ergibt sich aus den Negativbeispielen aber auch ein Hinweis auf welche Abweichungen besonders zu achten ist.

Ein besonderes Tierschutzproblem, wahrscheinlich das sowohl häufigste als auch das hinsichtlich der Intensität des Leidens gravierendste, stellt die Aufnahme und Rehabilitation hilfsbedürftiger Wildgreifvögel durch wohlmeinende, aber nicht sachkundige Menschen dar. Zur tierschutzkonformen Durchführung sind sehr viel Sachverstand und spezielle Ressourcen erforderlich. Eine präzise Darstellung der Bedingungen und Verfahren zur erfolgreichen Rehabilitation würde den Rahmen unseres Buches sprengen, weshalb wir uns auf die allgemeinen Grundsätze beschränken, um die Komplexität dieses Themas anzudeuten und zu betonen, dass nur ausgewiesene Fachleute sich dieser Aufgabe annehmen sollten.

Der Aufbau der biologisch/tiermedizinisch/technischen Kapitel folgt, wo es inhaltlich möglich ist, dem immer gleichen Schema. Zunächst beschreibt ein „Knackpunkt" die Problemstellung, dann folgen die „Lösungsmöglichkeiten". Wo es sinnvoll ist, gibt es eine „Checkliste" und für kompliziertere Sachverhalte eine „Hintergrundinformation". Gelegentlich, vor allem wenn es um die Hardware geht, sind auch noch „Praxistipps" eingebaut.

Abb. 1.4: Erkennungszeichen Hintergrundinformation (Zeichnung: W. Rietschel)

Da sowohl in der Falknerei als auch in der Biologie/Tiermedizin jeweils eine sehr präzise Fachsprache gepflegt wird, die von der Alltagssprache abweicht, steht ein Glossar mit Erläuterungen zur Verfügung. Begriffe die im Glossar erklärt werden sind bei der ersten Erwähnung im jeweiligen Zusammenhang im Text durch Kursivschrift und fetten Druck hervorgehoben.

Nobody is perfect und auch die Entwicklung geht weiter, sowohl was rechtliche Rahmenbedingungen als auch was tierhalterische und insbesondere falknerische Techniken angeht. Die Autorinnen und Autoren sind für Hinweise und Korrekturvorschläge jederzeit dankbar.

02

Einführung in die Haltungsgründe

Die Haltung von Greifvögeln erfolgt zum Zwecke der Beizjagd durch private Falknerinnen, für Schauvorführungen durch privatwirtschaftliche Unternehmen, in Zoos und Tierparks sowie zum Zwecke der Zucht und zur Auswilderung. Ein besonders sensibles Thema aus der Sicht des Tierschutzes stellt die Aufnahme und Rehabilitation hilfsbedürftiger Wildvögel dar.

Wie so oft im Leben gibt es vielfältige Überschneidungen. Viele Falknerinnen, Schaubetriebe und Zoos züchten mit ihren Beizvögeln oder separaten Zuchtpaaren und sind auch in der Rehabilitation aktiv und etliche Mitarbeiterinnen der Schaubetriebe und Zoos gehen privat auf die Beizjagd. Einleitend wird ein kurzer Überblick über die Besonderheiten bei den verschiedenen Haltungsgründen gegeben, spezielle Aspekte kommen in den einzelnen Fachkapiteln.

Tab. 2.1: Gegenüberstellung der rechtlichen Voraussetzungen, der praktischen Gegebenheiten und der Tierschutzrelevanz der verschiedenen Haltungsgründe für Greifvögel

	Falknerei/ Beizjagd	Schaubetrieb	Zoo	Zucht	Rehabilitation
rechtliche Voraussetzung	Falknerjagdschein (Falknerprüfung, Jägerprüfung, ggf. eingeschränkte Jägerprüfung) Jagderlaubnis	Genehmigung nach § 11 TierSchG	Genehmigung nach § 11 TierSchG	für „heimische Arten" Ausnahmegenehmigung von der Beschränkung auf 2 Exemplare nach § 3 BWildSchV	im Allgemeinen leider keine, für „heimische Arten" Genehmigung/ Anerkennung nach § 3 BWildSchV
Haltungsverfahren	Volierenhaltung, falknerische Methode	Volierenhaltung, falknerische Methode	Volierenhaltung	Volierenhaltung	Volierenhaltung, falknerische Methode, Klinikboxen
hauptsächlich vertretene Arten	Harris Hawk[1], Habicht, Sperber, Wanderfalke, Sakerfalke, Gerfalke, Habichtsadler, Steinadler	Harris Hawk, Sakerfalke, Steppenadler, Seeadler, Weißkopfseeadler, Geier, diverse andere Arten	Steppenadler, Seeadler, Weißkopfseeadler, Gänsegeier, diverse andere Arten	Habicht, Sperber, Harris Hawk, Wanderfalke, Sakerfalke, Gerfalke, Steinadler, diverse andere Arten	Mäusebussard, Turmfalke, Habicht, Sperber, Wanderfalke, Milane
Tierschutzrelevanz	gering	uneinheitlich	gering	gering	groß

[1] syn. Wüstenbussard (*Parabuteo unicinctus*)

2.1 Beizjagd

Wegen der relativ großen Zahl der Falknerinnen – im Vergleich mit den anderen Greifvogelhalterinnen – und der Spezifika des Einsatzes der Greifvögel zur Beizjagd und der dafür nötigen falknerischen Methode nimmt dieser Aspekt den größten Teil des Buches ein. Angesprochen wird also zunächst die Falknerin. Die Beizjagd ist aber auch die beste, für viele Aspekte die einzige Möglichkeit, das arttypische Verhalten des Vogels und der potentiellen Beute genau kennenzulernen. Der Psychologe und Nobelpreisträger Daniel Kahneman hat in seinem vielbeachteten Buch *Schnelles Denken, Langsames Denken* (2012) ausführlich dargelegt, dass Erfahrungen durch vielfache Wiederholung in ein unbewusstes und schnelles Denk-System eingehen. Das heißt, dass einige Jahre der Beobachtung des Beizvogels und intensive Erlebnisse mit ihm zu einem intuitiven Verstehen führen, wie es durch keine andere Art der Beschäftigung mit dem Thema möglich ist. Erfahrene Beizjägerinnen sind damit allen anderen an Greifvögeln Interessierten einen Schritt voraus.

Allerdings sind nicht alle Falknerinnen gleich gut begabt und/oder ausgebildet im tierschutzkonformen Umgang mit den Vögeln, trotz des unverzichtbaren Erfordernisses der Falknerprüfung. In der Falknersprache gibt es sogar einen speziellen Ausdruck dafür. Wer sich gut in den Vogel einfühlen und gut mit ihm umgehen kann hat eine ***leichte Hand***, wer ungeschickt mit dem Vogel umgeht eine ***schwere Hand***. Durch Lernen, Nachdenken und Übung kann man diesen Status verbessern, ganz verlieren kann man ihn erfahrungsgemäß nicht. Dazu Anfängerinnen den Einstieg zu erleichtern, soll das Buch beitragen. Und da auch bei erfahrenen Falknerinnen das Lernen lebenslang nie aufhört, werden auch sie hoffentlich genug Interessantes finden.

Es gibt einige Falknerinnen, die mit ihren Beizvögeln anstelle der oder zusätzlich zur privat ausgeübten Falknerei professionell die Beizjagd im Auftrag von Unternehmen durchführen. Damit ist die Abwehr von Vögeln an Start- und Landebahnen von Flughäfen („Bird Control") sowie die Vergrämung von Tauben, Krähen oder Möwen von Firmengeländen, sensiblen Bauwerken, Schwimmbädern oder bestimmten Innenstadtbereichen gemeint.

2.2 Schauvorführungen

Schauvorführungen mit Greifvögeln[1] im Freiflug faszinieren die Besucherinnen und geben vor allem auch Kindern einen Eindruck in die Welt der Greifvögel. Gut gemacht können sie einen wertvollen Beitrag zur Umwelterziehung leisten.

Trotz des Erfordernisses der Genehmigung nach § 11 Tierschutzgesetz (siehe 16.2.6) gibt es jedoch große Unterschiede in den Haltungsbedingungen und im Umgang mit den Vögeln bei den unterschiedlichen einschlägigen Unternehmen. Einige Unternehmen haben regelmäßig Publikum auf ihrem Betriebsgelände und sind als zoologische Einrichtung zugelassen und registriert und fallen somit in die nachfolgende Kategorie Zoo (siehe 2.3). Andere Betriebe machen Schauvorführungen nach Absprache für Schulklassen oder andere Personengruppen oder stellen ihre Tiere über die Medien dem Publikum vor. Hier ist der Bereich zur Tiertrainerin fließend, die Greifvögel für Filmaufnahmen oder Projekte trainiert.

Obwohl sich etliche der Unternehmen als Falknerei bezeichnen bzw. von Großteilen der Bevölkerung mit dem Begriff Falknerei verknüpft werden, betreiben die Schaubetriebe keine Falknerei, also keine Beizjagd im strengen Sinne der international anerkannten Definition, wenngleich etliche der Inhaberinnen

[1] und manchmal auch Eulen, Rabenvögeln und Vertretern anderer Vogelordnungen

und Beschäftigten privat auch zur Beizjagd gehen. Falknerisches Equipment und falknerische Methoden werden häufig zum Training von Schauvögeln eingesetzt und nicht selten werden dem Publikum neben biologischen Informationen zu den gezeigten Tieren auch die Unterschiede zur klassischen Falknerei erklärt.

2.3 Zoos

Tierparks, Safariparks, Vogelparks, Wildparks, Wildfreigehege und Einrichtungen ähnlicher Bezeichnung sind rechtlich betrachtet alles zoologische Einrichtungen und werden im Folgenden auch einheitlich als Zoo bezeichnet.

Für die Besucherinnen sind sie ein Ort der Entspannung, der Bildung und des Naturerlebnisses. Vor allem für Kinder sind sie eine unverzichtbare Möglichkeit Tiere direkt zu erfahren, durch eigene Anschauung, durch Riechen und in kleinen Teilen auch durch Fühlen. All das kann kein noch so gut gemachter Film ersetzen. Damit legen sie die Basis für ein wirkliches Verständnis und für den Schutz der Tiere, ganz im Sinne von Konrad Lorenz: „man schützt nur, was man liebt - man liebt nur, was man kennt".

Diesen Grundgedanken hat auch der europäische und der deutsche Gesetzgeber aufgegriffen, indem gemäß der Richtlinie 1999/22/EG des Rates über die Haltung von Wildtieren in Zoos, die in § 42 Bundesnaturschutzgesetz (BNatSchG)[1] umgesetzt wurde, Zoos so zu errichten und zu betrieben sind, dass:

[...]

die Aufklärung und das Bewusstsein der Öffentlichkeit in Bezug auf den Erhalt der biologischen Vielfalt gefördert wird, insbesondere durch Informationen über die zur Schau gestellten Arten und ihre natürlichen Biotope, sich der Zoo beteiligt an

a) Forschungen, die zur Erhaltung der Arten beitragen, einschließlich des Austausches von Informationen über die Arterhaltung, oder

b) der Aufzucht in Gefangenschaft, der Bestandserneuerung und der Wiederansiedlung von Arten in ihren Biotopen oder

c) der Ausbildung in erhaltungsspezifischen Kenntnissen und Fähigkeiten.

[...]

Forschungsaktivitäten, deren Ergebnisse zur Erhaltung der Arten sowie zum Austausch von Informationen über die Artenerhaltung und/oder Aufzucht in menschlicher Obhut beitragen, dienen auch der Bestandserneuerung bzw. Wiedereinbürgerung von Arten in ihren natürlichen Lebensraum.

2.4 Zucht

Die Zucht von Greifvögeln erfolgt in wenigen professionell geführten gewerblichen Einrichtungen und durch viele private Falknerinnen, die mit ihren Beizvögeln und ggf. wenigen zusätzlichen reinen Zuchtvögeln meist in geschlossenen Volieren züchten. Abgesehen von den Erstgenannten ist mit der Greifvogelzucht in der Regel kaum Geld zu verdienen, da der Aufwand an Haltungseinrichtungen, Arbeitszeit, Futter und sonstigen Ressourcen sehr groß ist. Zudem ist der Markt in Deutschland und Europa sehr überschaubar. Für die gängigen Arten übersteigt das Angebot in vielen Jahren die Nachfrage. Vor allem für die weniger gefragten Geschlechter[2] ist die Abgabe der Jungvögel oft problematisch. Etliche private Züchterinnen haben in den letzten Jahren die Zucht reduziert bzw. eingestellt.

---

[1] Wörtlich zitierte Gesetzes- oder Verordnungstexte werden durch *Kursivschrift* und farbige Markierung gekennzeichnet

[2] bei den kleineren und mittelgroßen Arten in der Regel die ***Terzel***, bei den ganz großen Arten die weiblichen Vögel, da sie für die Beizjagd wegen ihres speziellen Beutespektrums oder sehr hohen Gewichtes weniger interessant sind

2.5
Aufnahme und Rehabilitation

Die Aufnahme und Rehabilitation von hilfsbedürftigen Wildtieren muss als Ziel immer die uneingeschränkte Wildbahntauglichkeit haben. Die Dauerhaltung von nicht mehr auswilderbaren Individuen ist nur in seltenen Ausnahmefällen rechtlich und ethisch zu verantworten.

Die tierschutzkonforme Aufnahme und Rehabilitation hilfsbedürftiger Wildtiere, insbesondere hilfsbedürftiger Greifvögel, ist extrem komplex und bedarf außerordentlicher Kenntnisse, Fähigkeiten und Ressourcen. Leider sind auf dem Gebiet neben einigen hervorragend ausgestatteten Stationen mit kenntnisreichen professionellen und/oder ehrenamtlichen Mitarbeiterinnen viele wohlmeinende Mitbürgerinnen und Organisationen tätig, denen es an den entsprechenden Voraussetzungen mangelt. Sowohl von der Zahl der Einzelfälle als auch von der Schwere der Leiden und Schäden entstehen dadurch die schwersten Tierschutzfälle bei Greifvögeln, oft ohne, dass die Beteiligten es überhaupt merken, indem z. B. Jungvögel so aufgezogen und ausgewildert werden, dass sie keine Chance in der Natur haben zu überleben und qualvoll sterben – aber die mitleidigen Menschen erfahren es nicht.

Abb. 2.1: Graffito im Stil einer mittelalterlichen Buchillustration an einer Hauswand in Tarifa Spanien (Foto: Th. Richter)

03

Grundlagen des Tierschutzes

Aktuell hat der Tierschutz in der breiten Öffentlichkeit, auch und gerade in den veröffentlichten Meinungen und den sozialen Medien, einen herausragenden Stellenwert. Als logische und bisher letzte Konsequenz daraus wurde in Deutschland der Tierschutz im Jahre 2002 als Staatsziel im Grundgesetz verankert. Das ist uneingeschränkt zu begrüßen.

3.1 Bedeutung des Tierschutzes für die Greifvogelhaltung

Falknerei ist anspruchsvoll, Ressourcen und vor allem Zeit aufwändig. Falknerinnen lieben Ihre Vögel! Nur wer mit großer Emotion der Faszination des Greifvogels erlegen ist, nimmt die Herausforderungen und Einschränkungen der persönlichen Freiheit, die mit der Falknerei verbunden sind, langfristig in Kauf.

Manch tierliebender Mensch fühlt sich von der Schönheit der Greifvögel so fasziniert, dass er mit der Falknerei beginnen möchte, ohne die nötigen Voraussetzungen zu erfüllen, insbesondere was die nötige Zeit angeht. Da die Anschaffung und Haltung mancher Greifvogelarten auch ohne die so sinnvollen, aber auch sehr aufwändigen Prüfungen erlaubt sind, kommt es gelegentlich auch zu unüberlegten Spontankäufen. Und leider passieren auch wohlmeinenden Falknerinnen aus Unwissenheit gelegentlich Fehler. All das kann zu tierschutzrelevanten Zuständen führen. Das vorliegende Buch soll helfen solche Fehler zu vermeiden.

Allerdings werden Argumente aus dem Bereich des Tierschutzes auch verwendet um die Greifvogelhaltung als solche und die Falknerei im Besonderen anzugreifen, ja sogar für unzulässig zu erklären. Um diese Argumente zu verstehen und – soweit unsachlich – zurückzuweisen, muss zunächst geklärt werden, was denn Tierschutz bedeutet und wie Tierschutzwidrigkeit festgestellt werden kann.

3.2 Geschichte des Tierschutzes in Falknerei und Greifvogelhaltung

Schon im Mittelalter wollten Falkner für das Wohlergehen ihres Beizvogels die zu damaliger Zeit beste medizinische Versorgung bereitstellen. Die Ältere deutsche Habichtslehre aus dem 14. Jahrhundert zum Beispiel enthält neben Kapiteln zu Abrichtung und

Abb. 3.1: Kaiser Friedrich II mit einem Falken, 2. Seite des "Manfred Manuskriptes", Wikipedia, 06.07.2024, 14:00 Uhr

Pflege auch eine Habicht-Heilkunde (Lindner, 1964). Auch frühere Werke wie das Buch „De arte venandi cum avibus" (übersetzt: Über die Kunst mit Vögeln zu jagen) von Kaiser Friedrich II. aus dem Adelsgeschlecht der Staufer (1194-1250 n. Chr.) enthielten medizinische Aspekte zur Steigerung der Gesundheit und damit auch der Leistung des Beizvogels.

In der vormodernen und modernen Gesellschaft erfuhr der allgemeine Tierschutz zunehmend Bedeutung. Gleichzeitig verschob sich die Begründung für Tierschutz von der rein ***anthropozentrischen*** Annahme, dass wer grausam gegenüber Tieren handelt bald auch grausam gegenüber Menschen handeln wird, hin zu einem Schutz des einzelnen Tieres um seiner selbst willen.

3.3 Verantwortlichkeit des Menschen als Voraussetzung für Tierschutzrelevanz

Zunächst ist festzustellen, dass ein Verstoß gegen den Gedanken des Tierschutzes nur dann vorliegt, wenn der Mensch verantwortlich für das mangelnde Wohlbefinden des Tieres, die Schmerzen, das Leiden, die Schäden oder die übermäßige Angst ist. Zwei Beispiele mögen das verdeutlichen:

1. Ein Beizvogel ist bei der Jagd durch einen Autounfall schwer verletzt worden. Nun ist zu untersuchen, welchen Schuldanteil die Falknerin an dem Unfall hatte. Hat sie den Vogel weit weg von der Straße fliegen lassen und der Vogel ist – aus welchen Gründen auch immer – selbstständig zur Straße geflogen? Dann trifft sie keine Verantwortung, es ist also ein Unfall ohne Tierschutzrelevanz. Hat die Falknerin aber direkt neben der Autobahn gejagt, dann hat sie grob fahrlässig gehandelt, ist verantwortlich und es handelt sich um einen Tierschutzfall.
2. Ähnliches gilt für das Auftreten von Krankheiten. Infiziert sich der Vogel an seiner Beute mit aviärer Influenza (Vogelgrippe, siehe 13.1.1) und stirbt, obwohl in der Region Vogelgrippe nicht bekannt und keine Seuchenwarnung ausgesprochen war, so ist die Falknerin nicht verantwortlich. Stirbt der Vogel dagegen an Spulwürmern (siehe 13.4.2.5.1), so ist die Falknerin verantwortlich. Bei ordnungsgemäßer Hygiene, guter Tierbeobachtung und regelmäßiger ***Schmelz***untersuchung wäre die Krankheit erkennbar und behandelbar gewesen.

3.4 Die drei Säulen des Tierschutzes

Tierschutz steht auf drei Säulen: der philosophisch/ethischen Säule, die sich mit der Frage beschäftigt, ob und inwieweit Tiere zu schützen sind, der rechtlichen Säule, die die philosophischen Erkenntnisse in praktische Anordnungen und Verbote umsetzt und der biologisch/tiermedizinischen Säule, die einerseits erklärt, woran tierschutzrelevante Zustände erkennbar sind und andererseits wie sie durch gute Haltung, gute Pflege und hervorragende medizinische Betreuung vermieden werden können.

Von diesen drei Säulen wird in den nächstfolgenden Kapiteln die biologisch/tiermedizinische ausführlich behandelt, während die philosophisch/ethische und die rechtliche erst am Ende des Buches dargelegt werden.

3.5 Biologische Grundlagen im Tierschutz

Eine unter Wissenschaftlerinnen weitgehend akzeptierte Darstellung der biologischen Grundlagen des Tierschutzes stellt das Drei-Kreise-Modell dar, das auch als Three Conceptions of Animal Welfare bezeichnet wird (Würbel, 2019; nach Fraser, 2008).

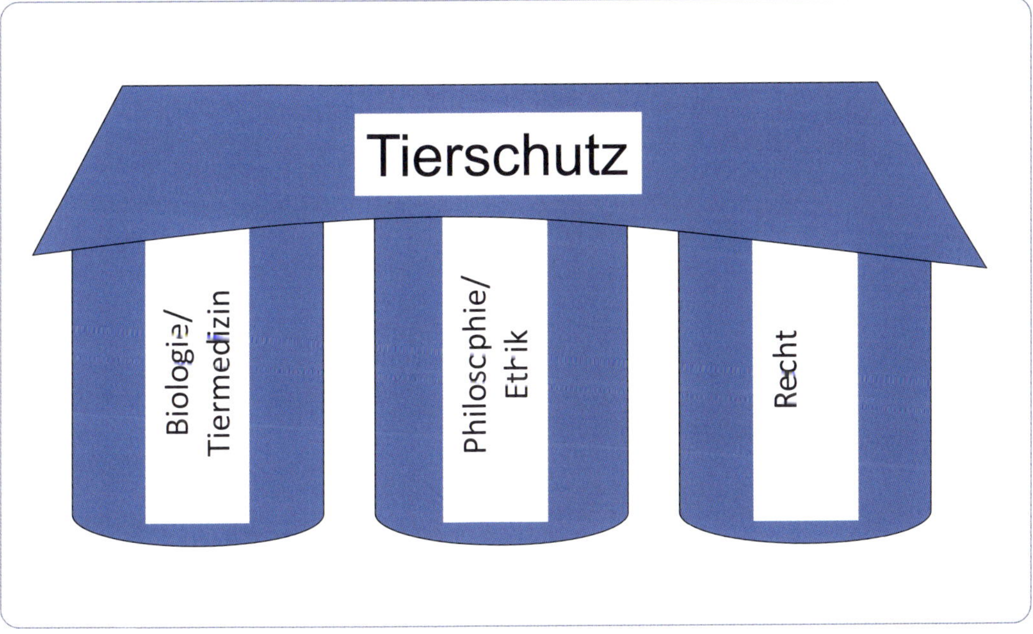

Abb. 3.2: Die drei Säulen des Tierschutzes (Zeichnung: Th. Richter)

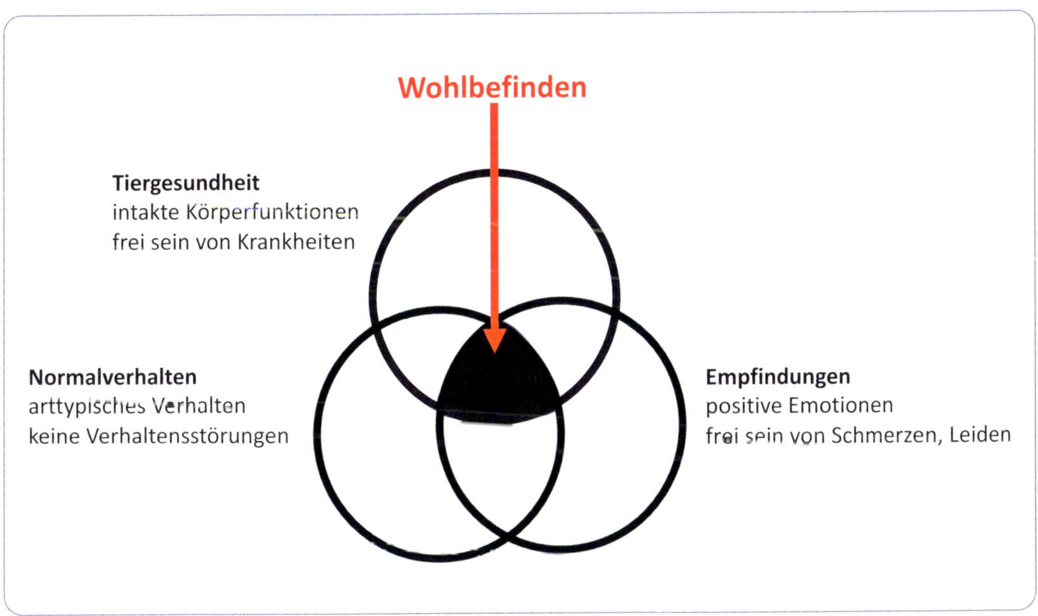

Abb. 3.3: Drei-Kreise-Modell, Voraussetzungen für das Wohlbefinden des Tieres, verändert nach Würbel, 2019; nach Fraser, 2008 (Neuzeichnung: Th. Richter)

Abb. 3.4: Wanderfalke mit abgestoßener Wachshaut durch Anfliegen an Gitter (Foto: W. Bednarek)

Gesundheit, Normalverhalten und Empfindungen sind biologische Kriterien, die positiv vorhanden oder negativ gestört sein können. Mit welchen Methoden diese Diagnosen wissenschaftlich akzeptabel gestellt werden können ist den Hintergrundinformationen zu entnehmen. Neben dem Output, also den Folgen menschlichen Handelns auf das Wohlergehen des Tieres, die im Drei-Kreise-Modell dargestellt werden, ist natürlich auch der Input zu betrachten, also welche Bedingungen müssen erfüllt sein, dass es dem Tier, in unserem Fall dem Greifvogel, wohl ergeht, er weder Schmerzen, Leiden, Schäden noch übermäßiger Angst ausgesetzt ist und sich positiver Emotionen erfreuen kann. Ein Konzept, das sich diese Aufgabe stellt, aber auch Output-Kriterien enthält, sind die „Fünf Freiheiten", die durch das Konzept der „Fünf Domänen" modernisiert wurden. Genaueres zu den beiden Konzepten findet sich in den Hintergrundinformationen.

Reine Hinweise zum Input geben die Gutachten zur Greifvogelhaltung, die im Kapitel Recht besprochen werden.

3.5.1 Negative Zustände erkennen, das Bedarfsdeckungs- und Schadensvermeidungskonzept

Die Kriterien im Drei-Kreise-Modell können positiv oder negativ sein. Für den Tierschutz ist es besonders wichtig, die negativen Zustände zu erkennen. Dies ermöglicht das „Bedarfsdeckungs- und Schadensvermeidungskonzept". Dieses Konzept wurde von einer Gruppe schweizerischer und deutscher Ethologen ausgearbeitet (Arbeitsgruppe ***Ethologie*** der Deutschen Veterinärmedizinischen Gesellschaft, Tschanz et. al, 1987). In Deutschland ist dieses Modell zu einer der am häufigsten verwendeten Bewertungsmethoden geworden, um über die potentielle Tierschutzrelevanz bestimmter Fälle Entscheidungen zu treffen.

Das Konzept der Bedarfsdeckung und Schadensvermeidung geht von der Annahme aus, dass jeder Organismus um Selbstaufbau und Selbsterhaltung bestrebt ist. Einem Tier kann Selbstaufbau und Selbsterhalt nur gelingen, wenn es in der Lage ist, seinen Bedarf zu befriedigen und sich vor Schaden zu bewahren. Dazu hat das Tier seine ***physiologische***, ***morphologische*** und ethologische Ausstattung im Laufe der Evolution und der individuellen Entwicklung erworben und nutzt oder meidet Strukturen und Bedingungen in seiner Umgebung. Ist ein Tier in der Haltungsumwelt, werden die Strukturen und Bedingungen vom Menschen vorgegeben. Wird die Anpassungsfähigkeit eines Tieres überstrapaziert, treten physische, physiologische und/oder ethologische Schäden auf.

Physische Schäden sind z. B. äußere Verletzungen, also etwa ***verbinzte Pennen*** oder eine abgestoßene Wachshaut über dem Schnabel, sie lassen sich leicht erkennen, meist auch ohne Kenntnis der Tierart. Die Relevanz von Verletzungen für das Wohlbefinden des Tieres ist unbestritten.

Physiologische Schäden sind z. B. die Stresshormone, deren Wirkung in Kapitel 10.2 genauer beschrieben wird. Sie können mit medizinischen, meist labortechnischen Methoden beurteilt werden. Dies ist eine gängige Methode für Nutztiere, wurde aber bei Greifvögeln bisher nur in Ansätzen durchgeführt. Allerdings führt der erhöhte Stresshormonspiegel bei psychischer Überlastung auch zu einer erhöhten Krankheitsanfälligkeit, sodass auch makroskopische Auswirkungen sichtbar werden.

Ethologische Schäden werden als Verhaltensstörungen wie ***Stereotypien*** aber auch als physische Schäden erkannt, wenn z. B. ein verängstigter Vogel wiederholt gegen Maschendraht fliegt und das Gefieder oder die Wachshaut über dem Schnabel beschädigt.

Das Bedarfsdeckungs- und Schadensvermeidungskonzept deckt „nur" die negativen Aspekte des Drei-Kreise-Modells ab. Bei dieser Beurteilung ist die Schwere des Schadens zu berücksichtigen. Liegt ein schwerwiegender Schaden vor, so besteht auch ein ernsthaftes Tierschutzproblem. Natürlich kann die Falknerin nur für den Schaden verantwortlich gemacht werden, dessen Entstehung sie kontrollieren kann.

3.5.2 Positive Emotionen erkennen

Die Diagnose von positiven Emotionen stellt eine größere Herausforderung dar. Es ist jedoch unbestreitbar, dass einige Verhaltensweisen nur dann gezeigt werden, wenn sich der Vogel in einer entspannten Situation befindet. Dazu gehören Komfortverhalten wie das Putzen, das Baden in Wasser oder Sand, das Stehen auf einem Fuß oder sogar das Schlafen, während die Falknerin in der Nähe ist. Alle diese Verhaltensweisen spiegeln ein völlig angemessenes körperliches Wohlbe-

Abb. 3.5: Zwei total entspannte Falkenterzel auf der Faust: Susanne Hartmanns „Speedy" hat eine ***Hand*** im Gefieder (oben), Tom Richters „Kurtl" schläft (unten; Fotos: S. Hartmann)

finden wider und zeigen einen Zustand entspannten psychischen Wohlbefindens. Ob sich ein Vogel wohlfühlt, kann man auch an seinem Ausdrucksverhalten erkennen. Für Falknerinnen ist die Fähigkeit, Ausdrucksverhalten intuitiv zu erfassen, von wesentlicher Bedeutung. Schnelles Atmen ohne körperliche Belastung ggf. mit geöffnetem Schnabel, Anheben der Flügel, gar Abwehr oder Fluchtbewegungen zeigen Unwohlsein an. Einige Vögel, wie Habichte oder Harris Hawks, geben einen besonderen Laut von sich, wenn sie unzufrieden sind.

Frei fliegende Falknervögel haben eine sehr einfache Möglichkeit zu zeigen, dass sie sich nicht wohlfühlen: sie können wegfliegen und nicht zurückkommen.

Abb. 3.6: Gestresster Steinadler, in Zentralasien aufgenommen (Foto: Th. Richter)

3.5.3 Zu dem Konzept der Fünf Freiheiten

Das Konzept der Fünf Freiheiten ist eine Mischung aus einem Input- und einem Outputkonzept, das ursprünglich für Nutztiere entwickelt wurde. Es zeigt die technischen und organisatorischen Anforderungen auf, die notwendig sind, um die Haltung von Tieren mit deren Wohlbefinden in Einklang zu bringen. Das Konzept wurde 1979 vom britischen Farm Animal Welfare Council (Rat für Tierschutz bei Nutztieren) ins Leben gerufen, wird aber auch in vielen anderen Ländern häufig zitiert.

Die Fünf Freiheiten werden derzeit wie folgt beschrieben:

- Freiheit von Hunger und Durst durch leichten Zugang zu frischem Wasser und einer Ernährung, die Gesundheit und Vitalität erhält.
- Freiheit von Unbehagen durch die Bereitstellung einer angemessenen Umgebung, einschließlich einer Unterkunft und eines bequemen Ruhebereichs.
- Freiheit von Schmerzen, Verletzungen oder Krankheiten durch Vorbeugung oder schnelle Diagnose und Behandlung.
- Freiheit zur Entfaltung (der meisten) normalen Verhaltensweisen durch Bereitstellung von ausreichend Platz, geeigneten Einrichtungen und Gesellschaft von Artgenossen.
- Freiheit von Angst und Qualen durch Gewährleistung von Bedingungen und Behandlung, die psychisches Leiden vermeiden.

Diese Anforderungen beinhalten einige subjektive Einschätzungen, z. B. müssen die Begriffe „angemessene Umgebung“ oder „ausreichend Platz“ durch Beobachtungen gemäß

des Drei-Kreise-Modells ***validiert*** werden.
Das Konzept wurde für Nutztiere entwickelt und konzentriert sich auf diese, die teilweise ein anderes Verhalten zeigen als Greifvögel. Nutztiere sind durchweg sozial, im Gegensatz dazu passt der Gefährten-Aspekt nicht zu den meisten Greifvögeln, die überwiegend solitär leben. Da die meisten Greifvogelarten die meiste Zeit des Jahres als Einzelgänger leben, ist die Gesellschaft eines Artgenossen nicht unbedingt erforderlich, wegen der für viele Arten typischen Territorialität oft sogar störend oder gefährlich. Nutztiere sind ***herbivor*** oder ***omnivor***, Greifvögel sind Beutegreifer, die ein ganz anderes Nahrungsverhalten haben. So sind sie bestrebt und fähig den mehrfachen Tagesbedarf auf einmal aufzunehmen, eine unbegrenzte Fütterung (ad libitum) ist daher nicht geboten. Diese Besonderheiten werden in Kapitel 7 näher erläutert. Wie in den Hintergrundinformationen dargelegt, bedeutet normales Verhalten nicht in jedem Fall Tierschutz. Bei einigen Adlerarten z. B. tötet das zuerst geschlüpfte Küken sein Geschwister („***Kainismus***“). Obwohl dies ein normales Verhalten ist, muss es von der Züchterin verhindert werden.

Abb. 3.7: Gestresster und verbinzter Habicht, in Zentralasien aufgenommen (Foto: Th. Richter)

Abb. 3.8: Entspannter Harris Hawk kröpft ruhig auf der Faust unbeeindruckt von den Hunden und dem Fließgewässer (Foto: Th. Richter)

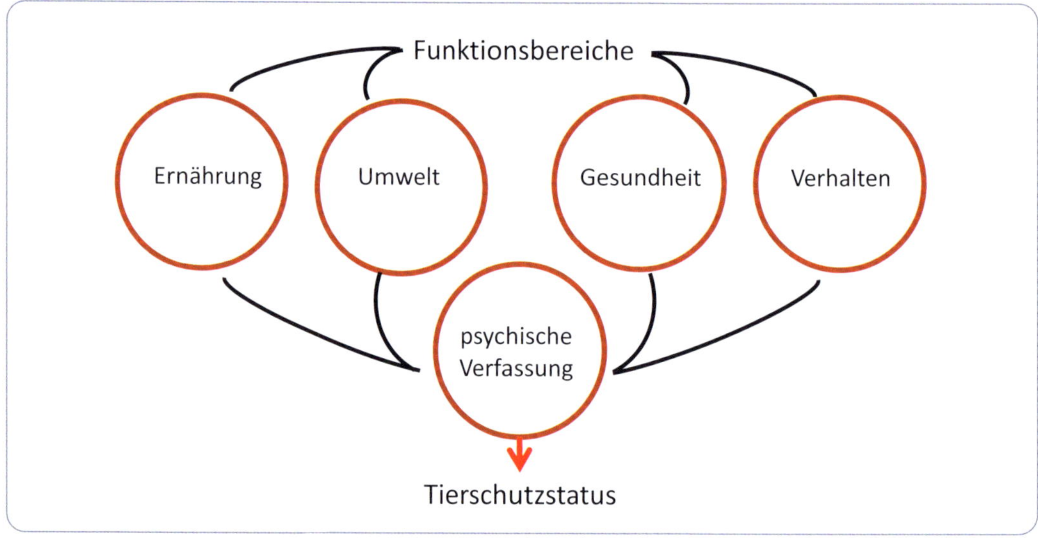

Abb. 3.9: Die Fünf Domänen, verändert nach Mellor et al., 2020 (Neuzeichnung: Th. Richter)

Fünf Freiheiten	Fünf Domänen
1. Freiheit von Hunger und Durst	1. Ernährung
2. Freiheit von Unbehagen	2. Umwelt
3. Freiheit von Schmerz, Verletzung und Krankheit	3. Gesundheit
4. Freiheit zu Normalverhalten	4. Verhalten
5. Freiheit von Angst und Disstress	5. psychische Verfassung

Tab. 3.1: Fünf Freiheiten ***vs***. Fünf Domänen – vereinfachte Gegenüberstellung. Übersetzt nach https://kb.rspca.org.au/knowledge-base/what-are-the-five-domains-and-how-do-they-differ-from-the-five-freedoms 30.01.2022; 16:00)

3.5.4 Zu dem Konzept der Fünf Domänen

Die Fünf Domänen sind eine Weiterentwicklung der Fünf Freiheiten. Sie umfassen die Bereiche Ernährung, physische Umwelt, Gesundheit, Verhaltensinteraktionen und psychische Verfassung, die dann zum Tierschutzstatus führen (Mellor et al., 2020).

3.6 Arttypisches Verhalten als Voraussetzung und Problem im Tierschutz

Die Ausübung arttypischen Verhaltens wird oft als Voraussetzung für eine tiergerechte Tierhaltung angenommen. Als arttypisch wird dabei ein Verhalten verstanden, das bei freilebenden Tieren beobachtet werden kann. Unterstellt wird dabei, dass einerseits alle diese Verhaltensweisen angeboren sind und andererseits, dass es immer zu Leiden führt, wenn das Verhalten nicht ausgeführt werden kann.

Die erste dieser Annahmen ist unrichtig, Greifvögel besitzen die Fähigkeit zum Lernen, inkl. der Prägung, was gerade bei guter Greifvogelhaltung, die ganz wesentlich auf Lernen beruht, zu beachten ist (siehe 4.1). Ob die zweite Annahme stimmt, wird in den Hintergrundinformationen ausführlich diskutiert und zurückgewiesen. Zusammenfassend kann man feststellen, dass die Ausübung arttypischen Verhaltens für das Wohlbefinden der Tiere sehr wichtig sein kann, es kann aber auch das Gegenteil von Tierschutz sein. In jedem Einzelfall müssen wir sowohl die Motivation für das Verhalten als auch die Folgen dieses Verhaltens betrachten. Im Falle einer tierfreundlichen Falknerei gibt es kein für den Vogel wichtiges Verhalten, das nicht ausgeführt werden kann.

3.6.1 Arttypisches Verhalten

3.6.1.1 Zu Verhaltensweisen, die für den Tierschutz bedeutsam sind

Nicht jedes mögliche Verhalten, das bei Feldbeobachtungen beobachtet werden kann, ist für das Wohlergehen des Tieres wichtig. Das Hauptaugenmerk muss daraufgelegt werden, wie die Motivation des Vogels für ein bestimmtes Verhalten zustande kommt. Wenn der Auslöser für ein bestimmtes Verhalten lediglich ein Reiz ist, der sich aus einer bestimmten Umgebung ergibt, würde die Motivation in einer anderen Umgebung nicht auftreten und somit das Wohlbefinden des Vogels nicht beeinträchtigt sein.

Nach dem klassischen Handlungsbereitschaftsmodell (Becker-Carus et al., 1972) erzeugen innere und äußere Faktoren die Handlungsbereitschaft oder Motivation. Aus Sicht des Tierschutzes sind zwei Fallgruppen zu betrachten, die Motivation mit und die Motivation ohne autonome Stimulation. Autonome Stimulation bedeutet, dass das Anwachsen der Motivation durch innere Faktoren im Tier selbst erfolgt.

Unter dem Gesichtspunkt des Tierschutzes sind Verhaltensweisen mit autonomer Stimulation am wichtigsten. Die Motivation bei der autonomen Stimulation wächst einfach mit dem Ablauf der Zeit. Gute Beispiele sind die männliche Sexualität oder der Schlaf. Sobald die Handlung ausgeführt wurde, wird die Motivation durch negative Rückkopplung gesenkt, im Extremfall auf Null. Danach steigt sie mit dem Ablauf der Zeit wieder an. Ein Terzel z. B. ist in einer bestimmten Zeitspanne nur für eine bestimmte Anzahl von Kopulationen motiviert (siehe auch Lorenz, 1978). Ein Vogel, der ausgeschlafen ist, kann nicht weiterschlafen. Wenn es nicht möglich ist, das Verhalten in arttypischer Weise auszuführen, kommt es manchmal zu Fehlverhalten. Dieses Fehlverhalten kann eine nicht extern motivierte Handlung sein, wie der Sekundenschlaf beim Autofahren beim Menschen, oder eine Stereotypie, wie sie häufig bei Pferden, Schweinen, Rindern, Papageien, Elefanten oder Bären beobachtet wird, die unter unangemessenen Bedingungen gehalten werden. Das Fehlverhalten, insbesondere die Stereotypien, werden von der wissenschaftlichen Gemeinschaft weitgehend als Indikatoren für eine unangemessene Haltung angesehen und damit als relevant für den Tierschutz anerkannt (Buchholtz, 1993).

Flucht ist ein klassisches Beispiel für ein Verhalten, das ausschließlich durch äußere Faktoren hervorgerufen wird. Nimmt das Tier die äußeren Bedingungen als bedrohlich wahr, reagiert es mit Flucht. Bei diesem Verhalten gibt es keine Rückkopplung auf die Motivation. Ein Tier flieht nicht leichter, nur weil es schon lange nicht mehr geflohen ist, aber es hört auch nicht auf zu fliehen, nur weil es erst kürzlich floh. Wenn aber die Umwelt nicht als bedrohlich erlebt wird,

wird auch kein Fluchtverhalten ausgelöst. Fluchtverhalten ist zwar angeborenes Verhalten, wenn es jedoch keinen Grund zu fliehen gibt, ist das Nicht-Ausleben dieses Verhaltens natürlich nicht tierschutzrelevant, ganz im Gegenteil.

Mit anderen Worten: Beim Verhalten von Tieren muss zwischen ethologischem Bedarf (engl.: need) und ethologischem Bedürfnis (engl.: want) unterschieden werden. Bedarf bedeutet, dass die Tiere das Verhalten ausführen müssen, um eine Ressource zu erhalten oder um Schaden zu vermeiden. Fehlt dem Vogel Wasser, ist der ethologische Bedarf der Durst. Bedürfnis bedeutet, dass das Tier handeln möchte, weil es autonom dazu angeregt wurde. Ein ethologischer Bedarf tritt nicht auf, wenn alle Ressourcen zur Verfügung stehen und es keinen Schaden zu vermeiden gibt. Handelt es sich um ein wichtiges Bedürfnis, kann es ein Tierschutzproblem geben, wenn das Verhalten nicht ausgeführt werden kann. Die typische Reaktion des Tieres, wenn ein wichtiges Bedürfnis nicht ausgeführt werden kann, besteht darin, eine Stereotypie zu entwickeln. Zum Beispiel entwickeln etliche laufaktive Hunde bei fast ausschließlicher Zwingerhaltung Bewegungsstereotypien. Bei Greifvögeln sind keine Stereotypien bekannt (siehe aber 4.1.1).

Was bedeutet das für die Falknerei?
Ist die Motivation für das bekannte Segeln des Mäusebussards, das viele unserer Mitbürgerinnen als Symbol der Freiheit betrachten, nur ein ethologischer Bedarf oder gar ein ethologisches Bedürfnis? Oder mit anderen Worten: Leiden unsere Vögel, wenn sie nicht viel fliegen können, z. B. während der Mauser?

Das Segeln der Bussarde, um die Antwort vorwegzunehmen, dient einerseits der Revierabgrenzung, andererseits dem Nahrungserwerb durch Suche nach Aas, entspricht also jeweils einem Bedarf, der bei gehaltenen Vögeln nicht auftritt, sie werden mit Nahrung versorgt und müssen kein Revier abgrenzen.

Um die Frage zu beantworten, ob es sich um ein Bedürfnis handelt zu fliegen, muss man sich das Leben von Greifvögeln in der Natur ansehen. Ein Bedürfnis müsste ja in der Evolution durch eine erhöhte Zahl von Nachkommen belohnt worden sein (siehe unten). Es ist bekannt, dass die Sterblichkeit von Greifvögeln im ersten Jahr etwa 40-70 % beträgt (Mebs, 2002). Die meisten von ihnen verhungern in ihrem ersten Winter, weil sie nicht in der Lage sind, genügend Nahrung zu finden. Das bedeutet, dass nur diejenigen überleben und sich fortpflanzen können, die extrem sparsam mit Energie umgehen. Fliegen nur zum Spaß wäre wegen des Energieverlustes tödlich und würde von der Evolution sofort ausgemerzt werden. Gut zu wissen ist aber auch, dass die meisten Arten, die für die Falknerei von Interesse sind, nicht oder fast nicht in der Lage sind, energiesparend in der Thermik zu segeln wie der Mäusebussard. Ihr Energiebedarf beim Fliegen ist viel höher. Außerdem sind ein fliegender Vogel und ein auf der Beute stehender Vogel recht anfällig für Attacken durch andere Beutegreifer. Außerhalb der Paarungszeit und bei gutem Beuteangebot fliegen freilebende Greifvögel nur wenige Minuten am Tag, bis zum nächsten Jagderfolg. Hatten sie Erfolg, füllen sie ihren Kropf und sitzen in guter Deckung sicher und gemütlich, bis der Hunger sie wieder zur Jagd zwingt, manchmal ruhen sie mehrere Tage lang. Bei Sperbern dauern 75 % der Jagdflüge weniger als eine Minute, bei Wanderfalken 50 % und bei Merlinen 55 %. Freilebende Merline flogen nur 1 % des Tages aktiv (Sale, 2015).

Fazit: es gibt keine Anhaltspunkte dafür, dass es bei Greifvögeln ein relevantes ethologisches Bedürfnis zu fliegen gibt, sodass negative Gefühle entstehen würden, die tierschutzrelevant wären, wenn der Vogel nicht viel fliegt.

3.6.1.2 Arttypisches Verhalten, das nicht mit Tierschutz vereinbar ist

Es gibt viele Beispiele dafür, dass manche angeborenen Verhaltensweisen von Tieren nicht mit dem Gedanken des Tierschutzes vereinbar sind. Bei vielen Adlerarten tötet das zuerst geschlüpfte Küken sein Geschwister (sog. Kainismus oder ***Siblicid***). Die Eltern schauen dem tatenlos zu. Auch wenn dies arttypisches Verhalten ist, darf es nicht als Richtschnur für Adlerzüchterinnen dienen, da 50 % der Küken sterben würden.

Aber warum machen die Küken das und warum tolerieren die Altvögel dieses erstaunliche Verhalten?

Die einfache Erklärung ist, dass das überlebende Küken 100 % der elterlichen Fürsorge für sich selbst erhält, was seine Überlebenswahrscheinlichkeit steigert. Die Altvögel haben bei nur einem Küken eine höhere Wahrscheinlichkeit, dass zumindest dieses eine selbst erwachsen wird und für Enkel sorgen kann. Wenn die Eltern zwei Küken aufziehen würden, wäre die Gefahr größer, dass gar kein Küken überlebt.

3.6.1.3 Evolution des Sozialverhaltens

Für uns Mitteleuropäer in einer wohlbehüteten Überflussgesellschaft ist das Verhalten der Adlerküken und ihrer Eltern zunächst kontrainduktiv. Denkt man genauer darüber nach, dann wird das logisch. Wenn die Träger dieser Mutation im Durchschnitt mehr Nachkommen haben, die selbst wieder mehr Nachkommen groß bekommen als der Rest der Population, dann verbreitet sich das Verhalten so lange bis es allen Mitgliedern der Population eigen ist.

In der Biologie hat deshalb in den letzten Jahrzehnten ein Umdenken eingesetzt[1] . Von der zunächst einleuchtenden, aber falschen Annahme, die Evolution würde den Erhalt der Art fördern, die auch heute noch durch viele Köpfe und Publikationen spukt, kam man zu der Erkenntnis, dass die evolutive Fitness aus der relativen Anzahl der eigenen Gene (genauer Allele) in den kommenden Generationen besteht. Es geht in der Evolution also nicht um den Erhalt der Art und auch nicht um das individuelle Wohlbefinden, sondern um die Anzahl der überlebenden und sich selbst fortpflanzenden Kinder und Kindeskinder. Das führt zu so erstaunlichen Phänomenen wie dem Sexualverhalten der Gottesanbeterin (*Mantis religiosa*, ein Insekt), bei der während der Kopulation das Weibchen das Männchen auffrisst. Auch der Kainismus mancher Adlerarten oder die Tatsache, dass bei Nahrungsmangel die Schleiereuleneltern die jüngeren Küken an die älteren verfüttern (Schleiereulen brüten ab dem ersten Ei, sodass die Küken zu unterschiedlichen Zeitpunkten schlüpfen und somit unterschiedlich große Küken im Nest sind) unterstützen diese Erkenntnis. Der berühmte britische Zoologe Richard Dawkins hat 1976 den publikumswirksamen Begriff der „egoistischen Gene" dafür geprägt.

Ein weiteres bekanntes Beispiel ist der Infanticid. Männliche Löwen und viele andere erwachsene männliche Säugetiere töten den abhängigen Nachwuchs, von dem sie nicht der Vater sind. Danach kommen die Mütter des toten Nachwuchses früher als sonst wieder in die Brunst, und die männlichen „Mörder" können sich paaren und ihre eigenen Gene weitergeben. Auch die Tatsache, dass viele Tierarten viel mehr Jungtiere zur Welt

[1] Ausführliche Erklärungen der modernen biologisch/ethologischen Sicht auf das Sozialverhalten gibt Voland, 2013

bringen als im Durchschnitt überleben, ist kein Ausdruck von Tierschutz, sondern eine Folge der Selektion durch „egoistische Gene".

Es gibt aber nicht nur Arten mit geringer Nachkommenzahl wie die großen Adler. Bei den Greifvögeln sind es vor allem kleinere Arten, die größere Kükenzahlen haben, z. B. Turmfalken 3-6, Sperber 4-5 und Rohrweihen bis zu 8, während die mittelgroßen Arten wie Habicht und Wanderfalke auch nur mittelgroße Gelege von 2-4 (selten 5) Eiern zeitigen.

Um diese – zugegeben kleinen – Unterschiede zu verstehen, lohnt ein Blick über die Greifvögel hinaus. Es ist leicht festzustellen, dass es Arten gibt, bei denen die weiblichen Individuen hunderte, ja bis zu Millionen Nachkommen, meist Eier, in die Welt setzen: die weibliche pazifische Auster setzt pro Laichvorgang 50 bis 100 Millionen Eier frei (AWI, 2024). Elefanten, aber auch Menschenaffen und Menschen bringen dagegen nur alle paar Jahre ein einzelnes Jungtier/Baby zur Welt. Und auch wenn man nicht auf die Extreme schaut, so kann man doch feststellen, dass die jährlich geborene Nachkommenzahl ranghoher weiblicher Wildkaninchen knapp 20, der von Wildschweinbachen 4-12 und der von Ricken 2-3 beträgt (siehe auch v. Holst, 2000). Legt eine Art mehr Wert auf eine große Nachkommenzahl, wird sie den R(eproduktions)-Strategen zugerechnet. Passt sie die Nachkommenzahl an die Tragekraft des Lebensraumes an, zählt sie zu den K(apazitäts)-Strategen, wobei die Zuordnung natürlich sehr relativ ist. Im Vergleich zum Steinadler als K-Strategen ist schon der Turmfalke ein R-Stratege, was natürlich im Vergleich zur Auster etwas seltsam erscheint. Trotzdem macht es Sinn, sich die ökologischen und demographischen Kennzeichen der beiden Typen anzusehen (Tab. 3.2).

R-Selektion	K-Selektion
Klimabedingungen variabel und wenig vorhersehbar	Klimabedingungen konstant oder vorhersehbar schwankend
variable Sterblichkeitsverhältnisse mit häufig katastrophalen Populationseinbrüchen und häufig extremer Jungtiersterblichkeit	relativ stabile Sterblichkeitsraten und relativ geringe Jungtiersterblichkeit
Tragekapazität des Lebensraumes extrem schwankend	Tragekapazität des Lebensraumes relativ konstant
häufig Möglichkeit der Neu- oder Wiederbesiedlung von Habitaten nach Schwankungen der Tragekapazität	gesättigte Habitate, kaum räumliche Ausbreitung
zusammenfassend: variable Umwelt	zusammenfassend: stabile Umwelt

Tab. 3.2: Vergleich R-Selektion und K-Selektion nach Voland, 2013, verändert

Checkliste Grundlagen des Tierschutzes

- [x] Tierschutz hat große praktische und gesellschaftliche Bedeutung
- [x] Tierschutz wird von interessierter Seite unsachgemäß als Argument gegen Greifvogelhaltung und Falknerei verwendet
- [x] Tierschutz steht auf drei Säulen: Philosophie/Ethik, Biologie/Tiermedizin und Recht
- [x] die biologischen Anforderungen für Tierschutz beschreibt das Drei-Kreise-Modell
- [x] die negativen Auswirkungen von Tierhaltung können mit dem Bedarfsdeckungs- und Schadensvermeidungskonzept diagnostiziert werden
- [x] die positiven Emotionen zeigen sich insbesondere in Ausdrucksverhalten und Komfortverhalten
- [x] eine Mischung aus Input-Kriterien und Output-Kriterien stellen die Konzepte der Fünf Freiheiten und der Fünf Domänen dar
- [x] arttypisches Verhalten kann Voraussetzung für Tierschutz aber auch tierschutzwidrig sein

04

Lernverhalten von Greifvögeln und falknerisches Training

4.1 KNACKPUNKT Lernverhalten

Der Unterschied zwischen einem freilebenden Greifvogel und einem Beizvogel besteht darin, dass der Vogel der Falknerin gelernt hat, dass es für ihn von Vorteil ist, mit dem Menschen zusammenzuarbeiten. Wenn der Vogel richtig gelernt hat, fühlt er sich wohl, wenn das Lernen nicht gut gelaufen ist, hat er Stress, was beides aus Sicht des Tierschutzes natürlich wichtig ist.

Das Lernverhalten von Greifvögeln tritt in drei ganz unterschiedlichen Formen auf: Prägung, Gewöhnung und assoziatives Lernen. Beim assoziativen Lernen kann man zwischen klassischer und operanter Konditionierung unterscheiden. Aber Vorsicht, Konditionierung in der Lernpsychologie und Konditionierung in der Falknersprache bedeuten etwas völlig anderes (siehe 4.2.1.1).

4.1.1 Prägung

Unter Prägung versteht man ein ganz spezielles Lernen in einer bestimmten Phase der Jugendentwicklung, der sogenannten sensiblen Periode. Wichtig ist, dass nach Abschluss der Prägung ein Umlernen praktisch nicht mehr möglich ist. Die Prägung kann unterschiedliche Inhalte haben, z. B. spielt Prägung bei Wanderfalken eine wichtige Rolle bei der Wahl des Nistplatzes. Die Wiederansiedlung der baumbrütenden Population im nordeuropäischen Tiefland konnte nur gelingen, weil von Falknerinnen gezüchtete Wanderfalken aus künstlichen Baumhorsten ausgewildert wurden.

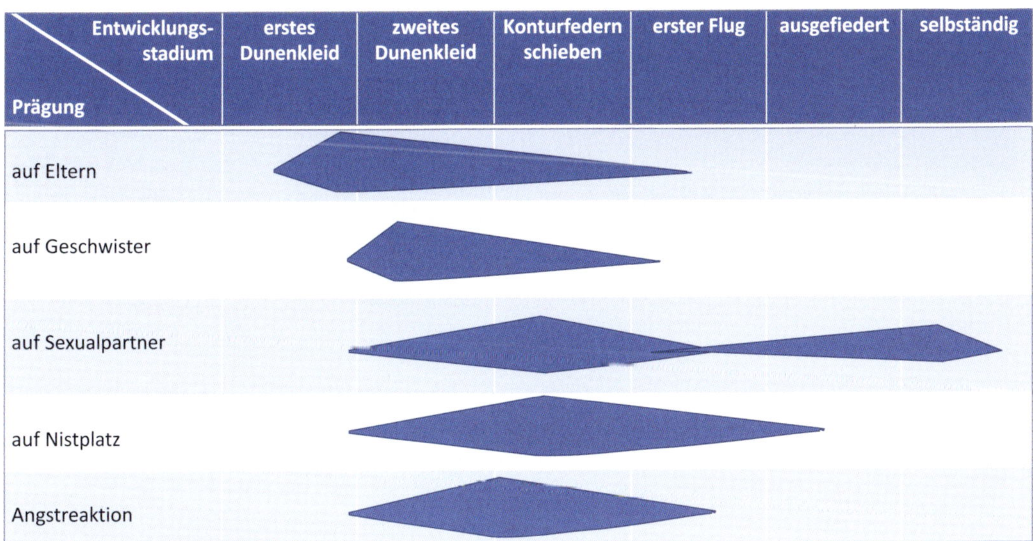

Abb. 4.1: Grobes Schema der sensiblen Perioden für die Prägung bei mittelgroßen Greifvögeln nach Fox, 1995 aus Bednarek, 2015; verändert (Neuzeichnung: Th. Richter)

Abb. 4.2: Geschwisterprägung bei jungen Habichten (Foto: W. Bednarek)

Für die praktische Falknerei ist die Prägung auf die Sozialpartner von größter Bedeutung. Frisch geschlüpfte (Greif)Vögel haben keine angeborenen Informationen über das Aussehen des Artgenossen, d. h. des Sozialpartners[1]. Während bei einigen nestflüchtenden Hühner- oder Entenvögeln die sensible Periode für die Elternprägung nur wenige Stunden dauert und klar begrenzt ist, dauert sie bei den nesthockenden Greifvögeln deutlich länger und ist nur unscharf zu definieren. Deshalb sind auf den Tag bezogene Aussagen kaum möglich, zumal die sensiblen Perioden der verschiedenen Prägungsinhalte auch noch unterschiedlich lang sind und bei den unterschiedlichen Arten differieren. Eine grobe Einordnung für mittelgroße Greifvögel gibt Abb. 4.1. Bei gezüchteten Greifvögeln können je nach Aufzuchtmethode unterschiedliche „Objekte" als Artgenossen erlernt werden.

Dabei wird unterschieden:

- Vollständig auf den Menschen geprägt durch isolierte Aufzucht mit ausschließlichem Kontakt zum Menschen (engl.: imprint[2]);
- durch gemeinsame Aufzucht mit Artgenossen (meist Geschwister bzw. andere Jungvögel, ggf. aber auch Altvögel) mit intensivem Kontakt zum Menschen sowohl auf den Menschen als auch auf den Artgenossen geprägt (engl.: social imprint oder crèche-reared);
- durch gemeinsame Aufzucht mit Geschwistern bzw. anderen artgleichen Jungvögeln mit wenig oder ohne Kontakt zum Menschen auf die eigene Art geprägt;
- durch elterliche Aufzucht bzw. Altvogelaufzucht auf die eigene Art geprägt.

[1] Nebenbei bemerkt: Gänseküken kann man auch auf einen Fußball mit eingebautem Lautsprecher als Elternteil prägen (Vorlesung: H.H. Sambraus, 1976)

[2] Verwirrend ist, dass Falknerinnen mit Muttersprache Englisch oft jeden Nestling als imprint bezeichnen, auch wenn er das im engeren Sinne gar nicht ist

Soll oder muss eine Handaufzucht mit möglichst wenig Menschenkontakt erfolgen, sollte insbesondere die Fütterung mit Hilfe von Attrappen erfolgen, die einen Altvogel simulieren.

Bei vielen Greifvogelarten gibt es kein ausgeprägtes Sozialverhalten. Die Vögel leben außerhalb der Fortpflanzungsperiode solitär. Aber auch während der Fortpflanzungsperiode gibt es bei diesen Arten auch in der Natur eine „Stand-by-Population", die sich nicht fortpflanzt und daher ganzjährig solitär lebt. Solitär leben und sich nicht paaren ist also eine Variante des normalen Verhaltens. Bei diesen Arten ist die Art der Prägung, also auf den Menschen oder auf den Artgenossen, aus Sicht des Tierschutzes zunächst relativ bedeutungslos.

Eine Ausnahme unter den Greifvögeln ist der sozial lebende Harris Hawk. Es wird empfohlen Jungvögel über 16 Wochen bei den Eltern zu belassen, bevor man sie aus der Voliere herausnimmt, damit sie die komplexere Sozialstruktur verinnerlichen können (Niehues, 2018). Bei einigen auf den Menschen geprägten Harris Hawks ist - als einzige beschriebene Verhaltensstörung bei gehaltenen Greifvögeln - Federrupfen beobachtet worden. Dabei konnten in einigen Fällen Ektoparasiten oder ein Wurmbefall als Auslöser identifiziert werden, jedoch in anderen Fällen liegt eine verhaltensbedingte Ursache nahe, die im Zuge der Menschenprägung aufgetreten sein könnte. Diese Vermutung ist nachvollziehbar, da ähnliche Veränderungen bei Papageien auftreten können, wenn diese

Abb. 4.3: Juveniler Wüstenbussard mit Federrupfen an Beinen, Brust und Bauch als Reaktion auf einen Spulwurmbefall. Nach Parasitenbehandlung trat die Symptomatik nicht wieder auf. Bemerkenswert ist auch das überdimensionierte Geschüh. (Foto: M. Schmidt)

Abb. 4.4: Handaufzucht mittels einer Attrappe (links; Foto: J. Plietker), Wanderfalkenattrappe zur Handaufzucht (Mitte), Habicht-, Gerfalken- und Wanderfalkenattrappe zur Handaufzucht (rechts; Fotos Mitte und rechts: D. Fischer)

menschengeprägt und nicht artgemäß mit Artgenossen sozialisiert und vergesellschaftet sind. Der Vollständigkeit halber sei jedoch erwähnt, dass die Autoren Federrupfen auch in Einzelfällen bei Blaubussarden und Seeadlern an der Beinbefiederung beobachtet haben, wenn scheinbar von den Tieren nicht tolerierte Artgenossen (in fast allen Fällen sogar gleichen Alters und gleichen Geschlechts) in unmittelbarer Nähe positioniert wurden. Das Federrupfen sistierte in diesen Fällen, sobald die Tiere nicht mehr im Sichtbereich waren. Demnach sollte als mögliche Störquelle und Auslöser des Federrupfens auch eine Störung im Umfeld des Tieres, z.B. durch Artgenossen, in Betracht gezogen werden.

Völlig auf den Menschen geprägte Vögel sind sehr zahm. Sie behandeln den Menschen wie einen Artgenossen. Das kann wünschenswert sein, vor allem wenn Terzel als Samenspender für die instrumentelle Besamung eingesetzt werden. Es kann aber auch zu großen Problemen führen, insbesondere wenn große und gefährliche Arten geschlechtsreif und damit territorial werden. Dann kann es sein, dass sie sich „mental" mit einem bestimmten Menschen „verpaaren". Sie können dann alle anderen Menschen als Eindringlinge in ihr Territorium ansehen, die sie vertreiben bzw. im Extremfall töten müssen. Auf den Menschen geprägte Adler können daher für den Menschen lebensbedrohlich werden. Dies muss nicht zwangsläufig der Fall sein, doch sollte sich jede Falknerin der potentiellen Gefahren durch vollständig menschengeprägte Greifvögel bewusst sein.

Die Elternprägung ist der teilweisen oder ausschließlichen Menschenprägung fast immer vorzuziehen. Wenn eine Elternprägung nicht möglich ist, z. B. weil sich die Eltern nicht um den Nachwuchs kümmern, ist die Geschwisterprägung eine geeignete Methode. Ob bei der Geschwisterprägung eine zusätzliche Menschenprägung durch intensiven Menschenkontakt eher positiv oder negativ ist, hängt von der Vogelart und

Abb. 4.5: Menschengeprägter Habichtsterzel kopuliert auf der Faust (links; Foto: Th. Richter) und ein menschengeprägter ***Jerkin*** (Gerfalkenterzel) auf einem Hut (rechts; Foto: D. Fischer)

dem Verwendungszweck ab. Vögel, die mit Artgenossen und intensivem menschlichem Kontakt aufgezogen wurden, sind in der Regel leichter zu handhaben. Ganz oder teilweise auf den Menschen geprägte Vögel sind oft weniger erfolgreich bei der Jagd, weil sie sich auf den Menschen als Nahrungslieferanten verlassen. Diese Vögel neigen auch zum ***Lahnen***, obwohl das Lahnen auch bei Vögeln auftreten kann, die nicht auf den Menschen geprägt sind. Das Lahnen eines Vogels kann die Beute leicht warnen, wodurch dies einen deutlichen Nachteil bei der Beizjagd bedeuten kann, von nachbarschaftlichen Problemen wegen Ruhestörung ganz abgesehen. Eine Prägung auf den Menschen sollte stets sehr kritisch hinterfragt werden.

Die Prägung hat im Vergleich zu anderem Lernen zwei Besonderheiten: sie ist nur in einer bestimmten Lebensphase möglich und was einmal gelernt wurde, kann praktisch nie wieder vergessen werden. Darüber hinaus ist aber auch das „normale" Lernen sehr wichtig.

4.1.2 Assoziatives Lernen

Beim assoziativen Lernen verbindet der Vogel äußere Reize (klassische Konditionierung) oder seine eigenen Handlungen (operante Konditionierung) mit einer Empfindung, die angenehm oder unangenehm sein kann.

4.1.2.1 Klassische Konditionierung

Das Konzept der klassischen Konditionierung geht auf die Untersuchungen von Iwan Pawlow zurück (Nobelpreis 1904). Pawlow hatte einen Hund mit einem Gerät ausgestattet, mit dem er den Speichelfluss messen konnte. Nun bot er dem Hund Futter an (vorausgesetzt natürlich, dass der Hund hungrig war). Sofort begann der Hund zu speicheln. Und jetzt kommt der Trick: Jedes Mal, wenn das Futter angeboten wurde, läutete Pawlow eine Glocke. Nach mehreren Wiederholungen speichelte der Hund auch ohne Futterangebot, wenn er nur die Glocke hörte. In seinem Gehirn hatte sich eine Verbindung entwickelt, Glocke bedeutet: das Futter kommt bald. Übrigens funktioniert diese klassische Konditionierung nicht nur mit akustischen Reizen, sondern auch mit Gerüchen, mit visuellen Reizen, mit Zeiten, sogar mit Orten. Wenn Sie Ihren Vogel zum Training immer auf der gleichen Wiese fliegen lassen und ihn immer an der gleichen Stelle von der Faust abwerfen, dann wird der Vogel nach sehr kurzer Zeit an dieser Stelle abspringen. Damit haben wir ein wichtiges Prinzip erkannt: Der Vogel lernt nicht nur das Detail, das er lernen soll. Er hat ja keine Ahnung, dass er etwas lernen soll. Der Vogel lernt immer eine ganze komplexe Situation.[1] Deshalb empfiehlt es sich, das Training an verschiedenen Orten und unter verschiedenen Rahmenbedingungen durchzuführen, z. B. wechselnde Zahl von Begleitpersonen, Begleitung von verschiedenen Hunden.

Klassische Konditionierung tritt bei Beizvögeln häufig auf, wenn unangenehme Erfahrungen auf den Vogel einwirken, ohne dass die Falknerin das will, oft ohne, dass sie es gleich bemerkt. Das muss nicht schmerzhaft sein, Erschrecken reicht völlig aus. Wenn der Vogel zwei- oder dreimal vom Hund erschreckt wird, wenn er in die Transportbox gesetzt werden soll, wenn er mehrmals eine unangenehme Erfahrung auf der Waage gemacht hat, wird er diese Situationen scheuen. Wenn ein Vogel also Angst vor etwas hat, was er eigentlich akzeptieren und tolerieren sollte, dann muss man überprüfen, was im Sinne der klassischen Konditionierung schiefgelaufen ist. Abhilfe kann eine Gegenkonditionierung sein. Wenn ein Vogel Angst vor der Transportbox hat, kann man ihm vorher, wichtig ist bevor er

[1] Übrigens haben neue Ergebnisse der Hirnforschung an Tauben, Hühnern, Krähen und Papageien gezeigt, dass Vögel tatsächlich lebenslang lernen können

Abb. 4.6: Wüstenbussard mit gebeiztem Wildkaninchen. Der Vogel zeigt durch das Abmanteln der Beute seine Verteidigungsbereitschaft an, eine Wegnahme der Beute würde negativ mit der Falknerin verknüpft (Foto: D. Fischer)

von der Faust gesprungen ist, ein Stückchen ***Atzung*** auf der Faust anbieten. Wenn er damit beschäftigt ist, kann man die Faust näher an die Kiste heranführen und – oh Wunder – da gibt es wieder ein Stückchen. Wenn man das ein paar Mal macht, hat die Box ihren Schrecken verloren und ist durch die Belohnungen ein positiver Ort geworden. Dabei ist teilweise Geduld gefragt, da jedes Individuum unterschiedlich schnell lernt.

4.1.2.2 Operante Konditionierung

Die operante Konditionierung – gelegentlich auch als instrumentelle Konditionierung bezeichnet – wurde von dem Amerikaner Burrhus Frederic Skinner entdeckt. Skinner brachte seinen Tieren zunächst bei, dass eine positive oder negative Verstärkung (engl.: reinforcement), also eine Belohnung oder Bestrafung auf sie wartete, wenn sie eine bestimmte Handlung ausführten z. B. einen Hebel drückten, sich um die eigene Achse drehten oder ein Apportel brachten (daher „operant" oder „instrumentell", im Englischen bedeutet „operation" u. a. eine Tätigkeit). Die Belohnung bestand wiederum meist aus Futter. Aber es sind auch andere Belohnungen möglich. Zum Beispiel kann es für eine Muttersau eine äußerst interessante Belohnung sein, wenn sie zu ihren Ferkeln zurückkehren darf. Eine Sau, die gerade keine Ferkel führt, kann mit einer solchen Belohnung nicht geködert werden, genauso wenig wie ein satter Habicht mit Futter. Das bedeutet: Belohnungen wirken nur, wenn die Bereitschaft zum

Handeln bereits vorhanden ist. Wichtig ist, dass die Belohnung sofort kommt. Bei manchen Tieren kann man diese Zeitspanne im Rahmen des Klickertrainings mit Klicks verlängern, z. B. beim Hund, das wird hier aber nicht weiter ausgeführt. Absichtlich gesetzte negative Reize sind beim Training des Greifvogels absolut kontraproduktiv und unabsichtlich geschehene sollten so weit als irgend möglich vermieden werden.

Als Belohnung dient das von der Falknerin bewusst eingesetzte Futter. Das setzt natürlich voraus, dass der Vogel zur Nahrungsaufnahme motiviert ist, in der Umgangssprache also Appetit hat. Zu Beginn der Ausbildung, wenn der Vogel noch lernen muss, ist es unbedingt notwendig, jedes Mal zu belohnen. Der Jungvogel bekommt nach einmaligem Kommen eine volle Portion. Wenn die Handlung bereits beherrscht wird, d. h. wenn es „nur" um die Festigung der Handlung geht, dann ist es besser, wenn nur jedes 3. bis 5. Mal eine Belohnung gegeben wird, wobei der Vogel nie wissen darf, ob diesmal eine Belohnung kommt oder nicht, das nennt man unregelmäßige Intervallbelohnung.

Neben der Häufigkeit der Belohnung spielt auch die Menge des Futters eine wichtige Rolle. In der Lernphase sollte die einzelne Belohnung groß sein. In der Könnenphase ist eine kleine Belohnung oft besser. Allerdings sollte der Vogel die Atzung, die er sieht, auch auf einmal bekommen. Denn was lernt der Vogel, wenn die Falknerin ihm nach ein oder zwei Bissen das gut gespickte ***Federspiel*** oder das ganze Hinterbein des Kaninchens auf der Faust wegnimmt? Er lernt, dass die Falknerin ganz gemein und hinterhältig ist, und dass es viel besser ist, das Federspiel zu ***leiten*** oder zumindest auf der Faust zu ***grimmen*** und nach der Hand zu schlagen, die ihm das Futter wegnimmt. Vielleicht lernt er auch, dass es sich eigentlich nicht lohnt beizureiten. Das Gleiche gilt für die Beute. Auf der ersten Beute bis mindestens zur zehnten Beute bekommt der Vogel einen vollen Kropf. Ihm die Beute wegzunehmen, um weiter zu jagen, das kann man erst tun, wenn der Vogel das Spiel wirklich beherrscht. Ob es besser ist, den Vogel auf der Beute ***aufzuatzen*** oder sie ihm mit einem großen Stück Atzung abzunehmen und die Atzung auf der Faust zu vollenden, darüber gehen die Meinungen auseinander.

Aber was ist, wenn der Vogel etwas tut, was er nicht tun sollte? Viele Habichte oder Harris Hawks zum Beispiel fliegen bei Übungsflügen nicht auf den Baum, sondern drehen in der Luft um und kommen sofort wieder auf die Faust. Was mache ich mit einem Vogel, der nichts gefangen hat, obwohl die Chancen gut waren?

Wenn die Falknerin ihn direkt danach belohnt, verstärkt sie das unerwünschte Verhalten. Sie darf ihn also nicht belohnen. Auch hier ist es wichtig, dass der Vogel nur ein kurzes Gedächtnis für Zusammenhänge hat. Natürlich kann und muss die Falknerin den erfolglosen Vogel eine Stunde nach dem letzten erfolglosen Flug (oder später) füttern, aber eben nicht sofort.

Als Belohnung funktionieren nicht nur Futter, sondern auch alle möglichen anderen Genüsse. Auch Dinge, die die Falknerin gar nicht als Belohnung meint, können zu einer Belohnung werden. Wenn der Vogel zum Beispiel noch nicht fertig abgetragen ist, wirkt das Abspringen am ***Block*** oder das Wegfliegen am Flugdraht oder auch das freie Wegfliegen für den Vogel wie eine Belohnung, weil dann die Nähe zum Menschen, die vom noch nicht ausreichend vertrauten Vogel als unangenehm empfunden wird, verschwindet. Wenn also eine Anfängerin, hier wird bewusst übertrieben, ihren noch nicht vertrauten Vogel mit zu wenig Motivation (Falknersprache: „zu hoch") auf dem Block stehen hat und sich ihm mit einem Stück Atzung nähert, was passiert dann? Nun, der Vogel springt ab. Die Anfängerin ist erschrocken, schiebt das Training mit schlechtem Gewissen auf, legt die Atzung auf den Block und geht weg. Was bedeutet das für den Vogel? Der Vogel wird für sein Abspringen belohnt, denn die als unangenehm empfundene Person ist weg und das belohnende Futter ist noch da. Der Vogel hat also gelernt, dass das Abspringen erstens Abstand und zweitens Futter bringt, was könnte in dieser Situation für den Vogel schöner sein? Wenn die Anfängerin ihren Vogel nach langer Zeit endlich „im Griff" hat, hat sie einen unruhigen Vogel, der bei „Gefahr" immer zum Toben und Wegfliegen neigt. Was macht die Expertin? Sie hat den Vogel in der richtigen Kondition (siehe 4.2.1.1). Sie stellt den noch nicht ausreichend vertrauten Vogel so auf, dass er nicht oder zumindest nicht effektiv toben kann, z. B. auf die ***hohe Reck*** in einem abgedunkelten Raum oder unter die Haube und auf keinen Fall an die Flugdrahtanlage, und sie gibt das Futter zum richtigen Zeitpunkt, wenn der Vogel das getan hat, was er tun soll z. B. auf die Faust überzutreten. Richtiges Timing ist wichtig. Und die Expertin vermeidet, dass der Vogel Fehler machen kann. Tiere, die lernen, ohne Fehler zu machen, lernen schneller und behalten das Gelernte länger als Tiere, die immer wieder Fehler machen. Das bedeutet, dass das Abspringen so weit wie möglich vermieden werden muss.

4.1.3 Habituation

Habituation ist der ethologische Fachausdruck für Gewöhnung. Habituation bedeutet, sich an einen zunächst beängstigenden Reiz zu gewöhnen, wenn er mehrmals hintereinander ohne negative Folgen erlebt wird.

In der Praxis spielt es eine große Rolle, den Vogel so schonend wie möglich mit allen möglichen Störfaktoren in Kontakt zu bringen.

Dieses Lernen geschieht am besten, ohne dass der Vogel versucht sich der vermeintlichen Gefahr durch Abspringen zu entziehen.

Checkliste Lernverhalten

- [x] die Prägung hat im Vergleich zu anderem Lernen zwei Besonderheiten: sie ist nur in einer bestimmten Lebensphase möglich und was einmal gelernt wurde, kann praktisch nie wieder vergessen werden
- [x] die klassische Konditionierung erfolgt für den Vogel unbewusst, verbunden werden mehrfach mit „Belohnung" oder „Bestrafung" gleichzeitig auftretende Sichtzeichen, Töne, Orte oder andere Reize
- [x] die operante Konditionierung erfolgt für den Vogel ebenfalls unbewusst, sie verbindet „Belohnung" oder „Bestrafung" mit gleichzeitig oder ganz kurz vorher ausgeführter Handlung des Vogels
- [x] die Habituation oder Gewöhnung sollte von der Falknerin so gesteuert werden, dass sie so stressfrei wie möglich erfolgt

Sonst lernt der Vogel (siehe oben), dass er durch das Abspringen die Gefahr abgewendet hat und nicht, dass es gar keine Gefahr gab. Deshalb ist es wichtig, den völlig unerfahrenen Jungvogel zunächst davon zu überzeugen, dass der sich nähernde Mensch etwas Angenehmes bedeutet, nämlich Fütterung und keineswegs Gefahr. Hier sind die Haube und/oder der hohe Sitz von unschätzbarem Wert.

Auch im Feld sollte man sich, soweit es irgend geht, Störquellen wie Traktoren, Mountainbikern usw. nur so weit nähern, dass der Vogel nicht abspringt und dann den Abstand allmählich verringern. Diese Taktik sollte ein Leben lang beibehalten werden. Wenn möglich, sollte der Vogel immer nur so weit an Störquellen herangeführt werden, dass er ohne Fluchtversuche lernt, dass die Situation nicht wirklich gefährlich ist.

Abb. 4.7: Entspannter adulter Harris Hawk, nachdem er seit seiner Jugend langsam und vorsichtig mit Kühen vertraut gemacht wurde (Foto: S. Hartmann)

4.2 KNACKPUNKT Falknerische Einflussnahme

Der englische Begriff „manning" beschreibt besser als der deutsche Begriff „***Abtragen***" unser klares Ziel: wir wollen einen Vogel, der vertraut mit dem Menschen, in der Falknersprache also ***locke*** ist. Das zweite klare Ziel ist ein gut jagender Vogel. Auch hier hilft uns die englische Falknersprache, die vom „introducing", von der Einführung spricht, die wir dann erst im nächsten Abschnitt behandeln, wenngleich die Übergänge zwischen beiden Abschnitten fließend sind.

Das Etappenziel ist der Vogel, der auf der Faust – oder auf dem Federspiel neben der Falknerin – ***kröpft*** und dorthin frei aus ca. 20 Meter Entfernung kam.

4.2.1 Abtragen

Ganz wichtig ist, dass der Vogel durch angenehme Erfahrung viel schneller und nachhaltiger locke wird als durch eine raue Methode nach dem Motto: da muss er durch.

Je vertrauter der Vogel mit dem Menschen durch die Aufzucht ist, desto größer ist aber die Wahrscheinlichkeit des dauerhaften Lahnens, vor allem wenn der Mensch einem zu jungen Vogel und/oder bei deutlich zu großem Hungergefühl Atzung bringt. Da das Lahnen auch eine genetische Veranlagungskomponente hat, lässt es sich nicht bei allen Vögeln in jedem Fall vermeiden. Hilfreich ist aber in der Regel, dass so schnell als möglich von der Falknerin weggearbeitet wird, also vorzugsweise auf die echte Beute, ersatzweise auf einen aus einem Versteck geworfenen Dummy, auf das Federspiel am ***Kopter*** oder den Balg an der Seilzugmaschine. Außerdem sollte mit so wenig Appetit-/Hungergefühl wie nötig gearbeitet werden (siehe 4.2.1.1).

Der unerfahrene Vogel soll so wenig wie möglich gestresst werden, während er das erste Vertrauen zum Menschen fasst.

Ist der Vogel mit Menschenkontakt aufgezogen, also z. B. als „social imprint" mit Artgenossen und Menschen, kann diese Phase sehr schnell abgeschlossen werden. Der Vogel wird auch bei sehr mäßigem Appetit-/ Hungergefühl auf der Faust kröpfen.

Wurde der Vogel mit wenig oder ohne Menschenkontakt aufgezogen, sollten die wenigen Tage vom Zeitpunkt, an dem der Vogel aus der Voliere geholt wird, bis zum Kröpfen auf der Faust mit möglichst wenig Aufregung und möglichst wenig Stress verbracht werden. Dazu nutzen wir alle Möglichkeiten und Tricks, dass der Vogel so wenig wie möglich Angst bekommt. Fast jeder Angstauslöser wird vom Vogel optisch wahrgenommen, Geräusche sind nebensächlich, Gerüche spielen keine erkennbare Rolle. Außerdem verstärkt jedes Abspringen, jeder „Fluchtversuch" die Angstreaktion. Deshalb sollte das Abspringen nach Möglichkeit vermieden werden. Ganz schlecht ist es, wenn ein Vogel immer wieder aus einer Voliere gefangen werden muss oder am Flugdraht abspringt. Deshalb wird der Vogel kurz am Geschüh gesichert. Das kann auf dem Hochblock oder der hohen Reck geschehen. Verhaubte Vögel können auch auf ***Zimmerblock*** oder ***Zimmersprenkel*** gestellt werden (siehe auch 6.1.2.2.1.1). Jede dieser Möglichkeiten hat Vor- und Nachteile. Hochblock und hohe Reck sind vor allem für unverhaubte Vögel äußerst nützlich, weil der Mensch dann auf Augenhöhe mit dem Vogel ist und nicht so riesig groß und angsteinflößend erscheint. Der Nachteil der hohen Sitze ist, dass die Gefahr des Erhängens besteht, wenn der Vogel nicht gelernt hat sich nach dem Abspringen wieder aufzuschwingen. Der Vorteil von Zimmerblock oder Zimmersprenkel ist, dass eben diese Gefahr nicht besteht. Um die vermeintliche Bedrohung durch den großen Menschen auszuschalten, müssen die Vögel bei dieser Aufstellung meist verhaubt sein, oder diese ***Julen*** werden erhöht auf einen Tisch oder Ähnliches gestellt. Sobald der Vogel Vertrauen gefasst hat, ist natürlich ein Abstellen auf Block oder Sprenkel auch ohne Haube möglich. Vorzugsweise wird der Jungvogel für die ersten Tage im Haus in einem abgedunkelten Raum untergebracht, bewährt hat sich hier vielfach das leicht zu reinigende Gästebad. Vögel, die verhaubt werden sollen, können diese kurze Zeit überwiegend unter der Haube stehen. Ganz wichtig ist, dass der Vogel sich nicht verhängen kann. Aus Sicherheitsgründen sollte der Vogel einen oder zwei ***Bells*** tragen, die bei Bewegungen des Vogels zu hören sind.

Werden als Sitzgelegenheit eine hohe Reck oder ein Hochblock verwendet, bei denen der Vogel den Boden nicht erreichen kann, muss sichergestellt sein, dass die Falknerin durch die Bells alarmiert wird, sollte der Vogel abspringen. Dies auch wenn die Falknerin glaubt, dass sich der Vogel von alleine aufschwingen kann oder bei völliger Dunkelheit bei Nacht. Unter Umständen ist ein Babyfon oder eine Kamera mit Infrarot-Bild- und Tonübertragung zur Unterstützung der Überwachung hilfreich. Vorteilhaft ist, wenn die Falknerin in der ersten Zeit der Ausbildung Urlaub hat und penibel auf jedes Geräusch, vor allem auf das Klingen der Bells, achten kann.

Die Atzung muss immer schon auf der Faust parat sein, bevor man sich dem Vogel nähert. Atzung wird nie weggenommen, auch später nicht. Es wird immer genau überlegt, wie viel Atzung der Vogel an dem Tag bekommen soll. Es empfiehlt sich die Atzung genauso zu wiegen wie den Vogel. Atzung nachzulegen, wenn zunächst zu wenig angeboten wurde, ist ebenfalls problematisch. Der Vogel soll auf keinen Fall lernen nach der rechten Hand der Falknerin zu schauen, gar zu schlagen.

Dem unverhaubten, noch nicht vertrauten Vogel auf der hohen Reck nähert man sich mit der Atzung auf der Faust am langausgestreckten Arm sehr langsam und nur so lange, dass der Vogel nicht abspringt. Wird der Vogel unruhig, tritt man einen Schritt zurück und beginnt ganz langsam wieder mit der Annäherung. Hier ist die hohe Reck von großem Vorteil, da der Mensch nicht bedrohlich groß, sondern auf Augenhöhe mit dem Vogel erscheint.

Den verhaubten Vogel enthaubt man in einem abgedunkelten, aber nicht stockdunklen Raum auf der mit Atzung versehenen Faust, und zwar so, dass die Atzung am hellsten beleuchtet ist.

Am ersten Tag wird man bei den meisten Vögeln noch nicht erreichen können, dass sie von der angebotenen Atzung kröpfen. Der Vogel wird zu nichts gezwungen, aber es gibt dann auch keine Atzung. Am zweiten oder spätestens dritten Tag wird nahezu jeder Vogel die Atzung akzeptieren. Auch hier wird nichts erzwungen, wenn der Aspirant zwar die Atzung von der Faust nimmt, aber nicht übertritt – so ist das auch OK.

Ist die zugedachte Portion gekröpft, wird der Vogel wieder mit oder ohne Haube abgestellt. Die Übung wird an einem Tag nur einmal durchgeführt.

Kröpft der Vogel ein oder zwei Tage ruhig auf der Faust, die ihm die Falknerin direkt vor die Füße bzw. ***Fänge***/Hände gehalten hat, wird die Entfernung stückchenweise bis auf ***Leinenlänge*** vergrößert[1]. Hat die Falknerin alles in aller Ruhe und ohne Stress richtig gemacht, wird der Vogel am vierten, fünften oder spätestens achten Tag auf mindestens Leinenlänge zur Faust kommen. Auch diese Übung wird am Anfang nicht wiederholt, der Vogel bekommt die ganze Ration auf einmal.

Jetzt ist es Zeit nach draußen zu gehen und auch bei unverhaubt zu trainierenden Vögeln

Abb. 4.8: Wiegen eines Wüstenbussards als Teil der täglichen Versorgungsroutine (Foto: D. Fischer)

mit dem täglichen Wiegen zu beginnen. Jeder Vogel wurde bereits einmal gewogen, nämlich direkt nach der Entnahme aus der Voliere und bei mit Haube zu trainierenden Vögeln ohnehin täglich vor jeder Übungseinheit. Wie schon erwähnt, hat sich neben dem obligatorischen täglichen Wiegen des Vogels auch das Wiegen der Atzung bewährt. Nach dem alten Motto „wer schreibt, der bleibt" sollten alle Gewichte und die jeweiligen Reaktionen des Vogels, am besten noch die sonstigen Rahmenbedingungen, insbesondere die Lufttemperatur, aufgeschrieben werden.

Da es das Ziel ist den Vogel zu einem möglichst guten Jäger zu erziehen, wird nicht allzu viel Zeit auf die Festigung der Bindung zur Falknerin verwendet, nur beim Habicht muss da ein bisschen, aber nur ein bisschen mehr Wiederholung eingeplant werden. In jedem Fall aber gilt: getragen wird am Anfang nur, wenn es zur Ortsveränderung sein muss, also z. B. zum Wiegen, oder solange der Vogel auf der Faust kröpft. Ein stures „Rumschleppen des Vogels"

[1] Die ***Leine*** wird traditionell auch als ***Langfessel*** bezeichnet. Da der Vogel ja nicht gefesselt wird, sollte dieses missverständliche Wort vermieden werden

findet nicht statt. Später kann man die Zeit des Tragens durch einen ***kalten Flügel*** etwas verlängern. Es empfiehlt sich Falken für die unabdingbaren Transporte zu verhauben. Die Transporte werden ja meist im Auto stattfinden, da nur die wenigsten Falknerinnen direkt im Revier wohnen oder einen entsprechend großen Garten haben. ***Kurzflügler*** oder ***Rundflügler***, die nicht verhaubt werden sollen, sollten in Transportboxen transportiert werden. Genauere Informationen zu Transportboxen finden sich in Kapitel 6.4.1.

Kommt der Vogel auch im Freien auf Leinenlänge zur Faust, wird das Federspiel eingeführt. Auch bei Habicht und Harris Hawk wird am Anfang ein Federspiel verwendet. Bei vielen Individuen braucht man das Federspiel nach einiger Zeit nicht mehr, wenn sich der Faustappell von alleine einstellt, aber es ist immer als Notbremse dabei. Ein Vogel, der aus welchen Gründen auch immer einmal keinen Faustappell hat, kommt doch oft noch aufs Federspiel. Bei den Falken ist allein wegen deren größeren Aktionsradius ein Federspiel sinnvoll. Alternativ kann auch eine andere Beuteattrappe wie ein Balg zum Einsatz kommen, der bei Bussarden, Habichten und Adlern regelmäßig verwendet wird. Allerdings ist der Balg oft zu unhandlich, um ihn als Notbremse ständig dabei zu haben.

Abb. 4.9: Junger Wanderfalke wird auf seiner ersten Beute aufgeatzt, mit der Leine gesichert (Foto: Th. Richter)

Das zunächst gut mit Atzung gespickte Federspiel wird dem Vogel am ersten oder auch noch am zweiten Tag des Federspieltrainings an Sprenkel oder Block überlassen, ohne dass die Falknerin sich weiter nähert, sodass der Vogel ruhig kröpft. Nie, unter keinen Umständen, auch später nicht, wird dem Vogel das Federspiel weggenommen, solange noch Atzung darauf ist. Das gilt, wie man nicht oft genug wiederholen kann, auch für Atzung auf der Faust. Es wird keine Atzung weggezogen! Der Vogel bekommt, was er sieht. Das Federspiel oder die Faust wird mit genau der vorher festgelegten Atzungsmenge versehen. Erst wenn die Atzung vollständig gekröpft wurde und sich der Vogel auf dem Federspiel entspannt, wird er mit dem Rest der täglichen Ration auf der Faust wieder aufgenommen. Das Verhältnis der beiden Atzungsportionen wird bei ca. 80 % auf dem Federspiel und ca. 20 % auf der Faust eine gute Verteilung haben. Der Vogel sollte, auch später immer, während des Kröpfens auf dem Federspiel oder der Beute mit der Leine gesichert sein. Auch diese Übung wird am gleichen Tag nicht wiederholt.

Am sechsten bis zwölften Tag des Trainings ersetzt und verlängert die Falknerin die Leine durch die ***Lockschnur***. Als Lockschnur dient eine reißfeste, aber leichte Reepschnur von ca. 20 Metern Länge. Um zu verhindern, dass der Vogel abrupt zu Boden gerissen wird, sollte er in die Lockschnur hineinfliegen, wird die Lockschnur nicht fest am Boden oder einem festen Gegenstand verankert. Stattdessen wird sie an einem, der Größe und Kraft des Vogels angemessenen Gewicht befestigt, das ggf. den Vogel sanft abbremst. Bei mittelgroßen Vögeln vom Wanderfalkenterzel bis zum

Habichtsweib hat sich die frei auf dem Boden liegende Falknertasche als Gewicht bewährt. Wichtig ist auch, dass sich die Lockschnur nicht in der Vegetation oder an Ackerschollen o.ä. verfangen kann. Kurz geschnittener Rasen ist ideal für das Lockschnurtraining. Der Vogel wird an der Lockschnur auf eine Sitzgelegenheit oder die Faust einer Helferin gestellt und die Falknerin hofft, dass der Vogel fünf bis zehn Meter aufs Federspiel ***beireitet***, welches neben der Falknerin auf dem Boden liegt (siehe auch Kapitel 6.3.2). Auch diesmal bekommt der Vogel die Tagesration auf einmal, verteilt auf Federspiel und Faust natürlich. Diese Übung kann in den nächsten paar Tagen noch etwas ausgedehnt werden, wobei es nicht wirklich wichtig ist, ob der Vogel auf 10 oder 20 Meter an der Lockschnur kommt. Wichtiger ist, dass er zügig kommt. Sollte er bisher ohne Zögern gekommen sein und jetzt zögern, so ist das Gewicht des Vogels ein bisschen – und zwar wirklich nur ein bisschen – zu reduzieren. Nach zwei bis drei Wochen ab Beginn des Trainings sind Falknerin und Vogel in aller Regel so weit, dass sie den ersten Freiflug wagen können. Grundvoraussetzung ist aber natürlich eine funktionierende Telemetrie, und dass man auch damit umgehen kann (siehe 6.3.5).

4.2.1.1 Konditionierung

Greifvögel sind Opportunisten. Sie jagen nicht zum Spaß oder aus „Jagdtrieb". Sie jagen, weil sie Appetit haben und einen vollen Kropf haben wollen. Dabei gehen sie den Weg des geringsten Widerstandes. Bei mäßigem Appetitgefühl sollte aus Sicht des Vogels der Aufwand bei der Jagd eben auch nur mäßig sein. Die objektiv gleiche Nährstoffversorgung, die in erster Näherung mit dem Körpergewicht korreliert, führt dabei zu ganz unterschiedlichem Hungergefühl abhängig von der Jahreszeit, der Außentemperatur, der Tageszeit, den

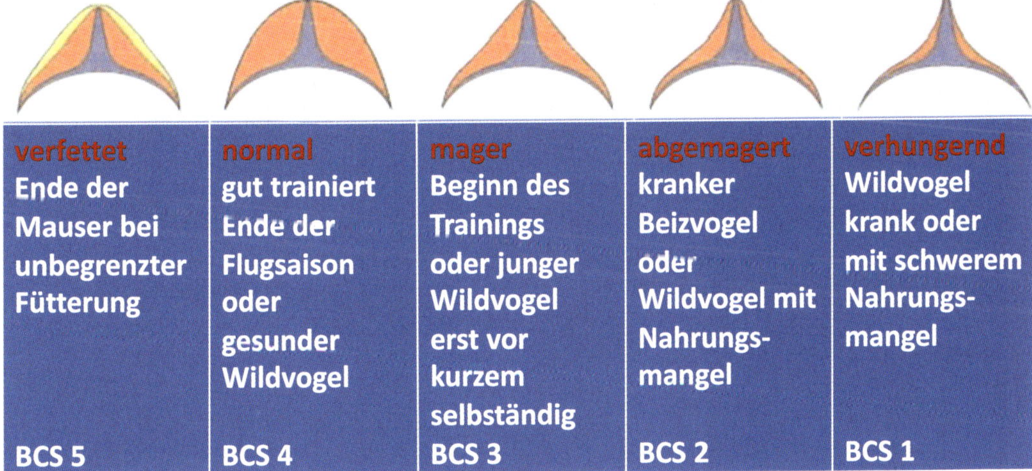

Abb. 4.10: Querschnitt durch Brustmuskel und Brustbein schematisch, nach Leix, 2021, verändert

Störungen durch Menschen (Mountainbikerinnen, Traktorfahrerinnen, Joggerinnen, Reiterinnen usw.), fremde Hunde und Ähnliches. Die Wichtigkeit dieser Faktoren ist individuell sehr unterschiedlich, wobei Habichte häufg etwas störungsempfindlicher sind als Falken, Adler oder gar Harris Hawks.

Ethologinnen nutzen den leider sperrigen Begriff des Höchstwertdurchlasses. Die Beobachtung ist, dass meistens mehrere Motivationen gleichzeitig aktiviert sind. Die Motivationen sind zu unterschiedlichen Zeiten und unter unterschiedlichen Rahmenbedingungen eben auch unterschiedlich. Die Motivation mit dem aktuell höchsten Wert wird „durchgelassen", das entsprechende Verhalten ausgeführt (Hassenstein, 2001; siehe auch 11.2.1).

Immer motiviert ist das Fluchtverhalten. Tritt ein entsprechender angstauslösender Reiz auf, reagiert der Vogel mit Flucht. Wie sensibel ein Vogel reagiert, hängt von der Selektion der Art über viele Generationen ab, aber auch von der individuellen Lernerfahrung. Habichte reagieren meist sensibler als z. B. Harris Hawks. Ein Falknervogel, der seit früher Jugend mit vielfältigen Reizen in Berührung kam und die Erfahrung machen konnte, dass sie nicht gefährlich sind (Habituation), reagiert viel gelassener, als ein verletzt zur Rehabilitation aufgenommener, erwachsener Wildvogel.

Niedrigschwellig immer motiviert ist das Komfortverhalten. Ist das Hungergefühl nur mäßig und scheint z. B. um die Mittagszeit die Sonne, so wird oft Komfortverhalten ausgelöst, der Vogel sonnt sich, putzt das Gefieder und reagiert nicht auf ein Nahrungsangebot.

Ein wichtiger Faktor für den Appetit ist die Tageszeit, früh morgens und vor allem abends kurz vor dem Dunkelwerden, ist die Motivation zur Nahrungsaufnahme und damit zu Jagd oder Appell meist höher als zur Mittagszeit, was auch mit der Temperatur zusammenhängen kann. Bei niedrigen Temperaturen ist die Motivation zu Jagd oder Appell deutlich höher als bei höheren.

Der psychische und physische Zustand des Vogels wird in der Falknersprache als Kondition, das Herbeiführen dieses Zustandes als Konditionierung bezeichnet. Unterschiedliche Lebens- oder Aktivitätsphasen bedingen oder verlangen nach unterschiedlichen Konditionen z. B. der Jagdkondition, der Mauserkondition oder der Zuchtkondition. Je nachdem, ob sich der Vogel dabei am oberen oder unteren Ende der Spanne der Ausprägung befindet, kann dann jeweils noch eine hohe, mittlere oder tiefe Kondition unterschieden werden. In der Tierhaltungswissenschaft hat sich der Begriff des Body-Condition-Score (BCS) eingebürgert. Ein BCS von 5 beschreibt ein verfettetes Tier, ein BCS von 1 ein abgemagertes Tier kurz vor dem Verhungern (siehe Abb. 4.10). Anzustreben sind am Beginn der Jagdzeit sowie während Zuchtzeit oder Mauser mittlere BCS von 3-4, am Ende der Jagdzeit hohe Konditionen um BCS 4, tiefe Konditionen unter BCS 3 kommen bei kranken Greifvögeln und vor allem bei hilfsbedürftigen Wildvögel vor.

4.2.2 Einjagen

Soll mit dem Vogel die Beizjagd ausgeübt werden, ist das Ziel der zuverlässig erfolgreich jagende Vogel „auf freilebendes Wild in dessen natürlichem Habitat".

Am Anfang sind zwei Aspekte besonders wichtig. Einmal, dass der Vogel so früh als möglich lernt, dass er von der Falknerin wegfliegen muss, um Erfolg zu haben. Es ist mehr als verständlich, dass Jungfalknerinnen enorm stolz sind, wenn der Vogel das erste Mal und das siebte Mal und immer wieder sofort und zuverlässig beireitet. Auch erfahrene Falknerinnen erfreut das immer noch sehr. Aber um einen erfolgreichen Jäger zu erziehen ist am Anfang eine zu enge Bindung kontraproduktiv. Später wachsen Falknerin und Vogel in der Regel ohnehin eng zusammen, aber zunächst muss der Vogel erfahren, dass sein Erfolg fern von der Falknerin zu finden ist.

Als allererster Schritt kann von einer unsichtbaren Helferin gezogenes oder geworfenes Schleppwild den Vogel nach vorne bringen. Dieser Zwischenschritt ist nicht in allen Fällen nötig. Glücklich sind die Falknerinnen, die auf Wild beizen wollen, das schon früh im Jahr Jagdzeit hat. Sie können nichts Besseres tun, als den Jungvogel, nachdem er mal gerade so eben Federspielappell hat, an Wild zu bringen. Dabei sollten Chancen gesucht werden, die dem sprichwörtlichen Elfmeter ohne Torwart entsprechen. Besonders gut geht das im Kaninchen- oder Krähenrevier, vorausgesetzt es gibt im jeweiligen Land keine rechtlichen Hindernisse, wenn mit dem naiven Jungvogel auf naive Jungkaninchen oder Jungkrähen gebeizt werden kann. Alle anderen müssen sich mit Helferinnen, die unsichtbar in der Deckung versteckt tote Beutetiere und/oder Federspiele als Überraschungswild präsentieren, mit Seilzugmaschinen oder Drohnen/Koptern behelfen (siehe 6.3.4). Wichtig ist zunächst, dass die Beute nicht bei der Falknerin, sondern ganz im Gegenteil abseits von ihr zu finden ist. Sobald als irgend möglich sollte aber „echtes" Wild angejagt und gebeizt werden, damit der Vogel sich nicht auf die leichter zu erreichende Ersatzbeute spezialisiert und die „echte" Jagd dann verweigert. Junge Harris Hawks kann man auch in Kompanie mit erfahrenen Artgenossen fliegen, von denen sie sich das Jagen abschauen können. Allerdings ist auch hier Sorgfalt und ständige Überwachung geboten, es haben sich auch schon Harris Hawks in Jagdkondition gegenseitig getötet.

Checkliste Falknerische Einflussnahme

- ☑ das Abtragen muss so stressfrei wie möglich erfolgen
- ☑ Fluchtverhalten wirkt beim noch nicht fertig ausgebildeten Vogel belohnend und muss vermieden werden
- ☑ Atzung wird nie weggezogen und nach Möglichkeit nicht nachgelegt
- ☑ sowohl die ersten Beireiteübungen als auch die ersten Beizjagden sollten einfach und sicher zum Erfolg führen
- ☑ der Vogel muss bei den ersten Beireiteübungen und beim ersten Beizerfolg zur Belohnung mit einem vollen Kropf aufgeatzt werden
- ☑ der Vogel sollte auf dem Federspiel oder der Beute stets so schnell wie möglich mit der Leine gesichert werden

05

Klima

Unter dem Begriff Klima werden in der Tierhaltungswissenschaft die physikalisch/chemischen Umweltbedingungen im direkten Tierbereich, also Licht, Luftfeuchte, Temperatur, Luftbewegung, Schadgase und Staubgehalt verstanden.

Die klassische Greifvogelhaltung in Mitteleuropa erfolgt unter Außenklimabedingungen, das ist für die meisten Arten auch die beste Methode. Allerdings müssen die Vögel die Möglichkeit haben, sich bei ungünstigen Außenbedingungen in witterungsgeschützte Bereiche zurückzuziehen oder sie müssen dorthin verbracht werden. Bei diesen Haltungsbedingungen sind für heimische Arten kaum negative Auswirkungen des Klimas zu befürchten. Werden Greifvögel vorübergehend oder dauernd in geschlossenen Gebäuden gehalten, spielt das Klima eine größere Rolle. Besondere klimatische Bedingungen herrschen oft beim Transport, sie werden dort deshalb gesondert behandelt (siehe 6.4).

5.1 Licht

Drei Eigenschaften des Lichtes sind bedeutsam:

- die Beleuchtungsdauer gemessen in Minuten bzw. Stunden
- die Beleuchtungsintensität gemessen in Lux
- die spektrale Zusammensetzung gemessen in Nanometer (nm) Wellenlänge, wobei häufig nur eine grobe Kategorisierung in infrarote Wärmestrahlung (mehr als 750 nm), sichtbares Licht (380 bis 750 nm) und ultraviolettes Licht (UV-Licht, unter 380 nm) benutzt wird.

Licht erfüllt in der Tierhaltung vielfältige Funktionen. Zunächst dient es den Tieren, aber auch den Menschen zum Sehen. Bei den überwiegend über den Sehsinn orientierten Greifvögeln ist dies besonders wichtig. Gerade in großen Tierhaltungseinrichtungen ist eine ausreichende Beleuchtung auch in der letzten Ecke für die so überaus wichtige Kontrolle durch die Tierhalterin unabdingbar. In Zahlen ausgedrückt bedeutet das: Überall im Tierbereich sollten während der Kontrolle mindestens 100 Lux messbar sein. Als Faustregel kann gelten, es sollte überall möglich sein, Zeitung zu lesen.

Die Beleuchtungsdauer steuert in der Natur maßgeblich die Saisonalität bestimmter Prozesse wie die Mauser oder die Fortpflanzung, sodass die Greifvogelküken alljährlich im Frühjahr schlüpfen, wenn reichlich Beute zu deren Ernährung vorhanden ist. In vielen Bereichen der technisch unterstützten, kommerziellen Tierhaltung und Tierzucht (z. B. beim Wirtschaftsgeflügel) werden Tageslichtlänge und Beleuchtungsparameter aus Gründen der besseren Synchronisierung dieser Abläufe durch ein fachgerechtes Lichtregime etabliert, nicht zuletzt, um Arbeitsabläufe zu optimieren. Bei den in unseren Breiten gehaltenen Greifvögeln reicht der Zugang zu natürlichem Tageslicht aus, um die natürliche Rhythmik und Saisonalität zu gewährleisten. In Sondersituationen, wie einem längeren Klinikaufenthalt oder einer anderweitig notwendigen mehrtägigen Innenraumhaltung, muss man dies jedoch durch ein passendes Lichtregime berücksichtigen. Wichtig für die Gesunderhaltung ist auch das für Menschen unsichtbare UV-Licht. UV- steht für ultraviolett, deckt den Wellenlängenbereich 100 - 380 nm ab und ist energiereicher als das für Menschen sichtbare Licht. Einerseits hat es direkten Einfluss auf den Organismus, andererseits tötet es Krankheitserreger ab, sogar einige Viren. Dabei ist zu beachten, dass sowohl Fensterglas als auch Plexiglas das UV-Licht weitgehend abschirmen. Bei der Haltung in Gebäuden ersetzt deshalb Lichteinfall durch Fenster die UV-Anteile im klassischen Kunstlicht nicht. Aus diesem Grund sind dort Vollspektrumleuchtmittel mit UV-A- und UV-B-Anteilen notwendig, um dies zu kompensieren. Hier ist jedoch zu beachten, dass diese Leuchtmittel häufig nur eine bestimmte Lebensdauer haben und nicht dauerhaft konstant UV-Licht emittieren, sodass die Herstellerangaben beachtet und die Funktionalität regelmäßig mit Messinstrumenten (sogenannten Solarmetern) überprüft werden sollte. Mittlerweile liefert auch moderne ***LED***-Technik, wie sie im Bereich der klassischen Geflügelhaltung, der Zootierhaltung, der Terraristik oder der kommerziellen Ziervogelzucht verwendet wird, ebenfalls ein breites UV-Spektrum, sodass eine energetisch günstigere und sichere Option der tiergerechten Beleuchtung besteht. In der Volierenhaltung und bei der falknerischen Unterbringung beleuchtet jedoch das natürliche Sonnenlicht ausreichend mit UV-Strahlung.

Vögel verfügen über eine hohe Flickerfusionsfrequenz. Das ist die Frequenz, bei der aufeinander folgende Lichtreize nicht mehr als Flimmern, sondern als kontinuierlich wahrgenommen werden. Sie können etwa 160 Einzelbilder pro Sekunde getrennt voneinander sehen, während wir Menschen, wie viele andere Säugetiere, gerade einmal 10-15 Bilder in der Sekunde unterscheiden können. Einen Film im Fernsehen nehmen Vögel also nicht wie wir Menschen als Film wahr, sondern sie erkennen deutlich die einzelnen Bilder. Das ist von herausragender Bedeutung, wenn mit künstlichen Lichtquellen beleuchtet wird, da das Licht vieler Leuchtstoffröhren von Vögeln wie ein Stroboskop (Diskolicht) wahrgenommen wird. Es ist zu gewährleisten, dass flickerfreie Beleuchtungssysteme eingesetzt werden. In diesem Zusammenhang kann die Verwendung von LED-Leuchtmitteln oder die Installation von elektronischen Vorschaltgeräten zur Erhöhung der Leuchtenfrequenz bei kommerziellen Leuchtstoffröhren notwendig sein.

5.2 Luftfeuchte

Die Luftfeuchte spielt in der üblichen Greifvogelhaltung unter Außenklimabedingungen eine untergeordnete Rolle, sie ist jedoch vor allem während des Transportes, bei Hitzebelastung und bei der Haltung in Gebäuden von Bedeutung.

Luft kann nur eine bestimmte Menge Wasser aufnehmen. Wie viel Wasser aufgenommen wird, ist ausschließlich von der Lufttemperatur abhängig: Je wärmer die Luft ist, desto mehr Wasserdampf kann sie aufnehmen.

5.2.1 Absolute Luftfeuchte

Die absolute Feuchte gibt den Wassergehalt in g/m^3 an. Die Sättigungsfeuchte ist die maximale Wassermenge, die bei einer gegebenen Temperatur von der Luft aufgenommen werden kann. Gelangt warme Luft mit hohem Wassergehalt an kühlere Flächen (z. B. ein nicht wärmegedämmtes Dach) so kühlt sie ab und kann dementsprechend weniger Wasser halten. Folglich bildet sich Kondenswasser, das auf die Vögel herunter tropft und unter Umständen auch Schäden an der Bausubstanz (z. B. Rostbildung) und Nachteile für die Gebäudehygiene (z. B. Algen- oder Pilzwachstum) verursacht. Daher und zur Vermeidung einer Aufheizung der Voliere bei Sonneneinstrahlung, sollten Volierendächer mit Wärmedämmung ausgeführt oder gut hinterlüftet sein. Dauerhaft feuchte Bereiche, Ecken und Winkel sollten vermieden werden.

5.2.2 Relative Luftfeuchte

Für das Wohlbefinden von Vogel und Mensch ist insbesondere die relative Luftfeuchte wichtig. Hierunter versteht man das Verhältnis von absoluter Feuchte zur Sättigungsfeuchte in Prozent.

Die relative Feuchte ist deshalb von besonderer Bedeutung, weil von ihr die Aufnahme weiteren Wassers durch die Luft abhängt. Die Wasserabgabe, z. B. durch Hecheln, ist ein ganz wichtiger Weg zur Abkühlung des Vogels. Die Abkühlung geschieht über den Mechanismus der sogenannten Verdunstungskälte, also den Entzug von Energie in Form von Wärme aus dem Körper, um diese Energie für die Verdunstung des Wassers zu nutzen. Sie funktioniert nur, solange die Luft Wasser aufnehmen kann.

Liegt die relative Feuchte nahe 100 %, kann der Vogel durch Verdunstung keine Kühlung mehr erlangen, auch wenn er noch so viel hechelt. Deshalb ist trockene Hitze viel leichter zu ertragen als feuchte Hitze. Umgekehrt trocknen die Schleimhäute der Vögel aus, sobald die relative Feuchte unter Werte von etwa 40 % sinkt.

Die optimale relative Luftfeuchte für alle heimischen Greifvögel liegt zwischen 50 % und 80 %. Werte außerhalb dieses Bereichs haben bei Haltung in geschlossenen Räumen oft Atemwegserkrankungen zur Folge. Unter Außenklimabedingungen ergeben sich für heimische Greifvögel jedoch in der Regel keine negativen Auswirkungen nasskalten Wetters mit hoher relativer Feuchte.

5.3 Niederschlag

Obwohl warmer Regen von den Greifvögeln in der Regel gut vertragen und sogar zum „Duschen" genutzt wird, sollte ein Rückzug in den Witterungsschutz jederzeit möglich sein bzw. der Vogel bei Niederschlag dorthin verbracht werden. Feuchtigkeit des Gefieders kann ab einem bestimmten Grad bestimmte Funktionen der Federn wie die Regulierung des Wärmehaushalts und die Flugfähigkeit einschränken. Durch die Oberflächenveränderung der Federn kann warme Luft nicht mehr zwischen den locker aufgestellten Federn gespeichert und während des Fliegens nicht mehr adäquat verdrängt werden. Deshalb sollte insbesondere bei niedrigen Temperaturen um den Gefrierpunkt und insbesondere beim Harris Hawk oder Arten aus warmen Herkunftsgebieten für einen Witterungsschutz gesorgt werden. Bei während Jagd oder Training durchnässten Vögeln kann auch das temporäre Verbringen in einen temperierten Raum oder der Einsatz von elektrischen Haartrocknern (Fön mit niedriger Wärme) genutzt werden.

5.4 Temperatur

Bei der Temperatur ist zu unterscheiden zwischen der Lufttemperatur, der Temperatur der Sitzgelegenheiten, der Temperatur etwaiger Wände oder ähnlicher Bauteile sowie der von Materialien (z. B. auch der Bells), soweit die Vögel mit ihnen in Berührung kommen oder Wärme an sie abstrahlen.

Einem Vogel stehen vier Mechanismen zur Verfügung, um Wärme aufzunehmen oder abzuführen.

Direkt durch:

- Luftströmung/-bewegung (Konvektion);
- Wärmeübertragung an eine kältere Schicht, z. B. an die Sitzgelegenheit oder an den Bell (Konduktion);
- Strahlung als Abgabe von langwelliger Wärmestrahlung (Radiation): die Wärme wird immer von dem wärmeren Körper oder Gegenstand an den kälteren abgestrahlt. Der subjektive Eindruck, dass eine kalte Wand aus Metall oder Stein Kälte abstrahle, ist physikalisch betrachtet falsch, sie leitet die aufgenommene

Abb. 5.1a: Bei heißen Temperaturen hilft das Ansprühen mit Wasser (Foto: Th. Richter)

Abb. 5.1b: Ein angesprühter Sakerfalke hechelt weil es ihm immer noch zu heiß ist; aufgenommen in den Vereinigten Arabischen Emiraten (Foto: Th. Richter)

Wärme nur schnell ab und ist dann wieder für neue Wärmeaufnahme bereit. Besteht die Wand aus einem schlechten Wärmeleiter, z. B. aus Holz, wird die Wärme nicht so schnell abgeführt, der Wärmeverlust ist geringer und die subjektive Empfindung entspricht der einer wärmeren Wand.

Indirekt durch:

- Wärmeabgabe über die Erzeugung von Verdunstungskälte, das nutzt ein Tier während des Hechelns (Evaporation).

Für einheimische Greifvögel stellen die bei uns üblicherweise vorkommenden Lufttemperaturen im Freien kein Problem dar, sofern die Vögel in den Extrembereichen die Möglichkeit haben den Schatten oder eine windgeschützte Stelle aufzusuchen. In Regionen mit extremen Hitzeperioden (z. B. den arabischen Ländern) ist eine aufwändige, kostspielige und ökologisch fragliche Klimatisierung der Volieren erforderlich, um in den Sommermonaten mit Temperaturen über 50°C eine Haltung von Greifvögeln zu ermöglichen.

Insbesondere beim Harris Hawk kann es zu Flügelspitzen***ödemen*** kommen, wenn die Wärmeabgabe durch Wärmestrahlung an den kalten Boden oder an kalte Wände, über den Luftstrom oder über Verdunstung zu groß wird. Ersteres kann bei der bodennahen falknerischen Unterbringung, aber auch in einer Voliere, bei Bodenfrost oder während Temperaturen unter 0°C vorkommen, weshalb ein Abstand von mehr als 50 cm zwischen Sitzmöglichkeit und Boden empfohlen wird. Nasses Gefieder, vor allem in Verbindung mit Zugluft, erhöht die Gefahr der lokalen Unterkühlung der Flügelspitze, die für die Entstehung des Flügelspitzenödems mitverantwortlich gemacht wird. Bei einer Haltung mit ausreichendem Wind- und Regenschutz ist die Gefahr geringer. Badewasser sollte bei Gefahr von Nachtfrost am Nachmittag entfernt werden. Die Vögel sind ggf. vorbeugend in einen mäßig temperierten Raum zu verbringen. Alternativ können unter den Sitzgelegenheiten in Volieren auch sogenannte Gewächshausheizungen gute Dienste leisten. Die Heizungen selbst werden nur handwarm (max. 30-35°C), es besteht also keine Gefahr von Verbrennungen, der aufsteigende leicht temperierte Luftstrom wird gerne genutzt. Alternativ können auch Infrarotwärmestrahler (ähnlich einer Rotlichtlampe jedoch mit einer Keramikbirne) oder Infrarotwandheizungen genutzt werden, die bei Temperaturen um und unter dem Gefrierpunkt Wärme abgeben. Aus gleichem Grund könnte auch eine in der Tierhaltung weit verbreitete Rotlichtlampe als Wärmestrahler zum Einsatz kommen, allerdings gibt es hier Hinweise darauf, dass diese bei langzeitiger Anwendung im Gegensatz zu den Infrarotwärmestrahlern aus Keramik mit ihrem sichtbaren Rotlicht die Augen schädigt. In jedem Fall muss bei Wärmestrahlern ein Mindestabstand zum Vogel eingehalten werden (meist ca. 30 cm), was durch Drahtumrahmungen gewährleistet werden kann. Bei extremen Minustemperaturen um die -20°C ist es schon zu lokalen Erfrierungen an den Zehen eines Habichts gekommen, als ein Bell mit der hohen Wärmeleitfähigkeit des Metalls die Zehen über längere Zeit bei Nacht berührt hat. Glücklicherweise heilte die Wunde spontan wieder ab. Sind solche Temperaturen zu erwarten, sind Bells und andere Metallteile vorsorglich zu entfernen. Bei Tieren aus tropischen und subtropischen Herkunftsgebieten ist besondere Sorgfalt bei der Verhütung von Erfrierungen und sonstigen Kälteschäden geboten.

Abb. 5.2: Gewächshausheizung unter der Sitzgelegenheit in der Voliere eines Harris Hawks. Vor Besatz mit Vögeln sollte jedoch das Kabel ordnungsgemäß befestigt werden (Foto: Th. Richter)

5.5 Luftbewegung

Die Luftbewegung hat einen Einfluss auf die Körpertemperatur. So wie der Kaffee schneller auskühlt, wenn man darüber bläst, so kühlt auch der Körper schneller aus, wenn die kühlere Luft sich bewegt und dabei Wärme mitgenommen und abtransportiert wird. Neben dem Einfluss auf die Thermoregulation hat die Luftbewegung Einfluss auf den Abtransport der entstehenden Schadgase und Feuchte. Das hat vor allem eine Bedeutung in geschlossenen Räumen, insbesondere in dem kleinsten Raum, in dem sich viele Beizvögel regelmäßig aufhalten, der Transportbox (siehe 6.4.1).

5.5.1 Zugluft

Während eine gewisse Luftbewegung auch aus hygienischen Gründen zu begrüßen ist, birgt Zugluft die Gefahr der lokalen Unterkühlung von Körperpartien und der damit verbundenen Nachteile. Zugluft sollte deshalb in der Tierhaltung weitestgehend vermieden werden. Sie spielt zwar in der Haltung von mittelgroßen und großen heimischen Greifvögeln unter Außenklimabedingungen eine untergeordnete Rolle, trotzdem sollte Zugluft- und Windschutz bei tieferen Temperaturen für alle Tiere vorhanden oder nutzbar sein. Vor allem beim Harris Hawk ist eine höhere Empfindlichkeit gegeben.

5.6 Schadgase

In der Luft von Nutztierställen wurden mindestens 138 verschiedene Gase nachgewiesen, über deren Schädlichkeit aber auch beim Nutztier nicht ausreichend Kenntnis vorliegt (Hartung, 1988). Entsprechende Untersuchungen für die Greifvogelhaltung liegen nicht vor. Für Kohlendioxid (CO_2) und Kohlenmonoxid (CO) sind Vögel vergleichsweise empfindlicher als Menschen, schließlich hat man früher auch Kanarienvögel als „Warnmessgeräte" für diese auch im Bergbau gefürchteten, farb- und geruchlosen Schadgase mit unter Tage genommen, da sie vergleichsweise schneller darauf reagieren als der Mensch. Auf jeden Fall schädigend ist Ammoniak, das auch als Umweltgas eine wichtige Rolle spielt. Die Schadschwelle für Ammoniak liegt beim Nutztier etwa in Höhe der Riechschwelle des Menschen bei ca. 10 ***ppm***. Beim Vogel mit seinem empfindlichen Atmungsapparat dürfte sie tiefer liegen. Wichtig wird der Ammoniakgehalt vor allem in der Transportbox. Ammoniak entsteht nicht im Vogel selbst, sondern extern durch bakteriellen Abbau vor allem des Harnes. Deshalb gelten auch hier die allgemeinen Grundsätze der Reduktion bakteriellen Wachstums, wie sie in Kapitel 10.3.5 dargelegt werden. Über Gestaltung und Management der Transportbox gibt Kapitel 6.4.1 Auskunft. Häufige Reinigung der Box, Einlage von saugfähigem Papier und eine Belüftung der Box durch einen kleinen Ventilator haben sich bewährt.

5.7 Staub- und Aerosolgehalt

Staub besteht aus kleinen Feststoffpartikeln, die sich aufwirbeln lassen und für einige Zeit im Staub-Luft-Gemisch schweben. Unter Aerosolen versteht man ein Gemisch aus festen und flüssigen Schwebeteilchen und Luft. Staub wirkt belästigend, er kann die Haut und die Schleimhäute, vor allem im Atmungstrakt, belegen und mechanisch schädigen. Staub kann toxisch wirken und vor allem kann er Träger und Nährmedium für Mikroorganismen, insbesondere für Bakterien und für Schimmelpilze (z. B. Sporen von Aspergillus) sein. Auch Viren oder Dauerstadien von Parasiten können im Staub enthalten sein und über diesen übertragen werden. Außerdem verschmutzt und schädigt Staub auch die Einrichtung. Im Greifvogelbereich sollte auf organische und potentiell Bakterien und Pilze beherbergende Einstreu, inklusive Rindenmulch oder sonstige Staubquellen, verzichtet werden.

Checkliste Klima

- ☑ bei der Haltung unter künstlichem Licht sind der UV-Anteil und die Flickerfreiheit zu beachten
- ☑ Schutz vor Niederschlag, Wind und Zugluft muss bei Bedarf gegeben sein
- ☑ Überhitzung, vor allem im geschlossenen Auto, kann tödlich sein
- ☑ niedrige Temperaturen, insb. in Verbindung mit Nässe, sind insb. beim Harris Hawk und eventuell anderen Tieren aus warmen Herkunftsgebieten gefährlich
- ☑ Ammoniak ist ein sehr potentes Gift, die Entstehung sollte minimiert werden (siehe 10.3.5)
- ☑ Transportboxen sind zu belüften, um Frischluft zuzuführen und Schadgase abzuführen, hierzu eignen sich kleine Ventilatoren (siehe 6.4.1)

06

Unterbringung und Management

Die Unterbringung des Vogels muss mehrere Anforderungen erfüllen. Der Vogel muss sich wohlfühlen, es muss jeglicher Schaden verhindert werden und die Falknerin muss in der Lage sein, die Einrichtungen und den Vogel gut zu managen, wobei das Management untrennbar zur Unterbringung dazu gehört. Hervorragendes Management kann eher suboptimale Einrichtungen oft noch akzeptabel gestalten, während bei schlechtem Management auch die besten Einrichtungen nicht vor tierschutzrelevanten Problemen schützen.

Zur Unterbringung von Greifvögeln sind Volieren und die falknerische Methode geeignet. In vielen Fällen sind Kombinationen der beiden Varianten sinnvoll. Viele Falknerinnen bringen ihre Habichte oder Harris Hawks ganzjährig an Flugdrahtanlagen unter, alternativ während der Freiflugsaison tagsüber an Flugdrahtanlage bzw. ***Sprenkel***, nachts und außerhalb der Saison in Volieren. Analog wird meist bei Adlern verfahren. Falken werden häufig während der Saison an Block und Reck und außerhalb der Saison in Volieren gehalten.[1]

Abb. 6.1: Teilweise geschlossene Volieren, Konstruktion Lärchenholz nicht sichtbar, Beplankung innen Zementfaserplatten, Beplankung außen auf der Sichtseite Holz mit Nut und Feder (Foto: Th. Richter)

[1] Da sich die deutsche Rechtssetzung zur falknerischen Methode für Management und Unterbringung von Greifvögeln zum Zeitpunkt der Drucklegung des Buches in der Überarbeitung befindet, deren Ergebnis nicht absehbar ist, muss sich die Falknerin über die jeweils gültigen Bestimmungen informieren und sie ggfs. auch dann einhalten, falls sie von unseren ethologisch begründeten, tierschutzkonformen Vorschlägen abweichen sollten

6.1 KNACKPUNKT Unterbringungseinrichtungen

Was braucht der Vogel für sein Wohlbefinden, was verhindert Schaden und wie können der Vogel und die Unterbringung am besten gestaltet und gemanagt werden?

Alle Methoden und Unterbringungseinrichtungen müssen im Zusammenwirken mit dem Management 10 Punkte gleichzeitig erfüllen.

Sie müssen:

1. Komfort für den Vogel bedeuten,
2. Bewegungsmöglichkeit bereitstellen,
3. positives Lernen ermöglichen, Stress vermeiden,
4. Schäden am Vogel verhindern,
5. den Vogel vor negativen Einflüssen durch die Witterung schützen,
6. Krankheitserreger fernhalten,
7. potentiell gefährliche Prädatoren fernhalten,
8. unbeabsichtigtes Entfliegen verhindern,
9. die Beobachtung des Vogels ermöglichen und
10. einfach zu reinigen sein.

6.1.1 Lösungsmöglichkeit Volieren

Volieren müssen Greifvögeln Ruhe und die Möglichkeit der Erholung bieten und deshalb dem Sicherheitsempfinden der Vögel Rechnung tragen. Die höchste Sicherheit empfinden fast alle Greifvögel in seitlich komplett geschlossenen Volieren, in denen sie von vielen potentiell beängstigenden oder störenden Umwelteinflüssen abgeschirmt werden, aber durch das teilweise durchsichtige Dach die Umwelt beobachten können. Allerdings verwildern sie darin oft stark, werden also scheu gegenüber Menschen, wenn sie keinen Kontakt zu diesen haben (z. B. in der Zeit, in der kein Flugtraining und keine Beizjagd erfolgen wie in der Mauser-, Balz- und Brutzeit). Bei Zuchtvögeln ist das oft unerheblich, bei hilfsbedürftigen Wildvögeln, die wieder ausgewildert werden sollen, ist das in der Regel sogar erwünscht. Reine Beizvögel oder Schauvögel, die keine Anzeichen von Stress zeigen, sind in nur teilweise geschlossenen Volieren meist besser untergebracht.

➤ Volieren müssen alle notwendigen Einrichtungsgegenstände enthalten und so bemessen sein, dass die notwendigen Verhaltenselemente ausgeführt werden können.

Abb. 6.2: Maschendraht 40 x 40 mm mit punktgeschweißtem Draht gedoppelt (links); Trallen mit punktgeschweißtem Draht gedoppelt (rechts; Fotos: Th. Richter)

- Volieren müssen so konstruiert und eingerichtet sein, dass sich die Vögel nicht verletzen können und so wenig wie möglich mit Krankheitserregern sowie ihrem Schmelz in Kontakt kommen.
- Volieren müssen Schutz vor den Unbilden der Witterung bieten. Dazu gehören neben dem Niederschlag auch die starke Sonneneinstrahlung und Wind sowie Zugluft.
- Volieren müssen Schutz vor potentiell gefährlichen Beutegreifern bieten, hauptsächlich sind Marder zu fürchten, aber auch Waschbären, Iltisse, Füchse, Marderhunde, Katzen, Hunde sowie freilebende Greifvögel und Eulen können Probleme bereiten.
- Volieren müssen das ungewollte Entweichen der Vögel sicher verhindern. Neben der Stabilität des Bauwerkes gegenüber den zu erwartenden Umweltfaktoren wie Wind- und Schneedruck sind auch Verschiebungen, Lockerungen, Zersetzungen und Ermüdungen von Baumaterialien (z. B. Holz) in Betracht zu ziehen, wodurch Spalten oder Löcher entstehen können. Besonderes Augenmerk ist auf die Sicherung des Ein- und Ausgangsbereiches zu legen, da dies einen beliebten Eintrittsort für Ratten und andere unerwünschte Gäste und gleichzeitig eine Gefahr für das Entweichen des Greifvogels darstellt. Eine Schleuse ist dringend zu empfehlen.
- Volieren müssen leicht zu reinigen, bei Bedarf zu desinfizieren und mit wenig Aufwand auch von Dauerformen von Erregern (z. B. Parasiten) zu befreien sein.
- Atzung und Wasser sollten, vor allem bei kurzfristiger Abwesenheit der eigentlichen Falknerin, auch von sonstigen sachkundigen Personen bereitgestellt werden können, ohne die Voliere betreten zu müssen. Klappen in der Volierenwand sollten durch gesicherte Riegel verschlossen werden, z. B. sogenannte Grendelriegel.

Abb. 6.3: Marderspuren im Schnee auf dem Volierendach, deshalb Maschendraht gedoppelt mit punktgeschweißtem Gitter (Foto: Th. Richter)

Abb. 6.4: Schleuse Bespannung Siloschutznetz, Sitzstange mit Astroturf™, Atzbrett (rot) von außen zugänglich (Foto: Th. Richter)

Abb. 6.5: Klappe vor ***Badebrente*** geschlossen mit Grendelriegel (Foto: Th. Richter)

6.1.1.1 Grundsätzliches zum Volierenbau

Bei der Errichtung von Volieren sind die geltenden Rechtsvorschriften zu beachten.

Für die Konstruktion und den Bau von Volieren gibt es unterschiedliche Möglichkeiten, die Umsetzung hängt sehr stark von den örtlichen Gegebenheiten ab. Eine Rolle spielt z. B., ob der Bau auf eigenem Grundstück und für lange Zeit angelegt sein kann, oder ob wegen eines zu erwartenden Umzugs oder eines befristet angemieteten Standorts die Wahrscheinlichkeit einer zeitnahen Verlegung berücksichtigt werden muss. Auch die handwerklichen Fähigkeiten der Falknerin oder örtliche baurechtliche Vorgaben können mitentscheidend sein. Auf das Wohlbefinden des Vogels haben die verschiedenen Varianten keinen Einfluss, wenn die im Folgenden angeführten Bedingungen erfüllt sind. Spezielle Hinweise, die ggf. die Erstellung und das Management erleichtern und/oder die Dauerhaftigkeit steigern, aber nicht tierschutzrelevant sind, wurden in den Praxistipps zusammengestellt.

6.1.1.1.1 Abmessungen

Die Mindestmaße für Volieren in Deutschland finden sich in einschlägigen Sachverständigengutachten des Bundesministeriums für Ernährung und Landwirtschaft. Das erste Gutachten mit dem Titel „Mindestanforderungen an die Haltung von Greifvögeln und Eulen" stammt aus dem Jahr 1995. Es wird seit 2016 überarbeitet, ist aber bis zur Drucklegung dieses Buches noch nicht in neuer Auflage veröffentlicht. Die seit beinahe 30 Jahren angewendeten Volierenmaße haben sich zur Haltung von Beizvögeln in der Praxis gut bewährt, allerdings ist im Zweifelsfall die zentimetergenaue Einhaltung der Mindestmaße im Vergleich zu einer tiergerechten Strukturierung der Haltungseinrichtung und einem guten Management zweitrangig. Für einen einzelnen Habicht, Harris Hawk[1] oder Wanderfalken liegt die Volierengrundfläche bei 12 m^2 und die Mindesthöhe bei 2,5 m. Das Verhältnis von Länge zu Breite sollte 3:2 nicht überschreiten. Die schmalste Seite der Voliere sollte zudem deutlich länger als die doppelte Flügelspannweite sein (z. B. Flügelspannweite weiblicher Habicht ca. 115 cm, Flügelspannweite weiblicher Wanderfalke ca. 105 cm), d. h. für mittelgroße Greifvögel mindestens ca. 2,50 m betragen; lange Tunnelvolieren sind in den meisten Fällen ungeeignet.

Bei den als Wandpaneel empfehlenswerten Zementfaser- oder Trapezblechplatten beträgt das Standardmaß 125 x 250 cm. Bei je drei senkrecht gestellten Platten an jeder Wand ergibt sich 3,75 x 3,75 = 14 m^2 (siehe Abb. 6.6). Die über Eck eingebaute Schleuse bildet ein rechtwinkeliges Dreieck von 1,5 x 1 = 0,75 m^2, d. h. die Grundfläche liegt auch abzüglich der Schleuse über dem Mindestmaß von 12 m^2 für mittelgroße Vögel, zudem ist der Platz oberhalb der Eingangsschleuse für den Vogel nutzbar.

6.1.1.1.2 Volierenböden

Es bieten sich drei Varianten an, die jeweils Vor- aber auch Nachteile haben. Aufwändig in der Erstellung, aber gut zu reinigen, ist eine Betonplatte als Volierenuntergrund, die einen hervorragenden Schutz vor Nagetieren, Prädatoren (z. B. Füchsen) und Regenwürmern bietet. Regenwürmer können Überträger von Parasiten sein.

Etwas weniger, aber immer noch recht aufwändig, ist eine Schüttung mit Kies von min-

[1] Im bisher gültigen „Gutachten über Mindestanforderungen an die Haltung von Greifvögeln und Eulen" kommt der Wüstenbussard oder Harris Hawk nicht vor, in allen bisherigen Überarbeitungsschritten hierzu, wurden Mindestmaße für diese Art jedoch denen für Habicht und Wanderfalke gleichgesetzt

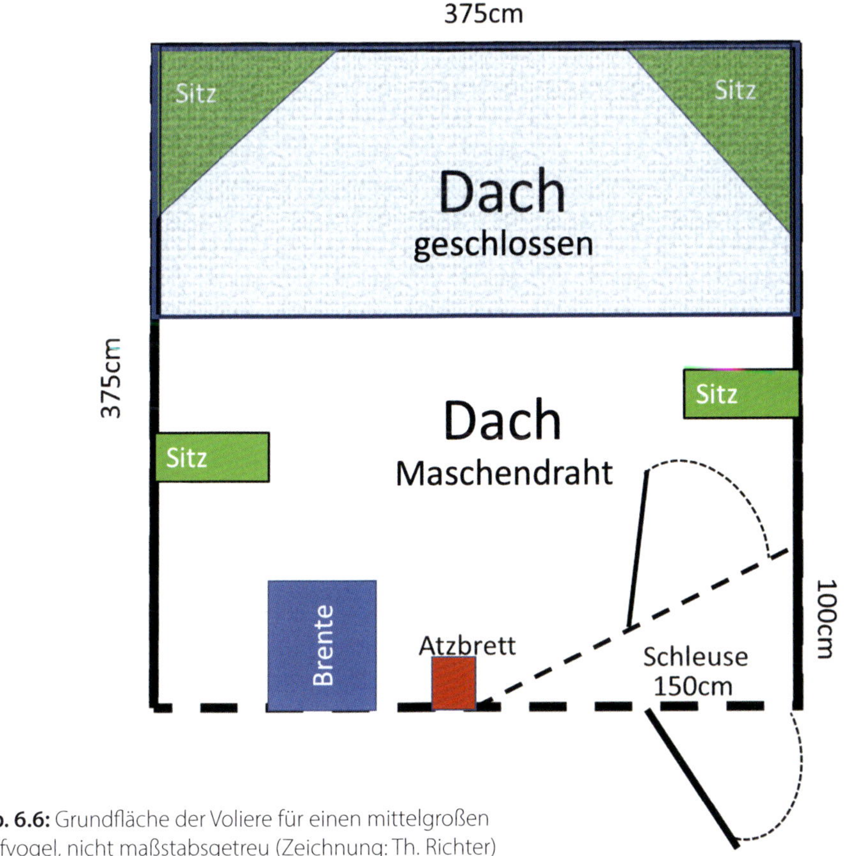

Abb. 6.6: Grundfläche der Voliere für einen mittelgroßen Greifvogel, nicht maßstabsgetreu (Zeichnung: Th. Richter)

destens 10 cm Höhe. Hier ist eine recht gute Selbstreinigung durch Niederschlag und UV-Licht der Sonne gegeben. Eine ein- bis zweimal jährlich durchgeführte, gründliche Reinigung und ein kompletter Ersatz des Kieses alle fünf Jahre sind zu empfehlen. Es empfiehlt sich sogenannter Wasch- oder Flusskies (z. B. Rheinkies) mit abgerundeten Bruchkanten und einem Durchmesser zwischen 5-8 mm und 16 mm.

Am wenigsten aufwändig ist Naturboden, auf dem sich dann nach einiger Zeit von selbst ein schütterer Pflanzenbewuchs etabliert. Die Selbstreinigung ist unterschiedlich, sie hängt von der Bodenbeschaffenheit am Standort ab; sandige oder kiesige Böden lassen das Wasser und darin gelöste Stoffe aus dem Schmelz der Vögel gut ablaufen, was bei lehmigen oder gar tonigen Böden nicht der Fall ist.

Bei Kiesschüttungen oder Naturboden ist ein Durchgraben von Nagetieren zu befürchten, die von Atzungsresten angelockt werden und genauso wie Regenwürmer Krankheitsüberträger sein können. Regenwürmer werden vom Kies meistens abgehalten, wenn er hoch genug ist und sauber gehalten wird, sodass sich keine ***Substratbrücken*** bilden können. Unter der Kiesschüttung kann ein im Gärtnerbereich und beim Straßenbau übliches Unkrautflies sinnvoll sein. Bei diesen Volierenboden-Konstruktionen kommt den Fundamenten eine besondere Bedeutung zu. Neben

Betonfundamenten oder tief eingegrabenen Betonsteinen kann gegen das Durchgraben von Nagetieren und freilebenden Beutegreifern auch ein mindestens 50 cm tief eingegrabenes, engmaschiges, punktgeschweißtes Drahtgitter eine gute Lösung darstellen. Da sich Füchse und Marder meist genau am Volierenrand versuchen einzugraben, kann es Vorteile bieten, wenn der eingegrabene Draht nicht nur senkrecht nach unten, sondern zudem am tiefsten Punkt L-förmig nach außen gebogen und ausgerichtet wird (also ein 1 m breites Drahtstück, das mittig im rechten Winkel gebogen wird). In größeren Anlagen kann die Installation von zwei parallel verlaufenden Stromlitzen, ca. 5 cm und 10 cm über dem Boden an der Außenwand der Volieren, die über ein handelsübliches Weidezaungerät elektrifiziert werden, Beutegreifer abhalten.

Sowohl bei Kiesschüttungen, vor allem aber bei Naturboden kann es leicht zu einer dauerhaften Kontamination mit Parasiten und Bakterien kommen, die nur durch Erneuerung der Schüttung und Abtragen des Naturbodens wirkungsvoll bekämpft werden kann.

PRAXISTIPP
Betonplatte

Die Betonplatte sollte ein leichtes Gefälle haben, 3 % sind optimal. Die Konstruktion für die Wände kann dann auf einbetonierte oder aufgedübelte Balkenschuhe montiert werden. Zwischen Betonplatte und dem unteren Konstruktionsbalken sollte ca. 2,5 cm Freiraum gelassen werden. Dies verhindert einen Hitzestau im Sommer und stellt trotzdem keine Gefahr hinsichtlich Zugluft dar. Der entstehende Spalt sollte durch einen Drahtgitterstreifen gesichert werden, der dennoch Luftbewegung sowie den Abfluss von Wasser ermöglicht. Nachteil der Betonplatte ist neben dem hohen Preis, dass keinerlei Selbstreinigung des Untergrunds stattfinden kann. Je nach Jahreszeit, Besatz und Atzungsmanagement muss alle 2 bis 4 Wochen die Voliere betreten und besenrein gereinigt oder mit Wasser ausgespritzt werden. Mindestens zweimal im Jahr, wenn der Vogel ohnehin aus der Voliere genommen wird, also z. B. zu Beginn und Ende der Freiflug- bzw. Beizsaison, kann mit dem Hochdruckreiniger eine gründliche Reinigung erfolgen. Besteht der Boden aus einer Betonplatte und sind die Wände aus Trapezblech oder Zementfaserplatten, kann sogar wirkungsvoll desinfiziert werden, was nicht grundsätzlich erforderlich, aber bei der Bekämpfung bestimmter Krankheiten sinnvoll sein kann. Detaillierte Hinweise über das Vorgehen bei Reinigung und Desinfektion, vor allem aber über die wirkungseinschränkenden Faktoren einer Desinfektion, gibt Kapitel 12.1.1. Wegen der häufig nötigen Reinigung und der damit einhergehenden potentiellen Beunruhigung der Volierenbewohner ist der Betonboden für Zuchtvolieren weniger gut geeignet. Er kann aber durch eine zusätzliche Kiesaufschüttung ergänzt werden, die dann eine gewisse Selbstreinigung aufweist.

6.1.1.1.3 Volierenwände und -dächer

Alle Wände, mit denen die Vögel in Kontakt kommen können, und alle Gegenstände, außer den eigentlichen Sitzgelegenheiten, müssen so glatt als möglich sein, um Verletzungen inklusive verbinzter Pennen zu vermeiden. Spitze Winkel, hervorstehende Nägel und Schrauben sowie scharfe Kanten und Vorsprünge sind dringend zu vermeiden. Zur Reinigung sollten sie mit dem Hochdruckreiniger bearbeitet werden können.

Als Schutz vor Wind und Zugluft, aber auch für das Sicherheitsempfinden vieler Vögel, hat es sich bewährt drei Seiten der Voliere, zumindest teilweise, blickdicht zu gestalten. Fast alle Zuchtpaare, aber auch einige Einzelvögel, fühlen sich in ganzseitig blickdicht geschlossenen Volieren am wohlsten, sie können ihre Umwelt durch das nur teilweise blickdicht geschlossene Dach beobachten.

PRAXISTIPP
Blickdichte Wände und Dächer

Zur Gestaltung der blickdichten Wände gibt es mehrere Möglichkeiten:

1. Am aufwändigsten – es sei denn man kann vorhandene Bausubstanz nutzen – sind gemauerte Wände; diese müssen glatt und so aufgebaut sein, dass man sie mit dem Hochdruckreiniger bearbeiten kann.

2. Die sonstigen Bauten bestehen i. d. R. aus einer Holzständerkonstruktion, die mit unterschiedlichen Materialien beplankt sein kann. Sehr empfehlenswert ist die Holzkonstruktion außen und die Beplankung innen anzubringen, dadurch fallen Schmutzecken weg und die Reinigung ist sehr viel einfacher. Lärchenholz ist für die Konstruktion wesentlich witterungsbeständiger als beispielweise Fichte.

   2.1 Sehr gut haben sich für die Beplankung Trapezbleche oder Zementfaserplatten bewährt; beide lassen sich exzellent reinigen und auch von einigermaßen geschickten Heimwerkerinnen gut selbst verarbeiten. Sie sind absolut witterungsbeständig. Trapezbleche sind lauter, vor allem bei Regen, außerdem leiten sie die Wärme stärker ab. Zementfaserplatten haben diese Nachteile nicht, sie sind jedoch teurer, schwerer und bedürfen einer stabileren Ständerkonstruktion.

   2.2 Ähnlich einsetzbar wie Trapezbleche oder Zementfaserplatten sind auch LKW-Planen, die innen auf einer Holzständerkonstruktion angebracht wurden. Sie sind leise und geben leicht nach sollte der Vogel sie mal anfliegen.

Abb. 6.7: Details einer suboptimal zu reinigenden Voliere: Konstruktion innen, Wand teilweise Trapezblech auf Fundament aus Betonsteinen, Boden Kiesschüttung (Foto: Th. Richter)

Abb. 6.8: Details einer optimal zu reinigenden Voliere: Betonboden, Wand Zementfaserplatten mit Abstand zum Boden, Konstruktion nicht sichtbar da außen, Maschendraht gedoppelt, ***Brente*** von außen zugänglich, Atzbrett von außen zugänglich (Foto: Th. Richter)

2.3 Siebdruckplatten sind zwar glatt und gut abwaschbar, jedoch nicht ausreichend witterungsbeständig, da sie mit der Zeit durch Feuchtigkeit regelrecht aufquellen und sich dadurch zersetzen.

2.4 Holz, meist Bretter mit Nut und Feder oder als Deckelschalung, ist keine optimale Lösung. Es ist nur mit konstruktivem Schutz ausreichend witterungsbeständig und lässt sich auch nicht so gut reinigen. Des Weiteren müssen hier Verschiebungen, Lockerungen, Zersetzung und Ermüdung des Holzes über die Zeit mit einkalkuliert werden, damit im Nachhinein keine Spalten oder Löcher entstehen, durch die ein Vogel entweichen, ein benachbarter Greifvogel durchgreifen oder ein freilebender Beutegreifer eindringen könnte. Für die naturnahe Optik der Voliere kann man bei Bedarf die Konstruktion außen auf der Sichtseite zusätzlich mit Holz verschalen, um sie ansprechender zu gestalten (siehe Abb. 6.1).

3. Für das Dach eignen sich wieder die Trapezblechplatten oder aber Holz mit einer Abdeckung, z. B. aus Dachpappe oder Dachpappschindeln. Trapezblechplatten sind einfacher zu verlegen, sie haben aber den Nachteil, dass sie bei Regen recht laut sind und nicht isolieren, sodass Tropfwasser entstehen kann.

Abb. 6.9: Von außen befüllbare und herausnehmbare Brente und hygienisches Atzbrett aus Kunststoff. Die Maße der als Atzbrett verwendeten Obstkiste sind standardisiert, sodass diese bei Verschmutzung leicht gegen eine saubere Kiste getauscht werden kann, um die verschmutzte mittels Hochdruckreiniger zu säubern. Für eine Säuberung nachteilig sind die verschalten Holzbretter und der Naturboden (Foto: D. Fischer)

PRAXISTIPP
Durchsehbare Wände und Dächer

Zur Gestaltung der durchsehbaren Wände und des entsprechenden Dachabschnittes gibt es ebenfalls mehrere Möglichkeiten:

1. Eine preisgünstige und einfach zu montierende Möglichkeit ist Maschendraht. Er sollte auf der den Vögeln zugewandten Seite der Konstruktion eine Maschenweite von höchstens 40 x 40 mm haben, was ihn jedoch teurer und schwerer macht als den klassischen Gartenzaun mit 60 x 60 mm. Er muss mit Kunststoff ummantelt sein, um die Verletzungsgefahr bei einem Gegenflug zu minimieren. Mit Kunststoff ummantelter Draht ist nicht scharfkantig, aber witterungsbeständig. Es sollte auf der Außenseite der Konstruktion, vor allem beim Dach, zum Schutz vor freilebenden Beutegreifern mit engmaschigem, punktgeschweißtem Gitter gedoppelt sein. Die Geflügelpestverordnung gibt im Seuchenfall für die Abgrenzung gegen Wildvögel nach oben in § 13 (1) 2. eine maximale Maschenweite von 25 mm vor, das ist in jedem Fall ein guter Wert und erspart im Seuchenfall Ärger. Ein weiterer Abstand zwischen den beiden Gittern als die 6 - 8 cm der Konstruktionsbalken ist nicht notwendig, vor allem beim Dach wird sonst die Entfernung von Blättern und Schnee zu schwierig. Für die eher ungestümen Habichte und Sperber ist Maschendraht als Wand meist nicht geeignet.

2. Gerade für Habichte, aber auch für Adler und andere Greifvögel, haben sich auch auf Abstand angebrachte Metallrohre oder Holzlatten mit gebrochenen Innenkanten, sogenannte Trallen, bewährt. Ihr Abstand sollte maximal 40 mm betragen. An den Trallen kann sich ein gelegentlich dagegen fliegender Vogel wesentlich weniger stark verletzen als an Maschendraht, ggf. kann zusätzlich, um Schäden am Vogel durch Dagegenfliegen zu verhindern, an der Innenseite Siloschutznetz oder Schattiernetz angebracht werden. Zu achten ist darauf, dass sich Trallen aus Holz nicht so verziehen, dass ein größerer Abstand entsteht. Das ist insbesondere wichtig, sollten Trallen im Dach eingesetzt werden. Es empfiehlt sich zum Schutz vor freilebenden Beutegreifern die Trallen außen mit punktgeschweißtem Gitter zu doppeln.

6.1.1.1.4 Sitzgelegenheiten

Als Sitzgelegenheiten für Rund- und Kurzflügler eignen sich Rundhölzer. Das kann Naturholz, also ein Ast oder ein dünner Baumstamm, ggf. auch mit Rinde sein. Sorgfältig zu beachten ist dabei, dass es keine vorstehenden Aststummel oder Rindenstücke gibt, an denen sich der Vogel verletzen kann. Gut bewährt haben sich auch runde Zaunpfähle aus Holz, die es in Bau- bzw. Gartenmärkten in mehreren Stärken zu kaufen gibt. Es ist durchaus von Vorteil unterschiedliche Stärken anzubieten. Es ist darauf zu achten, dass diese Pfähle unbehandelt sind. Da die Vögel gerne ihre Atzung mit auf die Sitzstangen nehmen, gibt es dort nach einiger Zeit eine deutliche Ansammlung von Dreck. Deshalb empfiehlt es sich, die Sitzstangen bei Bedarf und zumindest alle ein bis zwei Jahre auszutauschen.

Für Falken, aber auch für Habichte, Bussarde und Adler, ist Kunstrasen[1] ein hervorragender Belag für Sitzgelegenheiten, die bei Falken auch gerne breiter und platt sein dürfen (Abb. 6.10). Kokosfasern, wie man sie von Fußmatten kennt, sowie strukturierte Gummibeläge haben sich ebenfalls als Sitzauflage

[1] z. B. Astroturf™

Abb. 6.10: Kunstrasen (z. B. Astroturf™) eignet sich sehr gut als Sitzauflage (Fotos: N. Strassl)

Abb. 6.11: Die Installation von Schaukeln in der Voliere wird von einigen Vögeln sehr gerne angenommen (Foto: L. Leismann)

bewährt, wobei Korkauflagen von der Struktur her ebenfalls gut geeignet, jedoch schwer zu reinigen sind. Dabei sind der Kreativität der Falknerin keine Grenzen gesetzt einen abwechslungsreich strukturierten und leicht zu reinigenden Belag zu wählen. So kommen teils auch nach oben gerichtete Bürsten, Fahrradreifen oder enge Umwicklung mit Seil als Auflage auf Blöcken oder Sprenkeln zum Einsatz.

Die Sitzgelegenheiten sollten nach Möglichkeit so angebracht werden, dass der Vogel mit seinen Pennen das Gitter nicht berührt. Lässt sich das nicht vermeiden, hat es sich bewährt auf der Innenseite Plexiglas anzubringen, was nahezu unsichtbar und glatt ist und somit das Verbinzen der Federn verhindert.

6.1.1.1.5 Versorgung mit Atzung und Wasser

Es empfiehlt sich Klappen in der Wand der Voliere für Atzung und ***Wasserbrenten*** einzubauen, damit die Vögel versorgt werden können, ohne dass die Voliere betreten werden muss. Das reduziert Stress und ermöglicht auch die Delegation der Versorgung an weitere sachkundige Personen. Atzbrett und Badebrente sollten so platziert sein, dass der Vogel nicht von einer höher gelegenen Sitzmöglichkeit darauf schmelzt.

PRAXISTIPP
Atzbrett und Badebrente

Als Atzbrett haben sich rechteckige Kunststoffkörbchen mit Löchern bewährt, wie sie zur Aufbewahrung von losen Lebensmitteln im Kühlschrank oder als Obstkisten angeboten werden. Wenn man sie umgekehrt, d. h. mit dem Boden nach oben montiert, können Atzungsreste und anderer Unrat leicht entfernt bzw. vom Regen weggewaschen werden. Das ist vor allem bei Zuchtvögeln sinnvoll, wenn die Voliere in der Zuchtsaison für einige Zeit nicht betreten werden kann. Zudem ist die Größe der Kisten meist einheitlich, sodass nach Installation einer passenden Halterung beschmutzte Kisten sehr schnell gegen saubere ausgetauscht werden können, um die beschmutzten einer intensiven Reinigung außerhalb der Voliere zuführen zu können. Alternativ eignen sich ebenfalls leicht abwaschbare Steinplatten oder kommerziell erhältliche Schneidebretter aus Kunststoff. Höher gelegene Atzbretter werden schlechter von Nagetieren erreicht (Abb. 6.8 und 6.9).

Die Badebrente kann ebenfalls von außen hineingeschoben und herausgezogen werden, wenn man entsprechende Klappen in der Volierenwand anbringt. Es empfiehlt sich die Brente in der Voliere dann auf ein kleines Podest zu schieben damit sie durch die Klappe leichter erreicht werden kann (z. B. 25 cm hohe Betonsteine). Die Größe und Tiefe der Badebrente sollte an die Größe des Vogels angepasst sein.

Die Badebrente sollte regelmäßig vollständig entleert, gereinigt und getrocknet werden, um die Verbreitung und Anreicherung von Krankheitserregern und das Ansiedeln von Algen zu minimieren. Es empfiehlt sich zwei gleichartige Badebrenten zu benutzen, dann kann immer eine einen Tag leer stehen und trocknen, während die andere in Benutzung ist, das hilft, vor allem im Sommer, auch gut gegen Algenbewuchs. Einzellige Parasiten, wie Trichomonaden, werden durch die Trocknungsphase abgetötet.

6.1.1.1.6 Eingänge

Um ein Entweichen des Vogels aus der Voliere vor allem während der Zeiten außerhalb des Freiflugtrainings zu verhindern, sollten Schleusen eingerichtet werden. Vorhänge oder Netze auf der Innenseite der Türen sind ebenfalls möglich, bergen aber die Gefahr, dass sich der Vogel mit den Krallen darin verhängt.

PRAXISTIPP
Eingangsschleusen

Eine Eingangsschleuse kann relativ einfach realisiert werden, wenn die Eingangstür der Voliere an einer der Ecken platziert ist. Durch das Anbringen einer diagonal gestellten, nach oben geschlossenen Wand mit einer zweiten Tür auf der Innenseite der Voliere, kann leicht eine kleine Schleuse gebildet werden (Abb. 6.6).

Diese Schleusenwand muss keine großen Belastungen aushalten und kann deshalb aus Siloschutznetz bestehen, welches auf eine leichte Holzkonstruktion gespannt wurde. Die Höhe der Schleusenwand und des entsprechenden Schleusendachs muss dabei gerade so hoch sein, dass die Falknerin aufrecht stehen kann, somit bleibt ein Raum oberhalb bis zum Volierendach, den der Vogel nutzen kann.

Als glattes Material für dieses Schleusendach eignen sich Doppelstegplatten oder Zementfaserplatten. Damit Regenwasser ablaufen kann sollten sie ein leichtes Gefälle aufweisen (Abb. 6.4).

Ein Jungfalkner hatte einen wunderschönen und sehr locken , aber noch nicht eingejagten Habicht. Zur Mauser stellte er ihn in die Voliere, besuchte ihn aber regelmäßig, um die Voliere zu reinigen und weil er glaubte, dadurch die Bindung erhalten zu können. Es kam, wie es kommen muss, wenn Mister Murphy die Hand im Spiel hat, der Vogel entwischte durch die ungesicherte Tür. Noch schlimmer ist das Ende der Geschichte, der Habicht wurde tatsächlich nach 3 Wochen wieder aufgegriffen, mit gebrochener Schwinge und so weit verhungert, dass ihn auch das Fachpersonal einer renommierten Vogelklinik nicht mehr retten konnte. Sicherlich war hier ein Unfall und damit zusätzliches Pech im Spiel, aber mit Schleuse wäre das nicht passiert!

Checkliste Volieren

- [x] die Mindestabmessungen sind den einschlägigen Gutachten zu entnehmen
- [x] als Volierenböden kommen Betonflächen, Kiesschüttungen und Naturboden in Frage, Betonböden lassen sich besser sauber halten müssen aber häufiger gereinigt werden
- [x] Volierenwände und -dächer können blickdicht geschlossen oder durchsehbar ausgeführt sein, die Verletzungsgefahr durch Dagegenfliegen und durch Prädatoren ist zu minimieren
- [x] Sitzgelegenheiten müssen komfortabel und leicht zu reinigen sein
- [x] die Versorgung mit Atzung und Wasser sollte erfolgen können ohne die Voliere betreten zu müssen
- [x] Eingänge sollten mit Schleusen gegen ein unbeabsichtigtes Entweichen des Vogels gesichert werden
- [x] ein Untergrabeschutz ist dringend angeraten, um das Eindringen von Prädatoren zu verhindern

6.1.2 KNACKPUNKT Falknerische Methode

Die falknerische Methode findet ihre Anwendung beim Training für den Freiflug und dessen Durchführung, dazu ist sie zwingend notwendig. Sie ist nur in Zusammenhang mit dem Freiflug sowie für Vögel zulässig die im Zuge der Therapie und Rehabilitation gepflegt werden. Bei der falknerischen Methode wird der Vogel an beiden Beinen im Bereich des ***Ständers/Laufes*** (Tarsometatarsus) mit Geschüh riemen ausgestattet, an denen er auf der Faust oder auf Sitzgelegenheiten fixiert werden kann. Je nach Situation sind dazu noch zusätzlich verschiedene Teile wie ***Drahle*** und Leine, Bell und Adresstafel sowie Senderbefestigungen nötig, die zusammen in der Falknersprache als ***Geschirr*** bezeichnet werden.

Die falknerische Methode hat gegenüber der reinen Unterbringung in Volieren den Vorteil, dass noch unausgebildete Vögel stressarm an den Menschen gewöhnt und fertig ausgebildete Vögel in Kondition, die zur Falknerin hinfliegen wollen, sobald sie deren Annäherung registrieren, sich nicht an der Volierenwand verbinzen oder sonst verletzen können.

6.1.2.1 Lösungsmöglichkeiten Geschirr

Wie in Kapitel 4.2 dargestellt, muss versucht werden die Gewöhnung des Jungvogels an den Menschen und das Training so gut und so stressfrei wie möglich zu gestalten. Dazu ist die falknerische Methode unabdingbar, das Verhauben zumindest sehr nützlich.

Auch nach der ersten Ausbildung muss der Vogel beim Tragen auf der Faust, beim Transport, auf Reisen und bei vielen anderen Gelegenheiten mit der falknerischen Methode fixiert und gesichert werden. Das entspricht dem Führen eines Hundes an der Leine oder eines Pferdes am Halfter.

6.1.2.1.1 Geschüh

Als Geschüh bezeichnet man die Riemen aus Leder oder Textil, mit denen der Vogel auf der Faust oder einer Sitzgelegenheit fixiert werden kann. In den meisten Fällen werden die Riemen mittels einer Drahle an einer Leine befestigt. Zum Geschirr gehören außerdem die ***Bellriemen*** und Bells, die Adresstafel sowie ggf. Klammer oder Rucksack für die Senderbefestigung. Bei der Anbringung aller Teile des Geschirrs muss darauf geachtet werden, dass keine Metallteile unmittelbar an die Haut des Vogels kommen, sondern stets eine Leder- oder Textilbrücke besteht. Außerdem müssen Geschühriemen stets unter dem Fußring angelegt werden, um den Ring nicht durch Zug an den Riemen auf die Zehen oder das Fußgelenk zu ziehen. Beim Freiflug darf das Geschüh nie durch eine Drahle verbunden, gar mit einer Leine versehen sein, ein tödliches Verhängen wäre sonst vorprogrammiert. Auch weite Ösen, Schlitze oder Schlaufen sollten vermieden werden, um die Gefahr des Verhedderns oder Verhängens an Bäumen, Sträuchern und Vorsprüngen zu minimieren.

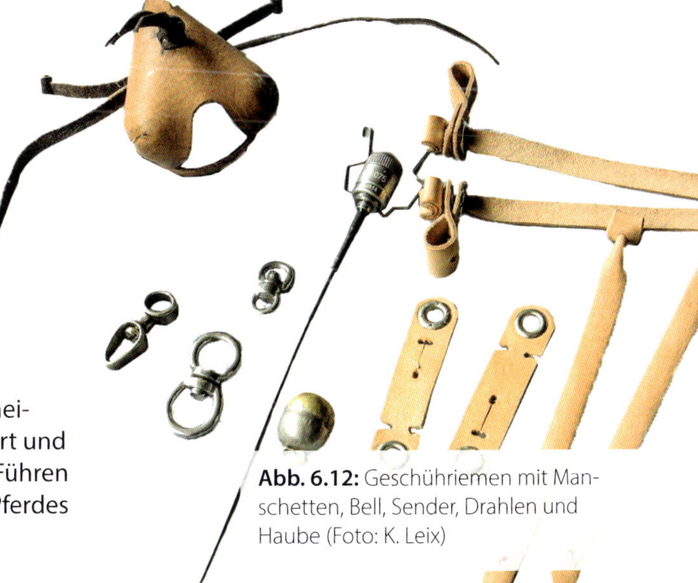

Abb. 6.12: Geschühriemen mit Manschetten, Bell, Sender, Drahlen und Haube (Foto: K. Leix)

Murphy

Eine Falknerin und zwei Falkner mit zusammen mehr als 120 Jahren praktischer Erfahrung entladen ein Auto. Die beiden Falkner nehmen je einen Falken auf die Faust. Das Ziel ist, die Falken zum ***Lüften*** auf den Block zu stellen. Einer der Falkner wickelt die Leine elegant um Ring- und kleinen Finger, der andere bindet sie am Handschuh fest, was die Falknerin zu einer Bemerkung über das Sicherheitsbedürfnis des einen und die Eleganz des anderen veranlasst. Dann versuchen die Falkner je einen Block in die Erde zu stecken, was wegen des harten Untergrundes zunächst misslingt. Der Falkner mit dem elegant fixierten Falken setzt sich selbst auf den Block und der Block bricht ab. Schlussendlich ist nichts passiert, alle haben die Situation unverletzt überstanden. Eine ordentliche Vorbereitung der Sitzgelegenheiten vor Entladung der Beizvögel wäre hier für alle Beteiligten neben der sicheren Fixierung ratsam und wesentlich eleganter gewesen.

Murphy

Manche Vögel interpretieren offensichtlich Geschühriemen aus geflochtenen Textilfasern als Haare eines Beutetieres und fangen an daran zu rupfen. Bei der erstmaligen Benutzung derartiger Geschühriemen ist besonders sorgfältige Beobachtung angezeigt. Teils werden herausgezogene Riemen aus dem gleichen Grund auch abgeschluckt, allerdings glücklicherweise meist wenige Stunden danach wieder als Gewölle ausgeworfen. Ggf. muss auf Riemen aus Leder gewechselt werden, die diesen Reiz nicht aussenden.

Damit durch das Geschüh selbst keine Verletzungen am Vogel entstehen, wird das Geschüh immer an beiden Beinen im Bereich des Ständers/Laufes gleich lang und möglichst symmetrisch fixiert, sodass der Zug stets gleichmäßig auf beide Beine verteilt wird. Für die Gestaltung des Geschühs gibt es mehrere Möglichkeiten, die sich auf zwei Prinzipien zurückführen lassen. Im ersten Fall besteht das Geschüh für je ein Bein aus nur einem Teil, z. B. beim klassischen deutschen Geschüh. Beim Ösengeschüh, nach seinem Erfinder auch Aylmeri-Geschüh genannt, ist eine Manschette, die den Lauf umschließt, mit einem separaten Geschühriemen kombiniert, der durch die Öse geführt wird. Dieses Konstruktionsprinzip bietet gegenüber dem klassischen zunächst den Vorteil, dass sich der Geschühriemen in der Öse drehen kann, was Verwicklungen reduziert. Auch für die Manschetten gibt es unterschiedliche Konstruktionsprinzipien. Sie können z. B. durch die Öse, aber auch mit einem klassischen Geschühknoten verschlossen und dann mit einer zusätzlichen Öse versehen sein. Wenn man für die eigentlichen Geschühriemen statt des meistverwendeten Leders Kunststoffriemen verwendet, wie dies z. B. in den arabischen Ländern gängige Praxis ist, so ist hier darauf zu achten, dass diese auch eine gewisse Mindestbreite haben, sodass sie beim Umwickeln von Zehen oder anderen Gliedmaßenabschnitten nicht zu Abschnürungen führen können.

Abb. 6.13: In einer Nacht vom Falken zerfaserter Textilgeschühriemen (Foto: Th. Richter)

Murphy

Es besteht die Gefahr, dass sich der Vogel beim Freiflug mit dem Geschüh an Ästen, Vorsprüngen, Stacheldraht oder Ähnlichem verhängt, was tödlich enden kann. Die Schwachstelle dabei ist meist der Schlitz am Ende der Geschühriemen. Beim Aylmeri-Geschüh können vor dem Flug die Riemen mit Schlitz durch Riemen ohne Schlitz ausgetauscht oder gänzlich entfernt werden, letzteres wird vor allem bei Falken durchgeführt. Um den Vogel ohne Geschühriemen auf dem Handschuh zu fixieren, ist eine am Handschuh befestigte, ca. 50 cm lange dünne Reepschnur sinnvoll, die durch eine Öse des Geschühs geführt werden kann oder dort mit einem kleinen Karabinerhaken befestigt wird. Beim klassischen Geschüh können die Schlitze mit stark klebendem Klebeband (Tape) abgeklebt werden. Um Materialermüdung bestmöglich auszuschließen, empfiehlt es sich in jeder Flug- oder Beizsaison das Geschirr zu erneuern, auch wenn es augenscheinlich noch funktionsfähig ist. Die Investition in nur wenige Euro teure Utensilien sollte jeder Falknerin der eigene Vogel wert sein.

Abb. 6.14: Handschuh mit dünner Reepschnur zur Sicherung des Vogels an der Öse des Geschühs (Foto: Th. Richter)

6.1.2.1.2 Bells, Bellriemen und Adresstafel

Bells – heute meist englisch ausgesprochen, auf Deutsch: der Bell, im Plural: die Bellen – sind kleine Glöckchen, die die akustische Ortung des Vogels (das Verhören) in dichter Deckung, aber auch im Flug erleichtern. Üblicherweise werden Bells mit einem Bellriemen am Ständer/Lauf des Vogels oberhalb des Geschühs und ggf. auch oberhalb des Ringes befestigt. Es gibt aber auch die Möglichkeit, sie mit einer Klammer an einer ***Stoß-/Staartpenn*** zu befestigen. Sie mittels eines Halsbandes zu befestigen, wie dies häufig im asiatischen Ausland praktiziert wird, ist abzulehnen, da dadurch eine Verletzungs- und Verhängungsgefahr nicht auszuschließen ist, gleichgültig ob das Halsband aus Gummi oder sonstigem Material besteht.

Bellriemen sind dünne Lederriemen, die die Bells oder auch den Sender am Lauf des Vogels befestigen. Es gibt sie in verschiedenen Ausführungen. Je nach örtlichen Gegebenheiten und Greifvogelart kann es notwendig sein sie täglich zu entfernen und wieder anzubringen, etwa um die Nachbarn zu schonen oder den Sender zu befestigen, andere bleiben während der gesamten Freiflugsaison am Vogel, sie tragen dann oft auch die Adresstafel.

Abb. 6.15: Senderbefestigung mittels Kabelbinder; auf diesem Bild sind zwei Fehler zu sehen: 1. der Kabelbinder ist direkt am Vogel befestigt und 2. die Schlaufe ist viel zu groß, sodass sich eine Zehe oder Äste, Stäbe oder sonstige Gegenstände darin fangen können. Aber keine Sorge: das Bild wurde für diese Aufnahme gestellt, nach dem Foto wurde der Kabelbinder sofort entfernt (Foto: S. Hartmann)

Vor allem dürfen ggf. verwendete Kabelbinder nicht am Bein des Vogels selbst befestigt werden, sondern nur am am Geschüh. Sie können sich sonst zuziehen und das Bein stirbt ab. Auch dürfen keine größeren Schlaufen entstehen, durch die der Vogel eine Zehe stecken oder mit denen er hängen bleiben kann.

Die Adresstafel wird mit unterschiedlichen Methoden am Geschüh befestigt, sie soll die rasche Rückgabe des Vogels an die Falknerin ermöglichen, sollte der Vogel von jemand anderem eingeholt worden sein. Das ist aus Tierschutzsicht sinnvoll, eine Adresstafel ist ein Muss! Selbstverständlich ist die Adresse selbst mittlerweile sekundär, die Mobilfunknummer (mit internationaler Vorwahl) ist entscheidend. Allerdings kann die Adresstafel selbst wieder zum Problem werden, wenn die Ränder verletzungsträchtig scharf sind.

Die Befestigung muss so erfolgen, dass eine Verletzung des Vogels ausgeschlossen ist. Alternativ kann die Handynummer auch in einen separaten Ring eingraviert oder auf das Geschüh gestickt oder gedruckt werden. Teils kommen hier auch QR-Codes zum Einsatz.

Abnehmbare Bellriemen können von manchen Vögeln geöffnet werden. Passiert das beim Freiflug ist der Bell meist verloren, den Sender kann man leicht wieder finden, aber halt ohne Vogel.

Bei extrem kaltem Wetter um -20 °C ist es zu Erfrierungen an den Zehen eines Habichts gekommen, als ein metallener Bell über Nacht die Zehen berührt und die Wärme abgeleitet hat. Zwar sind diese Verletzungen komplikationslos wieder abgeheilt, jedoch sollte daraus die Lehre gezogen werden, die Bells bei sehr kaltem Wetter außerhalb des eigentlichen Freifluges abzunehmen. Mit Ausnahme des Rings sollten Metallteile niemals direkten Kontakt zur Vogelhaut haben!

PRAXISTIPP
Freiflug

Beim Freiflug sollte der Vogel mit so wenig wie möglich, aber so viel wie nötig Geschirr ausgestattet sein. Das ist umso wichtiger, je kleiner der Vogel selbst ist. Bei Wanderfalkenterzeln oder kleineren Vögeln empfiehlt es sich der Körpergröße angepasste, kleine und leichte Bells und Sender zu verwenden und die Geschühriemen zu entfernen oder durch kurze und leichte Riemen zu ersetzen, um bestmöglich Gewicht zu sparen. Teils wird aus diesen Gründen auch nur ein Bell angebracht. Trotz aller Bestrebungen Gewicht zu sparen, hat es sich insbesondere bei Falken wegen ihres großen Aktionsradius bewährt, zwei unterschiedliche Sender anzubringen, um bei technischen Defekten oder Verlust eines Senders noch auf den zweiten zurückgreifen zu können.

6.1.2.1.3 Drahle

Als Drahlen werden in der Falknersprache kleine Metallwirbel bezeichnet, die die Geschühriemen mit der Leine verbinden und ein Verdrehen verhindern sollen. Hier ist auf erstklassige Qualität zu achten und regelmäßig zu überprüfen, ob die Drahle noch ausreichend stabil ist.

Bricht die Verbindung der beiden Ringe, kann der Vogel ggf. mit geschlossenem Geschüh entfliegen, was ein gefährliches und unter Umständen tödliches Verhängen befürchten lässt. Auch deshalb empfiehlt es sich, Vögel, die mit falknerischer Methode zum Lüften in den Garten gestellt oder an einer Flugdrahtanlage untergebracht werden, durch eine Einhausung zu schützen, die ein Entfliegen verhindert und auch freilebende Beutegreifer abhält.

Abb. 6.16: Falke auf Block zum Lüften, geschützt vor freilebenden Beutegreifern und zufälligem Entweichen, Einhausung mit Witterungsschutz (Foto: Th. Richter)

6.1.2.1.4 Leine

Mit der Leine kann der Vogel auf der Faust festgehalten oder an Sitzgelegenheiten fixiert werden. Traditionell wird die Leine als Langfessel bezeichnet. Dieser martialische Name ist nur historisch zu verstehen, der Vogel wird ja nicht gefesselt, deshalb sollte diese Bezeichnung vermieden werden. Eine tierschutzrelevante Gefahr entsteht, falls der Vogel mit Leine oder bei gelöstem oder defektem Knoten mit geschlossenem Geschüh entfliegt. Ein Verhängen ist dann vorprogrammiert, das tödlich endet, sollte der Vogel nicht sehr rasch befreit werden. Als Material kommen Leder oder Kunststoff in Frage. Leder ist dekorativer, bedarf aber regelmäßiger Pflege. Bei Kunststoffseilen ist auf erstklassige Haltbarkeit in Bergsteigerqualität zu achten. Aus den billigen Exemplaren vom Discounter verflüchtigt sich der Weichmacher teilweise in recht kurzer Zeit, sodass sie dann spontan reißen. Wichtig ist auch ein sorgfältig geschlungener und ausreichend großer Knoten, der durch den Ring der Drahle nicht durchpasst und vom Vogel nicht gelöst werden kann.

Da bei Training oder Beizjagd sowohl die Leine als auch die Drahle sehr leicht verloren gehen, ist es eine gute Idee, Ersatz in der Falknertasche oder -weste mitzuführen.

Es sind immer wieder Knoten aufgegangen oder vom Vogel gelöst worden sowie Drahlen gebrochen. Um Murphy auszutricksen, empfiehlt sich für Vögel, die nach falknerischer Methode gemanagt werden, eine Einhausung (Abb. 6.16). Ein regelmäßiger Ersatz (zu Beginn der Beiz-/Freiflugsaison), eine tägliche Sichtprüfung des Equipments und ein sofortiger Ersatz bei Schadanzeichen sind dringend zu empfehlen.

6.1.2.1.5 Karabinerhaken

Karabinerhaken sind zur Fixierung eines Vogels an Sitzgelegenheiten absolut tabu. Ihre Stabilität ist häufig nicht ausreichend und es sind schon viele Karabinerhaken aufgegangen oder gebrochen, die als hundertprozentig sicher eingeschätzt worden waren, mit den zu erwartenden Folgen. Wenn auch die Karabinerhaken an sich stabil erscheinen, so sind es ihre Verbindungselemente zur Leine in den seltensten Fällen. Die einzige Ausnahme ist eine Fixierung des Geschühs am Handschuh, während der Vogel getragen und durch die Falknerin manuell gehalten wird.

Abb. 6.17. Gefährliches Geschüh mit Anglerkarabinerhaken, die Stifte an den Anglerkarabinern sind zusätzlich verletzungsträchtig (Foto: Th. Richter)

Abb. 6.18: Lannerfalke nur mit Karabinerhaken am Block befestigt; eine gefährliche Befestigungsart (Foto: D. Volpert)

Abb. 6.19: Zwei Sender befestigt mittels Bellriemen, an jeder Hand einer (Foto: W. Bednarek)

6.1.2.1.6 Senderbefestigung

Telemetriesender sind in der modernen Falknerei ein absolutes Muss (siehe auch 6.3.5). Ein Knackpunkt ist die Batterie, da ein Sender nur senden kann, wenn die Akku- oder Batteriespannung ausreichend ist. Ein regelmäßiger Ersatz ist deshalb notwendig und Aufschieben oder Auslassen eines notwendigen Ersatzes sind Beispiele für ein Sparen am falschen Ende, da unter Umständen auf Grund von wenigen Euro Einsparung für neue Batterien der wertvolle Beizvogel und der teure Sender gemeinsam weg sind. Neuere Techniken entschärfen diese Problematik etwas, da hier auch auf Solarenergie zurückgegriffen wird.

Zur Befestigung von Sendern sind drei Verfahren üblich, die jeweils Vor-, aber auch Nachteile haben, die Rucksackmontage, die Montage an einer Stoß-/Staartpenn und die Montage mittels eines Bellriemens am ***Ständer***/Lauf (Ständermontage). Bei anderen Vögeln, z. B. Habichtskäuzen, wird zudem eine Bandführung um die Hinterbeine durchgeführt (Beckenmontage), die aber bei Beizvögeln unüblich ist. Eine – vor allem außerhalb Europas – gelegentlich zu sehende Befestigung mittels Halsbandes ist wegen der Verhängungs- und Verletzungsgefahr für den Vogel abzulehnen.

Die Rucksackmontage ist die funktionell zuverlässigste Befestigung. Der Sender wird in eine kleine Kunststoffplatte eingehakt, die von zwei Bändern gehalten wird, die wie ein Rucksack über die Schultern verlaufen, sich vor dem Brustbein kreuzen und auf dem Rücken des Vogels fixiert werden. Die Platte bleibt für längere Zeit am Vogel, positioniert auf dem Rücken zwischen den Schulterblättern. Der Sender wird in der Regel vor jedem Freiflug angebracht und danach wieder entfernt. Manche Falknerinnen lassen den Sender auch während der ganzen Saison am Vogel und wechseln nur nach Bedarf die Batterie. Bei der Rucksackmontage stellt der Sender selbst das geringste Verletzungsrisiko für den Vogel dar, da er hoch oben am Körper angebracht ist. Daher kann er sich nicht leicht verfangen oder Stromleitungen überbrücken. Der Rucksack selbst kann jedoch Verletzungen verursachen, wenn er schlecht sitzt. Die Textilbänder können Verletzungen der Haut und des darunter liegenden Gewebes verursachen, die manchmal nur sehr schwer zu erkennen sind, weil sie von Federn verdeckt werden. Wenn solche Verletzungen zu spät erkannt werden, können sie sich chronisch entzünden und sehr schlecht heilen. Da sich die Körperform während des Jahreslaufs durch das Muskelwachstum während des Trainings und durch die Zunahme des Fettgewebes während der Mauser verändert, muss der Rucksack von erfahrenen Falknerinnen angebracht und der Sitz des Rucksacks regelmäßig überprüft und gegebenenfalls angepasst werden. Ein weiterer Nachteil von Rucksackmontagen bei Habichten und Harris Hawks kann ein gewisses Risiko sein, sich mit dem Sender bei der Jagd in dichtem Gebüsch zu verfangen.

Abb. 6.20: Zwei Sender, befestigt einmal als Rucksackmontage und einmal als Staartpennmontage (Foto: Th. Richter)

Bei der Staart- oder Stoßmontage wird ein Metallclip an eine Schwanzfeder geklemmt und geklebt. Der Sender wird vor dem Flug mit einer Klammer eingehakt und nach Training oder Jagd wieder entfernt. Nachteil dieser Methode ist, dass die Feder selbst herausgerissen werden kann, wenn sich der Sender im Gebüsch oder an Zäunen verfängt, was besonders bei Habichten oder Harris Hawks vorkommt, aber auch bei Falken und Adlern schon beobachtet wurde. Ohne tierärztliche Behandlung wächst eine solche ausgerissene Feder aufgrund eines verletzten Federfollikels eventuell nicht wieder nach. Da sich der verletzte Federfollikel sehr schnell wieder schließt, muss die tierärztliche Behandlung möglichst unverzüglich erfolgen, insbesondere wenn es zu Blutungen oder Hautverletzungen gekommen ist. Eine Behandlung am Folgetag kommt i. d. R. zu spät.

Die Befestigung am Bein ist eine recht sichere Option in Bezug auf das Verletzungsrisiko. Dies kann mit einem separaten Riemen geschehen, der wie ein Bellriemen funktioniert. Manche Vögel lernen jedoch, diese Ständermontage zu öffnen, sodass der Sender verloren geht oder vom Vogel beschädigt wird. Die Befestigung mit einem Kabelbinder kann sicherer funktionieren, darf aber nie direkt am Vogel selbst angebracht werden. Es ist nur erlaubt, den Kabelbinder an der Öse des Geschühs bzw. am Geschühriemen zu befestigen. Der Kabelbinder muss so festgezogen werden, dass keine breite Schlaufe zurückbleibt. Eine solche offene Schlaufe birgt die Gefahr, dass sie sich in Ästen verheddert (siehe Abb. 6.15). Die Empfangsqualität ist bei dieser Montage beeinträchtigt, wenn der Vogel auf dem Boden oder in einer Mulde steht.

Abb. 6.21: Präriefalke mit gefährlicher Senderbefestigung am Hals, in den USA aufgenommen (Foto: Th. Richter)

Abb. 6.22: Gefährliche Aufschirrung: Ein Wanderfalke fliegt mit konventionellem Geschüh, bei dem die Schlitze nicht abgeklebt sind, und trägt eine selbst konstruierte Ständermontage, die durch einen Metallring und eine Klammer für den Vogel gefährlich ist (Foto: W. Holtmeier)

Abb. 6.23: Falkenhaube (Foto: D. Fischer)

Abb. 6.24: Entspannter Wüstenbussard unter der Haube, mit einem Fang im Gefieder (Foto: D. Fischer)

6.1.2.1.7 Hauben

Hauben sind seit vielen Jahrhunderten in der Falknerei, insbesondere zur Anwendung bei Falken und Adlern, etabliert. Es gibt unterschiedliche Konstruktionprinzipien der Hauben, deren Vorteile von den jeweiligen Falknerinnen hoch gelobt werden. Wichtig ist, dass die Haube dem individuellen Vogel optimal passt. Sie wird also individuell für einen Greifvogel passend ausgewählt. Der Vogel muss behutsam, ruhig und schonend und unter Nutzung von positiver Verstärkung an die Haube gewöhnt werden, damit er Vertrauen zu ihr gewinnt. Die Haube muss bequem sitzen und dennoch blickdicht abschließen. Sie darf nirgends drücken oder zwicken.

Greifvögel sind ganz überwiegend optisch orientiert, Geräusche sind weniger wichtig, Gerüche spielen bei den Beizvögeln keine erkennbare Rolle. Im Gegensatz dazu spielt der Geruchssinn bei amerikanischen Geiern (z. B. Truthahngeiern) und beim Wespenbussard für die Nahrungssuche eine entscheidende Rolle, während Eulen und Weihen den Hörsinn ausgeprägt nutzen. Die Haube schaltet die optischen Reize temporär aus und dient als geeignetes Mittel zur Entspannung des Tieres, denn eine Abdunkelung der Umgebung führt bei Vögeln zu einer natürlichen Beruhigung. Der beruhigende Effekt der Haube wurde bereits in einer wissenschaftlichen Studie an amerikanischen Rotschwanzbussarden belegt und selbst bei untrainierten Wildgreifvögeln anhand der Parameter Blutdruck, Herz- und Atemfrequenz ermittelt (Doss und Mans, 2016). Dabei verfolgt das Verhauben das gleiche Prinzip der altbewährten Abdeckung von Stubenkäfigen bei Kanarienvögeln oder Wellensittichen mittels eines Tuches oder einer Decke, die zur Beruhigung der Tiere führt. Die Scheuklappen bei Pferden können ebenfalls als Vergleich herangezogen werden.

Insbesondere während der ersten Zeit der Ausbildung, aber auch später bei vielen, meist vom Menschen hervorgerufenen zunächst stressigen Einwirkungen, beispielhaft zu nennen sind landwirtschaftliche Maschinen, Reiterinnen, Mountainbikerinnen, Geländemotorradfahrerinnen usw., aber auch während eines Transportes der Tiere im PKW oder während einer tierärztlichen Behandlung sind entsprechend angepasste, gutsitzende Hauben ein hervorragendes Hilfsmittel zur Reduktion einer potentiellen Belastung.

Auf der Beizjagd sind Hauben kräftesparend für den Beizvogel, der z. B. aufgrund von Gefahren am Bejagen einer attraktiven Beute durch Festhalten gehindert werden muss. Sieht der Beizvogel nichts, nimmt er diese Beute nicht wahr. Die Folge ist ein entspannter, ausgeruhter Vogel, der keine schlechte Erfahrung durch das Zurückhalten durch die Falknerin gemacht hat und alle Energie für den Jagdflug einsetzen kann. Bei Falken und Adlern kommt hinzu, dass sie – im Gegensatz zu den Kurzstreckenjägern Habicht, Sperber oder Harris Hawk – auch auf sehr weite Entfernung noch anjagen. Geht man mit dem Vogel in die Landschaft, so sieht er oft vermeintliche Beutetiere, etwa Tauben, die er aber gar nicht jagen soll oder darf. Auch auf Gemeinschaftsbeizen will jeder Vogel sichtbares Wild anjagen, auch wenn er gerade nicht an der Reihe ist. In all diesen Fällen hilft die Haube Unruhe und Frustration zu verhindern, der Vogel wird erst enthaubt, wenn er zum Freiflug oder zur Jagd an der Reihe ist.

6.1.2.1.8 Aufschirren

Die Aufschirrung der Beizvögel erfolgt bei Jungvögeln üblicherweise unmittelbar nach Entnahme aus der Zuchtvoliere bzw. bei älteren Individuen kurz nach Entnahme aus der Mauservoliere. Als Faustregel wird gewartet, bis die Mauser der Schwung- und Stoß-/Staartpennen abgeschlossen und die gewechselten Federn vollständig nachgewachsen und frei von Federscheiden und Blutkielen sind. Die Falknerin spricht hier vom „Trockensein". Bei erfahrenen Beizvögeln, die bereits mit der Falknerin vertraut sind, kann auch riskiert werden, dass einzelne Federn zum Zeitpunkt des Herausnehmens aus der Mauservoliere noch wenige Zentimeter auswachsen müssen. Hintergrund für das Abwarten dieses Zeitpunktes ist zum einen, dass die Federkiele während des Wachstums noch durchblutet sind (deshalb die Bezeichnung „Blutkiel") und es bei Verletzungen der Federscheide zu Blutungen, Störungen oder Abbruch des Federwachstums kommen kann. Zum anderen kann es bei Störungen oder Stress während des Federwachstums zu Schwachstellen im Federgerüst kommen, sogenannten Stressbanden oder ***Grimale***, die als dünne, durchscheinende Linien dauerhaft sichtbar sind und später als potentielle Bruchstellen der Feder fungieren können.

Vor der Herausnahme des Vogels aus der Voliere ist alles im Folgenden benötigte Material zusammen zu suchen und ebenso wie ein Erste-Hilfe-Set bereitzulegen, um so gut und schnell wie möglich arbeiten zu können und auf alle Eventualitäten vorbereitet zu sein. Manche Mauservögel kommen mit geduldigem Zureden in der Voliere von selbst auf die Faust, dann kann die weitere Prozedur meist ohne Fixierung vorgenommen werden. Teils ist es bei vertrauten Tieren sogar möglich, das Geschüh beim auf der Faust oder auf der Waage stehenden Vogel zu wechseln.

Sollte ein Herausfangen des Vogels mit Hilfe von Handschuhen und Netzkescher nötig sein, ist besonders vorsichtig zu agieren. Der Fangzeitpunkt sollte im Hinblick auf die Außentemperatur und die Fütterung mit Bedacht gewählt werden. An zu heißen Tagen (z. B. 28-30 °C und mehr) und nach einer Fütterung sollte, wenn vermeidbar, kein Tier gefangen und/oder gehalten werden, um kein Überhitzen und/oder Erbrechen des Vogels zu riskieren. Es kann vorteilhaft sein, das Fangen in einer abgedunkelten Umgebung, also z. B. in der Morgen- oder Abenddämmerung oder nachts durchzuführen, da die Vögel dann ruhiger und leichter zu fangen sind. Jedoch kann dann andererseits das Verletzungsrisiko für Vogel und Falknerin auf Grund der stark erschwerten Orientierung erhöht sein. Nach dem Fangen empfiehlt es sich allerdings in jedem Fall den beruhigenden Effekt der Abdunkelung zu nutzen, indem die Augen des mit Händen oder Handtuch fixierten Vogels mit einer passenden Haube oder einem Tuch abgedeckt werden. Dabei ist die uneingeschränkte Atmung an Nase und Schnabelöffnung sicherzustellen.

Bei der Fixierung eines Beizvogels sollten zunächst die Fänge und danach die Flügel und bei Bedarf der Kopf mit dem potentiell gefährlichen Schnabel gesichert werden. Bei den meisten Vögeln sind die Fänge oder Hände jedoch gefährlicher, weshalb die Ständer von der haltenden Person je mit einer Hand gehalten werden sollten, während es meist ausreicht, den Hals des Vogels, wenn überhaupt, locker zu umgreifen. Die Flügel und Oberschenkel können durch manuelle Fixation mit Händen oder Unterarmen gehalten, durch Einwickeln in ein Handtuch oder mittels eines mit Klettverschlüssen versehenen Fixiertuchs (sogenanntes „Casting Jacket") fixiert werden. Der Vogel wird meist behutsam an den Körper gezogen oder auf den Oberschenkeln einer sitzenden Hilfsperson abgelegt gehalten, mit dem Bauch und der Unterseite von Fängen oder Händen nach oben zeigend. Es soll wirkungsvoll verhindert werden, dass der Vogel die Helferin, die Falknerin oder sich selbst greift, sich anderweitig verletzt oder unkontrolliert mit den Schwingen schlägt. Der Vogel darf dabei nicht zu fest an den Körper gepresst werden und auf gar keinen Fall darf auf das Brustbein gedrückt werden, um die Atmung des Tieres nicht zu behindern. Da Vögel kein Zwerchfell haben, sind sie im Rahmen der Atembewegung stets auf die freie Beweglichkeit des Brustbeines angewiesen. Dies muss bei allen Maßnahmen unbedingt beachtet werden.

So von einer Hilfsperson gehalten kann die Falknerin die beiden Geschühmanschetten – bzw. das konventionelle Geschüh – unterhalb des Rings anlegen. Bellriemen können unter, vorzugsweise aber oberhalb des Ringes angelegt werden. Falls Bells und/oder Adresstafel mittels Kabelbinder befestigt werden sollen, so dürfen diese nur an der Öse des Geschühs bzw. am Geschühriemen, jedoch nicht unmittelbar am Vogelkörper befestigt werden. Telefonnummernringe oder bedruckte/bestickte Geschühriemen können alternativ anstelle der Adresstafel angebracht werden. Auch eine Klammer zur Befestigung des Senders an einer der mittleren Schwanzfedern sollte während dieser manuellen Fixation angebracht werden, um die potentiell für das Tier beängstigenden Erlebnisse bestmöglich zu reduzieren.

Checkliste Geschirr

Damit der Vogel keine Schäden erleidet müssen alle Teile des Geschirrs so gefertigt sein und gewartet werden, dass:

- ☑ sie nicht zerreißen können
- ☑ Knoten nicht von selbst aufgehen oder vom Vogel gelöst werden können
- ☑ alle Teile, die direkt mit der Haut in Berührung kommen, aus ausreichend breitem, weichem, fettgegerbtem Naturleder bestehen, das regelmäßig gefettet und gepflegt wird (Ausnahmen: Hauben sind aus starrem Leder und die Bänder bzw. Fäden des Rucksackes zur Senderbefestigung aus Cordura oder Teflon)
- ☑ es kein Verhängen während Unterbringung und Freiflug geben kann, keine Schlaufen o.ä. entstehen, Geschühriemen mit Schlitz sind beim Freiflug gegen ungeschlitzte oder sehr klein geschlitzte Riemen auszutauschen oder die Schlitze sind mit Klebeband (Tape) abzukleben oder die Geschühriemen ganz zu entfernen
- ☑ Kabelbinder o.ä. zur Befestigung von Bells oder Sendern dürfen nie direkt am Vogel befestigt werden, sondern nur an der Öse des Geschühs oder an den Geschühriemen selbst, sonst ist neben der Irritation der Haut zu befürchten, dass sie sich zuziehen und der Fuß abstirbt
- ☑ Geschühriemen sollten so lang wie nötig (um eine ungestörte Handhabung zu gewährleisten) und so kurz wie möglich (Gewichtsreduktion und Minimierung des Risikos des Verhedderns) sein

Abb. 6.25: Sperber entspannt auf Sprenkel, Achtung gefährlich: Anglerdrahle mit Karabiner (links; Foto: W. Bednarek); Steinadler auf Krücke (oben rechts; Foto: W. Holtmeier)); Steinadler auf Sprenkel, der mit einem Fahrradreifen überspannt wurde (unten rechts; Foto: D. Fischer)

6.1.2.2 Lösungsmöglichkeiten Falknerische Unterbringung[1]

In der traditionellen Falknerei wurden als Sitzgelegenheiten Julen und Recks verwendet. In den letzten Jahrzehnten wurden von besonders kreativen Falknerinnen so viele Varianten dieser klassischen Sitzgelegenheiten entwickelt, dass im Folgenden nicht alle beschrieben werden können. Wichtig ist in jedem Fall – wie bei allen Formen der falknerischen Methode – dass das Risiko des Verhängens so weit als irgend möglich reduziert werden muss. Ein Verhängen kann in relativ kurzer Zeit zu Verletzungen, schlimmstenfalls zum Tod und in jedem Fall zu verbinzten Pennen und einem total gestressten Vogel führen. Die Sitzgele-

[1] Da sich die deutsche Rechtssetzung zur falknerischen Methode für Management und Unterbringung von Greifvögeln zum Zeitpunkt der Drucklegung des Buches in der Überarbeitung befindet, deren Ergebnis nicht absehbar ist, muss sich die Falknerin über die jeweils gültigen Bestimmungen informieren und sie ggfs. auch dann einhalten, falls sie von unseren ethologisch begründeten, tierschutzkonformen Vorschlägen abweichen sollten

genheit ist bei jeder Nutzung einer Sichtprüfung zu unterziehen. Insbesondere der Ring, an dem die Leine befestigt wird, sowie die Stange/Röhre mit Erdspieß sind Schwachstellen, die bei Defekt zu einem ungewollten Entfliegen des daran befestigten Vogels führen können. Wichtig ist außerdem, dass die Sitzflächen keine Druckstellen an den Fußsohlen verursachen, die den Beginn von Sohlenballengeschwüren (Vgl. 13.5.1) darstellen. Spitze Ecken, scharfe Kanten, hervorstehende bzw. herausragende Nägel und Schrauben sind selbstverständlich tabu, da sie zu Verletzungen führen können.

6.1.2.2.1 Julen

Als Julen bezeichnet man mobile Sitzgelegenheiten für einen einzelnen Vogel, an denen er mittels falknerischer Leine befestigt wird. Vom Bauprinzip unterscheidet man ***Sprenkel*** (bogenförmige Sitzstange mit rundem Durchmesser) und Blöcke (zylinderförmiger Körper auf einer senkrechten Stange). Klassisch sind Julen nur etwa kniehoch, immer populärer werden hohe Varianten. Julen können mit einem Erdspieß im Boden verankert werden oder sie stehen auf einer schweren Fußplatte. Die Varianten mit Fußplatte können auch im Haus verwendet werden, weshalb sie als Zimmerblock oder Zimmersprenkel bezeichnet werden, selbst wenn sie sich zufällig gerade im Freien befinden.

6.1.2.2.1.1 Sprenkel

Habichte, Sperber und Harris Hawks stehen gerne mit gebeugten Zehen auf Ästen. Auch Adler nehmen diese Haltung zeitweise gerne ein. Deshalb werden häufig bogenförmige Sprenkel mit einem runden Querschnitt der Sitzfläche genutzt. Sie gibt es als klassische Bogensprenkel mit zwei „Füßen" oder als Krücken, die nur auf einem „Bein" stehen und in etlichen Varianten, die der Kreativität mancher Falknerinnen entsprungen sind. Wichtig ist in jedem Fall, dass sich der Vogel nicht verhängen kann, und dass die eigentliche Sitzfläche strukturiert und gepolstert ist.

Abb. 6.26: Wanderfalke auf Block mit zerschlissener Oberfläche (oben; Foto: Th. Richter); Wanderfalke auf Block mit Kokosmatte (unten links); Gerfalke auf Block mit Kunstrasen (Mitte unten); Wanderfalke auf Block mit Kunstrasen (unten rechts; Fotos: D. Fischer)

6.1.2.2.1.2 Blöcke

Falken und manche Adler stehen gerne mit gestreckten Zehen. Deshalb werden häufig kegel- oder zylinderförmige Blöcke mit flacher Oberfläche genutzt. Da Adler, aber insbesondere Falken, sehr empfindlich für Sohlenballengeschwüre sind („***Dicke Hände***" in der Falknersprache), empfiehlt es sich als Belag der Sitzfläche Kunstrasen (z. B. Astroturf™) oder ein anderes abwechslungsreich strukturiertes Material (z. B. Kokosfaser) oder gepolstertes Leder zu verwenden, das eine einseitige Belastung oder gar Verletzung der Sohlenfläche verhindert. Eine besondere Gefahr des Verhängens besteht, wenn die miteinander verbundenen Geschühriemen länger als der Durchmesser des Blockes sind. Dann kann es passieren, dass der Vogel zur einen Seite abspringt und die Drahle auf der gegenüberliegenden Seite des Dorns zu Boden fällt. Es ist für den Vogel dann nicht mehr möglich auf den Block zu springen.

Abb. 6.27: Wanderfalke auf hoher Reck (Foto: Th. Richter)

6.1.2.2.2 Hohe Sitze

Der Vorteil aller höheren Sitze ist, dass der Mensch nicht so groß und bedrohlich erscheint, als stände der Vogel bodennah auf Julen. Zudem können Bodenfrost und bodenbewohnende Beutegreifer dem Tier weniger Schaden zufügen.

Für unser Thema relevant sind die Sitzgelegenheiten, auf denen der Vogel so fixiert wird, dass er den Boden nicht erreichen kann, das können hohe Recks oder höhere Blöcke sein. Als Reck bezeichnet man Sitzgelegenheiten mit einer stangenähnlichen, horizontalen Sitzfläche, analog einer Reckstange für die Leichtathletik. Traditionell wird in der Falknersprache für Recks das weibliche Geschlecht genutzt, also „die Reck". Auch hier gibt es unterschiedliche Varianten, traditionell sind die niedere und die hohe Reck. Bereits klassisch ist die Rundreck, die mit einer kreisförmigen Sitzstange um eine zentrale Leinenbefestigung mehr Bewegung ermöglicht als die typische hohe Reck.

Damit sich der Vogel bei der hohen Reck oder der Rundreck nach einem eventuellen Abspringen wieder aufschwingen kann, muss die Fläche unter der Reckstange geschlossen sein. Dazu wird in der überwiegenden Zahl der Fälle ein glattes und dauerhaftes Recktuch verwendet (meist ein fester Textilstoff), das die Fläche unter dem Sitz schließt, ein Verwickeln des Vogels verhindert und ihm die Möglichkeit bietet, sich daran abzustoßen und wieder auf die Sitzmöglichkeit aufzuschwingen. Im Außenbereich hat sich hierfür auch Siloschutznetz bewährt, es gibt nach, ist witterungsstabil und lässt sich sogar mit dem Hochdruckreiniger reinigen. Bei Konstruktions- oder Materialfehlern sowie bei fehlerhafter Befestigung des Vogels an der Reck wird das Aufschwingen des Vogels behindert und ein Verhängen ist möglich, was in kurzer Zeit zu Verletzungen oder Tod führen kann. Deshalb ist vor allem bei Jungvögeln, bei denen ein Aufschwingen auf Grund von mangelnder Erfahrung nicht sichergestellt ist, eine permanente Überwachung erforderlich. Dazu sind Bells oder technische Hilfsmittel wie Überwachungskameras oder Baby-Phones nützlich.

Ein weiterer Nachteil bei hohen Sitzen ist die starke Bewegungseinschränkung, die meist auch kein Baden und ***Schöpfen*** erlaubt. Die Unterbringung auf der hohen Reck bzw. dem Hochblock darf deshalb – von den ersten Tagen des Trainings abgesehen – nur stundenweise in Kombination mit anderen Unterbringungsformen, längstens über Nacht stattfinden, und selbstverständlich in Kombination mit Freiflug.

6.1.2.2.3 Flugdrahtanlagen

Flugdrahtanlagen bieten dem Vogel annähernd so viel Bewegungsmöglichkeit wie eine Voliere, allerdings ist es viel besser möglich den Kontakt zur Falknerin zu halten und es gibt weniger Möglichkeiten, dass sich ein ungestümer Vogel verletzt. Sie bestehen grundsätzlich aus mindestens zwei Sitzgelegenheiten und einem dazwischen gespannten Seil, Draht oder Metallstab/Metallrohr. Auf dem Seil, Draht oder Rohr läuft ein Ring, an dem der Vogel mit der Leine festgelegt wird. Besonders bewährt hat sich stabiles Nylonseil (z. B. Bergsteigerseil mit 6-10 mm Durchmesser). Es gibt etwas nach und ist weniger verletzungsgefährlich als Metall. Als Leine empfiehlt sich Reepschnur, sie ist weniger reißanfällig als Leder.

Ganz wichtig ist wiederum, dass es keine Möglichkeiten gibt, dass sich der Vogel verhängen kann. Dabei geht es nicht nur um vorstehende Ästchen, Nägel oder Ähnliches, es muss auch verhindert werden, dass der Vogel unter den Recks oder den Wänden der Schutzhütte durchschlüpfen kann, von wo er dann nicht mehr zurückkommt.

Sollen Sprenkel verwendet werden müssen sie geschlossen sein, Blöcke und Krücken sind bei Flugdrahtanlagen absolut tabu, um sie wird sich der Vogel sehr schnell verwickeln.

Abb. 6.28: Habicht auf Rundreck (Foto: W. Bednarek)

Abb. 6.29: Wanderfalke auf Hochblock (links; Foto: D. Fischer); Habicht auf Hochblock (rechts; Foto: W. Bednarek)

Abb. 6.30: Flugdrahtanlage mit umlaufender Reck, wegen der besseren Übersichtlichkeit wurde die Aufnahme gemacht bevor die zerlegbare Einhausung nach der Mauserpause wieder montiert wurde (Foto: Th. Richter)

Abb. 6.31: Gefährliche Flugdrahtanlage für einen Wanderfalken: Blöcke sind bei Flugdrahtanlagen tabu, weil große Verwickelungsgefahr besteht; die Tür ist nur durch einen Stein offengehalten und kann z. B. vom Wind zugeschlagen werden; der Stein auf dem „Rasen" ist scharfkantig (Foto: D. Fischer, Klinik für Vögel, Reptilien, Amphibien und Fische, JLU Gießen)

Abb. 6.32: Einfache Möglichkeiten für eine Umfriedung sowie eine Schutzhütte, wenn man nichts Dauerhaftes installieren darf: als Rahmen für den Draht wurde ein Gewächshausrahmen aus Aluminium und als Schutzhaus eine aufklappbare Kunststoffhütte zur Unterbringung von Gartengerätschaften verwendet; auf dem Foto ist die Schutzhütte geschlossen – damit der Vogel sie nutzen kann, muss sie geöffnet werden (Foto: D. Fischer)

Abb. 6.33: Volieren mit integrierten Flugdrahtanlagen für Wüstenbussarde mit Spitzhütten: die Vögel können in den Garten schauen, sind aber durch die geschlossene Rückwand und die teilgeschlossenen Seitenwände gegen Störungen aus der Siedlung abgeschirmt (Foto: C. Niehues)

Wird der Vogel unbeaufsichtigt längere Zeit am Flugdraht untergebracht, muss zum Schutz vor den Unbilden der Witterung an einem Ende des Flugdrahtes eine Schutzhütte vorgesehen werden. Eine Umfriedung als Schutz vor Prädatoren ist zudem unbedingt zu empfehlen.

Die Länge der Anlage sollte 4 m nicht unter- und für die schnell beschleunigenden Arten, wie z. B. Habichte, 6 m nicht überschreiten. Bei den empfehlenswerten Anlagen mit umlaufender Reck sollte die Breite 1,25 m nicht überschreiten, sonst wird der Winkel zwischen der Drahle am Geschüh des Vogels und dem Ring am Flugdraht zu flach, sodass die Stoß-/Staartpennen verbinzen, besonders bei Arten mit langem Staart wie Habichten oder Harris Hawks. Feder- oder Bremseinrichtungen am Ende des Flugdrahtes sind von der Idee her eine sinnvolle Ergänzung, um die Energie des Fluges abzufedern. Allerdings sind viele Formen der Feder- oder Bremseinrichtungen ungeeignet, sodass sie in der Praxis oft nicht zuverlässig funktionieren oder in vielen Fällen sogar eine zusätzliche Verletzungsgefahr darstellen. Deshalb muss ihre Installation kritisch hinterfragt werden.

PRAXISTIPP
Umlaufende Reck

Sehr bewährt hat sich, die Flugdrahtanlage mit einer umlaufenden Reck auszustatten. Dazu wird in Verlängerung der Seitenwände der Schutzhütte je eine Reck angebaut, die am Vorderende durch eine weitere Reck verbunden werden. Diese Recks werden so hoch konstruiert, dass die Falknerin mit einem Schritt noch drübersteigen kann.

Alle Recks müssen (siehe Abb. 6.30) bis fast zum Boden geschlossen sein, sodass der Vogel nicht darunter durchschlüpfen kann.

Als Recktuch eignet sich Siloschutznetz. Es ist sehr widerstandsfähig und lässt sich auch gut mit dem Hochdruckreiniger reinigen.

Als Sitzstangen für Habicht- und Bussardartige kann man runde Zaunpfähle aus Naturholz verwenden (Durchmesser ca. 8 cm), wie man sie im Baumarkt bekommt, sie müssen unbehandelt sein.

Zum Schutz vor Feuchtigkeit kann man die Konstruktion auf ein „Fundament" aus flachen Betonsteinen auf den Rasen stellen, sodass das Holz selbst den Boden nicht direkt berührt.

Wird der Vogel außerhalb der Saison in einer Voliere untergebracht, kann man die Flugdrahtanlage aus Modulen so zusammensetzen, dass man sie abbauen und beiseitestellen kann, dann hat man die meiste Zeit des Jahres einen freieren Garten und kann sie, genügend Platz vorausgesetzt, immer wieder an einen anderen Ort versetzen, das schont den Rasen und minimiert das Parasitenrisiko.

PRAXISTIPP
Einhausung

Es empfiehlt sich, die Flugdrahtanlagen zum Schutz vor freilebenden Beutegreifern genauso einzuhausen wie Julen, die zum Lüften des Beizvogels auf den Rasen gestellt werden.

6.1.2.3 Schutz vor negativen Einflüssen aus der Umwelt bei der falknerischen Methode

Obwohl viele Greifvogelarten sich in der Natur oft sehr ungeschützt aufhalten, ja völlig ohne Witterungsschutz brüten, müssen sie bei der falknerischen Methode, bei der sie ggf. wenig Möglichkeit zum Ausweichen haben, entsprechend vor den Unbilden der Witterung geschützt werden. Das kann entweder durch entsprechendes Management, im Rahmen dessen der Vogel bei ungünstigem Wetter an einen geschützten Ort gebracht wird, oder durch einen technischen Witterungsschutz geschehen. Neben Niederschlag und starkem Wind ist auch eine zu intensive Sonneneinstrahlung im Sommer zu berücksichtigen.

Zusätzlich sind – vor allem kleinere Vögel – durch freilebende oder sich frei bewegende Beutegreifer gefährdet, das kann der Habicht, der Uhu, der Waschbär, der Fuchs oder der Marderhund aber auch Nachbars Katze sein. Eine besonders häufige Gefahr geht von Mardern aus, die sich selbst an weibliche Habichte oder Harris Hawks wagen. Vor allem bei kleineren Vögeln bei Nacht, oder sollten sie zeitweise unbeobachtet sein, ist deshalb ein technischer Schutz dringend zu empfehlen.

6.1.2.3.1 Schutzhütten und Zelte

Traditionell wurden in der deutschen Falknerei vielfach spitze Schutzhütten verwendet, die nach ihrem Erfinder auch Eutermoser-Hütte genannt werden, man sieht sie immer noch häufig. Ob die Schutzhütte ein spitzes oder ein Pultdach hat, ist für den Vogel egal. Wichtig ist, dass sich der Vogel, um Verletzungen zu vermeiden, nicht auf das Dach setzen und am besten auch die Hütte nicht umfliegen kann, das ist bei Schutzhütten mit rechteckiger Front leichter zu erreichen. Für Flugdrahtanlagen mit umlaufender Reck sind Hütten mit rechteckigen Maßen einfacher zu bauen und auch für die Reinigung und sonstiges Management sind Schutzhütten mit rechteckiger Front praktischer.

Die Schutzhütte sollte bei Harris Hawks nicht tiefer als 1,25 m sein, da viele Harris Hawks als Vögel des offenen Landes nicht gerne in „dunkle Höhlen" gehen. Habichte als Waldbewohner schätzen es dagegen, sich verstecken zu können. Die Schutzhütte kann für Habichte auch tiefer als 1,25 m sein. Manche ziehen sich gelegentlich hinter die Reck in der Schutzhütte zurück (dann muss die Reck entsprechend niedrig sein), andere freuen sich über Blenden, gerne auch aus Trallen, die die Front der Schutzhütte bis zur Hälfte verdecken. Durch sorgfältige Beobachtung des Vogels kann die Falknerin herausfinden, welche Variante den Vogel besonders erfreut.

Etwas unkonventionell, aber praktisch gestaltet sich die Verwendung von Kunststoffschutzhütten, wie diese eigentlich zur Unterbringung von Gartenmobiliar und -geräten oder Mülltonnen genutzt werden. Diese sind sehr einfach zu reinigen, leicht, witterungsbeständig, verschließbar, aber auch dachseitig zu öffnen.

Die Reck in der Schutzhütte sollte in der Mitte zwischen den Seitenwänden quer eingebaut sein, steht sie senkrecht zur Rückwand besteht ein geringes, aber vorhandenes Risiko des Verhängens mit dem geschlossenen Geschüh. Alternativ kann auch ein Shelf-Perch (halbrunde Sitzfläche) an der Rückwand oder/und den Seiten angebracht werden.

Auf Reisen kann ein Anglerzelt die Schutzhütte ersetzen. Statt der Reck wird jetzt ein Sprenkel oder Block so in das Zelt gestellt, dass der Vogel sich im Schutzraum befindet, er aber z. B. die Brente vor dem Zelt erreichen kann.

6.1.2.3.2 Einhausungen bei falknerischer Unterbringung im Freien

Wie bereits mehrfach erwähnt, besteht eine sehr reale Gefahr, dass freilebende oder freilaufende Prädatoren, von der nachbarlichen Katze bis zum Fuchs, vor allem aber Marder und freilebende Greifvögel die Beizvögel attackieren, was bis zum Tode führen kann. Auch

Abb. 6.34: Schlecht konstruierte Schutzhütte, der Gerfalke kann die viel zu hoch angebrachte Reck nicht erreichen, das Holz der Hütte ist rissig und verletzungsträchtig (Foto: Fundus Th. Richter)

Abb. 6.35: Anglerzelt als Witterungsschutz auf Reisen (Foto: Th. Richter)

sind schon Drahlen gebrochen oder Leinenknoten vom Vogel geöffnet worden. Bei unbeobachteter falknerischer Unterbringung im Freien ist deshalb eine entsprechende Einhausung dringend zu empfehlen.

Die Einhausung kann leicht und transportabel gestaltet sein, dient sie nur dem Schutz des Vogels, der bei grundsätzlicher Anwesenheit der Falknerin zum Lüften in den Garten gestellt wird. Sie sollte entsprechend massiv ausgeführt werden, schützt sie einen Vogel, der längerfristig – vor allem auch bei Nacht – am Flugdraht untergebracht wird. In der Praxis haben sich hierfür auch Gewächshauselemente bewährt, die in unterschiedlichen Größen und mit Türelementen beziehbar sind und statt einer Folie/Plane mit Netz oder Draht bezogen werden. Es gelten die schon bei den Volieren genannten Prinzipien, bei Maschendraht oder Netz höchstens Maschenweite 40 x 40 mm, bei Bedarf mit engmaschigem Material gedoppelt, damit ein geschickter Beutegreifer, z. B. der Waschbär, den Vogel nicht mit seinen ***Branten*** durch die Maschen erreichen kann. Bei Bedarf kann ein über ein Weidezaungerät stromführender Draht ergänzt werden.

Der Vogel darf mit ausgebreiteten Schwingen mit seinen Pennen den Maschendraht oder das Netz nicht berühren, sollte er Richtung Maschendraht springen (Abb. 6.16).

Sollten mehrere Greifvögel in einer Einhausung abgestellt werden, so ist es empfehlenswert, ein Netz oder einen Maschendraht zwischen den Vögeln zu installieren, um bei unbeabsichtigtem Lösen der Sicherung eines Vogels zu verhindern, dass die Greifvögel sich direkt erreichen und gegenseitig schaden können.

Hilfreich ist außerdem, wenn ein Witterungsschutz eingebaut ist, ansonsten muss der Vogel bei starkem Niederschlag oder Wind an einen anderen Platz verbracht werden. Steht die Einhausung auf Rädern, kann sie zur Trennung des Vogels von seinen Ausscheidungen, aber auch zum Rasenmähen immer wieder an einen anderen Standort verschoben werden, ist sie zerlegbar, blockiert sie nur in der Saison Teile des Gartens.

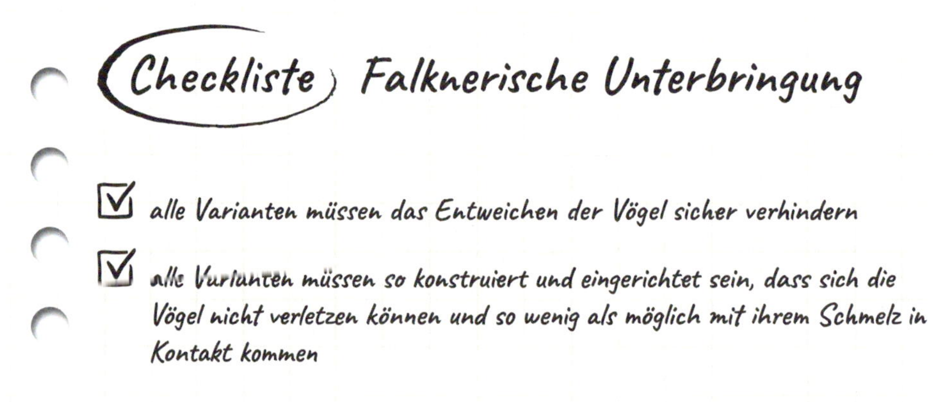

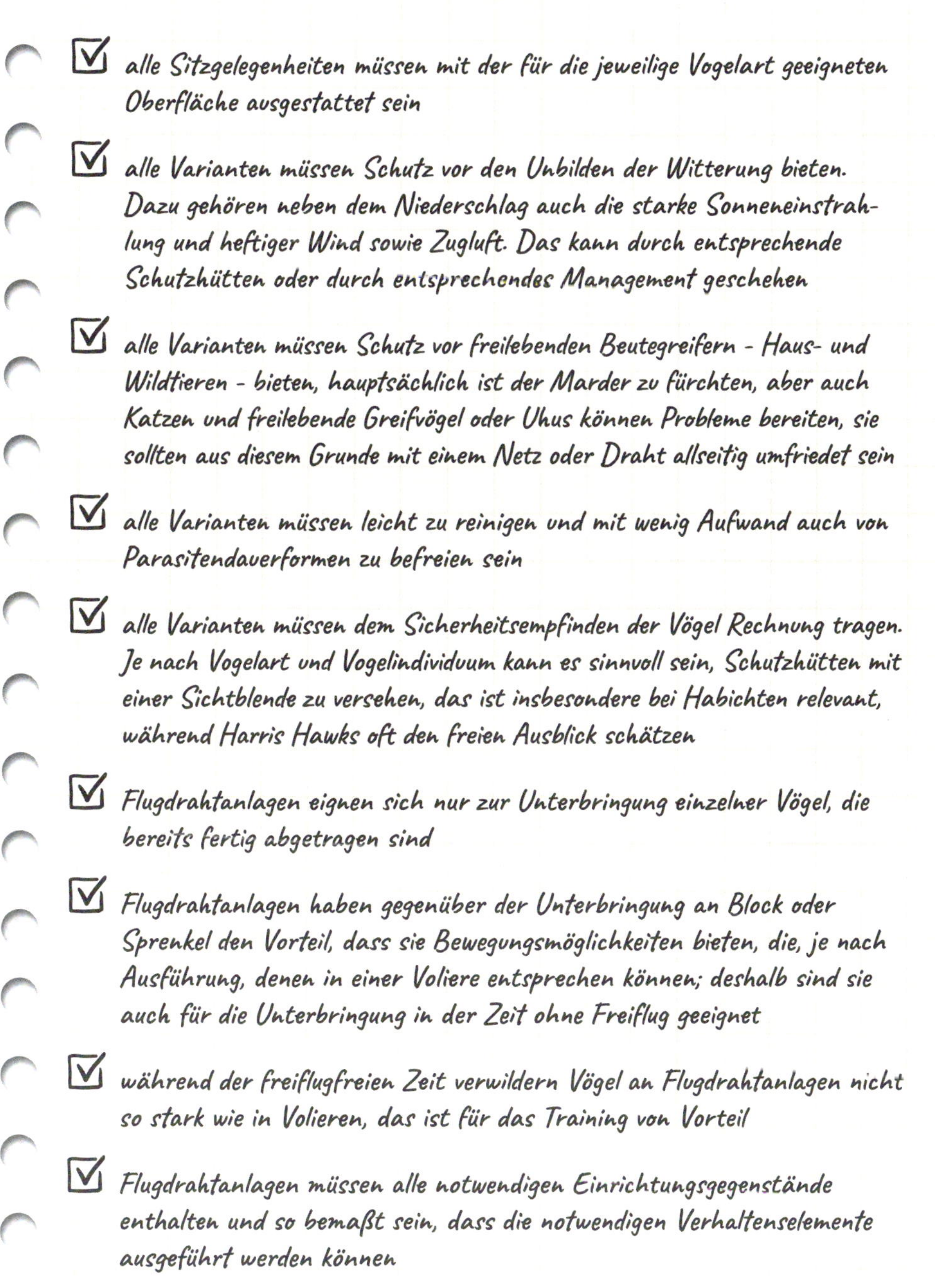

- ☑ alle Sitzgelegenheiten müssen mit der für die jeweilige Vogelart geeigneten Oberfläche ausgestattet sein
- ☑ alle Varianten müssen Schutz vor den Unbilden der Witterung bieten. Dazu gehören neben dem Niederschlag auch die starke Sonneneinstrahlung und heftiger Wind sowie Zugluft. Das kann durch entsprechende Schutzhütten oder durch entsprechendes Management geschehen
- ☑ alle Varianten müssen Schutz vor freilebenden Beutegreifern - Haus- und Wildtieren - bieten, hauptsächlich ist der Marder zu fürchten, aber auch Katzen und freilebende Greifvögel oder Uhus können Probleme bereiten, sie sollten aus diesem Grunde mit einem Netz oder Draht allseitig umfriedet sein
- ☑ alle Varianten müssen leicht zu reinigen und mit wenig Aufwand auch von Parasitendauerformen zu befreien sein
- ☑ alle Varianten müssen dem Sicherheitsempfinden der Vögel Rechnung tragen. Je nach Vogelart und Vogelindividuum kann es sinnvoll sein, Schutzhütten mit einer Sichtblende zu versehen, das ist insbesondere bei Habichten relevant, während Harris Hawks oft den freien Ausblick schätzen
- ☑ Flugdrahtanlagen eignen sich nur zur Unterbringung einzelner Vögel, die bereits fertig abgetragen sind
- ☑ Flugdrahtanlagen haben gegenüber der Unterbringung an Block oder Sprenkel den Vorteil, dass sie Bewegungsmöglichkeiten bieten, die, je nach Ausführung, denen in einer Voliere entsprechen können; deshalb sind sie auch für die Unterbringung in der Zeit ohne Freiflug geeignet
- ☑ während der freiflugfreien Zeit verwildern Vögel an Flugdrahtanlagen nicht so stark wie in Volieren, das ist für das Training von Vorteil
- ☑ Flugdrahtanlagen müssen alle notwendigen Einrichtungsgegenstände enthalten und so bemaßt sein, dass die notwendigen Verhaltenselemente ausgeführt werden können

6.2 KNACKPUNKT Ausrüstung der Falknerin

Neben einer der Funktion angepassten Kleidung sind Handschuh, Tasche oder Weste und Messer unverzichtbar.

6.2.1 Handschuh, Tasche/Weste

Der Handschuh dient selbstverständlich dem Schutz der Hand der Falknerin vor Verletzungen durch den Vogel. Selbst kleinere Kratzer in der Haut entzünden sich nicht selten, da Greifvögel an den Klauen unterschiedliche Bakterien beherbergen können. Deshalb ist die Mitnahme einer Wunddesinfektionslösung für die Falknerin empfehlenswert.

Die Tasche wird zur Aufnahme der Ausrüstung, z. B. des Federspiels, der Atzung und des gebeizten Wildes benötigt. Traditionell wird die Tasche am Bandelier getragen, was bei rauerem Gelände oder schwererer Beute eine gewisse Unbequemlichkeit zur Folge hat. In letzter Zeit kamen immer mehr spezielle Falknerwesten oder -jackets auf, die diese Unbequemlichkeit nicht mehr mit sich bringen, aber weniger gut geeignet sind die Beute abzudecken, damit der Vogel leichter von ihr ab- und damit aufgenommen werden kann. Aus diesem Grunde ist zu diesem Zweck meist ein zusätzliches Tuch mitzuführen.

Abb. 6.36: Falknerweste mit Ausrüstung: Federspiel und Ersatzfederspiel, Messer und Ersatzmesser, Ersatzleine mit Drahle und Geschühriemen, Wunddesinfektionsmittel, Reepschnur (Foto: Th. Richter)

Neben der Atzung muss die Tasche/Weste noch ein Federspiel bzw. einen Balg und ein Messer enthalten. Außerdem empfiehlt es sich, eine ca. 10 m lange Reepschnur mitzunehmen, die zu vielem verwendbar ist, ggf. sogar zum „Frettchenangeln" (siehe 8.3).

Aus der Sicht des Vogels – und damit des Tierschutzes – ist bei allen Ausrüstungsgegenständen vor allem die Hygiene bedeutsam. Traditionell bestand nicht nur der Handschuh, sondern auch die Tasche der Falknerin aus Leder. Leder lässt sich aber nur schlecht reinigen und weder desinfizieren noch auf andere Weise von Krankheitserregern befreien. Auch Fäulniserreger, die Atzungsreste oder ***Schweiß*** und andere Hinterlassenschaften der Beute zersetzen, sind kaum restlos zu entfernen. Taschen oder Westen aus Textilgewebe kann man ggf. in der Waschmaschine waschen. Ist eine Erhitzung auf 60 °C oder mehr möglich, können auch die wichtigsten schädlichen Mikroorganismen vernichtet werden.

PRAXISTIPP
Ersatzausrüstung

Beim Training, insbesondere aber bei der Beizjagd, ist die Wahrscheinlichkeit groß, Ausrüstung zu verlieren. Das ist besonders problematisch, wenn dann der Vogel nicht fixiert oder gar, wenn geschlagenes Wild nicht abgefangen werden kann. Deshalb ist es sinnvoll, dass Taschen gut verschließbar sind und dass neben dem Ersatzmesser eine Leine inkl. Drahle und Geschühriemen an der Tasche/Weste festgebunden und ein Ersatzfederspiel eingepackt werden.

PRAXISTIPP
Sonder-/Zusatzausrüstung

Bei der Jagd mit Habicht, Wüsten- oder Rotschwanzbussard hat sich das Mitführen einer Rosenschere sowie von Arbeitshandschuhen bewährt, um Beizvogel und/oder Wild aus teils schwer zugänglichem und/oder dornigem Gestrüpp zu befreien. Eine kleine Erste-Hilfe-Tasche (mit Hautdesinfektionsspray) ist zudem sinnvoll. Bei einer Gemeinschaftsbeizjagd oder einem Team aus Falknerin und Frettchenführerin haben sich einfache Funkgeräte ebenfalls zur besseren Absprache bewährt, insbesondere da man sich so schnell und einfach verständigen kann, wenn der Vogel einmal aus dem Sichtbereich fliegt und verfolgt werden soll.

Tierschutzrelevant ist das Wegfliegen des Vogels mit geschlossenem Geschüh und Leine. Deshalb empfiehlt es sich, beim Tragen des Vogels die Leine am Handschuh festzubinden oder eine spezielle kurze Schnur am Handschuh zu befestigen mit der das Geschüh, ggf. nur durch die Öse, gesichert werden kann. An dieser Schnur kann das Geschüh auch mit einem Karabinerhaken gesichert werden, das ist der einzige Karabinerhaken, der zur Fixierung eines Vogels akzeptiert werden kann, da ja die Falknerin permanent zugegen ist und bei etwaigem Versagen reagieren kann. Es sieht nach Ansicht mancher Falknerin möglicherweise cooler aus, die Leine nur um den Ring- und den kleinen Finger zu wickeln, stolpert die Falknerin jedoch oder stürzt sie gar, was nicht nur im Gelände leicht passieren kann, besteht die Gefahr, dass der Vogel mit Leine und geschlossenem Geschüh entfliegt mit potentiell tödlichen Folgen.

6.2.2 Falknermesser oder alternative Hilfsmittel

Ein Messer griffbereit zu haben ist aus Tierschutzsicht ein absolutes Muss. Es dient dem ***Abfangen*** des Wildes, sollte der Vogel es nicht sehr rasch selbst töten, und der lebensmittelhygienisch einwandfreien Versorgung des Wildes. Dass das rasche Abfangen des Wildes aus Tierschutzsicht unabdingbar ist, leuchtet unmittelbar ein, aber auch die Verwertung in der Küche ist ein zwingendes Gebot des Tierschutzes, da ja die Verwendung zum menschlichen Genuss in vielen Fällen die tierschutzrechtliche Rechtfertigung ist, überhaupt zu jagen (siehe auch 8.2 und 16.2.1).

Manche Falknerinnen nutzen spezielle Falknermesser, die nur an der Spitze eine scharf geschliffene Schneide haben, aus Sorge den auf der Beute stehenden Vogel sonst verletzen zu können. Andere sind sich sicher, dass ausschließen zu können und nutzen herkömmliche Messer in der dem zu erwartenden Wild angemessenen Größe. In jedem Fall ist das Abfangen mit totem Wild so ausgiebig unter sachkundiger Anleitung zu üben, dass es auch in der praktischen Beizjagdsituation komplikationslos klappt.

Zum Abfangen von Federwild kann auch eine sehr kräftige Schere bzw. Zange mit kurzen Schenkeln („Typ Seitenschneider") genutzt werden. Sie entspricht den Tötungszangen im Wirtschaftsgeflügelbereich.

PRAXISTIPP
Sonder-/Zusatzausrüstung

Weil ein Messer zur Verfügung zu haben so wichtig ist und weil fast nichts bei Training und Beizjagd so oft verloren geht wie das Messer, sollte an der Tasche/Weste aus Tierschutzgründen auf jeden Fall ein Ersatzmesser festgebunden sein, dazu eignet sich besonders ein stabiles Taschenmesser.

6.3 KNACKPUNKT Trainingsgeräte und Hilfsmittel

Unabdingbar für das erste Training ist die Lockschnur und kein Vogel sollte jemals ohne verlässliche Telemetrie geflogen werden. Je nach Vogelart und Trainingsmethode kommen ggf. noch Federspiel bzw. Balg und Flugmodelle bzw. Seilzugmaschinen zum Einsatz.

6.3.1 Lockschnur

Die Lockschnur ist eine ca. 20 m lange, sehr stabile, ca. 3-5 mm starke Reepschnur. Sie dient zur Sicherung eines jungen Vogels oder eines vermauserten Vogels nach Ende der Mauser bei den jeweils ersten Trainingseinheiten. Sie sollte vor und nach jedem Einsatz einer Haltbarkeitsprüfung unterzogen werden.

PRAXISTIPP
Lockschnurtraining

Im praktischen Gebrauch ist wichtig, dass sich die Lockschnur nicht in der Vegetation verheddert und damit den Vogel „bestraft", der brav beigeritten kommt. Wird der Vogel zu Boden gerissen, ist das für den Lernerfolg natürlich kontraproduktiv. Kurz geschnittener Rasen ist für Flüge an der Lockschnur ideal. Die Lockschnur sollte den Vogel, falls er doch durchstartet, nicht abrupt bremsen, deshalb wird ihr freies Ende an einem entsprechend dimensionierten, beweglichen Gewicht fest gemacht, z. B. an der auf dem Boden liegenden Falknertasche und nicht an einem Block oder Zaun oder ähnlichen Festkörpern fixiert. Eine Länge von 20 m für die Lockschnur ist i. d. R. ausreichend. Wenn man die Tasche oder sonstige Beschwerung in die Mitte zwischen dem Startpunkt – meist ein Block oder Sprenkel – und der lockenden Falknerin legt, kann man den Vogel auf fast 40 m beireiten lassen, das ist völlig ausreichend und längere Entfernungen führen auch meist dazu, dass sich die Lockschnur im Gelände verfängt. Ein Vogel, der zuverlässig und vor allem rasch auf nur 20 m kommt, kommt i. d. R. auch auf weitere Entfernungen und kann frei geflogen werden.

Natürlich sollte man sich auf die Reißfestigkeit der Lockschnur verlassen können, aber Knoten sind schon aufgegangen, Drahlen gebrochen und „unzerstörbare" Seile gerissen. Deshalb darf die Lockschur keinesfalls an der Drahle bei geschlossenem Geschüh festgemacht werden, damit auch im schlechtesten Fall der Vogel nicht mit geschlossenem Geschüh wegfliegen kann. Es ist sinnvoll, den Vogel auch beim Lockschnurtraining mit funktionierender Telemetrie auszustatten, falls doch mal etwas schief geht. Zusätzlich gewöhnt sich der Vogel dadurch bereits an die Routine des Sendermanagements.

6.3.2 Federspiel

Das Federspiel ist eine Beuteattrappe, mit der der Vogel beim Training oder nach einem Fehlflug zu der Falknerin zurückgerufen wird. Das Federspiel wird am Anfang des Trainings mit Atzung gespickt, bei routinierten Vögeln ist die Atzungsgabe auf dem Federspiel oft nicht mehr nötig. Traditionell wurde das Federspiel bei Falken eingesetzt, Habichte wurden auf Faustappell trainiert. Es empfiehlt sich jedoch, alle Vogelarten zunächst mit dem Federspiel – Adler und Bussarde mit dem Balg – zu trainieren und auch später ein Federspiel dabei zu haben, auch wenn sich mittlerweile Faustappell eingestellt hat. Für Falken mit ihrem großen Aktionsradius ist das Federspiel immer sinnvoll.

Abb. 6.37: Equipment auf einer britischen Falknereimesse: verschiedene Federspiele und ein Balg (Fotos: D. Fischer)

PRAXISTIPP
Federspiel

Traditionell wurde versucht, das Federspiel im Aussehen möglichst der geplanten Beute nachzubilden, dazu wurden z. B. Fasanen- oder Krähenfedern an einem Lederkörper befestigt. Nachteil dieser Methode ist, dass der Vogel oft zunächst anfängt die Federn zu rupfen, was aus praktischen, aber auch aus hygienischen Gründen nicht erwünscht ist, lagern sich in den Federn doch auch Atzungsreste ab, die vergammeln und dem Vogel nicht guttun, werden sie aufgenommen. Da aber jeder Beizvogel den Unterschied zwischen der tatsächlichen Beute und dem Federspiel sehr schnell erlernt, sind die Federn als zusätzliche Anreize nicht notwendig. Vielmehr lernt der Vogel mit einem mit Sand oder Reis gefüllten Hohlkörper aus Leder ohne Federn genauso gut. Tabu ist Blei als Hohlkörperfüllung wegen der potentiellen Vergiftungsgefahr für den Vogel bei Bleipartikelaufnahme.

Aufgenommen wird der Vogel vom Federspiel am Anfang des Trainings ebenfalls mit Atzung, ob erfahrene Vögel eine Belohnung benötigen, muss individuell entschieden werden. Das Federspiel wird an einer entsprechenden Schnur im Kreis geschwungen und so dem Vogel präsentiert. Wichtig ist darauf zu achten, dass sich der Vogel nicht im Federspiel verheddert. Eine Variante sind Stangenfederspiele, bei denen die Schnur an einer Angelrute oder ähnlichem befestigt ist, sie ermöglichen einen größeren Aktionsradius des Federspiels selbst, was sie vor allem für ***Langflügler*** attraktiver machen kann.

Abb. 6.38: Training eines Aplomadofalken mit konventionellem Federspiel (oben; Foto: W. Holtmeier); Training eines Wanderfalken mit dem Stangenfederspiel (links; Foto: K. Leix)

Abb. 6.39: Training eines Harris Hawks mit dem Balg (Foto: W. Bednarek)

6.3.3 Balg

Für Kurz- bzw. Rundflügler und Adler kann auch ein entsprechend präparierter Balg des avisierten Beutewildes verwendet werden. Der Einsatz erfolgt ähnlich wie beim Federspiel, jedoch beschränkt er sich wegen der Sperrigkeit meistens auf die erste Ausbildung oder den Einsatz an einer Seilzugmaschine.

Abb. 6.40: Nach dem Training – Falke und Drohne (Foto: D. Fischer)

6.3.4 Flugmodelle und Seilzugmaschinen

Da viele Falknerinnen keine Möglichkeit haben, den Vogel fast täglich an Wild zu bringen, erfreuen sich technische Geräte, die dem Vogel Atzung als Belohnung präsentieren, zum Training zunehmender Beliebtheit. Der Einsatz von Seilzugmaschinen beschränkt sich auf Vogelarten, die auf dem Boden schlagen, also Habicht- und Bussardartige sowie Adler. Flugmodelle können grundsätzlich für alle Arten verwendet werden, sind aber besonders beim Training von Falken beliebt. Die Steuerung von überwiegend horizontal fliegenden Flugmodellen, einschließlich der einer Krähe nachgebildeten Ro-Crow bzw. der einer Houbara[1] nachgebildeten Ro-Bara ist nicht intuitiv möglich, sondern muss von der Falknerin aktiv erlernt werden. Vertikal steigende Kopter, auch als ***Drohnen*** bezeichnet, sind leichter zu handhaben und erfreuen sich deshalb größerer Beliebtheit. Selbst mit Kaninchen- oder Hasenfell überzogene ferngesteuerte (Modell-)Autos wurden bereits erfolgreich als Trainingsgeräte umfunktioniert, in dem Fall muss für eine ausreichende Polsterung zwischen dem Auto und dem Fell gesorgt werden.

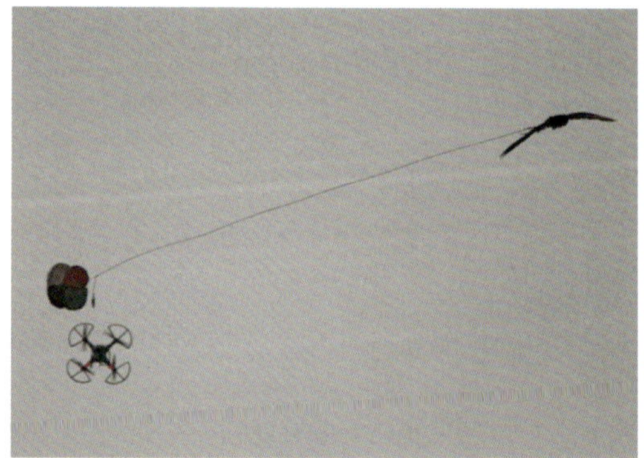

Abb. 6.41: Drohnentraining, der Falke hat die Belohnung gegriffen und kommt gebremst vom Fallschirm zu Boden (Fotos: W. Bednarek)

[1] Kragentrappe, beliebtes aber leider rares Beizwild im arabischen Raum

Selbstverständlich lernen die Beizvögel sehr schnell den Unterschied zwischen einem Flugmodell, auch wenn es optisch einer Krähe oder Trappe ähnelt, bzw. einem Balg an der Seilzugmaschine und einem echten Beutetier.

Verletzungen des zu trainierenden Vogels sind sowohl bei Seilzugmaschinen als auch bei Drohnen und Modellfahrzeugen nicht ausgeschlossen. Aus der Sicht des Tierschutzes muss sich jede Falknerin vor deren Inbetriebnahme ausreichend mit der Technik vertraut machen. Seilzugmaschinen und Fahrzeuge müssen sofort gestoppt werden, sobald der Vogel geschlagen hat. Drohnentraining darf bei stärkerem Wind nicht stattfinden, da sonst der Kopter nicht sicher zu steuern ist.

Zur Befestigung des Federspiels oder der sonstigen Belohnung an der Drohne sind zwei Methoden gebräuchlich. Bei der einen wird die Belohnung mittels einer leichten Reepschnur in weitem Abstand von den Rotoren der Drohne an einem Fallschirm befestigt, der sich leicht von der Drohne löst. So kann der Vogel ungefährdet mit der Beute landen und die Drohne kann entfernt vom rupfenden und kröpfenden Vogel gelandet werden. Dafür können auch leichtere Drohnen verwendet werden, da sie ja nur die Belohnung zu tragen haben. Nachteilig ist, dass der Ort der Landung des Vogels nicht genau gesteuert werden kann, was vor allem bei Wind problematisch ist. Alternativ kann die Belohnung ebenfalls an einer langen leichten Reepschnur fest an der Drohne befestigt werden und die Drohne dann mit dem die Belohnung festhaltenden Vogel gelandet werden. Hierbei ist darauf zu achten, dass der Vogel den Rotoren nicht zu nahekommt, was eine sehr erfahrene Drohnenpilotin voraussetzt. Dazu sind stärkere Drohnen notwendig als bei der Fallschirmmethode.

Rechtlich ist in Deutschland der Betrieb der Flugmodelle so kompliziert geregelt, dass es den Rahmen dieses Buches sprengen würde die Regelungen darzustellen. Jede Falknerin, die sich mit dem Gedanken der Nutzung befasst, muss sich ausgiebig informieren, insbesondere den „Drohnenführerschein" absolvieren. Unabdingbar ist auch eine einschlägige Haftpflichtversicherung abzuschließen.

PRAXISTIPP
Fallschirmhalterung

Als Fallschirmhalterung wird ein kleiner Becher an der Drohne befestigt, in dem dann der Fallschirm (zu beziehen, wo es Modellraketen gibt, Ø 60 cm sind erprobt) mit einer ca. 10 m langen dünnen Reepschnur und daran befestigter Belohnung von einer leichten Klammer und/oder einem kleinen Magneten und/oder einem als Riegel ausgebildeten Kabelbinder gehalten wird. Zieht der Vogel an der Belohnung, wird der Fallschirm freigegeben.

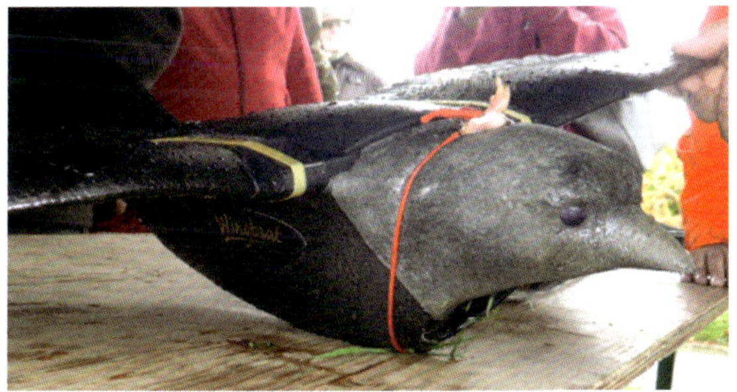

Abb. 6.42: Ferngesteuerte Krähe (Ro-Crow) aus leichtem und stabilem Styrodur mit innenliegendem Antrieb zum Training von Greifvögeln (Fotos: D. Fischer)

Murphy

Der Becher muss direkt unterhalb des Drohnenkörpers befestigt werden. Hängt er an einer längeren Schnur, kann ihn, wenn er leer und leicht ist, weil der Vogel die Belohnung bereits abgezogen hat, der Wind so auslenken, dass er in die Rotoren gerät, was den Absturz der Drohne zur Folge hat – mit allen möglicherweise gefährlichen Folgen.

Abb. 6.43: Transportable Seilzugmaschine „Bull-X" zum Training eines Wüstenbussards vor Publikum (Foto: D. Fischer)

6.3.5 KNACKPUNKT Telemetrie

Telemetrie ist in der modernen Falknerei ein absolutes Muss. Die Telemetrie ermöglicht es der Falknerin, den Vogel schneller wiederzufinden und ihm im Bedarfsfall zu helfen (z. B., wenn er in einem unsicheren Gebiet/Umfeld wie in der Nähe einer Eisenbahntrasse oder einer Straße sowie in dichter Vegetation Beute gemacht hat). Telemetrie und GPS-Ortung sind sicherlich die Innovationen des 20. Jahrhunderts, die den größten Fortschritt in der praktischen Falknerei und auch im Tierschutz in der Falknerei gebracht haben, da sie es ermöglichen, die Vögel in hoher Kondition zu fliegen, ohne die Sorge, den Vogel zu verlieren, wenn er außer Sicht gerät. Kein Vogel sollte ohne zuverlässige Telemetrie frei geflogen werden. Für Vögel, die oft weit außer Sichtweite fliegen, wie Falken, wird empfohlen, zwei Sender gleichzeitig zu verwenden. Dennoch kann es im Zusammenhang mit Telemetriesendern zu Tierschutzproblemen kommen.

Es gibt unterschiedliche VHF/UHF-Frequenzen für die in der Falknerei verwendeten Sender, die unterschiedliche Antennenlängen erfordern. Grundsätzlich kann man sagen, dass höhere Frequenzen zwar kürzere Antennen erlauben, aber das Signal wird stärker reflektiert, z. B. von Gebäuden, damit wird die Peilung unsicherer. Längere Antennen bedeuten aber ein höheres Risiko, sich in der Vegetation oder an Zäunen oder ähnlichen Strukturen zu verfangen oder sogar Stromleitungen zu überbrücken. Sowohl das Hängenbleiben als auch das Überbrücken von Stromleitungen kann tödlich sein.

Neben der Länge der Antenne stellt auch die Befestigung des Senders am Vogel ein Risiko dar (vgl. 6.1.2.1.6).

Eine relativ neue Entwicklung sind Sender, die mit GPS-Satelliten kommunizieren können wie das Navigationsgerät im Auto. Dadurch wird es möglich, den genauen Ort des Vogels zu erfassen und per Navigationssystem, z. B. über das Smartphone, ganz unkompliziert zum Vogel geleitet zu werden. Durch die GPS-Funktion können auch weitere Informationen übermittelt werden, wie die Fluggeschwindigkeit des Vogels, die erreichte Höhe oder die Distanz zur Falknerin. So kann jetzt endlich mal objektiv festgestellt werden, wie hoch der Vogel oder wie schnell er denn wirklich war. Für die aktive Beizjägerin ist es nicht wirklich wichtig zu wissen, dass die als sicher geschätzte Höhe von 300 m objektiv gemes-

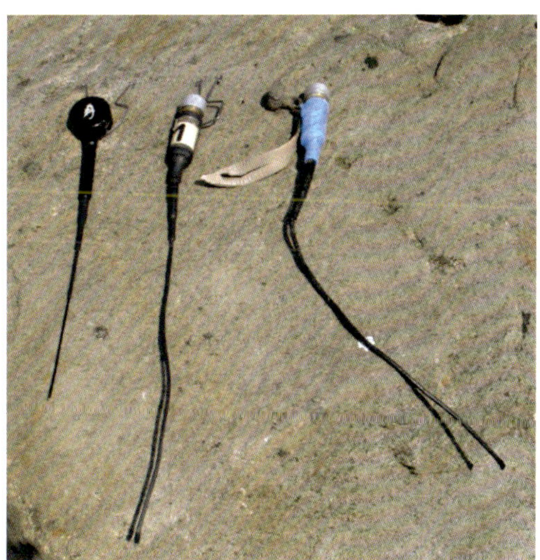

Abb. 6.44: VHF-Empfangsgerät (oben) und verschiedene Sender zur Befestigung an Stoß-/Staart- oder Rucksackmontage sowie am Ständer (unten; Fotos: D. Fischer)

sen nur 60 m waren, für sie zählt die Freude am Flug des Vogels und dessen Jagderfolg.

Für eine rasche Kontaktaufnahme von der Falknerin zum Vogel ist nun bedeutsam, wie die Kommunikation zwischen Sender und Falknerin funktioniert. Alle uns bekannten GPS-Sender haben auch eine „normale" UHF-Funktion, d. h. sie funktionieren auch wie konventionelle Sender. Solange sich der Vogel in der Nähe befindet und keine Reflektionen stören, ist das ja auch völlig ausreichend. Alle uns bekannten Fabrikate übermitteln die GPS-Information ebenfalls über die normale Funkfrequenz. Daraus folgt: wenn der Vogel aus dem Senderbereich hinausfliegt und die Information über den Standort des Vogels lediglich über das UHF-Signal übermittelt wird, dann steht man wieder so da wie mit den klassischen Radiotransmittern, man hat keine Möglichkeit den Vogel zu orten. Das spielt vor allem bei Falken mit ihrem großen Aktionsradius eine Rolle. Ein Sender eines spanischen Herstellers übermittelt die GPS-Daten zusätzlich auch über das Mobil-Telefonnetz an einen Server, von dort kann man die Information dann mittels einer Website über das Internet abrufen. Damit gibt es keine Reichweitenbeschränkung. Der Vogel kann in bestimmten Intervallen geortet werden, solange der Sender Kontakt zu einem Satelliten und zum Mobil-Telefonnetz hat. Den nötigen Strom können sich manche dieser Sender – zumindest teilweise – über eigene Solarpaneele selbst generieren.

Auch was die Empfänger angeht gibt es Unterschiede. Das herkömmliche Signal aller uns bekannten Sender kann über jeden herkömmlichen Empfänger empfangen werden. Die GPS-Informationen können nur mit Hilfe eines von den jeweiligen Herstellern zu beziehenden Gerätes empfangen werden.

Zur Sicherheit statten wir die Falken mit zwei Sendern aus. Der etwas schwerere GPS-Sender kommt an den Rucksack, ein herkömmlicher Peilsender – bei den Falkenterzeln ein leichter – an die mittlere Staartpenne. Zusammenfassend kann man feststellen: Mit diesen neuen Sendern ist das Wiederfinden noch einmal deutlich einfacher geworden. Wir haben zwei getrennte Funktionen in einem Gehäuse, einen herkömmlichen UHF-Sender und die GPS-Funktion. Die Übermittlung der GPS-Position kann bei Sendern aller uns bekannten Hersteller über das Radiosignal erfolgen. Wir machen ganz bewusst keine Angaben zur Reichweite, da diese sehr stark von den Umgebungsbedingungen und etwaigen Hindernissen im Umfeld abhängt. Bei einem der spanischen Sender gibt es darüber hinaus die Möglichkeit, über Handynetz und Internet die Daten abzurufen. Solange der Sender noch Strom hat, ein Handynetz vorhanden ist und Satelliten über dem Vogel sind, ist die Reichweite dieser Funktion unbegrenzt. Allerdings sind die Neuentwicklungen und technischen Optimierungen in diesem Bereich sehr schnell, sodass die Falknerin hier gut beraten ist, sich beständig auf dem aktuellen Stand der Entwicklungen zu halten.

6.4 KNACKPUNKT Transport

Auf Reisen muss der negative Einfluss eines anderen Klimas ebenso vermieden werden wie der Stress durch unbekannte Reize. Um die Vögel vor Stress zu schützen, können Hauben oder alternativ geeignete Transportboxen verwendet werden.

Bei jedem Transportsystem müssen Schäden an den Pennen vermieden werden. Außerdem ist die Hygiene wichtig, daher muss alles leicht zu reinigen sein. Das funktioniert am besten mit glatten Oberflächen oder Einwegmaterial (z. B. saugfähiges Papier auf Betoplanplatte oder Kunststoff). Besonders in geschlossenen, geparkten Autos kann die Temperatur innerhalb kürzester Zeit enorm ansteigen und den Vogel töten.

Abb. 6.45: Transport von verhaubten Wanderfalken, die auf fest montierten Blöcken stehen. Das Umfeld kann mit Handtüchern und Bettlaken ausgelegt werden, um das Innere des PKW vor Schmelz zu schützen und die Verunreinigungen schnell entfernen zu können (Foto: D. Fischer)

6.4.1 Lösungsmöglichkeit Transportbox

Für Vögel, die unverhaubt transportiert werden, stellt die Transportbox eine hervorragende Möglichkeit dar, sie vom Transportstress abzuschirmen. Die Größe der Transportbox muss der Größe des Vogels entsprechen. Das bedeutet, dass der Vogel aufrecht stehen können muss, ohne dass die Stoß-/Staartpennen den Boden berühren, wenn er auf der Sitzstange steht. Adler werden gerne ohne Sitzstange transportiert, dann gilt das natürlich nicht.

Wie bei jeder neuen Situation muss der Vogel langsam hingeführt werden, damit er sich an die Transportsituation und das System gewöhnen kann. Die Box sollte bereits in der Anfangsphase der Ausbildung mit einbezogen werden (siehe 4.1.2.2). Der Vogel muss gerne hineingehen und sollte nicht sofort herausspringen, wenn man die Tür öffnet.

Ein besonderes Problem bei den Transportboxen ist die Luftqualität. Greifvögel sind empfindlich für Atemwegserkrankungen, insbesondere Aspergillose (siehe 13.3.1). Natürlich ist die Aspergillose ein multifaktorieller Prozess, und Stress ist ein sehr wichtiger Faktor, aber eben auch schlechte Luft.

Abb. 6.46: Transport auf einer speziell umgearbeiteten Rücksitzbank (oben): Dies ist potentiell gefährlich, denn die Falknerin muss hier besonders auf den Verkehr achten und darf sich nicht durch den Adler im Rückspiegel ablenken lassen; Einladen eines Steinadlers in seine Transportbox (unten; Fotos: W. Holtmeier, Greifvogelstation & Wildfreigehege Hellenthal)

Da die Box jedoch unschätzbare Vorteile für Vögel bietet, die nicht mit einer Haube transportiert werden sollen, müssen wir versuchen, die Luftqualität so weit wie möglich zu optimieren. Dies lässt sich durch regelmäßiges Reinigen und durch den Einsatz eines kleinen Ventilators, wie er für wenig Geld im Elektronikhandel angeboten wird, leicht erreichen. Das Gebläse wird an den Zigarettenanzünder des Autos angeschlossen; für längere Zeiträume ohne laufenden Motor kann auch eine separate Batterie eingesetzt werden.

Abb. 6.47: Mittlerweile gibt es die Möglichkeit, sich Boxen aus Holz oder Kunststoff für sein Auto passend anfertigen zu lassen, hier haben Beizvogel und Equipment Platz (Foto: D. Fischer)

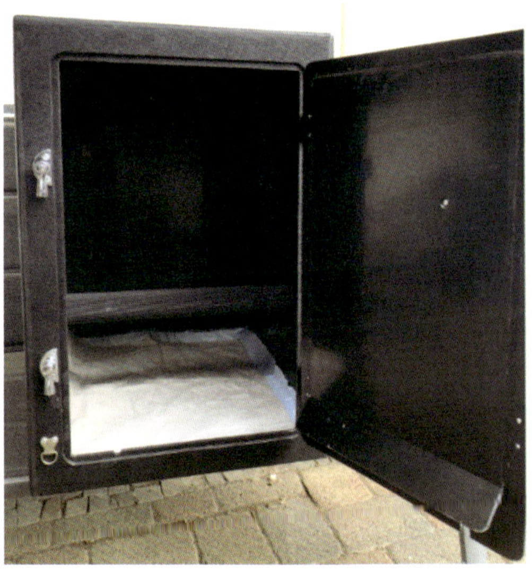

Abb. 6.48: Transportboxeigenbau aus 4 mm Betoplanplatten mit innen und unten montiertem Lüfter, die Lufteintrittsöffnungen befinden sich oben (links; Foto: Th. Richter); kommerziell hergestellte Transportbox aus Kunststoff, die bereits mit einem hinter einer Querleiste installierten Lüfter ausgeliefert wird, ausgelegt mit einer Inkontinenzunterlage aus dem Bereich der Krankenpflege bzw. der Veterinärmedizin (rechts; Foto: D. Fischer)

PRAXISTIPPS
Transportbox

Als Material für den Eigenbau von Transportboxen eignen sich 4 mm Betoplanplatten besonders gut. Sie sind leicht, glatt, leicht zu reinigen und von geschickten Falknerinnen auch einfach zu bearbeiten. Alternativ können auch handelsübliche, stabile Boxen aus Kunststoff verwendet werden.

Ein einfacher Trick, um den Boden der Transportbox leicht reinigen zu können, ist eine Plastikschale bzw. ein Kunststofftablett auf dem Boden der Box. Die Schale kann wiederum mit saugfähigem Papier, Pappe oder saugfähigen Inkontinenzmatten (Bettauflagen) bedeckt werden, die herausgenommen und weggeworfen werden, bevor die Schale dann gereinigt werden kann. Dadurch wird auch den Ammoniak produzierenden Bakterien ein Teil des Wassers entzogen, sodass sie nicht mehr so viel Schadgas produzieren können.

Für die Positionierung des Lüfters gibt es verschiedene Möglichkeiten: Wenn der Lüfter im Inneren der Box montiert wird, ist die Box schwerer zu reinigen aber möglicherweise im Auto leichter unterzubringen. Wichtig ist, dass die einströmende Luft von vorne oben kommt, damit die Frischluft zuerst die Nasenlöcher des Vogels erreicht, und die Luft unterhalb des Vogels, oberhalb des Schmelzes abgesaugt wird. Es versteht sich von selbst, dass das Gebläse so montiert sein muss, dass die Luft abgesaugt und nicht in die Box hineingedrückt wird. Es ist wichtig, dass keine Federn in das Ventilatorrad gelangen können. Der Ventilator kann mit einem kleinen Stück Gaze oder einem Schutzsieb abgedeckt werden, ist er außen montiert, können Löcher mit 5-6 mm Durchmesser in die Wand der Box, vor der Stelle gebohrt werden, an der sich der Ventilator befindet. Eine ganz aktuelle, innovative Variante ist den Lüfter in eine hohle Sitzstange zu montieren. Die Luft wird durch Bohrungen an der Unterseite abgesaugt. Die Sitzstange besteht aus einem mit Leder überzogenen Kunststoffrohr.

Abb. 6.49: Details einer Transportbox mit je einem Abteil für zwei Vögel (Fotos: Th. Richter)

Das Tablett auf dem Boden der Box wurde für das Foto nur teilweise mit Küchenkrepppapier bedeckt und der Verwickelungsschutz entfernt, um die Konstruktion zu zeigen.

Eine hölzerne Platte verhindert, dass sich der Vogel an der Sitzstange verwickelt, sie sollte zum Reinigen entfernbar sein.

Der Ventilator unten an der Rückseite der Box kann über den Zigarettenanzünder des Autos mit Strom versorgt werden.

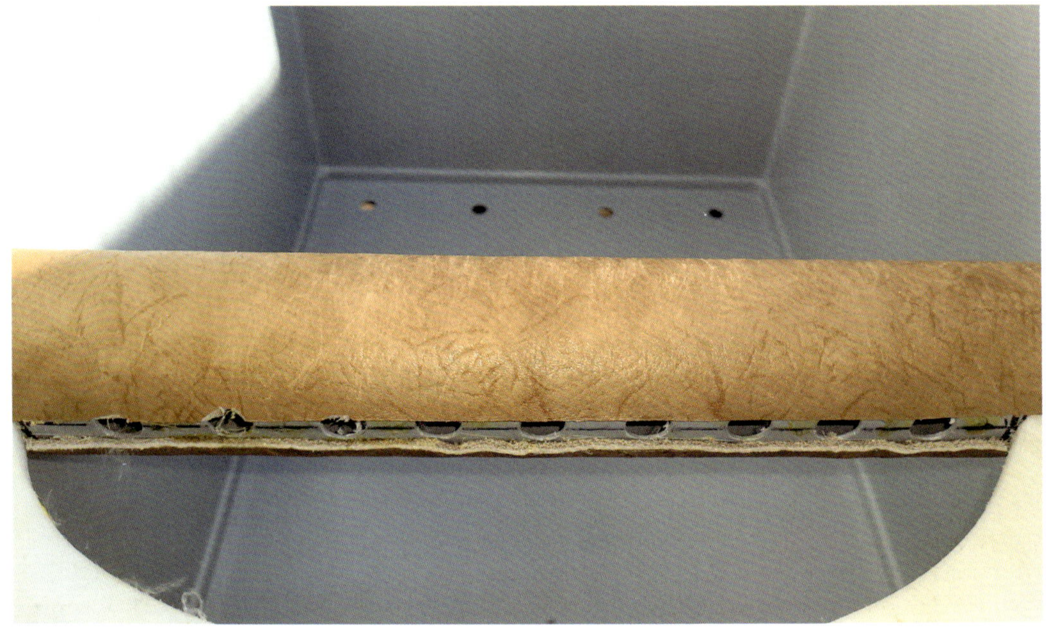

Abb. 6.50: Details einer aus einer handelsüblichen Kunststoffbox gebauten Transportbox. Die Sitzstange besteht aus einem mit Leder überzogenen Kunststoffrohr. Der Lüfter ist in die Sitzstange integriert, die Luft wird durch Bohrungen an der Unterseite der Sitzstange abgesaugt (Konstruktion: W. Ziegler; Fotos: Th. Richter)

Checkliste Ausrüstung der Falknerin

- ☑ als Ersatzausrüstung sollte in jeder Falknertasche/Falknerweste mitgeführt werden: Ersatzmesser, Ersatzfederspiel, Ersatzleine mit Drahle und Geschühriemen, 10 m Reepschnur, Desinfektionsmittel
- ☑ das Falknermesser ist unverzichtbar zum Abfangen des Wildes und zur hygienisch einwandfreien Versorgung des Wildes
- ☑ beim Training mit Lockschnur, Federspiel, Balg, Flugmodellen und Seilzugmaschinen muss die Verletzungsgefahr für den Vogel ausgeschlossen werden
- ☑ bei Flugmodellen sind zusätzlich die rechtlichen Vorschriften und die Verletzungsgefahr für Menschen zu beachten
- ☑ funktionsfähige Telemetrie ist ein absolutes Muss bei jedem Freiflug
- ☑ beim Transport sind Stress und Gesundheitsgefahren zu minimieren

07

Fütterung

7.1 KNACKPUNKT Futterzusammensetzung

Alle für die Beizjagd relevanten Greifvogelarten sind Beutetierfresser. Die ältere Bezeichnung Fleischfresser trifft den Sachverhalt nicht genau, da Haut, Knochen und Eingeweide der Beutetiere mit verzehrt werden. Pures Fleisch wäre zu wenig! Knochen sind wichtig für die Mineralstoffversorgung, Fett liefert essentielle Fettsäuren und Haare bzw. Federn sind notwendig für die Gewöllebildung.

Die Nährstoffgehalte der verschiedenen Futtertiere unterscheiden sich stark. Es ist offensichtlich, dass Taubenbrust oder Rinderherz einen höheren Energie- und Eisengehalt haben als Eintagsküken oder Wildkaninchen*wildbret*. Ebenso stark unterscheiden sich die Ansprüche der verschiedenen Greifvogelarten. Kleinfalken oder Sperber sind anders zu füttern als Adler.

7.1.1 Lösungsmöglichkeit Futterzusammensetzung

Eine abwechslungsreiche Diät ist immer von Vorteil. Je nach Vogelart und Lebenszyklus müssen ausreichend Nährstoffe und Energie bereitgestellt, Verfettung sowie Unterversorgung des Greifvogels vermieden werden. So besteht beispielsweise ein höherer Calciumbedarf im Wachstum und bei Weibchen in der Legephase als bei einem ausgewachsenen Terzel. Die Nährstoffzusammensetzung der meisten Futtertiere ist mittlerweile bekannt und kann der untenstehenden Tabelle entnommen werden (Forbes und Collin, 2000; Chitty und Lierz, 2008).

Eine bedarfsgerechte Vitamin- und Nährstoffversorgung kann bei Greifvögeln am besten durch die Verfütterung vollständiger Futtertiere erreicht werden. Dabei sind die zur physiologischen Gewöllebildung notwendigen, wenig- oder nicht-verdaulichen Strukturen wie Federn, Haare, Knochen, Sehnen und

	Hühnerküken (1 Tag)	Wachteln (7 Wo.)	Ratten (11 Wo.)	Mäuse (12 Wo.)	Meerschweinchen (10 Wo.)	Junghuhn (10 Wo.)
Feuchtigkeit (%)	76,1	67	64,3	66,9	69,3	66,5
Energie (kcal/kg TM)	6162	5565	5780	5923	-	5930
Protein (g/100g) - absolut	17,3	19,6	19,7	19,5	-	-
Protein (%) - prozentual	72,4	58,7	63,4	58,9	58,9	56,7
Fett (g/100g) - absolut	5,4	9,3	11,3	9,9	-	-
Fett (%) - prozentual	22,6	27,8	34,9	29,9	45,4	26,9
Calcium (Ca) (mg/100g)	775	2140	2286	2110	2946	2455
Phosphor (P) (mg/100g)	521	1390	-	1400	-	-
Ca:P - Verhältnis	1,49:1	1,54:1	1,39:1	1,51:1	-	1,39:1
Magnesium (Mg) (mg/100g)	36	74,8	24,7	72,2	63,7	53,6
Vitamin E (IE/100g)	40,7	10,1	21,05	5,9	2,98	6,14

* nach Forbes & Colin 2000 und Chitty 2008; Wo. = Wochen; TM = Trockenmasse; kcal = Kilokalorien

Tab. 7.1: Nährstoffgehalte ausgewählter Futtermittel für Greifvögel (D. Fischer, erstellt nach Forbes & Collin 2000 & Chitty & Lierz, 2008)

Horn vorhanden (Forbes & Colin, 2000) und es besteht in gewissem Maße die Möglichkeit, je nach Greifvogelart die Futtertiere zu wählen, die der natürlichen Beute nahekommen. Als kommerziell erhältliche Futtertiere werden für Greifvögel meist Eintagsküken, Mäuse, Ratten, Meerschweinchen, Kaninchen, Hamster, Tauben, Wachteln, Hühner und Puten genutzt.

Neben der grundsätzlichen Eignung der Futtertiere sind deren Gesundheitsstatus und die hygienische Qualität von zentraler Bedeutung. Natürliche, selbst gebeizte Beutetiere sind grundsätzlich hervorragend als Atzung geeignet, allerdings nicht uneingeschränkt. Greifvögel jagen wenn möglich selektiv, was einen höheren Anteil erkrankter Beutetiere an der Jagdstrecke zur Folge hat. Bei Haarwild ist das in der Regel unproblematisch, bei Federwild sind jedoch auf den Vogel übertragbare Krankheitserreger wie Influenzaviren zu fürchten (siehe Kapitel 13). Alle erlegten bzw. selbst geschlachteten Futtertiere sind daher einer gründlichen Gesundheitsüberprüfung zu unterziehen. Tiere, die sich vor dem Erlegen bzw. der Schlachtung nicht normal verhalten haben, abgemagert sind oder Tiere, deren innere Organe, insbesondere die Leber, Entzündungszeichen aufweisen, sind von der Verfütterung auszuschließen. Entzündungszeichen sind unter anderem Schwellungen, Rötungen, Verklebungen oder kleine, helle Knötchen oder Pünktchen im Organgewebe. Die Entfernung des Magen-Darm-Traktes und des Kropfes bei gesundem Federwild (insbesondere bei Tauben) kann das Risiko der Übertragung von Krankheitserregern wie Trichomonaden verringern jedoch nicht gänzlich ausschließen. Auch ein Einfrierungsprozess tötet nicht alle Krankheitserreger ab: Einfrieren über mindestens 14 Tage tötet zwar die Trichomonaden ab, Bakterien wie Salmonellen oder Viren wie Influenza- oder Herpesviren werden dagegen durch Einfrieren erst recht konserviert und können so nach dem Verfüttern nach wie vor Erkrankungen beim Beizvogel hervorrufen.

Einige Falknerinnen haben mit Bisam und Nutria als Futtermittel ebenfalls gute Erfahrungen gemacht, da das Fleisch sehr nahrhaft und energiereich ist. Hierbei muss jedoch sichergestellt sein, dass die Tiere tierschutzkonform getötet, umgehend hygienisch versorgt und ordnungsgemäß gekühlt und gelagert wurden, damit sie als Futtermittel geeignet sein können. Selbstverständlich dürfen keine Rückstände von Geschossen enthalten sein, sodass auf keinen Fall Tiere gewählt werden dürfen, die mit bleihaltiger Munition getötet worden sind.

Bei ausgedienten Legewachteln und Legehühnern aus der kommerziellen Geflügelhaltung besteht ein gewisses Risiko der Krankheitsübertragung, sodass diese, wenn überhaupt, nur nach genauer Untersuchung und Feststellung der Unbedenklichkeit veratzt werden sollten.

Eintagsküken von Hühnern oder Puten können ein hygienisches, energie- und ***protein***reiches, aber fett- und mineralstoffarmes Futtertier für Greifvögel darstellen (Fischer, 2021), das einen ausgewogenen Futterplan ergänzen kann. Die Qualität der Eintagsküken ist seit dem Verbot des Kükentötens in Deutschland und dem daraus folgenden Bezug aus dem Ausland jedoch schwankend. Zum einen erfolgt die Zucht nun nicht mehr in einheimischen Betrieben und unter gemäß des deutschen Tierschutzgesetzes kontrollierten Bedingungen, zum anderen sind teils lange Prozess- und Lieferwege für einen Transport aus dem Ausland erforderlich. Deshalb sind Eintagsküken vor der Verfütterung ebenfalls einer kritischen Durchmusterung zu unterziehen. Der Bezug und die Verfütterung von Eintagsküken sind nach den Vorschriften des Artikels 16 der Verordnung (EG) Nr. 1069/2009 genehmigungspflichtig. Die Genehmigung erteilt ggf. die Veterinarverwaltung auf Antrag, sie kann mit Nebenbestimmungen versehen sein, z. B. über Nachweispflichten und Dokumentationsauflagen.

Ausschließlich für Futterzwecke gezüchtete Wachteln, Ratten und Mäuse sind in der Regel unproblematisch. Allerdings sollte auch hier die Herkunft und die Haltung der Futtertiere hinterfragt werden, um sicherzustellen, dass der Tierschutz für die Futtertiere beachtet wird und Impfungen oder Medikamentengaben ordnungsgemäß durchgeführt bzw. im Hinblick auf eine Verwendung als Futtermittel unterlassen wurden. Gleiches gilt für gezüchtete Hamster, Kaninchen und Meerschweinchen.

Ebenfalls hygienisch eher unproblematisch sind Teile von Masthühnern aus dem Supermarkt. Allerdings ist bei diesen Hühnerfleischteilen vor allem die Haut sehr fett und sollte ggf. entfernt werden. Junghühner und regional ebenfalls als Futtertier erhältliche Junggänse können ein gutes Futter darstellen, jedoch besteht hier die Gefahr der Übertragung verschiedener Krankheitserreger (siehe Kapitel 13), sodass deren Gesundheit vor Verfütterung dringend untersucht und die Freiheit von relevanten Erregern sichergestellt werden muss.

Die Verfütterung von Muskelfleisch großer landwirtschaftlicher Nutztiere, z. B. von Rindern, Schafen oder Pferden ist prinzipiell ebenfalls möglich, allerdings nur kurzzeitig und niemals ausschließlich, da dies insbesondere bei den kleineren Beizvögeln nicht der natürlichen Beute entspricht und eine unzureichende Nährstoff- und Vitaminzusammensetzung aufweist (Lierz et al., 2010). Außerdem muss darauf geachtet werden, dass Rückstände von Medikamenten ausgeschlossen werden, da diese je nach Wirkstoff gesundheitsschädliche oder gar tödliche Wirkungen beim Greifvogel haben können.

Eine Ergänzung durch Vitamin-Mineralstoffmischungen ist bei einer vielseitigen Fütterung erwachsener Vögel meist entbehrlich. Sollten jedoch nur wenige Knochen oder überwiegend Frostware gefüttert werden, haben sich spezifische Vitamin- und Mineralstoffpräparate (z. B. Korvimin ZVT Reptil®) bewährt. Es ist nämlich zu beachten, dass einige Vitamine (z. B. aus dem Vitamin B-Komplex) durch den Gefrier- und Auftauprozess abgebaut werden können, weshalb eine geschlossene Kühlkette, eine angemessene Lagerungszeit und ein ordnungsgemäßes Auftauen analog zum Ablauf bei menschlichen Lebensmitteln zu beachten sind (siehe 7.2.1).

Insbesondere bei der Aufzucht von Greifvogelküken ist eine ausreichende Mineralstoff- und Vitaminversorgung sicher zu stellen. Bei Mangel an Mineralstoffen und Vitaminen, insb. Kalzium und Vitamin D, droht bei wachsenden Tieren Knochenweiche (Rachitis). Auch wenn es so aussieht, als fütterten die Altvögel vom Futtertier nur reines Muskelfleisch, so bekommen die Jungvögel vermutlich über den elterlichen Speichel Mineralstoffe und Vitamin D.

Problematisch und überflüssig ist es, Fleisch zu wässern, wie es in älteren Falknerbüchern beschrieben wird. Durch das Wässern soll dem Fleisch Blut und damit Nährstoffe entzogen werden. Da der Effekt nicht kalkulierbar, das Wässern aber hygienisch bedenklich ist, selbst wenn es im Kühlschrank erfolgt, sollte von dieser überholten Methode abgesehen werden.

Kandiszucker wurde in der älteren Literatur als Mittel zur Steigerung der „Schärfe" empfohlen. Kandiszucker ist ein Abführmittel, das zu einem starken Wasserverlust führt und ein unkalkulierbares Risiko für den Vogel darstellt. Ebenso ist die Verwendung bestimmter Salze und Laugen (z. B. des in der arabischen Welt unter dem Begriff „Shanada" bekannten Ammoniumchlorids oder Salmiaks), die durch Erbrechen zu Gewichtsabnahme führen sollen, sehr gefährlich und damit tabu. Die Verabreichung solcher und ähnlicher Substanzen ist nach § 3 Nr. 10 TierSchG verboten (siehe auch 16.2.3.1).

7.2 KNACKPUNKT Futterlagerung und Futterdarreichung

Während der Lagerung und bei der Darreichung ist zu vermeiden, dass die empfindliche Atzung negativ beeinflusst wird.

7.2.1 Lösungsmöglichkeiten Futterlagerung und Futterdarreichung

Während der Lagerung ist mikrobieller Verderb der Futtermittel zu verhindern. Die Atzung ist ein hervorragendes ***Substrat*** für Bakterien und Pilze.

Wie bei Lebensmitteln, die zum Verzehr für den Menschen bestimmt sind, ist auch für die Atzung die beste Möglichkeit zur Frischhaltung die Kühlung. Die Kühlung sollte möglichst rasch nach Erlegung oder Schlachtung einsetzen. Kapitel 10.3.5 beschreibt die Bedingungen für bakterielles Wachstum. Da der Darm besonders viele Keime beherbergt, sollten erlegtes Wild, aber auch geschlachtete Futtertiere, möglichst zeitnah ausgenommen werden. Das ist bei warmen Außentemperaturen oder eng gepackter Lagerung während der Beizjagd umso wichtiger.

Abb. 7.1: Richtiges Auftauen ist wichtig, um die Qualität des Futters zu erhalten; ein Auftauen in einem Kühlhaus oder Kühlschrank unter kontrollierten Bedingungen bei 6-8°C ist zu empfehlen; eine Tropfschale zum Auffangen des Tauwassers und zu dessen Separierung vom Futtertier ist sehr sinnvoll
(Fotos oben: D. Fischer; Fotos unten: U. Goldbach)

Wird Atzung (tief-)gekühlt gekauft, ist auf eine ununterbrochene Kühlkette zu achten. Einmal aufgetaute Atzung sollte kein zweites Mal eingefroren werden, das gilt insbesondere bei ganzen Tierkörpern mit Magen-Darm-Trakt (z. B. Küken).

Das Auftauen tiefgefrorener Atzung muss hygienisch einwandfrei, am besten im Kühlschrank oder einem Kühlhaus in einem entsprechenden Abtropfsieb oder perforierten Körbchen erfolgen, sodass die Atzung nicht in der Auftauflüssigkeit liegt.

Bei überlanger tiefgekühlter Lagerung oxidieren Nahrungsfette, was die Atzung vor allem für kleine Vögel problematisch macht. Als maximale Lagerdauer werden daher in der Literatur maximal drei bis sechs Monate angegeben.

Da viele Greifvogelarten dazu neigen Vorräte anzulegen, ist darauf zu achten, dass die Vögel das angebotene Futter zeitnah vollständig kröpfen und dass Hygiene in der Vogelhaltung beachtet wird. Eventuell angelegte Depots oder Reste können leicht in der Voliere vergammeln und Brutstätte für Bakterien und Pilze werden, die die Gesundheit des Vogels gefährden.

Als Atzbretter in Volieren empfehlen sich Kunststoffkörbchen, die mit dem perforierten Boden nach oben montiert werden. Bei entsprechender Anbringung können sie gereinigt werden, ohne die Voliere zu betreten bzw. der Regen wäscht sie ab. Das ist besonders bei Zuchtvolieren oder bei besonders störungsempfindlichen Vögeln nützlich, wenn die Volieren zeitweise nicht betreten werden sollen (siehe 6.1.1.1.5). Zudem sind ihre Größen meist normiert, sodass man sie in entsprechenden Halterungen schnell auswechseln kann, um die benutzten Körbchen gegen saubere auszutauschen und außerhalb der Voliere gründlich zu reinigen.

7.3 KNACKPUNKT Wasser

Wasser ist das wichtigste Lebensmittel. Der Körper eines Greifvogels besteht zu ca. 70 % aus Wasser, es ist der Hauptbestandteil und das generelle Lösungsmittel in den Körperzellen. Neben dem Wasser in den Zellen ist Wasser das Transportmittel im Blut und ermöglicht dem Körper überflüssiges Material – von der Harnsäure bis zu Mineralstoffen – auszuscheiden. Die Ausscheidung erfolgt über den Harn, beim Greifvogel aber auch über eine spezielle Drüse im Bereich der Nase. Außerdem hilft Wasser überschüssige Wärme loszuwerden.

Wird Wasser nicht regelmäßig gewechselt bzw. darauf geachtet, dass es frisch ist, können sich Krankheitserreger wie Bakterien und Pilze darin vermehren. Sollte die Badebrente auch für Wildvögel erreichbar sein, können diese Krankheitserreger über das Wasser auf den Beizvogel übertragen (z. B. Trichomonaden (siehe 13.4.2.2)).

Im Winter können Wasserquellen in der Haltung zufrieren, sodass der Beizvogel keinen Zugang zu frischem Wasser hat. Durch entsprechende Installationen, regelmäßiges Wechseln des Wassers sowie das Anbieten von feuchter Atzung muss die ausreichende Versorgung des Beizvogels mit Wasser gesichert werden.

7.3.1 Lösungsmöglichkeiten Wasser

Zwar können Greifvögel über einen oxydativen Mechanismus aus der Atzung Wasser gewinnen, trotzdem muss Wasser in guter Qualität regelmäßig zur Verfügung stehen. Bei Frost und kurz vor dem Freiflug sollte darauf temporär verzichtet werden, um zu verhindern, dass der Beizvogel aufgrund des durch eventuelles Baden feuchten Gefieders Erfrierungen erleidet bzw. beim Flug eingeschränkt ist.

Da Greifvögel gerne während des Badens schöpfen, sollte das Wasser in einer flachen Brente angeboten werden.

Wie unter 6.1.1.1 dargestellt, empfiehlt es sich Klappen in der Wand der Voliere für Atzung und Wasserbrenten einzubauen, damit die Vögel versorgt werden können, ohne dass die Voliere betreten werden muss.

Vor allem im Sommer kommt es schnell zur Algenbildung in den Brenten. Wer die doppelte Anzahl Brenten nutzt, kann täglich eine befüllen und die andere nach der Reinigung austrocknen lassen. Dies reduziert das Algenwachstum deutlich und erleichtert die Reinigung. Außerdem werden einzellige Parasiten wie Trichomonaden durch das Abtrocknen abgetötet.

7.4 KNACKPUNKT Konditionierung

Wie unter 4.2.1.1 dargestellt, muss die Nahrungsmenge mit dem aktuellen Lebensabschnitt in Einklang stehen. Besonderes Augenmerk ist auf die Zeit des Freiflugs bzw. des Jagdeinsatzes zu richten. Wie schon ausgeführt, fliegen und jagen Greifvögel nicht aus Vergnügen oder weil sie einen innerlich motivierten Jagdtrieb hätten, sondern zur Nahrungsbeschaffung für sich selbst und zur Jungenaufzucht bzw. zur Revierabgrenzung während des Fortpflanzungszyklus. Die Motivation für den Freiflug oder die Jagd außerhalb der Fortpflanzungsperiode ergibt sich aus dem Gefühl, hungrig zu sein, Appetit zu haben. Dabei ist hiermit ausdrücklich ein Tageshunger gemeint, so wie ihn jeder regelmäßig und gut genährte Organismus einschließlich des Menschen als Motivation für die nächste Nahrungsaufnahme verspürt. Eine Auszehrung oder ein Hungern lassen sind damit keinesfalls gemeint und unbedingt zu vermeiden. Dies ist nicht nur aus Gründen des Tierschutzes geboten, sondern auch, weil nur ein fitter Vogel erfolgreich jagt. Greifvögel sind Hochleistungssportler und wie bei menschlichen Sportlern ist eine Ernährung, die Übergewicht verhindert, aber den Muskelaufbau und die Gesundheit fördert, unerlässlich.

Trainingsflüge und Jagdflüge haben die gleiche Motivationsgrundlage, deshalb ist im Folgenden aus Gründen der Lesbarkeit ausschließlich von Jagdbereitschaft die Rede, auch wenn Freiflugbereitschaft gemeint ist. Die Fütterung, die für die Jagdbereitschaft notwendig ist, nennt die Falknerin Konditionierung.

7.4.1 Lösungsmöglichkeit Konditionierung

Die Futtermenge sollte der Art, dem Alter, der Größe, der Mauser- oder Reproduktionsphase sowie den körperlichen Anforderungen des Freiflugs und der Jagd Rechnung tragen.

Wie viele Menschen neigen auch Greifvögel dazu, mehr Nahrung aufzunehmen, als sie brauchen, wenn diese gerade verfügbar ist. Das ist leicht zu verstehen, denn die Jagd ist energieaufwändig und gefährlich und es gibt keine Erfolgsgarantie.

Wie unter 3.6.1.1 dargestellt, ist Voraussetzung für jede Handlung eines Tieres die Handlungsbereitschaft oder Motivation. Die Jagdbereitschaft wird gesteigert durch den Bedarf an Nahrung. Sie wird stark beeinflusst durch die Lufttemperatur: bei warmem Wetter ist sie bei sonst gleichen Bedingungen deutlich geringer als bei kaltem Wetter. Der frühe Morgen und der Abend kurz vor dem Dunkelwerden sind ebenfalls mit einer erhöhten Jagdbereitschaft verbunden. Geschmälert wird die Jagdbereitschaft durch störende menschliche Aktivitäten wie Geländemotorradfahren, Mountainbiken, Reiten oder landwirtschaftliche Maschinenarbeiten. Auch die Art des Wildes hat Einfluss auf die Jagdbereitschaft. Leicht zu erjagendes Wild wird auch bei geringerer Jagdbereitschaft oft noch angejagt und geschlagen, schwerer zu bewältigendes Wild wird bei geringerer Jagdbereitschaft oft verschmäht.

Erfahrene Falknerinnen erkennen am Verhalten des Vogels, ob die Motivation zum Freiflug und/oder für die Jagd vorhanden ist. Dennoch muss, wie bei einem menschlichen Athleten, das Gewicht[1] des Vogels während der Saison täglich kontrolliert werden. Appetit und Gewicht des Vogels müssen sorgfältig gesteuert werden, eine genaue Waage ist obligatorisch. Neben dem Vogel sollte auch die Atzung gewogen werden. Die Gewichte, die Reaktionen des Vogels, z. B. der Jagderfolg und die Rahmenbedingungen, z. B. das Wetter, sollten notiert werden. Die Waage allein ist allerdings kein allumfassender Hinweisgeber für die Jagdbereitschaft. Das Wichtigste ist die Verhaltensbeobachtung. Nach der erfolgreichen Jagd oder dem Training ist eine ausreichende Fütterung obligatorisch, so wie es auch in der Natur der Fall ist, wenn ein Prädator die Jagd erfolgreich beendet hat.

Im Zuge der Konditionierung zu Beginn der Jagdsaison ist zunächst Körperfett abzubauen und dann durch Training Muskulatur aufzubauen. Feste Relationen zwischen Nestlings- bzw. Mauserendgewicht und Jagdgewicht, wie sie in älteren Publikationen genannt werden, können nicht seriös angegeben werden. Sowohl das Nestlings- als auch das Mauserendgewicht schwanken in Abhängigkeit von der Tierart und vom Atzungsmanagement sehr stark. Vor allem nestjunge Harris Hawks müssen vor Beginn des Trainings oft erst noch an Gewicht zulegen. Mehrjährige Beizvögel müssen hingegen oftmals weniger streng konditioniert werden. Daher sollten die ehemals angewandten Prozentangaben nur als grobe Orientierung dienen.

[1] Für physikalische Erbsenzähler: ja es geht um die Masse und nicht um das Gewicht, aber umgangssprachlich führt das nur zu Verwirrung

7.5 KNACKPUNKT Tierschutz bezüglich der Futtertiere

Selbstverständlich haben die Futtertiere das gleiche Recht auf Tierschutz wie die Greifvögel und ggf. das Beizwild. Da Futtertiere überwiegend bereits tot und tiefgefroren gekauft werden, ist die Falknerin der Verantwortung für die tierschutzkonforme Haltung und Tötung in diesem Fall zunächst enthoben. Dennoch liegt es in ihrer Verantwortung, bei der Auswahl der Futterlieferanten neben Futterqualität und Hygiene auch auf den Tierschutz gesteigerten Wert zu legen und ausschließlich seriöse Futtertierquellen zu nutzen.

Werden durch die Falknerin selbst lebende Futtertiere gehalten, so sind die entsprechenden Anforderungen an die Haltung und tierschutzgerechte Versorgung zu gewährleisten, wozu natürlich auch gehört, dass die Halterin die nach § 2 Tierschutzgesetz erforderlichen Fähigkeiten und Kenntnisse besitzt (siehe 16.2.2).

Für die Tötung der Futtertiere gelten die Vorschriften des § 4 Tierschutzgesetz und der Tierschutzschlachtverordnung, insbesondere ist vor der Tötung eine wirksame Betäubung verpflichtend. Auch hier müssen die entsprechenden Kenntnisse und Fähigkeiten vorhanden sein (siehe 16.2.4).

Eine Lebendfütterung ist nicht zulässig. Ausnahmen von dieser Bestimmung können evtl. für die Rehabilitation von auszuwildernden Wildvögeln gegeben sein. Sie werden an dieser Stelle jedoch nicht ausführlich dargelegt.

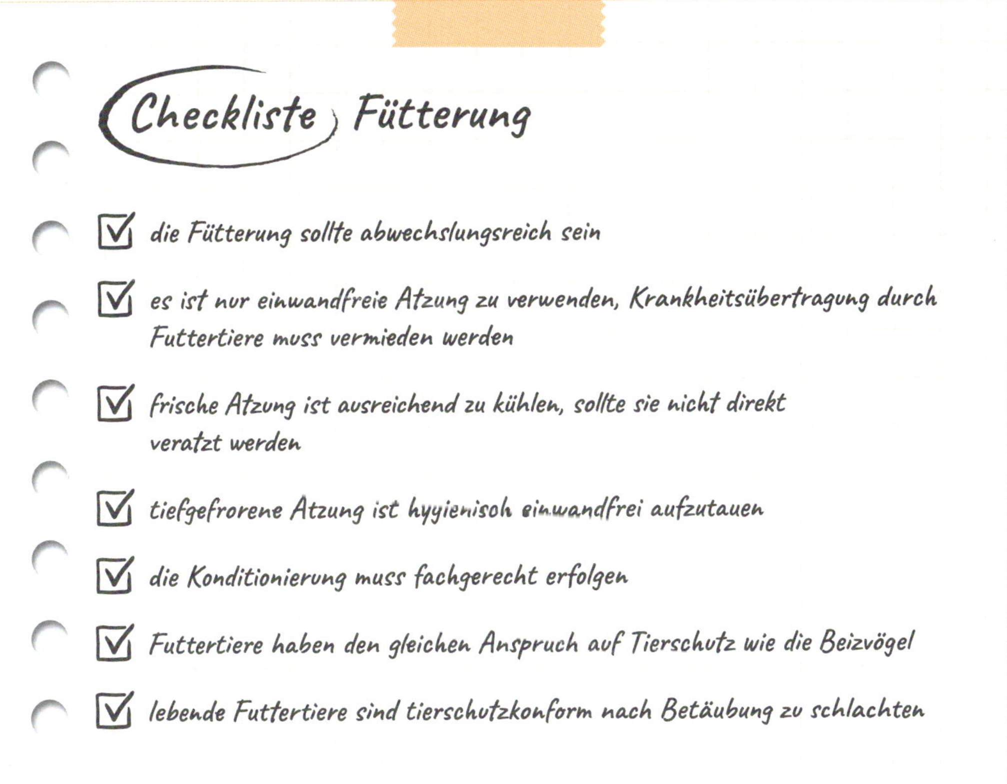

08

Tierschutz während der praktischen Beizjagd

Die Jagd auf freilebendes Wild in dessen natürlichem Lebensraum gehört zum arttypischen Verhalten der Greifvögel. Aus der Sicht des Beizvogels ist das zunächst tierschutzkonform, wenn der Beizvogel von seiner Art und seinem Trainingszustand zum Beizwild passt. Allerdings sind, sobald der Vogel frei fliegt, Unfälle nicht gänzlich auszuschließen. Dieses Risiko muss so weit als möglich reduziert werden. Auch die Belastung für das Beizwild ist so weit als möglich zu minimieren.

Schlussendlich sind die tierischen Jagdhelfer, die Hunde und Frettchen, tierschutzkonform zu halten, auszubilden und einzusetzen.

8.1 KNACKPUNKT Tierschutz bezüglich des Beizvogels

Gefahren für den Beizvogel gehen vom Beizwild, von der Umwelt und von durch Menschen erbauten Strukturen im Jagdrevier aus.

8.1.1 Lösungsmöglichkeiten zur Minimierung der Gefahren durch das Beizwild

Ein altes Gebot falknerischer Weidgerechtigkeit[1], aber auch ein aktuelles des deutschen Tierschutzgesetzes (siehe 16.2.3) lautet, den Beizvogel während der Jagd – aber auch während des Trainings – nicht zu überfordern. Dazu gehört zunächst, dass der Beizvogel durch ein aufbauendes Training (siehe auch 6.3) fit gemacht werden muss. Die Zahl und Intensität sowohl von Trainings- als auch von Jagdflügen muss an die individuellen Fähigkeiten des Vogels angepasst sein. Ganz wichtig ist außerdem, dass Beizvogel und Beizwild zueinander passen. Dies ist in der Regel dann gegeben, wenn das Beutetier im natürlichen Beutespektrum des Beizvogels repräsentiert ist. Da sich die Größe und das Gewicht bei vielen Greifvogelarten zwischen den Geschlechtern unterscheiden, ist die Zuordnung des anvisierten Beizwildes jeweils bezogen auf die Beizvogelart und das Geschlecht zu treffen. Auch in der Natur ist es häufig so, dass die Geschlechter innerhalb ihres Habitats auch unterschiedliche Beutetiere erjagen und somit eine Nahrungskonkurrenz innerhalb des gemeinsamen Revieres vermeiden. Das ist der biologische Hintergrund des ***Geschlechtsdimorphismus***. Soll heißen, dass die männlichen Vögel deutlich kleiner als die weiblichen sind, woher auch der Falkneraudruck „Terzel" rührt. Während ein weiblicher Habicht beispielsweise auch größere Beutetiere wie Feldhasen, Steinmarder und Enten erbeuten kann, erjagt der Habichtsterzel eher die kleineren und wendigeren Eichelhäher und Stare und beide Geschlechter erbeuten Tauben, Kaninchen und Eichhörnchen, wenn diese häufig in ihrem Revier vorkommen. Diese natürliche Aufteilung sollte man auch bei der Beizjagd berücksichtigen, um mit dem Beizvogel ein größen- und gewichtsmäßig passendes Beutetier zu erjagen, dem er kräftemäßig gewachsen ist. Selbstverständlich darf nur Wild bejagt werden, das Jagdzeit hat.

[1] Die Schreibweise Weidgerechtigkeit oder Waidgerechtigkeit wird kontrovers diskutiert. Während der Duden beide Schreibweisen, in erster Nennung aber mit ei kennt, erklärt der in der alten Bundesrepublik 1971 erschienene Oesen diese Schreibweise für falsch, während der in der DDR erschienene Willkomm (1986) sie für richtig hält. Da sowohl das Bundesjagdgesetz als auch das Tierschutzgesetz mit ei schreiben, wird diese Schreibweise gewählt

8.1.2 Lösungsmöglichkeiten zur Minimierung der Gefahren durch vom Menschen erbaute Strukturen im Jagdrevier

Neben der Gefahr für den Beizvogel aus der Jagd an sich, sind auch sonstige Unfallgefahren so weit als möglich auszuschließen. Es liegt in der Natur der Sache, dass ein frei fliegender Vogel nicht gesteuert werden kann und dass nie ganz auszuschließen ist, dass er sich in Gefahr begibt. Dies trifft für den Beizvogel ebenso zu wie für den freilebenden Wildvogel. Vor allem als Gast in einem fremden Revier ist es wichtig vorausschauend das Gelände zu inspizieren und ggf. bestimmte Teile nicht mit dem Vogel zu bejagen. Mit freundlich einladenden, aber selbst nicht falknerisch aktiven Revierinhaberinnen sind die Risiken im Revier ggf. zu besprechen. Neben den immer gegenwärtigen Gefahren der Umwelt (z. B. Witterung, Wind und Geäst) ist besondere Vorsicht bei menschlichen Gefahrenquellen wie Verkehrswegen (Straßen, insbesondere Schnellstraßen und Autobahnen, Bahnstrecken, Start- und Landebahnen von Flugplätzen), Hochspannungsleitungen, Zäunen (insbesondere Stacheldraht), Fensterscheiben und beweglichen Hindernissen (z. B. Windenergieanlagen) geboten, da diese als häufige Verletzungs- und Todesursachen für wilde Greifvögel bekannt sind und so auch Gefahren für den Beizvogel bergen. Allerdings ist leider die Landschaft in Mitteleuropa so dicht besiedelt, dass der Beizvogel trotz größter Vorsicht nie vollkommen sicher sein kann. Gefährliche stromführende Leitungen finden sich vor allem auch an Bahntrassen.

Abb. 8.1: Bewegliche Hindernisse (z. B. Windenergieanlagen) bergen auch Gefahren für Beizvögel. Hier fiel ein wilder Rotmilan dem Rotor einer Windkraftanlage zum Opfer (Foto: M. Peters , CVUA Westfalen)

Hunde von nicht selbst falknernden Jägerinnen, die also den Kontakt zu Beizvögeln nicht gewöhnt sind, stellen eine häufig unterschätzte und teils große Gefahr für den Vogel dar. So können sie dazu neigen, den erfolgreichen Beizvogel samt Beute zu apportieren, was zu Verletzungen oder zum Tod des Beizvogels führen kann. Auch der Hund könnte dabei verletzt werden und sehr wahrscheinlich wäre das Vertrauensverhältnis des Beizvogels zu Hunden und ggf. zur Falknerin zukünftig empfindlich gestört. Deshalb gilt, dass nicht an Beizvögel gewöhnte Jagdhunde und selbstverständlich erst recht Hunde, die nicht jagdlich ausgebildet sind, nicht freilaufen sollten, sobald der Vogel fliegt. Mit den Hundeführerinnen muss dies vor Beginn der Jagd eindeutig abgesprochen sein, da sie in der Situation selbst oft zu spät oder falsch reagieren. Auch auf freilaufende Hunde von Passantinnen ist insbesondere in städtischen Parks oder in der Nähe von Wanderwegen zu achten. Unabhängig von einer potentiellen Gefahr fremder Hunde für den Beizvogel tut man gut daran, die Reaktion des eigenen Vogels auf fremde Hunde genau zu beobachten und zu bewerten. Eventuell stört die bloße Anwesenheit eines Hundes den Vogel so sehr, dass er nicht jagen will oder sogar versucht der Situation durch weites Fliegen oder Abstellen in einem Baum zu entkommen. Große Beizvögel wie Steinadler können anderseits auch angriffslustig auf fremde Hunde reagieren und diese gefährden. Eine weitere Gefahr stellen wildlebende Greifvögel vor allem für die kleineren Beizvögel dar. Dies trifft auf Artgenossen aber insbesondere auf größere Beutegreifer zu.

8.2 KNACKPUNKT Tierschutz bezüglich des Beizwildes

Aus der Sicht des Tierschutzes muss zunächst ein vernünftiger Grund gegeben sein, das jeweilige Beizwild überhaupt zu bejagen. Gründe, die auch rechtlich anerkannt werden, sind u. a. die menschliche Ernährung, die Futterbeschaffung für Tiere – z. B. für den Beizvogel oder die Frettchen – und die Verhinderung von Schäden in der Garten-, Forst- und Landwirtschaft. Genaueres über den Entscheidungsweg wird in Kapitel 16.2.1.1 ausgeführt.

Ist die Bejagung legitim, muss die Belastung für das Wild so gering wie möglich gehalten werden. Neben dem ausschließlichen Einsatz gut trainierter Beizvögel ist auch das tierschutzkonforme Abfangen des Wildes, sollte es der Vogel noch nicht getötet haben, von zentraler Bedeutung. Das Abfangen ist von jeder Jungfalknerin unter fachkundiger Anleitung mit totem Wild zu lernen und zu üben, bis es perfekt beherrscht wird. Je nach Beizwild und Körperkraft der Falknerin kann ein Stich ins Herz bzw. ins Gehirn oder die offene oder gedeckte Durchtrennung der Halswirbelsäule inklusive der dort verlaufenden großen Blutgefäße zum raschen Tod des gebeizten Wildes führen (siehe 16.2.4.1). Erlegtes Wild ist hygienisch einwandfrei zu versorgen, damit es zum Genuss für Menschen tauglich bleibt, da das eine der möglichen Rechtfertigungen für die Jagd an sich ist. Auch eine spätere Verwendung als Futter setzt eine hygienisch einwandfreie Versorgung voraus.

Abb. 8.2: Glück für die Hasen: Durch geschickten Sprung ist der Hase dem Steinadler entkommen (links); der afrikanische Habichtsadler hat sich verschätzt und der hakenschlagende Hase kann entkommen (rechts). Beide Feldhasen werden nun nach dem Gebot der falknerischen Weidgerechtigkeit nicht mehr bejagt, es sei denn die Adler selbst entscheiden der Beute direkt nachzusetzen (Fotos: W. Holtmeier)

Abb. 8.3: Frettchentransportboxen, Eigenbau aus Holz (oben; Foto: Th. Richter) bzw. kommerziell hergestellt aus Kunststoff, gefüllt mit in Streifen geschnittener Papierwolle (unten; Foto: D. Fischer)

Ist angejagtes Wild dem Vogel entkommen, ohne dass sie Kontakt hatten, so entspricht es einem alten Grundsatz falknerischer Weidgerechtigkeit, es kein zweites Mal anzujagen, auch wenn bekannt sein sollte, wo es sich in der Deckung drückt. Auch diese Zurückhaltung gehört zu einer tierschutzkonformen Beizjagd.

Wurde Wild vom Beizvogel – in der Regel ist das ein Falke – „niedergeschlagen", ohne dass der Beizvogel es selbst findet, ist es umgehend nachzusuchen, ggf. unter Verwendung eines brauchbaren Jagdhundes.

8.3 KNACKPUNKT
Tierschutz bezüglich der tierischen Jagdhelfer (Hunde, Frettchen)

Wie beim Beizvogel ist auch bei Hunden ein sorgfältiges Training unabdingbar. Nur sauber abgeführte und zuverlässige ***Vogelhunde***, also an Beizvögel gewöhnte Jagdgebrauchshunde, dürfen eingesetzt werden. Sowohl bei Hunden als auch bei Frettchen ist Überforderung zu vermeiden. Sowohl Hunde als auch Frettchen sind nach ihrem Einsatz sorgfältig auf Verletzungen und Ektoparasiten, insbesondere auf Zecken, zu untersuchen, um diese zu versorgen bzw. zu entfernen.

Wurden Frettchen vom Beizvogel gegriffen, was trotz aller Sorgfalt als Unfall vorkommen kann, sind sie unverzüglich der Tierärztin vorzustellen, die über eine Entzündungs- und Schmerztherapie und/oder eine ***metaphylaktische***, ***antibiotische*** Behandlung entscheiden muss. Falls ein Durchgriff des Vogels in die Bauchhöhle des Frettchens stattgefunden haben sollte, der ohne intensive Untersuchung unter dem Fell des Frettchens nicht feststellbar ist, kann eine lebensbedrohliche Bauchfellentzündung entstehen.

Zum Transport der Frettchen im Revier von Bau zu Bau sind stabile gut belüftete Boxen zu empfehlen, falls mehrere Frettchen transportiert werden mit einer Box oder einem separaten Abteil für jedes Frettchen. Diese Boxen sollten eingestreut werden. Häckselstroh eignet sich dazu besonders, denn es ist staubarm und biologisch abbaubar. Alternativ kann streifenförmig geschnittene Papierwolle aus dem Heimtiermarkt verwendet werden, die platzsparend in Säcken verpackt bezogen und leicht verwendet werden kann. Das Frettchen kann sich in der Box zwischen den Einsätzen ausruhen. Traditionelle Ledertaschen, selbst wenn sie durch Ösen gut mit Luft versorgt sind, bergen die Gefahr der Verletzung des Frettchens, wenn die Frettchenführerin stolpern und stürzen sollte. Für längere Transporte im Auto empfehlen sich zusätzlich handelsübliche ebenfalls eingestreute Katzentransportkäfige. Aneinander gewöhnte Frettchen können darin auch gemeinsam transportiert werden. Bei mehrtägigen Reisen sollte den Frettchen ein mobiler, geräumiger Käfig geboten werden, in dem die aus der heimischen Unterkunft gewohnten Schlafboxen und mit Katzenstreu eingestreute Toilettenschalen vorhanden sind.

Frettchen sollten nie hungrig zur Jagd eingesetzt werden, sie versuchen sonst durch selbstständige Jagd an Futter zu gelangen. Die Motivation ist in der Regel bei Beibehaltung der gewohnten Fütterungsroutine am besten. Allerdings sollten sie nicht unmittelbar vor dem Einsatz gefüttert werden, analog wie das bei Jagdhunden, Beizvögeln und Menschen, die sich körperlich anspruchsvoll bewegen wollen, auch nicht erfolgen sollte.

Frettchen entziehen sich zu großer Belastung meist, indem sie sich im Bau schlafen legen. Das ist nicht nur lästig, sondern kann auch gefährlich für das Frettchen werden, wenn es nicht rechtzeitig wieder zurückkommt. Die Falknerin sollte sich demnach zunächst den Baubereich anschauen und diesen beurteilen. Zu große und weitläufige Baue, mit vielen benachbarten Röhren, bergen ein größeres Risiko, dass sich ein Frettchen darin verausgabt. Röhren, die an Bächen, unter Gebäuden, in Kanalschächten, auf nicht erreichbaren Flächen oder an gefährlichen Plätzen (z. B. Halden mit Glas oder ähnlichen spitzen oder scharfen Gegenständen) enden, sollten wegen der Gefahr der Verletzung oder des Verlustes des Frettchens gemieden werden. Zudem sollte der Bau auf Anzeichen von Füchsen, Mardern oder Iltissen abgesucht werden, damit das Frettchen keiner Gefahr durch diese Beutegreifer ausgesetzt wird. Spezielle Halsbänder mit Sender für Frettchen können das Wiederfinden erleichtern und eine genaue Nachverfolgung der Tiere im Bau ermöglichen. Glöckchen können den Frettchen angelegt werden, damit die Wildka-

Abb. 8.4: Die Belohnung von Frettchen funktioniert sehr gut mit Vitamin- oder Leberwurstpaste für Katzen (Foto: S. Urbaniak)

Abb. 8.5: Ein mit an einem flexiblen Gummiband befestigten Bells ausgestattetes Frettchen schaut aus dem Bau heraus (Foto: S. Lücker)

ninchen im Bau vor dem herannahenden Frettchen gewarnt und zum schnellen Verlassen des Baus („springen") motiviert werden. Auf Grund der Glöckchen können die aus dem Bau herausgekommenen Frettchen in der Umgebung des Baus zudem leichter aufgefunden und aufgenommen werden. Die Glöckchen dürfen den Frettchen allerdings nur mit flexiblen Gummihalsbändern angelegt werden, da sonst ein Verhängen an Wurzeln oder ähnlichen Strukturen nicht auszuschließen ist. Maulkörbe und Beißringe sind tabu, sie können eine tödliche Gefahr für die Frettchen darstellen, sollte das Frettchen nicht mehr zurückfinden. Mit Maulkörben und Beißringen kann sich ein Frettchen nicht ernähren oder gegen andere Beutegreifer zur Wehr setzen.

Es kommt sicherlich jede Falknerin, die Frettchen zur Jagd einsetzt, einmal in die Situation, dass die Jagdhelfer nicht sofort und teils sehr verspätet aus dem Bau zurückkommen. Hier ist Geduld gefragt! Ein zuvor gut eintrainierter Lockruf (Futterruf oder -pfiff) macht sich hier häufig bezahlt. Wenn auch dies nicht zum Erfolg führt, so ist es ratsam eine Person zur Beaufsichtigung des Baus abzustellen und sich die hierzu mitgeführten Hilfsmittel aus dem Auto zu holen. In jedem Fall ist alles daran zu setzen, das Frettchen wieder sicher aufzunehmen. In der Praxis haben sich als Hilfsmittel einerseits die Befestigung von Futterstücken an einer Schnur ähnlich einer Angel (z. B. eine festgebundene Kaninchen- oder Hasenkeule) bewährt, mit Hilfe derer das Frettchen herausgezogen werden kann, wenn es sich an dem Futterstück festgebissen hat. Auch das Einbringen von mit Schnüren befestigten, kommerziellen, batteriebetriebenen, akustischen Taschenalarmen in mehrere Öffnungen des Baus hat sich in der Praxis als Hilfsmittel zum „Aufwecken" von Frettchen bewährt. Hilft dies alles nichts, so sollten auch im Hinblick auf die später einsetzende Dunkelheit alle sichtbaren Öffnungen mit Reusen (Drahtröhren mit Klappvorrichtungen, um das hineinlaufende Frettchen darin festzusetzen) installiert und der gesamte Baubereich einschließlich der Reusen kontinuierlich beaufsichtigt werden, um das Frettchen schnellstmöglich aufnehmen und die Reusen umgehend zurückbauen zu können. Bei dieser Methode sind ggf. landesrechtliche Bestimmungen zur Fallenjagd zu beachten.

Eine oft unterschätzte Gefahr geht von der Hitze in geparkten Autos aus. Auch wenn das Auto nicht direkt in der Sonne steht, kann sich ein Auto in kurzer Zeit so aufheizen, dass Hunde, Frettchen aber auch Beizvögel schwere Schäden nehmen, schlimmstenfalls sterben. Da helfen auch einen Spalt breit offene Fenster nicht weiter und manche besonders „smarte" Autos haben eine Automatik, die nach für die Falknerin undurchschaubaren Regeln das Schiebedach schließt, sodass dann ebenfalls eine tödliche Hitzefalle entstehen kann. Deshalb gilt es die Temperatur im Auto und die Gesundheit der darin befindlichen Tiere zu überwachen und frühzeitig gegenzusteuern.

8.4 Erste-Hilfe

Im Vorfeld der Beizjagd ist es ratsam, gewisse Vorbereitungen für den hoffentlich nie einsetzenden Fall eines Unfalls oder einer Verletzung von Beizvogel, Jagdhund, Frettchen oder Falknerin zu treffen. In der Unfallsituation selbst ist es ohnehin schwer genug Ruhe und Umsicht zu bewahren, sodass sich jede Vorbereitung auszahlt und im Notfall entscheidend sein kann.

Als generelle Vorbereitung gehört es dazu, sich zu informieren, wo und wann eine tiermedizinische Notfallbehandlung in Anspruch genommen werden kann. Dies kann bereits mit der Tierärztin abgesprochen werden, die routinemäßig die eigenen Tiere behandelt. Ist dort kein Notdienst nutzbar, müssen passende Alternativen vorab recherchiert und abgesprochen werden, um im Notfall die Notdienst-Telefonnummer, die Adresse und die Anfahrtsmöglichkeiten zur Hand zu haben. Dies gilt auch und insbesondere, wenn man zu Gast in einem Revier ist und es dort an Ortskenntnis mangelt. Deshalb gehört es auch zur guten Vorbereitung einer Gemeinschaftsbeizjagd, dass die einladende Falknerin ihre Jagdgäste über die vor Ort bestehenden Notdienstmöglichkeiten informiert und vorab Absprachen für den Tag der Gemeinschaftsbeizjagd trifft. Wurden die erforderlichen Daten vorab im Mobiltelefon und im Navigationsgerät eingespeichert, können Zeit und Nerven gespart werden. Unabhängig von der Notfallsituation ist es ratsam, die Tierärztin bereits so früh wie möglich vorab zu informieren, damit sie ihrerseits Vorbereitungen treffen kann. In der Regel ist es nicht empfehlenswert den Vogel im Revier selbst vollständig von oben bis unten untersuchen zu wollen. Dies kostet meist wertvolle Zeit, birgt die Gefahr weiterer Verletzungen durch unbedachte Handgriffe und ersetzt häufig den Tierarztbesuch nicht. Demnach sollte eine Vorstellung bei der Tierärztin so schnell wie möglich nach Durchführung von lebenserhaltenden Sofortmaßnahmen und einer ersten Stabilisierung erfolgen.

In der Notfallsituation geht der Eigenschutz immer vor der Versorgung des verunfallten oder erkrankten Jagdhelfers, da die Falknerin dem erkrankten Tier nicht helfen kann, wenn sie sich bei dessen Rettung selbst verletzt. Viel eher verzögert sich dadurch die Hilfeleistung für das Tier oder wird sogar gänzlich unmöglich gemacht. Die Falknerin sollte deshalb stets als erstes auf das unmittelbare Umfeld und dessen Gefahren, wie den fließenden Verkehr, instabilen Bodengrund oder Glatteis achten und sich dem Tier möglichst gefahrlos nähern.

Nach Ankunft am Tier hat ein rascher Überblick über den Allgemeinzustand des Tieres Vorrang vor anderen Maßnahmen. Ist es bei Bewusstsein? Falls nicht, atmet es noch oder hat es noch Herzschlag bzw. Puls? Dementsprechend hat die Einleitung lebenswichtiger Sofortmaßnahmen, also die Erhaltung bzw. Wiederherstellung von Atmung, Kreislauffunktion und Bewusstsein oberste Priorität, genauso wie man es analog im Rahmen der Ersten-Hilfe beim Menschen handhaben würde.

Ist das Tier bei Bewusstsein, muss insbesondere nach Unfällen bedacht werden, dass das Tier selbst eine enorme Stresssituation durchlebt und deshalb ungewohnt reagieren kann. So kann es vorkommen, dass Beizvogel, Frettchen oder Jagdhund die gut gemeinte Hilfe der Falknerin nicht als solche erkennen und gegen diese vermeintliche Bedrohung mit Abwehrverhalten reagieren. So eine Biss- oder Griffverletzung kann neben Schmerzen für die Falknerin auch einen Verlust wertvoller Zeit bedeuten, die dann bei der Hilfeleistung für das Tier fehlt. Man sollte demnach immer besonnen und ohne Hektik an das Tier herantreten. Bezogen auf den Beizvogel sollte man zunächst dessen Fänge sichern. Bei kleineren Verletzungen kann es bereits ausreichen, die Geschühriemen zu fassen. Bei schwerwiegenderen Verletzungen sollte bestmöglich mit jeder Hand ein Bein (Ständer) gefasst und der Vogel behutsam an den Körper gezogen werden, wobei die Schwingen mit den Händen oder Unterarmen gesichert werden. Hierdurch wird wirkungsvoll verhindert, dass der Vogel die Falknerin oder sich selbst greift, sich anderweitig verletzt oder unkontrolliert mit den Schwingen schlägt. Der Beizvogel sollte dabei nicht zu fest an den Körper gedrückt werden und auf gar keinen Fall darf auf das Brustbein gedrückt werden, um die Atmung des Beizvogels nicht einzuschränken. Da Vögel kein

Abb. 8.6: Fixierung eines verletzten, wilden Mäusebussards. Die Ständer werden mit je einer Hand umgriffen, die Flügel durch die Unterarme angelegt, aber das Brustbein bleibt dennoch frei. Zur Beruhigung wurde der Vogel verhaubt (Foto: D. Fischer)

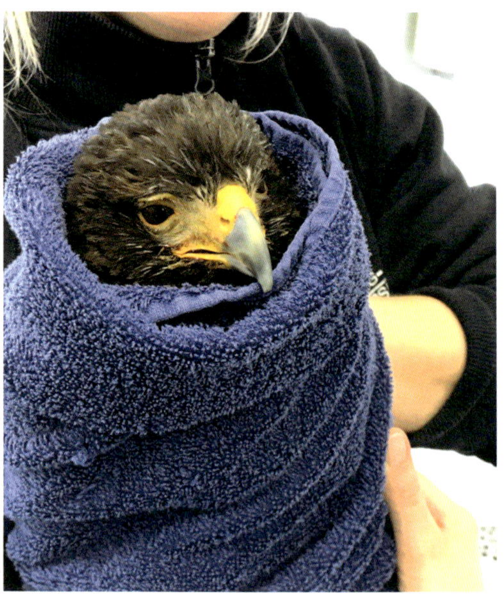

Abb. 8.7: Lockere Fixierung in einem Handtuch: Ein verletzter Wüstenbussard wird im Handtuch zur Klinik transportiert (Foto: D. Fischer, Klinik für Vögel, Reptilien, Amphibien und Fische, JLU Gießen)

Zwerchfell besitzen, sind sie im Rahmen der Atembewegung immer auf die freie Beweglichkeit des Brustbeines angewiesen.

Zur Beruhigung des Beizvogels kann es hilfreich sein, das Tier in einen abgedunkelten Bereich zu verbringen oder die Augen des Tieres abzudecken. Ist der Beizvogel an eine Haube gewöhnt und die passende Haube ist zur Hand, so bietet sich ein Verhauben des Tieres an. Es darf allerdings keine Haube aufgezogen werden, wenn der Vogel würgt, überhitzt ist oder Anzeichen einer Atemnot zeigt, da dies unter der Haube eventuell verschlimmert wird. Alternativ kann der Kopf des Vogels mit einem dünnen Handtuch abgedeckt werden, jedoch ohne die Atemwege zu verlegen oder die Atmung des Tieres sonst irgendwie zu behindern oder einen Wärmestau zu verursachen.

Der Transport eines leicht verletzten oder leicht erkrankten Beizvogels (z. B. leicht blutende Wunden oder geringgradig auffälliges Verhalten) sollte in der gewohnten Transportbox erfolgen, sodass er nicht mehr als notwendig beunruhigt wird. Bei schwereren Verletzungen sind eine Kiste oder ein Karton zu wählen, in denen sich der Vogel ablegen kann (also ohne mittige Sitzstange). Kann der Vogel nicht mehr selbstständig stehen, empfiehlt es sich ihn auf ein U-förmig eingerolltes Handtuch zu betten, sodass die Brust leicht erhöht und der Körper weich gelagert ist. Falls das Tier unkontrolliert mit den Flügeln schlägt, kann ein lockeres Einwickeln in ein Handtuch oder in speziell für diesen Zweck konzipierte Fixier-Jackets erfolgen. Der Beizvogel muss kontinuierlich beaufsichtigt und ggf. gehalten werden.

Spezifische Erste-Hilfe Maßnahmen und das dafür erforderliche Equipment werden im Kapitel 13.8 ausführlich behandelt.

Checkliste Tierschutz während der praktischen Beizjagd

- ☑ Beizvogel und Beizwild müssen zusammenpassen
- ☑ Unfälle durch technische Einrichtungen und durch fremde Hunde müssen vermieden werden
- ☑ vom Vogel noch nicht getötetes Wild ist von der Falknerin schnellstmöglich fachgerecht abzufangen
- ☑ eine hygienisch einwandfreie Versorgung des Wildes ist notwendig und Voraussetzung für eine Verwendung als Lebens- oder Futtermittel
- ☑ angejagtes aber unverletzt entkommenes Wild sollte kein zweites Mal angejagt werden
- ☑ durch den Vogel angeschlagenes Wild ist ordnungsgemäß, ggf. unter Einsatz eines brauchbaren Jagdhundes nachzusuchen
- ☑ Beizvögel, Hunde und Frettchen sind vor Überforderung zu schützen
- ☑ Frettchen müssen so eingesetzt werden, dass sie unverletzt wieder geborgen werden können
- ☑ Erste Hilfe muss bei Bedarf sowohl den beteiligten Menschen als auch den Jagdhelfern gespendet werden können
- ☑ eine sorgfältige Vorbereitung verschafft in Notsituationen wertvolle Zeit und ermöglicht eine bestmögliche Hilfeleistung für Menschen und Jagdhelfer

09

Krankheitsursachen und Krankheitsmechanismen

Wenn man den Vogel gesundhalten will, ist es nützlich zu verstehen, wie Krankheiten funktionieren. Viele Reaktionen des Körpers, die wir Menschen als Krankheit empfinden, sind bei genauerer Betrachtung eigentlich Reparatur- bzw. Abwehrmechanismen. Dazu gehören neben der Wundheilung viele Fälle von Entzündungen und auch der positive Aspekt des Stresses, der sogenannte Eu-Stress (siehe 10.2). Es ist jedoch auch wichtig, die wirklich krankhaften Zustände zu verstehen, da man mit diesem Wissen oft die Heilung beschleunigen und eventuelle Folgeschäden minimieren kann.

9.1 KNACKPUNKT Krankheitsursachen

Eine klassische Einteilung unterscheidet unter anderem zwischen inneren und äußeren Krankheitsursachen sowie den Kreislauf- und Stoffwechselstörungen. Im Folgenden werden nur die für die Falknerin wirklich wichtigen Krankheitsursachen dargestellt.

Zu den äußeren Krankheitsursachen zählen die physikalischen wie die äußere Gewalteinwirkung (das Trauma, Plural: die Traumata[1]), die Temperatureinwirkung und die Wirkung von Elektrizität. Des Weiteren zählen die chemischen, also die vergiftungsbedingten (z. B. durch Blei aus Geschossen) sowie die ernährungsbedingten (z. B. die Rachitis) zu den äußeren Krankheitsursachen. Eine große Rolle spielen die belebten Krankheitsursachen, also die durch Viren, Bakterien, Pilze und Parasiten hervorgerufenen Infektionen. Zu den inneren Krankheitsursachen zählen die Folgen des Stresses (das Allgemeine Anpassungssyndrom). Wichtig sind außerdem die Kreislauf- und die Stoffwechselstörungen, die unter anderem an der Entstehung der „Dicken Hände" beteiligt sind.

Genauere Informationen zu Vergiftungen finden sich in Kapitel 13, zu ernährungsbedingten Krankheiten insbesondere zu Rachitis in Kapitel 7 und zu den durch Krankheitserreger hervorgerufenen Infektionen in den Kapiteln 10, 13 und 14. Das Krankheitsbild der „Dicken Hände" kann sowohl traumatische als auch ***metabolische*** Ursachen haben, es wird in Kapitel 13 ausführlich behandelt.

9.1.1 Äußere Gewalt (Trauma)

Jeder Körper ist permanent mechanischen Einwirkungen ausgesetzt, die er in einem weiten Rahmen ausgleichen kann. Durch übermäßige mechanische Gewalteinwirkung wird jedoch das Gewebe geschädigt oder zerstört. Entscheidend ist dabei insbesondere der Ort der Schädigung und ob dort eine Pufferwirkung gegeben ist. Ein Schlag auf einen Muskel kann z. B. leichter weggesteckt werden als ein gleich starker Schlag auf die Schädeldecke. Zu unterscheiden ist außerdem, ob die Haut durchtrennt wurde (offene Verletzung) oder ob es sich um eine geschlossene/gedeckte Verletzung handelt. Letztgenannte

[1] So ganz nebenbei: Es gibt in jeder Disziplin eine Fachsprache. Wer die Fachsprache falsch benutzt beweist damit, dass sie oder er eigentlich keine Ahnung hat (verbreitet unter Politikerinnen und Medienschaffenden). Unter Falknerinnen löst es sicher großes Erstaunen aus, wenn jemand den Steinadlerterzel als Männchen bezeichnet. Genauso ist es unter Medizinerinnen mit dem Plural des Wortes Trauma, der Traumata lautet. Wer den Begriff Traumen verwendet, outet sich sofort als Laie

Abb. 9.1: Emphysem (Luftansammlung unter der Haut) bei einem Wüstenbussard nachdem ein Luftsack durch Griffverletzungen im Zuge eines Kampfes mit Artgenossen beschädigt wurde. Die hellen, vorgewölbten Stellen zwischen den verdrängten Federn am Flügel stellen mit Luft geblähte Hautpartien dar (Foto: D. Fischer)

Unterscheidung ist wichtig, da offene Verletzungen das Risiko einer Kontamination mit Infektionserregern oder des Verlustes von Blut darstellen können und somit schnellstmöglich behandelt werden sollten. Meist werden offene Verletzungen durch spitze Traumata (z. B. Durchspießungen von außen durch Dornen, Krallen oder Zähne bzw. von innen durch Knochensplitter), Quetschungen oder Zerreißungen hervorgerufen.

Ratsam ist es zudem, dass Brüche der großen Röhrenknochen wie offene Brüche behandelt werden, unabhängig davon, ob die äußere Haut unverletzt erscheint. Der Hintergrund dabei ist, dass diese Knochen beim Vogel ***pneumatisiert*** sind und damit von innen mit der Umgebungsluft und damit potentiell auch mit verschiedenen Erregern in Kontakt stehen. Außerdem können Blut oder andere Flüssigkeiten auf Grund der Pneumatisierung der Knochen leicht in die Atemwege, insbesondere die Luftsäcke und die Lunge, gelangen und dort zu ertrinkungsähnlichen Schäden führen. Somit empfiehlt sich eine schnellstmögliche Versorgung dieser Frakturen.

Zusätzlich ist der mögliche Blutverlust von herausragender Bedeutung. Der Blutverlust durch oberflächliche Verletzungen wird meist überschätzt – möglicherweise hat die Evolution beim Menschen da eine besondere Sensibilität herausgezüchtet – der Blutverlust nach innen hingegen oft unterschätzt. Sehr blasse Schleimhäute weisen auf einen hohen Blutverlust hin und sind daher immer ein Alarmsi-

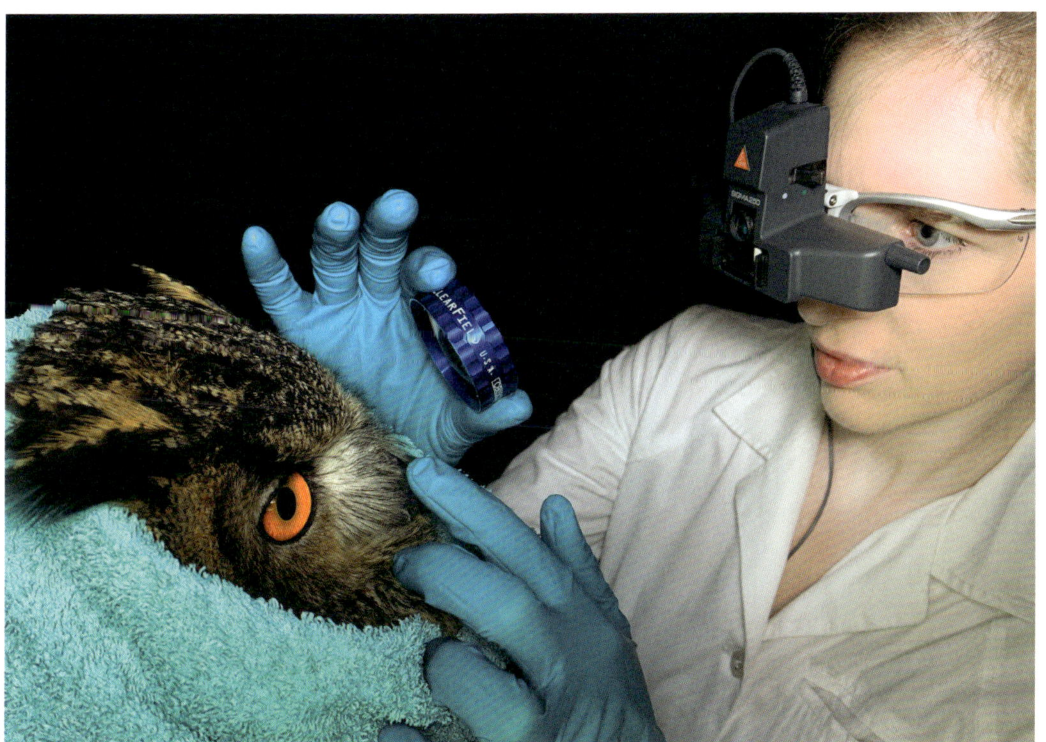

Abb. 9.2: Augenuntersuchung bei einem verunfallten, wilden Uhu zur frühzeitigen Erkennung von Augenverletzungen. Im Anschluss an eine Untersuchung mittels Spaltlampe wird hier mittels eines indirekten Ophthalmoskops der Augenhintergrund untersucht (Foto: F. Seifert)

gnal. Starke oberflächliche Blutungen können oft durch beherzten Druck mit einem Tupfer, einem Pflaster oder im Notfall während der Jagd mit dem Finger über einige Minuten zum Stehen gebracht werden. Man geht bei den meisten Vögeln davon aus, dass ca. 10 % ihres Körpergewichtes (in g) dem Gesamtblutvolumen (in ml) entsprechen. Das bedeutet, dass ein 1 kg schwerer Vogel circa 100 ml Gesamtblutvolumen hat. Ein Blutverlust von 10 % des Gesamtblutvolumens, also dementsprechend von 1 % des Körpergewichtes, wird in der Regel als harmlos und leicht kompensierbar angesehen. Dies entspricht übrigens auch der Höchstmenge einer routinemäßigen Blutentnahme. Dies wären bei unserem 1 kg schweren Beispielvogel 10 ml Blut[1]. Auch wenn in Einzelfällen ein doppelt oder gar dreifach so hoher Blutverlust von Vogelpatienten überlebt wurde, so muss bei deutlichem Blutverlust oder bei Verdacht auf innere Blutungen sofort eine vogelkundige Tierärztin aufgesucht werden, um den Flüssigkeitsverlust schnellstmöglich auszugleichen und die Körperfunktionen aufrecht zu erhalten. Im Notfall werden in der Vogelmedizin auch bereits Bluttransfusionen eingesetzt.

Eine häufige Verletzung, vor allem bei verunfallten Wildgreifvögeln, betrifft die Augen und dabei oft den Augenhintergrund. Diese Ver-

[1] Ein „kleiner Schnaps“ in der Gastwirtschaft hat 20 ml, ein „Doppelter“ 40 ml. 10 ml entsprechen also einem halben „kleinen Schnaps“

letzung tritt meist im Rahmen von stumpfen Traumata beispielweise durch das Anfliegen von Zäunen, Scheiben oder Kraftfahrzeugen auf, die nicht selten auch zu einer Gehirnerschütterung führen. Eine Verletzung des Augenhintergrundes, also der Netzhaut, der Aderhaut und/oder des Augenfächers (*Pecten oculi*), ist nur durch eine spezielle tierärztliche Untersuchung zu diagnostizieren und bedeutet unbehandelt, dass es im schlimmsten Fall zur Erblindung des betroffenen Auges kommen kann. Dies hat zur Folge, dass der Vogel eine deutliche Sinneseinschränkung erleidet und somit sehr wahrscheinlich nicht mehr jagen oder Fressfeinden ausweichen kann, auch wenn er in der Lage ist zu fliegen. Werden solche Patienten ausgewildert, ist der Hungertod vorprogrammiert. Eine Freilassung von Rehabilitanden ohne vollständige tierärztliche Untersuchung einschließlich der Augenuntersuchung ist abzulehnen. Leider ist eine Therapie oft nicht möglich, sodass nach tierärztlicher Diagnose für die meisten der betroffenen Wildgreifvögel die ***Euthanasie*** als einzig tierschutzkonforme Lösung übrigbleibt (siehe Kapitel 13 und 18).

Besonders hinterhältig sind Verletzungen, bei denen durch eine kleine Wunde in der Haut ein Zugang zu einem tiefen Wundkanal oder einer Wundhöhle besteht. In diesem können sich Infektionserreger ungestört und stark vermehren, ohne dass es äußerlich sichtbar ist. Beim Vogel mit seinem alles verdeckenden Federkleid ist das besonders problematisch. Vor allem Verletzungen durch Bisse (z.B. von Katzen) sowie Kratzer oder Griffverletzungen (z.B. durch die Krallen anderer Greifvögel) können lebensgefährlich sein, da sich an den „Waffen" der Beutegreifer häufig sehr gefährliche Krankheitserreger befinden (z. B. Bakterien wie *Pasteurella multocida*). Andererseits sind kleine Perforationen und Kratzer (z.B. durch Dornen) auch an den eigentlich gut sichtbaren Augen oft nicht leicht zu sehen, sodass man Augenverletzungen bei Symptomen wie Augenkneifen, Tränen, Ausfluss, Rötung oder Schmerzreaktion umgehend tierärztlich abklären und behandeln lassen sollte. Bei diesen Verletzungen sind Komplikationen durch Zeitverzug häufig schwerwiegend und kaum korrigierbar.

Da die Tiefe von Verletzungen oder das Ausmaß verdeckter Verletzungen ohne eingehende tierärztliche Untersuchung meist nicht erkennbar ist, gehört die Versorgung und Behandlung aller ernsthaften Verletzungen einschließlich der Knochenbrüche in tierärztliche Hand, allein schon damit eine fachgerechte Schmerztherapie (Analgesie) sichergestellt werden kann. Bei ordnungsgemäßer Behandlung verläuft die Heilung beim Vogel oft schneller und unkomplizierter als beim Säugetier.

9.1.1.1 Wundheilung

Die Wundheilung ist ein äußerst komplexer Vorgang und verläuft in mehreren Schritten. Im ersten Schritt zieht der Körper zuführende Blutgefäße (Arterien und Arteriolen) zusammen, um den Blutzufluss zu bremsen und eine etwaige Blutung zu stillen. Eine Blutung hat dabei zunächst den Effekt, eingedrungene Fremdkörper, vor allem Bakterien, auszuschwemmen. Im Rahmen der Blutgerinnung verklumpen spezielle Blutzellen, die Thrombozyten, und verschließen zerstörte Blutgefäße. Zusätzlich gerinnt auch im Blut gelöstes Eiweiß (Fibrinogen) zu einem unlöslichen dreidimensionalen Netz (Fibrinnetz). Es entsteht ein Blutgerinnsel (Thrombus). Im besten Fall verbindet das Fibrinnetz die Wundränder und bildet somit die Schablone für eine Wundheilung. Das Fibrinnetz zieht sich mit der Zeit zusammen und verkleinert den Wundspalt.

Schon nach einigen Minuten wird knapp außerhalb der eigentlichen Verletzung die Blutzufuhr wieder gesteigert, damit Abwehrzellen, Abwehreiweiße und Reparaturzellen (Fibroblasten) in das verletzte Gebiet transportiert werden können. Dann sprossen kleine Blutgefäße mit ihrem umgebenden Bindegewebe ein, die die Wundränder miteinander verbinden. Am Ende wird dieses Reparaturgewebe nach und nach wieder abgebaut und die vollständige Wiederherstellung (***restitutio ad integrum***) ist erfolgt. Bei flächigen Wunden kommt es durch das wachsende Bindegewebe zu einer Abdeckung, die feucht und körnig aussieht (Granulationsgewebe, Granulum = Körnchen). Das Granulationsgewebe schrumpft im weiteren Verlauf und von den Rändern wird die Wunde durch Neubildung von Hautzellen allmählich geschlossen.

Bei größeren, vor allem bei tiefen Wunden ist eine chirurgische Wundversorgung durch eine Tierärztin geboten. Dabei spielt die Zeit eine wichtige Rolle: schon nach wenigen Stunden ist bei klaffenden Wunden eine Heilung oft erschwert und kaum ohne dauerhaften Schaden mehr möglich. Die Tierärztin muss fallbezogen entscheiden, ob eine Reinigung der Wunde, ggf. mit Auffrischung der Wundränder, ein Verschluss durch Naht oder Hautkleber und/oder eine medikamentöse Wundbehandlung angezeigt ist. Die Falknerin sollte deshalb ihren Vogel so schnell wie möglich in tierärztliche Behandlung geben, anstatt selbst zu versuchen die tiefe Wunde auszuwaschen und dadurch unter Umständen Keime in die Tiefe zu befördern und damit eine komplikationslose Wundheilung zu gefährden. Lebensgefährlich kann das Spülen zudem sein, wenn Luftsäcke oder mit dem Atemsystem in Verbindung stehende Knochen gespült werden und damit Flüssigkeit in die Atemwege gegeben wird. Bei einer tierärztlich durchgeführten Wundreinigung kann auf diese Gefahren entsprechend ausreichend Rücksicht genommen werden.

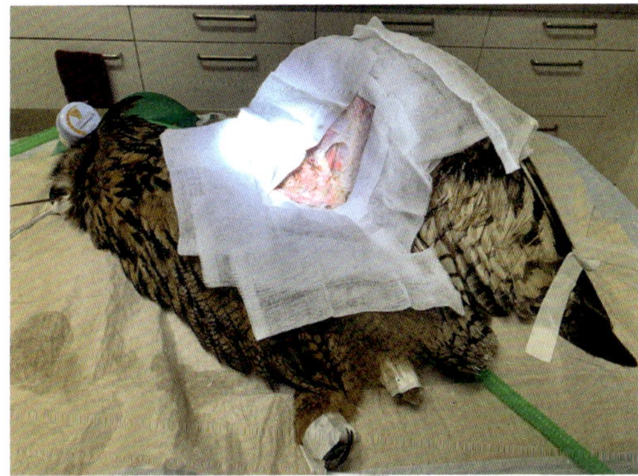

Abb. 9.3: Wundversorgung bei einem verunfallten, wilden Uhu im Anschluss an eine Kollision mit Stacheldraht (Foto: M. Grebe)

Bei großen Wunden und bei eingeschränkter/gestörter Wundheilung kommt es zum Einwachsen von Bindegewebe. In diesem Fall entsteht eine Narbe, die sich, wie alle Narben, mit der Zeit zusammenzieht, was weitere Funktionseinschränkungen zur Folge haben kann.

9.1.2 Temperatur

Konstante bzw. sich über den Tagesverlauf ändernde Temperaturverläufe sind für Greifvögel weniger problematisch als unnatürlich plötzliche Temperatursprünge, etwa bei Minusgraden nach der Jagd plötzlich ins aufgeheizte Haus. Eine schrittweise Änderung der Umgebungstemperatur ist deshalb zu bevorzugen.

In Mitteleuropa übliche tiefe Temperaturen schaden den einheimischen Greifvögeln nicht, wenn ein zugfreier und vor Niederschlag geschützter Ruheplatz vorhanden ist. Bei kalten Umgebungstemperaturen (um den Gefrierpunkt oder kälter) sollte ein durchnässter Beizvogel unabhängig von der Art getrocknet werden, um eine Unterkühlung oder Erfrierungen zu verhindern. Dazu reicht es meist, das Tier für wenige Stunden in einen mäßig temperierten Raum (z. B. auf einen Zimmersprenkel/Zimmerblock oder die hohe Reck) oder in das temperierte Auto

(z. B. bei der Beizjagd) zu stellen. Aus gleichem Grund kann auch bei Dauerfrost die Badebrente temporär aus der Voliere entfernt werden. Kalte Temperaturen (unter 4 °C) sowie nasskalte Witterung können bei Harris Hawks und anderen Vögeln aus wärmeren Klimaten unter Umständen problematisch sein, sodass hier ein frostfreier und geschützter Bereich angeboten werden sollte. Genaueres über das in diesem Zusammenhang gefürchtete Flügelspitzenödem findet sich in den Kapiteln 5.4 und 13.5.2. Geschwächte oder erkrankte Vögel sollten ebenfalls in gewärmten Räumlichkeiten untergebracht werden und je nach Problematik auch eine zusätzliche Wärmesubstitution (z. B. über Infrarotwärmestrahler oder Wärmematten) erhalten, damit sie die wenigen verbliebenen Energiereserven nicht für die Aufrechterhaltung ihrer Körpertemperatur verbrauchen müssen. In diesem Zusammenhang besteht auf Grund des Verhältnisses von Körpermasse zur Körperoberfläche insbesondere bei kleineren Individuen die Gefahr der Unterkühlung und der Auszehrung.

Hitze kann einen Vogel schnell töten, hier sind vor allem geschlossene Autos bei Sonneneinstrahlung extrem gefährlich. Vögel können nicht schwitzen. Sie sind lediglich in der Lage über Hecheln Wärme abzugeben. Dies klappt aber nur, wenn die abgeatmete Wärme mit der Luftbewegung abtransportiert wird und die Luftfeuchte in der Umgebungsluft eine Verdunstung und damit die Entstehung von Verdunstungskälte im Schnabelrachenraum ermöglicht. Beides wäre in einem aufgeheizten Auto nicht gegeben. Somit sollte bei einem potentiell überhitzten Vogel ein kühler und schattiger Platz aufgesucht werden, damit die vogeleigenen Mechanismen der Temperaturregulation greifen können. Wenn möglich sollte eine Bademöglichkeit angeboten werden. Reicht dies nicht aus oder ist Eile geboten, so kann über das Besprühen der Füße und des Gefieders (insbesondere der Innenschenkel und Achselregion) mit Wasser eine Kühlung gefördert werden. Studien in arabischen Ländern, in denen es häufiger zu Überhitzungen kommt, haben gezeigt, dass die tierärztliche Verabreichung von Infusionen und die gezielte Gabe von Flüssigkeit per Magensonde (Knopfkanüle) in den Magen am effektivsten und schnellsten zu einer Reduktion der Körpertemperatur führte. Bei der Flüssigkeitsgabe, vor allem ohne Magensonde, z. B. durch die Falknerin selbst, muss unbedingt darauf geachtet werden, dass nicht ungewollt Flüssigkeit in die Luftröhre gegeben wird, da dies zu Atemnot und eventuell zum Tod des Tieres führen kann. Eingehender wird dieses Thema in Kapitel 13 behandelt.

Abb. 9.4: Auch auf Reisen ist die ausreichende Wasserversorgung essentiell (Foto: Th. Richter)

9.1.3 Elektrizität

Stromschläge durch das Überbrücken von Leitungen sind schmerzhaft und in der Regel tödlich. Teils kann es bei feuchter, regnerischer oder nebeliger Witterung zu einem Stromschlag ohne direkten Kontakt zur Stromleitung kommen, da die in der Luft enthaltenen Wassermoleküle einen Bogenschlag zwischen Leitung und Vogel ermöglichen können. Der Stromschlag wird meist von einem Knall oder

Abb. 9.5: Hochgradige Verbrennungen des Gefieders, einschließlich der Schwung und Stoßfedern bei einem juvenilen Turmfalken. Da auch die Haut und tiefere Gewebeschichten betroffen waren wurde das Tier euthanasiert (Foto: M Grebe)

einem lauten Knistern und einem sofort entstehenden Brandgeruch begleitet. Wenn der Vogel den Schlag überlebt, ist das Ausmaß der Gewebsschädigung nicht zeitnah abschätzbar. Eine intensive tierärztliche Überwachung über 2-3 Tage ist nach einem Stromunfall ratsam und man sollte mindestens 3-4 Wochen abwarten, um das Ausmaß der Verbrennungen und der Gewebsschädigungen gänzlich abschätzen zu können. Ab einem gewissen Grad der unwiederbringlichen Gewebszerstörung ist ein Weiterleben ohne erhebliches Leiden unwahrscheinlich, sodass eine Euthanasie erwogen werden sollte. Eingehender wird dieses Thema in Kapitel 13 behandelt.

Nachdem viele der Überlandleitungen in Deutschland durch spezielle Isolatoren entschärft wurden, bleiben jedoch die Oberleitungen bei der Bahn als besondere Gefahr. Für die praktizierende Falknerin bedeutet das, dass in der Nähe entsprechender Gefahrenquellen nicht geflogen werden sollte, um das Aufbaumen des Vogels auf einer solchen Oberleitung[1] zu verhindern .

[1] Der Umbau der Überlandleitungen ist übrigens maßgeblich durch den Falkner und damaligen Geschäftsführer des Deutschen Falkenordens (DFO) Dr. jur. Hammer (†), seinerzeit im Hauptberuf Geschäftsführer der Elektrizitäts-Aktiengesellschaft Mitteldeutschland mit Sitz in Kassel, vorangetrieben worden. In den Jahrbüchern *Greifvögel und Falknerei des DFO* aus den Jahren 1978, 1983 und 1993 finden sich entsprechende Artikel. Herzlicher Dank an den Ehrenvorsitzenden des DFO Hans-Albrecht Hewicker für die Information und den Quellennachweis

International ist der Stromtod vor allem bei Sakerfalken in der Mongolei ein artbedrohendes Problem, dem sich die International Association for Falconry and Conservation of Birds of Prey (IAF) intensiv widmet. Auch bei Geiern, Adlern und anderen Greifvögeln in Spanien sowie in vielen afrikanischen und asiatischen Staaten sind hohe Tierverluste durch Stromwirkung zu verzeichnen.

9.1.4 Chemische Krankheitsursachen

Vergiftungen spielen bei gehaltenen Greifvögeln eine eher untergeordnete Rolle, bei freilebenden Individuen kommen sie jedoch – vom Menschen unbeabsichtigt oder in krimineller Absicht hervorgerufen – nicht selten vor. Dabei spielen Nagergifte (Rodentizide) und Pflanzenschutzmittel (Herbizide, insbesondere Carbamate und Organophosphate) eine herausragend schädigende und tödliche Rolle. Doch auch wenn man in der Nähe der eigenen Tierhaltung darauf achtet, dass solche Mittel vom Vogel ferngehalten werden, so muss die hohe Empfindlichkeit von Vögeln für Atemgifte bedacht werden. Reizende oder ätzende Dämpfe, KFZ-Abgase und nicht ausreichend abgetrocknete und noch ausgasende Holzschutzfarbe sind nur einige Beispiele für schnell zum Tod führende Schädigungen über die Atemwege bzw. der Atemwege selbst.

Wichtig ist zu wissen, dass Blei, beispielsweise aus Jagdmunition, für Greifvögel äußerst giftig ist. Teile von mit Bleimunition geschossenem Wild dürfen nicht veratzt werden. Auch wenn z. B. bei einem Reh der Treffer auf der Kammer liegt, können doch Geschosssplitter in der Keule zu finden sein. Auch Niederwild, das nach einer vorhergegangenen Jagd mit der Flinte „angebleit" überlebt hat und dann gebeizt wurde, kann Bleischrote enthalten. Symptome einer akuten Bleivergiftung sind Störungen des Nervensystems, d. h. Verdrehen des Kopfes, Gleichgewichtsverlust oder Krämpfe. Ohne rasche und kompetente tierärztliche Behandlung ist diese Vergiftung tödlich. Eingehender wird dieses Thema in Kapitel 13 behandelt.

9.1.5 Belebte Krankheitsursachen

Infektionen mit Viren, Bakterien, Pilzen und Parasiten spielen in der Greifvogelmedizin eine sehr große Rolle. Deshalb wird über die einzelnen Erregertypen und Krankheiten in den nachfolgenden Kapiteln ausführlich berichtet.

9.2 KNACKPUNKT Krankheitsmechanismen

Von der Vielzahl der Krankheitsmechanismen, angefangen bei den Missbildungen über die Kreislaufstörungen, die Allergien inkl. Autoimmunerkrankungen und die Tumorerkrankungen sollen uns nur die für die Praxis tatsächlich wichtigen interessieren, nämlich die Entzündung, die Degeneration, die Stoffwechselstörungen und die Kreislaufstörungen. Das Allgemeine Adaptationssyndrom, die Folge übermäßigen Stresses, wird in Kapitel 10 ausführlich behandelt.

9.2.1 Entzündung

Die Entzündung[1] ist ein Abwehr- und Reparaturmechanismus des Körpers als Reaktion auf das Eindringen einer Schädlichkeit (Noxe) in den Körper. Diese Schädlichkeit kann ein Fremdkörper sein, etwa ein Spreißel, Splitter oder Dorn, es können auch Mikroorganismen,

[1] In der medizinischen Fachsprache werden Entzündungen mit dem Begriff für das betroffene Organ und der Endung -itis bezeichnet, Degenerationen mit der Endung -ose. Eine Entzündung eines Gelenkes (Articulus) heißt also Arthritis, eine Degeneration eines Gelenkes Arthrose

aber auch Erfrierungen oder Verbrennungen sein. Dass Entzündungen sich verselbstständigen und zu eigenständigen Krankheiten werden, wie das Rheuma beim Menschen, spielt in der Greifvogelmedizin praktisch keine Rolle.

Man unterscheidet fünf Entzündungsanzeichen:

- Schwellung,
- Schmerz,
- Rötung,
- Wärme und
- gestörte Funktion.

Der Ablauf erfolgt in mehreren Schritten, wobei der Prozess auf jeder Ebene zum Stillstand und auch zur vollständigen Rückbildung kommen kann. Eine Ausnahme davon stellt jedoch eine zurückbleibende Narbe dar, die nicht vollständig zurückgebaut werden kann.

Träger der Entzündung sind die Blutgefäße und das gefäßnahe Bindegewebe. Sind in einer Struktur keine Blutgefäße vorhanden, so wachsen sie mit dem Fortschreiten der Entzündung ein, was man bei der Hornhaut des Auges leicht sehen und was dort z. B. zu einem dauerhaften Schaden führen kann, wenn nicht schnell gegengesteuert wird. Als erstes kommt es zu einer lokalen Blutstauung und zum Austritt von Blutflüssigkeit und darin enthaltenen Abwehrzellen (weiße Blutkörperchen oder Leukozyten) aus den Blutgefäßen. Durch Moleküle in der Blutflüssigkeit werden eingedrungene Krankheitserreger, meist Bakterien, aber auch Giftstoffe unschädlich gemacht und durch die weißen Blutkörperchen „aufgefressen" (phagozytiert). Dieses Stadium kann man nach einem Insektenstich an sich selbst gut beobachten. Reicht diese Reaktion nicht aus, wachsen Blutgefäße und das die Blutgefäße umgebende Bindegewebe in den Entzündungsherd ein, damit werden die Entzündungsmoleküle und Entzündungszellen in größerer Menge in das entzündliche Gebiet transportiert. Kann die Schädlichkeit nicht eliminiert werden, das ist bei vielen bakteriell bedingten Entzündungen der Fall (z. B. bakterieller Abszess oder Tuberkulose), dann kann ggf. die betroffene Region durch Bindegewebe eingekapselt werden, was eine dauerhafte Funktionseinschränkung zur Folge haben kann. Ist durch die Schädlichkeit ein größerer Gewebetod eingetreten, aber die Entzündungsursache mittlerweile beseitigt, so werden die Trümmer abtransportiert. Die Fehlstelle im Gewebe wird bei Bedarf durch eine bindegewebige Narbe ersetzt und geschlossen. Problematisch wird die Vernar-

Abb. 9.6: Ein heftig von Wespen gestochener Falkenterzel auf dem Weg in die Vogelklinik (Foto: Th. Richter)

bung vor allem dann, wenn sie ein Hohlorgan ringförmig umgibt, da jede Narbe sich mit der Zeit zusammenzieht und dadurch der Durchmesser des Hohlorgans verengt werden kann. Auch wenn ein größerer Teil des funktionalen Gewebes des Organs vernarbt und damit funktionslos geworden ist, hat das u. U. fatale Folgen, z. B. wenn in der Lunge oder der Leber ein größerer Funktionsverlust eingetreten ist, der nicht rückgängig gemacht werden kann.

Eine rein entzündungshemmende Therapie ist bei Greifvögeln nur sehr selten angezeigt, denn das Wichtigste ist das Ausschalten der zugrundeliegenden Schädigung. Weitere Informationen zur Entzündungshemmung finden sich in Kapitel 12.3.4.

9.2.2 Degeneration

Als Degeneration bezeichnet man einen Funktionsverlust und im weiteren Verlauf dann einen Untergang von Zellen und/oder Geweben im noch lebenden Organismus, der über das Maß der normalen Zellmauserung hinausgeht, ohne dass es zu einer Entzündung oder einem anderen Reparaturversuch kommt. In der Greifvogelmedizin spielen Degenerationen mit Ausnahme der Arthrose nur eine geringe Rolle, wenn man vom Komplex der „Dicken Hände“ absieht, der u. a. auch eine degenerative Wurzel hat (siehe 13.5.1).

9.2.3 Stoffwechselstörungen

Der Stoffwechsel bezeichnet die Gesamtheit der komplexen, biochemischen Vorgänge, die der Energieerzeugung und dem Aufbau, Abbau, Ersatz und Erhalt von Körpersubstanz und damit der Aufrechterhaltung der Körperfunktionen dienen. In diesem Zusammenhang werden die Bestandteile der Nahrung aufgeschlüsselt und in den unterschiedlichen Körperzellen verstoffwechselt. Es handelt sich dabei um einen beständigen Auf-, Ab- oder Umbau von Proteinen, ***Kohlenhydraten***, Vitaminen und Mineralstoffen, die durch spezifische ***Enzyme*** katalysiert werden. Letztlich gehört auch die Ausscheidung von nicht oder kaum nutzbaren Abbauprodukten, die sich ansonsten teils als Giftstoffe anreichern können, zum Stoffwechsel eines Organismus. Die Leber ist dabei eines der wichtigsten Stoffwechselorgane und zuständig für Auf-, Um- und Abbau, wobei auch die Niere wichtige Funktionen, insbesondere bei der Ausscheidung übernimmt. Schädigungen dieser Stoffwechselorgane haben somit oft vielfältige Folgen. Eine Leberschädigung kann beispielsweise mit Störungen von Haut, Krallen- und Schnabelhorn sowie Federkleid einhergehen, die Aufschlüsselung von Nähr- und Mineralstoffen stören oder die Blutgerinnung hemmen, da wichtige Gerinnungsfaktoren nicht gebildet werden. Eine gestörte Nierenfunktion kann zu Gicht führen.

Stoffwechselstörungen können sich als Folge von Erkrankungen oder Verletzungen der betreffenden Organsysteme einstellen und krankhafte Abweichungen der Stoffwechselvorgänge hervorrufen. Zu den Ursachen zählt auch die Unterversorgung mit Flüssigkeit, benötigten Vitaminen, Mengen- und Spurenelementen, ohne die bestimmte Stoffwechselvorgänge nicht ablaufen können. Dabei ist die Aufnahme mancher Substanzen sogar essentiell, weil sie nicht vom Körper selbst produziert werden können. Der Vitamin D Stoffwechsel, der insbesondere für den Knochenaufbau und -umbau bedeutend ist, benötigt bei vielen Vögeln UV-Licht (z. B. Sonnenlicht), damit in Haut, Leber und Niere die Konfiguration des Vitamins ordnungsgemäß stattfinden kann. Die Niere benötigt ausreichend Flüssigkeit, um ihrer Entgiftungsfunktion nachkommen zu können, sodass ein Flüssigkeitsmangel beim Vogel zu der Anreicherung von Harnsäure und damit zur Gicht führen kann.

Neben diesen erworbenen Ursachen können auch in sehr seltenen Fällen genetisch bedingte Enzymmängel ursächlich für eine Stoffwechselstörung sein und zu einer Erhöhung von Stoffwechselzwischenprodukten, gestörten Transportmechanismen, fehlerhaften Stoffwechselprodukten oder deren gestörter Speicherung führen. Eine solche Störung im Kohlenhydratstoffwechsel stellen z. B. die Zuckerkrankheit (*Diabetes mellitus*, beim Menschen), eine Störung des Mineralstoffwechsels (z. B. der Kalziummangel, der zu Rachitis führen kann) und eine Störung des Fettstoffwechsels (z. B. die vermehrte Anreicherung von Fetten im Blut, die sog. Hyperlipidämie/Hyperlipoproteinämie) dar. Für die Falknerin ist vorbeugend wichtig, dem Vogel durch eine ausgewogene und bedarfsgerechte Ernährung und eine tierfreundliche Haltung (mit Zugang zu UV-Licht) das notwendige Rüstzeug für einen ungestörten Stoffwechsel zu bieten und bei Verdacht auf Stoffwechselstörungen eine gezielte veterinärmedizinische Diagnostik und Therapie einleiten zu lassen.

9.2.4 Kreislaufstörungen

Die Kreislaufparameter Puls, Herzfrequenz, Blutdruck und Atemfrequenz variieren je nach Vogelart deutlich. Als Faustformel kann man sagen, dass kleinere Vögel eine höhere Herz- und Atemfrequenz haben als größere. Unabhängig von der Körpergröße sind das Herz-Kreislaufsystem und die Atmung von Vögeln auf einen Spitzenbedarf während des Fliegens ausgelegt, da diese Fortbewegung sehr kraft- und energiezehrend und kreislaufbeanspruchend ist. Somit müssen Puls- und Atemfrequenz je nach Körperaktivität sehr variabel sein und der gesteigerte Sauerstoff- und Energiebedarf beim Trainings- oder Jagdflug muss flexibel kompensierbar sein. Bei verschiedenen Vogelfamilien wurde eine 2,5 bis 20-fache Erhöhung des Atemminutenvolumens (also der Menge an über die Atemwege ausgetauschter Luft pro Minute) während des Fluges ermittelt. Für einen ca. 1 kg schweren Falken wurde diese flugbedingte Erhöhung auf das 12-fache des Atemminutenvolumens in Ruhe geschätzt. Alleine deshalb ist es nachvollziehbar, dass ein Vogel in der Natur nur dann fliegt, wenn es hierfür eine Notwendigkeit gibt (z. B. Beutefang oder Revierverteidigung) und keinesfalls wie in unserer vermenschlichenden Vorstellung aus Spaß am Fliegen. Fliegen bedeutet Anstrengung und Energieverlust und einem Beutegreifer ist unbekannt, wann er zum nächsten Mal Jagderfolg hat und diese Energiereserve durch Nahrungsaufnahme wieder auffüllen kann. Bei freilebenden Greifvögeln ist die Flugzeit individuell, speziesspezifisch und tageszeitlich sehr unterschiedlich. Viele Naturbeobachtungen belegen, abgesehen vom saisonal bedingten Vogelzug, eine lediglich aus kurzen und effektiven Jagdflügen bestehende Flugzeit von wenigen Minuten pro Tag, die dem beschriebenen Prinzip der Energieersparnis entspricht. Die Falknerin sollte das Training an die Tagesform des Vogels anpassen und ihn somit selbst mitbestimmen lassen, also auf das zurückgreifen, was er ihr anbietet. Demnach sollte die Haltung eine ausreichende Bewegung ermöglichen, um letztlich auch die Herzkreislauffunktionen zu trainieren und in gutem Zustand zu halten. Auch die Durchblutung der Füße und der Flügelspitzen steigt während des Fluges deutlich an, was mit Wärmebildkameras eindrucksvoll dokumentiert werden konnte.

Durch die gesteigerte Durchblutung werden Stoffwechselendprodukte aus diesen Bereichen (vor allem Haut) abtransportiert und das Gewebe wird mit Nährstoffen, Sauerstoff und Abwehrzellen versorgt. Somit ist Fliegen die beste Prophylaxe von „Dicken Händen" und dem Flügelspitzenödem, deren Entstehung auch auf eine Minderdurchblutung dieser Bereiche zurückgeführt wird. Insbesondere bei Falken kann analog zu menschlichen Leistungssportlerinnen angenommen werden, dass es trainingsbedingte Anpassungen des Körpers gibt und dass ein gut trainierter Falke in Ruhe eine niedrigere Herzfrequenz hat als ein nicht trainierter Falke. Somit hat ein gut beflogener plötzlich abgestellter Falke im Verhältnis eine schlechtere Gliedmaßendurchblutung als ein untrainierter Falke. Daher empfiehlt sich ein schrittweises Abtrainieren der Falken vor dem Ende der Jagdsaison, um den Kreislauf allmählich umzustellen und die ausreichende Durchblutung aller Körperregionen zu gewährleisten. Unabhängig von einer kreislaufbedingten Minderdurchblutung der Gliedmaßenspitzen können Verengungen der Blutgefäße (Arteriosklerose) oder Schwächungen des Herzmuskels (Kardiomyopathie) zu einer Minderversorgung mit Blut führen. Da beide neben zunehmendem Alter auch eine ernährungs- und gesundheitsbedingte Komponente aufweisen, sollte auf eine ausgewogene Ernährung und Gesundheit des Beizvogels geachtet werden. Eine reine Fütterung mit dotterhaltigen Eintagsküken sollte deshalb ebenso vermieden werden wie eine zu Fettleibigkeit führende Überfütterung, um das Kreislaufsystem nicht zu überlasten. Während die Ursachen für eine reine Herzmuskelschädigung vielfältig sein können, konnte wiederholt und bei unterschiedlichen Vogelarten ein Zusammenhang zwischen Lungen- und Herzerkrankungen gezeigt werden, wobei meist eine die Lunge betreffende Aspergillose eine Schwächung des dadurch stärker beanspruchten Herzens nach sich zog. Eingehender wird dieses Thema in Kapitel 13 behandelt.

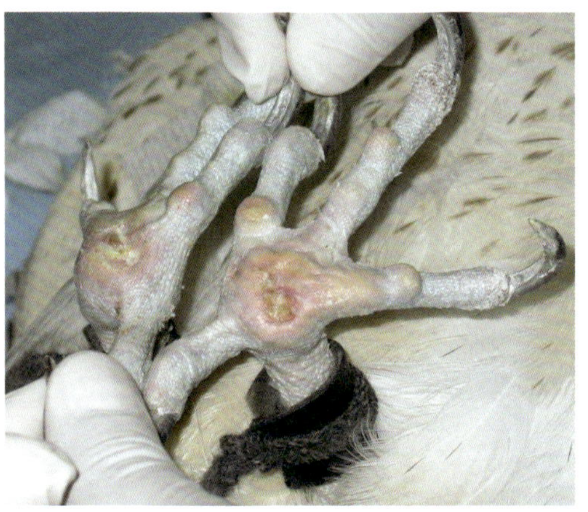

Abb. 9.6: Dicke Hände bei einem Gerfalken (Fotos: D. Fischer)

Checkliste Krankheitsursachen und Krankheitsmechanismen

- [x] es gibt innere und äußere Krankheitsursachen, wobei sich erstere in stoffwechsel- und kreislaufbedingte und letztere in physikalische, chemische, infektiöse und ernährungsbedingte Ursachen untergliedern
- [x] bei den Infektionserregern unterscheidet man zwischen Viren, Bakterien, Pilzen und Parasiten
- [x] Krankheitsentstehung und Heilung stellen ein komplexes Zusammenspiel aus Krankheitsursache und der körperlichen Abwehr des Vogels dar
- [x] Haltung, Ernährung und Training sollten den Beizvogel so gesund halten, dass sein Abwehrsystem Krankheiten bestmöglich verhindern oder schnellstmöglich beseitigen kann
- [x] Stress für den Vogel ist zu minimieren, da dieser das Abwehrsystem stören kann
- [x] im Krankheitsfall ist eine schnellstmögliche tiermedizinische Untersuchung und gezielte Behandlung ratsam

10

Allgemeines über Krankheitserreger

Neben den Verletzungen spielen die durch lebende Krankheitserreger bedingten Gesundheitsstörungen die größte Rolle. Deshalb sind Vorbeugung und Therapie der Infektionskrankheiten von besonderer Wichtigkeit.

10.1 KNACKPUNKT Infektionen

Man kann die infektiösen Krankheiten in zwei Schubladen einsortieren. In die eine kommen die echten klassischen Infektionen, etwa mit dem Vogelgrippe-/Geflügelpesterreger H5N1. Hier reicht die Anwesenheit des Erregers alleine, um die Krankheit auszulösen (siehe 13.1.1). Haltung, Betreuung und Fütterung spielen nur eine untergeordnete Rolle. Diese Krankheiten sind relativ selten, man nennt die Erreger ***obligat pathogen***.

In die andere Schublade kommen diejenigen infektiösen Krankheiten, die bei uns eine große Rolle spielen. Auch bei diesen finden sich Erreger, wenn man entsprechend sucht. Diese Erreger sind jedoch in vielen Haltungen zu Hause, ohne dass die Vögel krank werden. Es liegt also nicht an der Anwesenheit der Erreger allein, sondern vor allem auch an der Empfänglichkeit der Vögel, ob etwas passiert. Die Empfänglichkeit wird dabei ganz wesentlich durch den Vogel selbst (Alter, Genetik) sowie durch Haltung und Management (inkl. Fütterung) beeinflusst. Es spielen also drei Faktoren zusammen: 1. die Erreger, 2. der Vogel und 3. die Haltung und das Management, mit einem Wort: die Umwelt. Deshalb werden diese Krankheiten als Faktorenkrankheiten bezeichnet, die Erreger ***fakultativ pathogen*** genannt. Das klassische Beispiel für eine Faktorenkrankheit beim Greifvogel ist die sich chronisch entwickelnde Aspergillose.

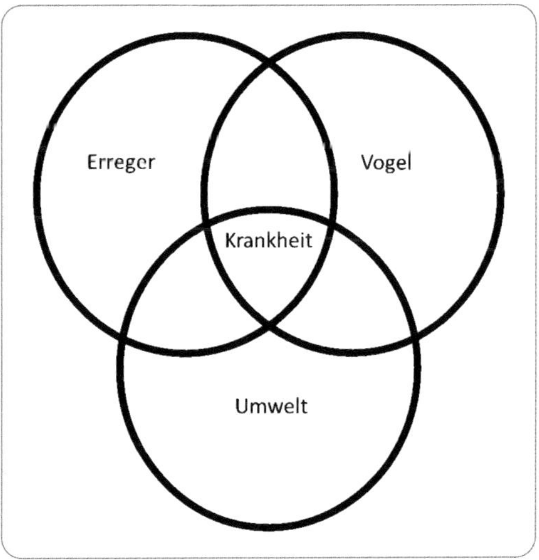

Abb. 10.1: In der Schnittmenge von Erreger, Vogel und Umwelt entstehen Faktorenkrankheiten (Zeichnung: Th. Richter)

Bei den Erregern gibt es oft unterschiedliche Stämme mit unterschiedlicher ***Pathogenität*** und unterschiedlicher ***Virulenz***. So kann das Bakterium *Escherichia coli* (meist als *E. coli* abgekürzt) beim Menschen als harmloser Darmkeim vorkommen, aber auch als EHEC (Enterohaemorrhagischer *E. coli*, d. h. Blutungen im Darm verursachender *E. coli*) ein ganz gefährlicher Krankheitserreger sein. Außerdem spielt bei vielen Erregern die Infektionsdosis eine wichtige Rolle. Sind nur wenige Keime vorhanden, passiert nichts, bei hohem Keimdruck wird's gefährlich.

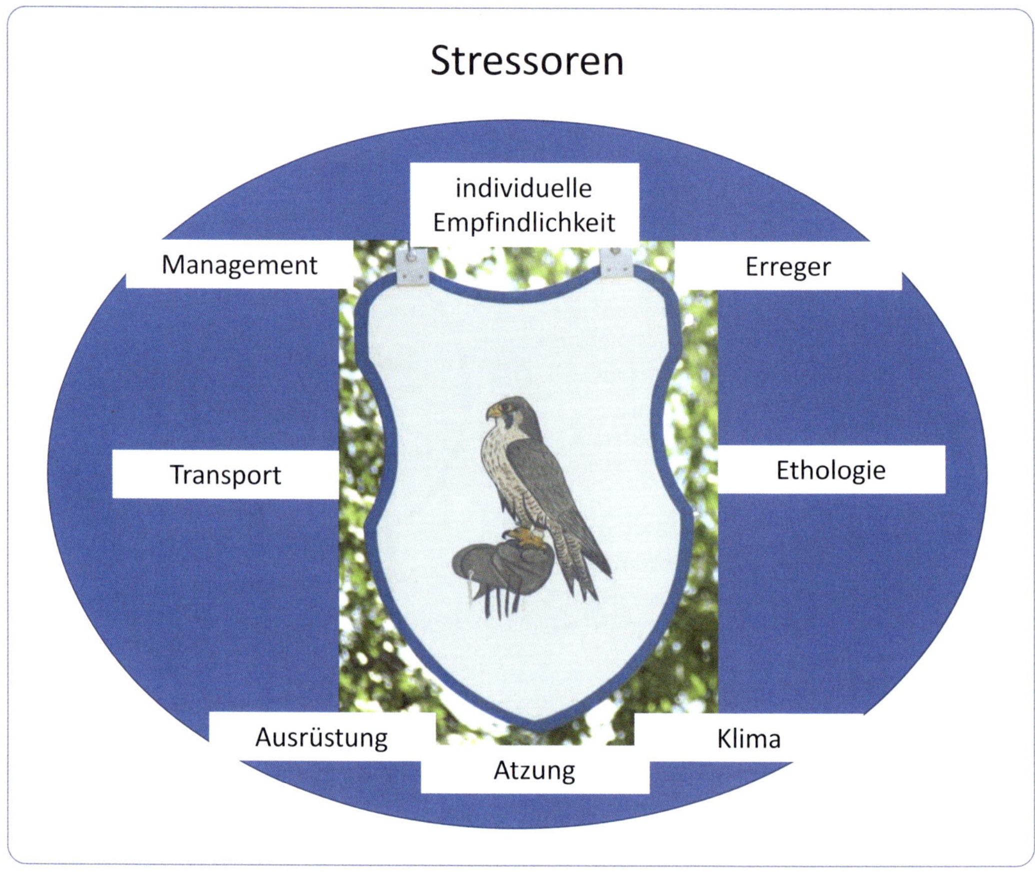

Abb. 10.2: Ursachen von Faktorenkrankheiten (Foto: Th. Richter)

Die Vögel selbst können ganz unterschiedlich empfindlich sein. Allgemein gilt, dass Jungvögel empfindlicher sind als erwachsene Tiere und Vögel kleinerer Arten empfindlicher als größere. Ein junger Sperber ist also empfindlicher als ein erwachsener Adler. Einen Spezialfall stellen Vögel aus einem anderen Klima dar. Hier sind beispielsweise die Gerfalken zu nennen, die als außerordentlich empfindlich gegenüber Schimmelpilzsporen gelten, da diese in ihren Herkunftsgefilden nicht so häufig in der Umgebung vorkommen wie in unseren gemäßigteren Breiten. Ganz besonders bedeutsam ist aber die Interaktion zwischen dem Vogel selbst und der durch Haltung und Management vorgegebenen Umwelt. Diese Interaktion wird gerne mit dem Schlagwort „Stress" bezeichnet. Übermäßiger Stress wirkt dabei immer negativ auf das Immunsystem des Vogels ein.

Haltung und Management können aber auch direkt Krankheitsursache sein. So schädigt Ammoniak in der Luft die Atemwege, unabhängig von dem sonstigen Zustand des Tieres, und öffnet damit zusätzlich die Eintrittspforte für Krankheitserreger, z. B. Aspergillen (siehe auch 6.4.1 Transportbox).

10.2 Stress

Der österreich-ungarisch-kanadische Mediziner, Biochemiker und Hormonforscher Hans Selye entdeckte und erforschte ab den 1930er-Jahren die Grundlagen der Lehre vom Stress und entwickelte den Begriff des allgemeinen Anpassungssyndroms.

Das englische Wort „stress" bedeutet zunächst ganz allgemein „Belastung". Stress wird durch ganz unterschiedliche Einflüsse ausgelöst, die man Stressoren nennt. Nach dem klassischen Stressmodell von Selye kann man die Belastung, die auf ein Tier einwirkt, entweder dem Eu-Stress oder dem Dis-Stress zuordnen. Eu-Stress bedeutet eine angemessene, positiv wirkende Belastung, die die Anpassungsfähigkeit trainiert. Dis-Stress dagegen ist eine übermäßige und negativ wirkende Belastung, bei der die Anpassungsfähigkeit des Tieres überfordert ist. Bei den meisten Stressoren machen die Intensität und die Dauer der Einwirkung den Unterschied zwischen Eu-Stress und Dis-Stress aus.

Unter den natürlichen Bedingungen, die die Evolution dieser Reaktion gefördert haben, war die Bedrohung durch Beutegreifer einschließlich der Artgenossen ein ganz wichtiger Stressor. Unter Haltungsbedingungen treten Fehler in der Ausbildung und im Handling, falsche Fütterung, unhygienische Haltung, belastender Transport usw. als Stressoren in den Vordergrund.

Auf diese und noch viele weitere sehr unterschiedliche, schädigende Einflüsse reagiert der Körper immer gleich. Es kommt zunächst zur Ausschüttung der schnellen Stresshormone Adrenalin und Noradrenalin (die zusammen als Katecholamine bezeichnet werden). Diese wirken sofort auf den Körper, indem sie alles hochfahren, was zur Bewältigung der Bedrohung nützlich ist, und alles bremsen, was die Bewältigung hindert. Flucht oder Kampf sind die Handlungsmöglichkeiten, deshalb wird von der "flight or fight reaction" gesprochen. So wird verständlich, dass Stress während der Balz das Reproduktionsgeschehen sehr wirkungsvoll verhindern kann, ist die Paarung erfolgt und sind die Eier einmal gelegt, ist die Empfindlichkeit nicht mehr so groß. Das ist erklärbar, da bereits sehr viel in diese Brut investiert wurde (siehe Voland, 2013).

Als nächstes reagiert der Körper mit der Produktion der langsamen Stresshormone (Cortisol = Hydrocortison und Corticosteron). Sind diese Stresshormone nur kurzzeitig aktiv, dann helfen sie dem Vogel den Stress auszuhalten. Hält aber der Stress und damit die erhöhte Produktion der Stresshormone über mehrere Tage an oder wiederholt er sich in kürzeren Abständen, dann haben sie negative Nebenwirkungen. Die wichtigste Nebenwirkung ist, dass sie die körpereigene Abwehr schwächen, das nennt man Immunsuppression. Dadurch wird der Vogel anfällig gegenüber den Erregern, die er ohne Stress gut aushalten kann. Zusätzlich sind die Stressoren selbst oft schädigend, z. B. Fehler in der Konditionierung, zu hohe Schadgasgehalte, insbesondere Ammoniak, oder nicht adäquate Sitzflächen.

Eine klassische Faktorenkrankheit bei Greifvögeln ist die chronische Aspergillose, bei der psychischer Stress oft ausschlaggebend ist, zumal in Kombination mit schlechter Luftqualität.

10.3 KNACKPUNKT Krankheitserreger

Krankheitserreger kommen in sehr unterschiedlichen Bereichen des Lebens vor. Während in der Biologie die lange bekannte Einteilung des Lebens in zwei, drei oder fünf

Reiche[1] heute verlassen wurde und durch drei Domänen[2] ersetzt wird, bleibt in der (Tier-)Medizin die Einteilung der Krankheitserreger in ***Prionen***, Viren, Bakterien, Pilze und Parasiten üblich. Die Prionen, auch als unkonventionelle Erreger bezeichnet, sind veränderte körpereigene Proteine, die bei Menschen und einigen Säugetieren schwammartige Gehirnerkrankungen hervorrufen, z. B. BSE und Creutzfeldt-Jakob-Krankheit. Bei Vögeln sind sie bisher nicht nachgewiesen worden. Die Viren stehen genau betrachtet zwischen der belebten und der unbelebten Welt, da sie ohne selbstständigen Stoffwechsel zum Überleben auf den Stoffwechsel der befallenen Wirtszellen angewiesen sind. Aus praktischen und historischen Gründen zählen Viren in der (Tier-)Medizin aber zu den Mikroorganismen, also zu den Lebewesen.

Es sind jedoch nicht alle Mikroorganismen Krankheitserreger, ganz im Gegenteil. Vor allem Bakterien dienen als Bestandteil der Haut- und Schleimhautflora dem Schutz des Wirtes, also des Vogels, indem sie die gefährlichen Keime verdrängen, oder sie helfen im Darm bei der Verdauung. Gefährlich wird es, wenn diese Normalflora durch Antibiotika oder Desinfektionsmittel über Gebühr geschädigt wird, weil sich dann die überall lauernden und nur gelegentlich krankmachenden (ubiquitären und fakultativ pathogenen) Erreger explosionsartig vermehren und schädigend wirken können. Deshalb muss jede Anwendung von Antibiotika, aber auch von Desinfektionsmitteln kritisch hinterfragt werden. So segensreich und lebensrettend die Anwendung sein kann, so todbringend kann sie auch sein (siehe auch 12.1.1 und 12.3.3.1.1).

10.3.1 Keimdruck

Unter dem Begriff Keime werden die auf die Tiere einwirkenden krankheitserregenden Mikroorganismen zusammengefasst, wobei im Folgenden auch die Parasitenvermehrungsstadien in den Begriff eingeschlossen werden, auch wenn das nicht allgemein üblich ist. Der Keimdruck ist die Menge der Keime, die in einer bestimmten Haltungsumwelt auf den Wirt, also z. B. den Vogel, einwirkt. Es leuchtet ein, dass z. B. eine geringe Zahl von Aspergillussporen in einer großen offenen Voliere kein Problem darstellen wird, was sich aber bei der gleichen Keimzahl konzentriert in einer unbelüfteten Transportbox komplett anders auswirkt.

Sinnvoll ist zu unterscheiden, ob die den Keimdruck verursachenden Mikroorganismen fähig oder unfähig sind, sich außerhalb des Wirtes zu vermehren. Können sich die Keime nur im lebenden Wirt vermehren, hängt der Eintrag in die Haltungsumwelt von der Ausscheidung durch das Wirtstier ab, die nicht beeinflusst werden kann. So können Darmwürmer ihre Eier über den Kot des Wirtstieres ausscheiden. Neben vielen Parasiten gehören der überwiegende Teil der Viren und einige Bakterien (z. B. Tuberkulosebakterien, Brucellen und Pasteurellen) zu diesen sich in der Umwelt nicht vermehrenden Erregern. Durch Beseitigung des Schmelzes und Lüftung kann aber die Zahl der Keime in der Haltungsumwelt vermindert werden.

Gerade die alltäglichen Problemstifter wie die Enterobacteriaceen (*Escherichia coli, Sal-*

[1] Die Reiche: zwei (Pflanzen und Tiere), drei (Einzeller, Pflanzen und Tiere) oder fünf Reiche (Einzeller ohne Zellkern (Prokariota, z. B. Bakterien), Einzeller mit Zellkern (Protisten, z. B. Kokzidien), Pilze, Pflanzen und Tiere)

[2] Die Domänen: Bakteria – ohne Zellkern, Archaea – ohne Zellkern und Eukaria – mit Zellkern. Zu den Eukaria gehören die Protisten, Pilze, Pflanzen und Tiere, die auch in 6 supergroups eingeteilt werden (Amoebozoa – bestimmte Amöbenartige und Schleimpilze, Opisthokonta – u. a. Tiere und Pilze, Rhizaria – amöbenartige Protista mit Scheinfüßchen (Pseudopodien), Archaeplastida – Landpflanzen, Grünalgen, Rotalgen, u. a., Chromalveolata – viele eukaryotische Algen, z. B. Braunalgen, Excavata – verschiedene Protista mit Geißeln), da dieser Zweig der Biologie auf DNA-Analysen beruht und recht dynamisch ist, ist mit einer Überarbeitung zu rechnen, was die alte Nomenklatur sympathisch macht

monella **spp.**, *Klebsiella spp.* usw.) und etliche kugelförmige Bakterien (z. B. *Staphylococcus aureus*) sind zur Vermehrung in totem, organischem Substrat fähig. Das sind in der Praxis vor allem Atzungsreste und Schmelz, aber auch z. B. tote Blätter, die der Wind in die Voliere getragen hat. Einige Keime vermehren sich sogar vorzugsweise in der Umwelt, z. B. *Aspergillus fumigatus,* bevorzugt in feuchtwarmem, organischem Material, wie in Rindenmulch und werden nur ausnahmsweise zu Krankheitserregern. Jegliche Einstreu mit organischem Material ist deshalb in der Greifvogelhaltung kritisch zu hinterfragen.

Da die Mikroorganismen im Allgemeinen zu einer rasanten Vermehrung fähig sind, kann der Keimdruck rasch zum Problem werden, wenn es den Keimen in der Haltungsumwelt gefällt und deren Menge nicht durch Reinigung gemindert wird. Wie unter 10.3.5 dargestellt wird, sind Substrat, Wasser, Temperatur und Zeit unabdingbare Voraussetzungen für die Vermehrung der Bakterien und Pilze. Da die Temperatur bei der üblichen Außenklimahaltung nicht beeinflussbar ist und auch an der Stellschraube Wasser in der Regel nicht gedreht werden kann, bleibt nur, alles abbaubare Substrat möglichst rasch aus dem Bereich des Vogels zu entfernen, oder – vor allem beim Schmelz – den Kontakt zu erschweren. Besondere Bedingungen gelten in Transportboxen, die in Kapitel 6.4.1 ausführlich beschrieben werden.

Abb. 10.3: Aufbau eines (Influenza-)Virus schematisch (Zeichnung: Th. Richter)

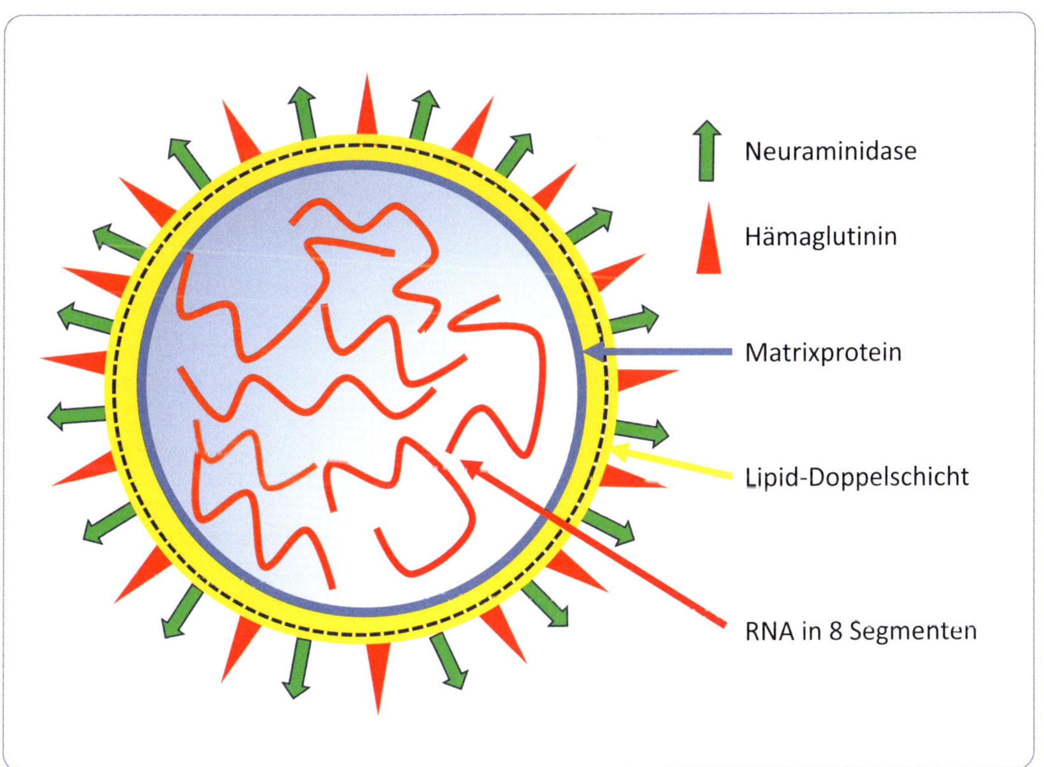

10.3.2 Viren

Viren (Einzahl: **das** Virus[1]) sind Strukturen an der Grenze der unbelebten und der belebten Welt. Sie bestehen aus der Erbinformation, die entweder als RNA oder als DNA vorliegt, aber immer nur aus einer dieser Nukleinsäuren, und aus einem Mantel aus Eiweiß (Kapsid genannt), der mehr oder weniger kompliziert aufgebaut sein kann. Viele Viren, so die Herpesviren, die Influenzaviren oder das West-Nil-Virus, haben zusätzlich zum Kapsid eine Hülle und werden deshalb als behüllte Viren bezeichnet. In einem einfachen Fall, z. B. beim West-Nil-Virus, besteht die Hülle aus Fettstoffen (Lipide von der Zellwand der Wirtszelle) und nur zwei verschiedenen Hüllproteintypen, während das Kapsid selbst aus nur einem Proteintyp besteht.

Durch diesen sehr einfachen Aufbau ergeben sich einige besondere Eigenschaften der Viren:

- Viren benötigen immer lebende Zellen eines Organismus, also z. B. den lebenden Menschen oder das lebende Tier, sie können sich nicht selbst in totem Material vermehren, weil sie die dazu nötigen Enzyme nicht haben;
- Viren sind sehr leicht, teils können sie mit dem Wind über weite Strecken transportiert werden (aerogene Übertragung), man spricht dann auch im Englischen von „air borne diseases";
- Viren sind bei dunkler Trockenheit und kalten Temperaturen praktisch unzerstörbar, selbst Einfrieren schadet den meisten von ihnen nicht. Wärme über 56 °C und UV-Strahlung halten dafür viele Viren nicht lange aus;
- gegen viele Viren kann bei Säugetieren erfolgreich geimpft werden, für Beizvögel sind die Impfstoffe jedoch rar;
- gerade die kleinen, einfach strukturierten Viren sind relativ schwer durch Desinfektionsmittel zu bekämpfen;
- gegen Virusinfektionen bei Vögeln gibt es kaum ein und in vielen Fällen sogar überhaupt kein wirksames Arzneimittel, insbesondere Antibiotika wirken nicht!

10.3.3 Bakterien

Bakterien sind selbstständige Lebewesen sehr einfacher Bauart. Einige Arten können sich sowohl im Tier (Wirt) als auch in der Haltungsumwelt vermehren. Sie vermehren sich durch Zweiteilung. Da sie sich unter optimalen Bedingungen alle 20 Minuten einmal teilen können, entsteht schon aus einer ganz geringen Gründerpopulation nach kurzer Zeit eine riesige Bakterienmenge (siehe Abb. 10.5). Diese riesige Vermehrungspotenz macht offensichtlich, dass je früher eine qualifizierte Behandlung beginnt, desto einfacher und erfolgreicher sie sein wird, weil nur eine geringere Bakterienanzahl bekämpft werden muss. Außerdem wird klar, warum Mutationen sehr häufig auftreten. Eine Mutation, die mit einer Wahrscheinlichkeit von 1 zu einer Million zu erwarten ist, wird also mit an Sicherheit grenzender Wahrscheinlichkeit auch auftreten. Problematisch wird das, wenn der Bakterienstamm dadurch pathogen, virulenter oder resistenter gegenüber Antibiotika wird.

Grundsätzlich sind alle veterinärmedizinisch relevanten Bakterienarten durch Antibiotika bekämpfbar. Allerdings muss das Antibioti-

[1] Das Virus hat sächliches Geschlecht, wer sich von der Endsilbe -us zum männlichen Artikel verleiten lässt, outet sich sofort als ignorant

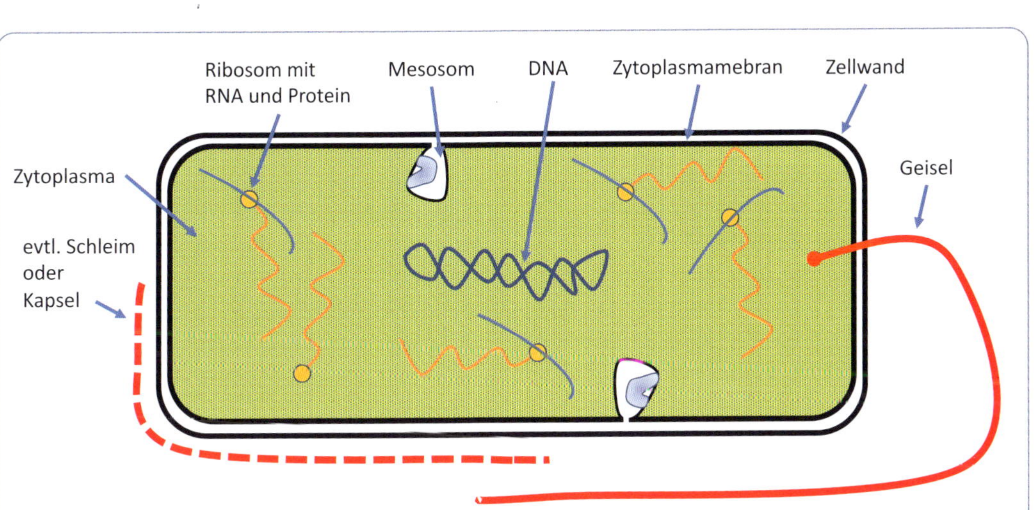

Abb. 10.4: Aufbau eines Bakteriums nach Rolle/Mayr 2002, verändert (Zeichnung: Th. Richter)

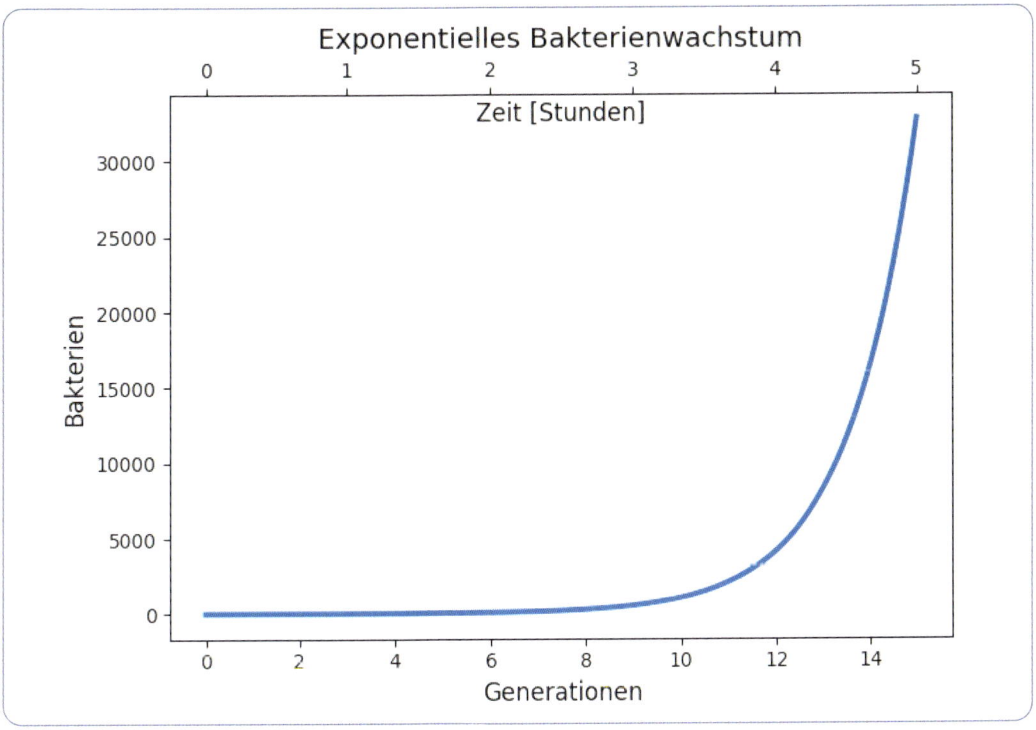

Abb. 10.5: Exponentielles Wachstum von Bakterien, bei einer Verdoppelung der Zahl alle 20 Minuten, beginnend zum Zeitpunkt Null, wären im hypothetischen Fall, dass keine Sterblichkeit stattfindet, nach 24 Stunden aus einer einzelnen Bakterie 4.722.366.482.869.645.213.696, d. h. 4 Trilliarden, 722 Trillionen, 366 Billiarden, 482 Billionen, 869 Milliarden, 645 Millionen, 213 Tausend, 6 Hundert 96 Bakterien geworden (Berechnung und Grafik: P. Hinderer)

kum den Ort des Geschehens auch erreichen, was teils sehr schwierig ist. So ist es beispielsweise innerhalb von abgekapselten Abszessen, in Gelenken oder im Gehirn sehr schwer bis unmöglich, wirksame Konzentrationen eines Antibiotikums zu erreichen, auch wenn einzelne Antibiotika fähig sind, unterschiedliche Gewebe des Körpers zu durchdringen. Das noch größere Problem sind Resistenzen gegen Antibiotika, die bei allen relevanten Bakterienarten auftreten. Deshalb gehört jede antibakterielle Therapie in tierärztliche Hand, Genaueres findet sich in Kapitel 12.3.3.1.1.

10.3.4 Pilze

Ähnlich wie Bakterien sind auch Pilze eigenständige Organismen, sie verfügen aber über einen echten Zellkern. Pilze können Einzeller (z. B. Hefen wie *Candida* spp.) oder Mehrzeller sein (z. B. Schimmelpilze wie *Aspergillus* spp.).

Einige leben in der Umwelt, auch in der Voliere oder in der Atzung. Pilze verfolgen unterschiedliche Reproduktionsstrategien. So bilden einige Pilze wie *Aspergillus* spp. Sporen (Konidien), die über die Luft transportiert und vom Vogel eingeatmet werden können, während z. B. Hefepilze keine Sporen bilden und mit der Nahrung aufgenommen werden können.

Sobald pathogene Pilze in den Vogelwirt eingedrungen sind, können sie sich in ihm vermehren und Schaden zufügen, was zu schweren und manchmal tödlichen Krankheiten führt (z. B. Aspergillose). Hefen wie *Candida* spp. sind in der Regel auf den Magen-Darm-Trakt beschränkt und verursachen Durchfall und Erbrechen, während Schimmelpilze wie *Aspergillus* spp. oder *Penicillium* spp. vor allem Atemwegserkrankungen verursachen. Viele Pilze sind jedoch auch in der Lage, Krankheiten in verschiedenen Teilen des Körpers (sogenannte systemische Krankheiten) zu verursachen, nachdem sie das Immunsystem der Vögel überlistet haben und über die Atemwege, entlang von Geweben oder mit dem Blutkreislauf durch den Körper transportiert wurden. Dies kann in schweren Fällen auch für die eben angesprochenen Schimmelpilze und Hefen zutreffen, weshalb diese als Auslöser schwer kontrollierbarer, systemischer Pilzerkrankungen auf Intensivstationen gefürchtet sind.

Antibiotika wirken gegen Pilze nicht. Vielmehr werden häufig durch Antibiotika – und ggf. auch durch Desinfektionsmittel – die Mitglieder der nützlichen bakteriellen Haut- und Schleimhautflora so geschädigt, dass dann Pilze die Oberhand gewinnen und den Vogel ernsthaft schädigen können. Auch deshalb ist vor jeder Anwendung von Antibiotika der Vogel gründlich tierärztlich zu untersuchen und abzuwägen, ob der Nutzen der Antibiotikatherapie den möglichen Schaden übersteigt. Müssen Pilzinfektionen behandelt werden, so sind eine gründliche tierärztliche Untersuchung und ein entsprechender Behandlungsplan ebenfalls unumgänglich.

10.3.5 Lösungsmöglichkeiten Vorbeugemaßnahmen gegen Bakterien und Pilze

Besser als die beste Therapie ist immer die wirkungsvolle Prophylaxe, die u. a. darin bestehen kann, den Keimdruck in der Umwelt zu reduzieren. Für die Vermehrung von Bakterien und Pilzen sind vier Bedingungen notwendig, die alle gleichzeitig erfüllt sein müssen. Fehlt nur ein Faktor, kann kein Wachstum stattfinden. Am einfachsten kann man sich das merken, wenn man sich überlegt, wie Lebensmittel haltbar gemacht werden, Lebensmittelverderb ist ja meistens das Werk von Bakterien und/oder Pilzen. Ziel der Falknerin muss also sein, mindestens einen der Faktoren so weit zu reduzieren, dass das Wachstum sehr langsam verläuft oder kein Wachstum möglich ist.

Diese vier Faktoren sind:

1. **Nährstoffe (das Substrat):** Bakterien und Pilze brauchen zum Aufbau ihrer Zellen sowohl Baustoffe, also Kohlenstoff, Stickstoff, Sauerstoff usw., als auch Energie. Diese Nährstoffe sind am leichtesten verfügbar aus organischem Material, also aus den Tieren selbst, aus dem Schmelz und vor allem auch aus der Atzung und Atzungsresten. Eine rasche Entfernung des Schmelzes sowie eine wirksame Atzungshygiene verringern den Keimdruck.

2. **Wasser:** wenn die „Wasseraktivität" (der a_W-Wert) unter 0,8 liegt, ist praktisch keine Vermehrung von Mikroorganismen mehr möglich (im Lebensmittelbereich führen neben dem Trocknen auch Salzen, Pökeln, Überzuckern und Einfrieren ebenfalls zu einer Verringerung der Wasseraktivität, da das Wasser an das Salz oder den Zucker gebunden wird oder zu Eis erstarrt). Feuchte Ecken in den Haltungseinrichtungen mit organischem Material sind so weit als möglich zu vermeiden.

3. **Temperatur:** das Vermehrungsoptimum der allermeisten krankmachenden Keime liegt in der Nähe der Körpertemperatur, also bei circa 35-40 °C. Schon bei 10 °C ist kaum mehr mit Vermehrung zu rechnen. Kältetolerante Ausnahmen, z. B. die Listerien, bestätigen die Regel. Bei der üblichen Außenklimahaltung besteht keine Handlungsmöglichkeit, sollten Vögel aber in Innenräumen gehalten werden, ist eine nur mäßige Temperatur vorteilhaft.

4. **Zeit:** Bakterien brauchen zur Vermehrung zwar nur eine kurze, aber doch immerhin eine gewisse Zeitspanne, die meisten Pilze etwas länger als Bakterien. Wird das erregerhaltige Substrat in kurzer Zeit aus dem Bereich der Vögel entfernt, durch Saubermachen, Lüften oder Entfernen von Atzungsresten, dann können die Bakterien und Pilze sich nicht stark vermehren.

10.3.6 Parasiten

Parasiten sind Lebewesen mit eigenem Stoffwechsel aus den biologischen ***Taxa***, die historisch als Tiere bezeichnet wurden, worunter damals auch die Einzeller fielen. Sie machen sich die Ressourcen von Wirtsorganismen zunutze, indem sie ihnen z. B. Baustoffe und Energie stehlen und/oder ihr Gewebe schädigen. Sie können entweder mikroskopisch klein oder groß genug sein, um mit dem bloßen Auge gesehen zu werden.

Biologisch betrachtet kommen parasitär lebende Organismen in mehreren Taxa vor. Da die Parasitologie eine ältere Disziplin der (Tier-)Medizin ist, wird oft noch die alte Einteilung in Einzeller (Protozoen), Würmer (Helminthen) mit der Untergliederung in Annelida (Ringel- oder segmentierte Würmer), Platyhelminthes (Flachwürmer), Nematoda (Spulwürmer) und Acanthocephala (dornige Würmer) sowie Gliederfüßer (Insekten und Spinnentieren) verwendet, obwohl sie nach moderner Auffassung ungenau ist, da die einzelnen Mitglieder dieser Gruppen oft nicht näher miteinander verwandt sind und die Einzeller gar nicht mehr zu den Tieren gezählt werden.

Für rein praktische Zwecke ist eine Unterscheidung in Endoparasiten, die im Inneren des Wirtes schmarotzen, und Ektoparasiten, die auf der Körperoberfläche Schaden stiften, sinnvoll. Einige Parasiten, vor allem Endoparasiten, durchleben einen speziellen Entwicklungszyklus. Dieser beinhaltet auch Stadien, die vom Vogel ausgeschieden werden und dann in der Umwelt überleben, um von einem anderen Wirtstier (z. B. einem anderen Vogel) aufgenommen zu werden. Endoparasiten können meist nur über eine Schmelzuntersuchung und ggf. mittels Endoskopie oder Blutuntersuchung erkannt werden, die Schäden, die Ektoparasiten anrichten, sind dagegen in der Regel schon mit dem bloßen Auge zu sehen.

Wichtig ist außerdem, ob der Parasit stationär auf oder in dem Vogel lebt oder ob er sich, wie zum Beispiel die Rote Vogelmilbe (*Dermanyssus gallinae*), auch außerhalb des Wirtes in der Umwelt verstecken kann. Denn dann muss bei einer Behandlung auch das Rückzugsgebiet, etwa Volierenwände oder Sitzstangen aus Holz, mit in die Behandlung einbezogen werden. Es ist allerdings technisch sehr schwierig, Holz und ähnliche rissige Materialien parasitenfrei zu bekommen, weshalb ersetzbare Gegenstände, z. B. Sitzstangen, am besten entfernt und die alten verbrannt oder anderweitig hygienisch einwandfrei entsorgt werden.

Manche Parasiten werden über Atzungstiere, z. B. die Trichomonaden über Futtertauben oder der Luftröhrenwurm (*Syngamus trachea*) über Rabenkrähen und sogar über Regenwürmer, übertragen. Bei anderen Parasiten erfolgt die Übertragung direkt von Vogel zu Vogel, sehr oft über den Schmelz. Die meisten infektiösen Stadien der Parasiten sterben ab, wenn sie für mindestens 14 Tage tiefgefroren werden, das ist vor allem bei Tauben als Atzung wegen der Trichomonaden zu empfehlen[1] (siehe 13.4.2.2).

Desinfektionsmittel müssen entsprechend der Parasiten und deren Entwicklungsstadien genau ausgewählt werden, da insbesondere die Fortpflanzungsstadien von Parasiten nur schwer bekämpfbar sind (siehe 12.1.1). Natürliches Bodensubstrat muss unter Umständen regelmäßig ausgetauscht werden, um Parasiten gänzlich zu entfernen.

Wie mit den Desinfektionsmitteln ist es auch mit den ***Antiparasitika***. Antiparasitika, also Medikamente gegen Parasiten, sind immer nur gegen bestimmte Parasitenarten wirksam. Wurm ist nicht gleich Wurm und deshalb ist das wirksame Wurmmittel auch nicht immer das gleiche. Vor der Gabe von Arzneimitteln gegen Parasiten und auch vor der Desinfektion ist deshalb eine gründliche tierärztliche Untersuchung einschließlich Identifizierung der Parasiten Pflicht. Nur wenn genau bekannt ist, ob und welche Parasiten vorhanden sind, kann wirkungsvoll behandelt oder desinfiziert werden. Vor der Behandlung auf Verdacht oder vor routinemäßigem Entwurmen, wie man das von manchen vierbeinigen Haustieren kennt, ist dringend abzuraten. Eine Schmelzuntersuchung ist einfach und schnell durchgeführt. Für eine aussagekräftige Untersuchung sollte über 3-5 Tage Schmelz gesammelt werden, da manche Parasitenstadien unregelmäßig und nicht an jedem Tag ausgeschieden werden. Die einschlägigen Arzneimittel haben beim Greifvogel zum Teil ganz erhebliche Nebenwirkungen bzw. müssen sehr präzise dosiert werden. Insbesondere Kombipräparate für Hunde und Katzen passen selten für Greifvögel und keinesfalls sollte die Dosierungsangabe dieser Haustiere auf der Verpackung als Dosierung für den Greifvogel genommen werden. Überdosierungen können tödlich sein, Unterdosierungen bringen nichts und können Resistenzen zur Folge haben.

[1] Zu bedenken ist allerdings dennoch, dass Einfrieren nicht gegen Viren von Tauben (z. B. Taubenherpes- oder Paramyxoviren) und auch nicht gegen viele ihrer Bakterien (z. B. Salmonellen) schützt, weshalb die Verfütterung von Tauben ein potenzielles Gesundheitsrisiko für den Greifvogel birgt

Checkliste Krankheitserreger

- ☑ nicht alle Mikroorganismen sind schädlich, sehr viele helfen als Haut- und Schleimhautflora Krankheitserreger fernzuhalten und/oder helfen bei der Verdauung
- ☑ viele Mikroorganismen können nur dann Krankheiten auslösen, wenn der Wirt vorher geschwächt war; eine sehr wichtige Quelle der Abwehrschwäche ist der Stress
- ☑ um den Keimdruck zu minimieren sind Sauberkeit und vor allem saubere Luft wichtig
- ☑ Viren sind Strukturen an der Grenze zwischen der belebten und der unbelebten Welt, die sich nur in lebenden Zellen vermehren können
- ☑ Bakterien sind einzellige Lebewesen mit einer ungeheuren Vermehrungspotenz
- ☑ die meisten Bakterienarten können sich auch außerhalb lebender Zellen vermehren
- ☑ Pilze können sich gut vermehren, wenn die schützende Haut- bzw. Schleimhautflora durch Antibiotika oder Desinfektionsmittel geschädigt wurde. Ansonsten stellen ein hoher Gehalt der Atemluft an Pilzsporen sowie übermäßiger Stress wichtige Ursachen für Schimmelpilzinfektionen dar
- ☑ Parasiten können auf dem Tier (Ektoparsiten) oder im Inneren des Tieres (Endoparasiten) schädigen
- ☑ Antibiotika, Antimykotika und Antiparasitika dürfen nur nach tierärztlicher Diagnose und Dosierungsempfehlung verabreicht werden. Die Dosierungen für Vögel unterscheiden sich teils erheblich von denen für Haussäugetiere

11

Wie schützt sich der Vogel selbst gegen Schädlichkeiten?

Der Vogel schützt sich selbst durch sein Verhalten, seine intakte Haut und Schleimhaut, sein intaktes Federkleid und durch die körpereigene Abwehr, das Immunsystem. Diese vier Mechanismen sind zu unterstützen und alles ist zu unterlassen, was sie schädigt.

Doch bevor hierauf eingegangen wird, werden die anatomischen und physiologischen Eigenschaften der Greifvögel vorgestellt, da beim Vogel im Allgemeinen und bei den Greifvögeln im Besonderen einige Körpermerkmale und Körperfunktionen anders aufgebaut sind und ablaufen als beim Säugetier. Natürlich kann dies hier nur in begrenztem Umfang erfolgen, sodass für weiterführende Informationen auf die Standardwerke der Anatomie und Physiologie verwiesen wird (Nickel et al. 2004; König et al. 2012; Scanes & Dridi, 2021)

11.1 Anatomische und physiologische Besonderheiten der Greifvögel

11.1.1 Federn

Ein Charakteristikum der Vögel, das sie von anderen Wirbeltieren unterscheidet, sind die Federn, die in artspezifisch verschiedenen Formen und Farben sowie mit unterschiedlichen

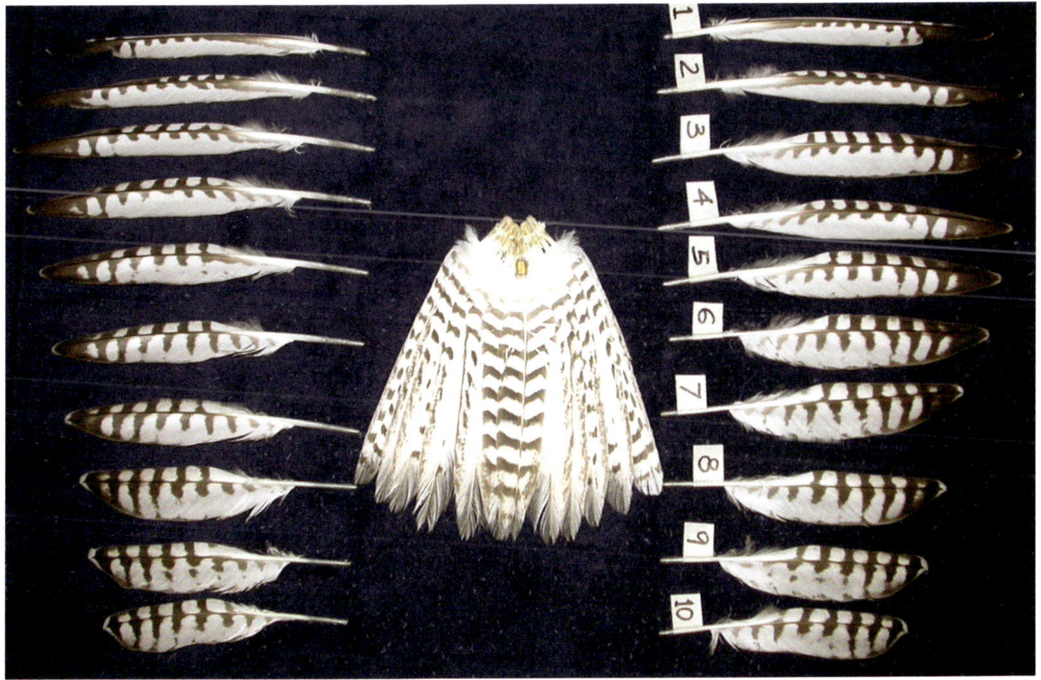

Abb. 11.1: Makroaufnahme der Handschwungfedern und der Stoß-/Startfedern eines Gerfalkens (Foto: D. Fischer)

Abb. 11.2: Makroaufnahme des Schnabels eines juvenilen Gerfalkens. Zu sehen sind der für Falken typische Falkenzahn im Oberschnabel und die runden Nasenlöcher (Foto: D. Fischer)

Funktionen deren äußere Haut bedecken. Federn bestehen wie Haare aus Keratin. In spezialisierten Hautorganen, den sogenannten Federfollikeln, wird neue Federsubstanz gebildet und die auf diese Weise wachsende Feder nach außen geschoben. Nur während des Wachstums ist der Ansatzbereich der Feder durch ein Zentralgefäß durchblutet und noch von einer Federscheide umgeben. Nach Abschluss des Federwachstums ist die Feder nicht mehr durchblutet oder von Nerven durchzogen. Lediglich am Federansatz setzen Nervenfasern an, die dem Vogel Informationen über Federlage oder Federverlust geben. Ein Abschneiden oder Abbrechen der fertig geschobenen Feder verursacht also analog zum Haareschneiden keine Schmerzen, ein Ausreißen/-ziehen hingegen schon.

Bereits im Ei werden Dunenfedern gebildet, die das heranwachsende Küken bedecken und zum Wärmeerhalt beitragen. Teils kann man anhand der Dunenfedern auf das Alter der Küken schließen, weil es bei vielen Arten mehrere Stufen des Dunengefieders gibt, die sich in Farbe, Dichte und Länge unterscheiden können. Beim heranwachsenden Jungvogel bildet sich allmählich das bleibende Gefieder aus, welches aus dem Untergefieder und dem darüber liegenden Deckgefieder (Konturfedern) besteht, wobei letztgenanntes sich in das zum Fliegen wichtige Großgefieder (Schwung- und Stoß-/Staartfedern; in der Falknersprache: Pennen) und das unterschiedliche Körperregionen bedeckende Kleingefieder gliedert. Nachfolgend werden gebildete Federn erst nach Federverlust sowie einem artspezifischen Mauserrhythmus folgend nach und nach durch neue Federn ersetzt. Dabei wird je nach Art ein Jugendgefieder (bei juvenilen Vögeln) durch eine oder mehrere Formen des Altersgefieders ersetzt. Diese stellen für Artgenossen alters- und geschlechtsspezifische Kennzeichen dar. Darüber hinaus erfüllt das Gefieder bei Greifvögeln Funktionen der Tarnung, der Thermoregulation und des Wärmeerhalts, des Witterungsschutzes und es ermöglicht das Fliegen. Dabei sind Greifvogelfedern insbesondere bei Falken vergleichsweise hart, um ein schnelles Fliegen zu ermöglichen. Zur Pflege der Federn verteilen Vögel das ***Sekret*** einer Talgdrüse (sogenannte Bürzeldrüse), die sich oberseitig am Schwanzansatz befindet, mit ihrem Schnabel durch/auf das Federkleid.

11.1.2 Haut, Krallen und Schnabel

Die Haut der Greifvögel ist in befiederten Regionen dünner und weniger gut durchblutet als die Haut bei Säugetieren. In unbefiederten Körperregionen, an Fängen/Händen, der Nase (Wachshaut), den Augenlidern und je nach Spezies weiterer Gesichtspartien ist die Haut jedoch meist stark verhornt. Die Haut der Fänge/Hände ist sogar wie bei Reptilien mit meist sehr stabilen Schuppen besetzt, die einen gewissen Schutz gegen Verletzungen durch Risse, Kratzer, Stiche oder leichte Bisse darstellen. Das Schuppenmuster ist dabei wie ein menschlicher Fingerabdruck individuell unterschiedlich. Am Schnabel sowie an den Zehenspitzen befindet sich das Schnabel- bzw. Krallenhorn, welches die knöcherne Basis umkleidet und somit das Festhalten, Fangen und Töten der Beute sowie das Zerkleinern der Nahrung ermöglicht.

11.1.3 Knochen

Das Skelett der Vögel weist viele Anpassungen auf, die für ein Fliegen erforderlich sind. Dadurch wird eine Gewichtsreduktion des Skelettgewichtes auf 4,5 % des Körpergewichtes erreicht. Bei Säugetieren nimmt das Skelett zirka 6 % des Körpergewichtes ein. Um dies zu erreichen, wurden im Zuge der Evolution einige Vogelknochen, insbesondere die langen Röhrenknochen der Flügel und der Beine, nicht mit Knochenmark, sondern mit Luft gefüllt (pneumatisiert). Die Anzahl von Knochen wurde reduziert und aus Stabilitätsgründen wurden einige Knochen miteinander verschmolzen (z. B. die Beckenwirbel zum *Synsacrum* oder die Brustwirbel zum *Notarium*). Dadurch können Bänder und Muskeln an diesen Stellen eingespart werden. Andererseits ermöglicht die höhere Anzahl von meist 12 Halswirbeln (anstatt wie bei Säugetieren 7 Halswirbeln)

Abb. 11.3: Makroaufnahme der Füße/Fänge eines Wespenbussards mit der typischen Schuppenstruktur (Foto: M. Grebe)

Abb. 11.4: Makroaufnahme der Hände eines Wanderfalkennestlings mit deutlich sichtbar beschuppter Haut (Foto: F. Seifert)

einen größeren Grad der Kopfbewegung, die in der Horizontalen annähernd 180° nach rechts oder links betragen kann. Dagegen sind die Augen in den Augenhöhlen nicht beweglich. Sie werden durch einen Ring kleiner Knochen umgeben und in der Schädelhöhle fixiert. Das Brustbein ist vergleichsweise groß und bietet der massiven Flugmuskulatur Ansatz.

11.1.4 Sinnesorgane (Augen, Nase, Ohren)

Die Augen sind vielfach größer als bei anderen Wirbeltieren. Der Sehsinn ist sehr gut entwickelt und das primäre Sinnesorgan. Greifvögel sind pentachromatisch und sehen mehr Farben als Menschen einschließlich ultraviolettem Licht. Sie sind in der Lage, auf mehrere hundert Meter ihre Beute zu sehen. Der Riechsinn spielt, außer bei wenigen Arten wie Neuweltgeiern und Wespenbussarden, eine untergeordnete Rolle. Der Gehörsinn hilft der Orientierung, der Vernehmung von Warnrufen oder auch von Geräuschen der Beutetiere, wobei eine verstärkte Nutzung, ähnlich der bei Eulen, nur bei Weihen beobachtet wurde.

11.1.5 Verdauungsorgane

Die mit Hilfe des Schnabels grob zerkleinerte Atzung wird über die Speiseröhre in deren Aussackung, den Kropf, geleitet. Dort wird sie für einige Stunden zwischengelagert und portionsweise an den zweiteiligen Magen weitergeleitet. Dabei geht der vordere Drüsenmagen unmittelbar und ohne deutliche Grenze in den hinteren Muskelmagen über, der keine spezielle Koilinschicht und keine Magensteine wie bei gras- oder körnerfressenden Vögeln enthält. Im Muskelmagen wird aus den unverdaulichen Futterbestandteilen das Gewölle gebildet, welches über die Speiseröhre und den Schnabel wieder ausgeworfen wird. Die verdaulichen Bestandteile werden in den (vergleichsweise kurzen) Darm weitergeleitet, der seinerseits gemeinsam mit Harnleiter und Samen- bzw. Eileiter in der Kloake mündet. Leber und Bauchspeicheldrüse geben zur Ermöglichung der Verdauung Gallensäure bzw. Verdauungsenzyme in den Darm ab. Abgrenzbare Blinddärme fehlen den meisten Greifvögeln.

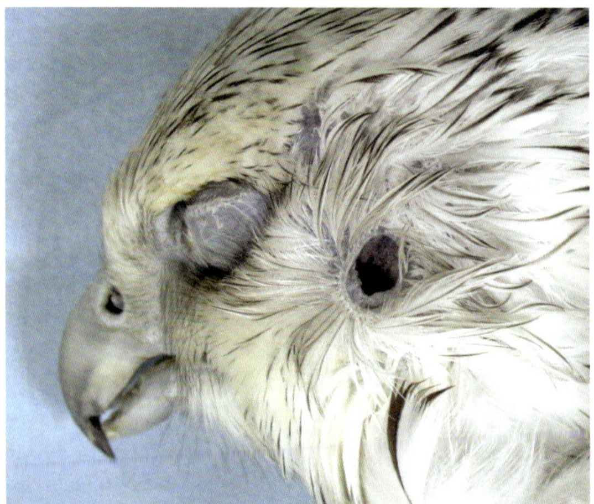

Abb. 11.5: Makroaufnahme der Ohren eines Gerfalken und einer Waldohreule. Ohren bei Eulen sind vielfach größer als bei Greifvögeln und Falken, jedoch sind beide seitlich der Augen unter dem Kleingefieder verborgen (links; Foto: D. Fischer; rechts; Foto: M. Grebe)

11.1.6 Immunorgane

Bei wachsenden Vögeln gibt es Immunorgane, die für eine Prägung von ***Antikörpern*** verantwortlich sind, aber mit zunehmendem Alter zurückgebildet werden. Dies sind das Bries (Thymus) im Halsbereich und die *Bursa fabricii* im Bereich des Kloakendaches, die in den ersten Lebensmonaten zurückgebildet werden. Die Immunfunktion übernimmt dann in erster Linie die Milz, aber zum Teil auch das Knochenmark. Lymphknoten, wie die der Säugetiere, fehlen den Greifvögeln. Allerdings kommt die vergleichsweise hohe Körpertemperatur von ca. 39-40 °C dem Immunsystem zugute, da bei diesen Temperaturen eine Reihe von Erregern bereits abgetötet wird.

11.1.7 Atmungsorgane

Die durch die Nase und/oder den Schnabel eingeatmete Luft gelangt über die Luftröhrenöffnung und die Luftröhre in die Lunge sowie in die angeschlossenen Luftsäcke. Die Lunge ist fest zwischen den Rippen im oberen Brustbereich aufgehängt und bleibt bei der Atmung volumenkonstant. Bei Vögeln werden meist neun verschiedene Luftsäcke (Hals-, Schlüsselbein-, Brust- und Bauchluftsäcke) unterschieden, die beim Ein- bzw. Ausatmen belüftet werden. So wird beim Einatmen die frisch eingeatmete Luft in die Lunge und die hinteren Luftsäcke und beim Ausatmen die in den Luftsäcken bereits befindliche Luft von den vorderen Luftsäcken durch die Lunge geleitet. Dies hat zur Folge, dass die Luft pro Atemzug zweimal die Lunge passiert (bidirektionaler Luftstrom) und dort ein effektiverer Gasaustausch stattfinden kann. Auch das Sauerstoff transportierende Hämoglobin ist vergleichsweise effektiver als das Pendant beim Säugetier. Leider gibt es vergleichsweise wenige anatomische und zelluläre Barrieren für Atemwegserreger, da nur sehr vereinzelt hochprismatische Zilienzellen und nur wenige Abwehrzellen in der Lunge vorhanden sind. Es fehlt außerdem ein Zwerchfell, weshalb Vögel für die Atmung auf die ungestörte Bewegung des Brustbeines angewiesen sind und eingeatmete Fremdpartikel nicht durch einen effektiven Hustenreflex wieder abhusten können.

11.1.8 Harnorgane

Die beiden Nieren sind fest in den Vertiefungen des *Synsacrum* und der Beckenknochen verankert. Über eine spezielle Blutversorgung (Nierenpfortadersystem) kann die Vogelniere effektiv entgiften. Ihre Harnleiter münden nicht in einer Harnblase, sondern leiten die Harnsäure und den Urin gleich zur Ausscheidung an die Kloake weiter. Allerdings sind für eine ordnungsgemäße Ausscheidungsfunktion eine ausreichende Flüssigkeitsversorgung und ein physiologischer Blutdruck notwendig.

11.1.9 Herz-Kreislauf-System

Das vierkammerige Herz pumpt Blut in einen großen Körperkreislauf und einen Lungenkreislauf wie bei Säugetieren. Die roten Blutkörperchen (Erythrozyten) von Vögeln weisen im Gegensatz zu Säugetiererythrozyten wie bei Reptilien, Amphibien und Fischen einen Zellkern auf.

11.1.10 Gehirn und Nervensystem

Das Nervensystem der Vögel weist einige grundsätzliche Unterschiede zu denen der Säugetiere auf. Nichtsdestotrotz sind einige Vogelarten nachgewiesenermaßen unheimlich intelligent. Beispielsweise besitzen Vögel ein deutlich größeres Kleinhirn sowie größere Sehlappen als gleichgroße Säugetiere. Des Weiteren sind die beiden Großhirnhemisphären nicht gefurcht und die Nervenbahnen (weiße Substanz) der Nervenzellkörper (graue Substanz) verlaufen außen und nicht im Zentrum des Rückenmarks wie beim Säuger. Im Vergleich zum Reptiliengehirn ist das Vogelgehirn 5-20-mal größer.

11.2 KNACKPUNKT Verhalten als Schutz vor Schädlichkeiten

Das Verhalten ist das Schlüsselelement in der Biologie der (höheren) Tiere, es ermöglicht Ressourcen oder Schädlichkeiten aus der Umwelt zu nutzen oder zu meiden. So wird ein freilebender Vogel nach Möglichkeit den Temperaturbereich aufsuchen, der ihm angenehm ist, verdorbene Atzung verweigern oder sich vor anderen Beutegreifern verstecken. Unter Haltungsbedingungen ist die Falknerin dafür verantwortlich, die entsprechenden Ressourcen zur Verfügung zu stellen und Schädlichkeiten abzuschirmen. Das ist ja auch die Grundlage des Bedarfsdeckungs- und Schadensvermeidungskonzeptes, das in Kapitel 3.5.1 genauer erklärt wurde.

11.2.1 Höchstwertdurchlass

In Kapitel 3.6.1.1 wurde dargestellt, dass jedes Verhalten eine Handlungsbereitschaft voraussetzt, und dass die Handlungsbereitschaft durch äußere und innere Faktoren generiert wird. Schaut man etwas genauer hin, so erkennt man, dass in aller Regel mehrere Handlungsbereitschaften gleichzeitig angeschaltet sind. Welche dann zur Ausführung kommt, beschreiben die Ethologinnen mit dem sehr sperrigen Ausdruck des Höchstwertdurchlasses (Hassenstein, 2001; siehe auch 4.2.1.1). Bei einem Beizvogel in Kondition sind z. B. Nahrungsaufnahmeverhalten, Körperpflegeverhalten, Ruheverhalten und Fluchtverhalten ständig motiviert. Je nachdem welche der Handlungsbereitschaften am höchsten motiviert ist, wird sich der Vogel verhalten. Ist bei einem Habicht, der im Training oder nach einem Fehlflug auf einem Baum sitzt, die Motivation für Nahrungsaufnahme am höchsten, wird er zur Falknerin und deren mit Atzung gespicktem Federspiel beireiten. Ist aber Nahrungsaufnahme nicht sehr motiviert und scheint um die Mittagszeit die Sonne, so wird er Körperpflege vorziehen, sich Lüften und Putzen. Kommt aber plötzlich mit großem Getöse jemand mit einem Geländemotorrad direkt unter den Baum gefahren, so wird der Habicht fliehen, selbst wenn Nahrungsaufnahme hoch motiviert ist. Alle diese Verhaltensweisen und die Steuerung durch die Handlungsbereitschaft und den Höchstwertdurchlass schützen den Vogel vor tatsächlichen oder auch nur vermeintlichen Schäden.

11.3 KNACKPUNKT Barrieren

Dass die Haut und das Federkleid wichtig sind, sollte bereits klar geworden sein. Dabei geht es nicht nur um das äußere Kleid und den mechanischen Schutz. Genauso wichtig, aber nicht so offensichtlich sind die Schleimhäute in Atmungstrakt und Verdauungssystem und die unsichtbaren Helferlein der Haut- und Schleimhautflora[1]. Diese Mechanismen zusammen werden als Barrieren bezeichnet.

11.3.1 Haut- und Schleimhautflora

Auch wenn man das mit bloßem Auge nicht wahrnimmt und vielleicht im ersten Moment auch nicht daran denkt, die Haut und auch die meisten Schleimhäute des Atmungs- und des

[1] So ganz nebenbei bemerkt: Tom Richter hat 1981 mit einer Doktorarbeit über die Nasenflora bei Greifvögeln und Eulen promoviert

Verdauungsapparates sind dicht an dicht mit Mikroorganismen, vor allem Bakterien, aber auch Einzellern und einigen Pilzen, besiedelt. Diese Keime sind einzeln betrachtet bei intakter Haut oder Schleimhaut harmlos, als Lebensgemeinschaft betrachtet jedoch für den Vogel sehr, sehr nützlich. Schon allein dadurch, dass sie Platz besetzen, verhindern sie die Ansiedelung von schädlichen Keimen. Sie produzieren selbst aber auch „chemische Kampfstoffe" mit denen sie sich gegen andere Mikroorganismen wehren und damit den Vogel vor diesen gleich mit schützen. Das wird besonders dann offenkundig, wenn die Haut- oder die Schleimhautflora durch Antibiotika oder Desinfektionsmittel, vor allem bei nicht sachgerechtem Einsatz, geschädigt wurde. Dann können sich nämlich andere Keime ungehemmt vermehren, die gegen das Antibiotikum oder Desinfektionsmittel resistent sind, bei intakter Flora aber keine Chance haben. Das sind oft Pilze, insbesondere Hefepilze, die bei unsachgemäßer Anwendung hochkommen und ggf. schlimmere Krankheiten verursachen als die, gegen die ursprünglich therapiert oder desinfiziert wurde. Auch aus diesem Grund gehört eine antibiotische Therapie in die Hand einer vogelkundigen Tierärztin, von der in Kapitel 12.3.3.1 dargestellten rechtlichen Verpflichtung ganz abgesehen.

Auch Flächendesinfektionsmittel sollten nie so eingesetzt werden, dass der Vogel damit direkt in Kontakt kommt, zumal die Desinfektion, wie in Kapitel 12.1.1 dargestellt ist, nur selten überhaupt sinnvoll, in jedem Fall aber sehr aufwändig ist. Die Sitzgelegenheiten täglich zu desinfizieren oder gar ein Desinfektionsmittel routinemäßig ins Trink- und Badewasser zu geben, wie in einem englischsprachigen Falknerbuch empfohlen wird, ist unsinnig und schädlich (Tyres, 2012). Sinnvoll dagegen ist, die Badebrente gründlich zu reinigen und dem Vogel täglich sauberes Wasser anzubieten.

11.4 KNACKPUNKT Schutz vor bereits eingedrungenen Krankheitserregern

Das Verhalten und die Barrieren sollen verhindern, dass Krankheitserreger überhaupt in den Körper eindringen. Haben die Erreger das aber geschafft, dann kommt die körpereigene Abwehr, die Immunität, zum Einsatz. Wenn man ganz genau hinschaut, so ist diese strikte Trennung von Barrieren und Immunität gar nicht so streng, da z. B. der Schleim im Schnabel oder im Atmungstrakt auch Abwehrmoleküle wie die Lysozyme enthält, die man eigentlich zur unspezifischen Immunität zählt. Außerdem enthält er Antikörper, die zur spezifischen Immunität gehören.

11.4.1 Immunität

Bei der Immunität selbst werden zwei Systeme unterschieden, die unspezifische oder angeborene Immunität, die sofort zur Stelle und gegen alle möglichen Erreger in gleicher Weise wirksam ist, und die spezifische oder erworbene Immunität, die darauf beruht, dass der Körper beim Kontakt mit einem bestimmten Erreger Abwehrzellen (B- und T-Lymphozyten) vermehrt, die genau auf diesen Erreger abgestimmt sind und spezifische Abwehrmoleküle (Antikörper) bilden. Diese Reaktion ist aufwändig und dauert im Minimum mehrere Tage, gelegentlich etliche Wochen bis zur vollen Wirkung. Auch hier hat die moderne Forschung herausgefunden, dass die beiden Systeme gar nicht so streng getrennt sind, sondern dass Faktoren des unspezifischen Systems mit dem spezifischen zusammenarbeiten, z. B. präsentieren die Makrophagen des unspezifischen Systems die Erreger (das ***Antigen***) den T-Lymphozyten des spezifischen Systems, die unter

11.4.1.2 genauer beschrieben werden. Aber um die Zusammenhänge besser erklären und damit verstehen zu können, macht es Sinn, die alten Schubladen weiter zu benutzen.

Stress und die bei Stress vom Körper produzierten Stresshormone (v. a. Corticosteron und Hydrocortison) bremsen die Immunantwort, sie wirken immunsuppressiv, wie in Kapitel 10.2 dargestellt wird.

11.4.1.1 Unspezifische Immunität

Die unspezifische oder angeborene Immunität kann ohne Zeitverlust sofort gegen Krankheitserreger wirken, sobald diese in den Bereich der Abwehrmoleküle und Abwehrzellen eintreten.

Eine wichtige Abwehrmethode ist die Entwicklung einer Entzündung (siehe auch 9.2.1). Die Entzündung ist eine Reaktion der Blutgefäße und des blutgefäßnahen Bindegewebes. Dabei treten zunächst Blutflüssigkeit (Serum) und weiße Blutkörperchen ins umliegende Gewebe aus. In der Blutflüssigkeit befinden sich Abwehrmoleküle, z. B. Moleküle des ***Komplementsystems***, die die Schädlichkeit direkt angreifen, aber auch Botenstoffe, z. B. ***Zytokine*** und ***Chemokine***, die die Abwehrzellen anlocken, die dann ebenfalls die Blutgefäße verlassen und im Gewebe aktiv werden. Wenn der erste Schritt nicht ausreichend war, wachsen im weiteren Verlauf dann neue Blutgefäße in das entzündliche Gewebe ein, um schnell weitere Blutflüssigkeit und zusätzliche Abwehrzellen herbeischaffen zu können. Schlussendlich erfolgt bei schweren Entzündungen oft die Heilung durch eine bindegewebige Narbe. Die Entzündung kann auf jedem dieser Schritte gestoppt werden. Erfolgt der Halt auf der ersten Stufe, wie z. B. nach einem Insektenstich, bleibt keine Gewebszubildung längerfristig bestehen.

Die verschiedenen unspezifischen weißen Blutkörperchen (z. B. Granulozyten, Makrophagen, Natural-Killer-Cells) „fressen" die Erreger entweder auf (das nennt man Phagozytose) oder sie produzieren Enzyme, die die Erreger oder die infizierten Zellen schädigen, sodass sie zu Grunde gehen.

Im Bindegewebe sitzen außerdem die Mastzellen, die bei Bedarf ein kleineres Molekül, das Histamin, freisetzen, das wiederum die Entzündungsreaktion anheizt.

11.4.1.2 Spezifische oder erworbene Immunität

Die spezifische oder erworbene Immunität beruht auf einer Auseinandersetzung des Körpers mit einer speziellen Schädlichkeit, das ist in der Regel ein Krankheitserreger. Bei den meisten Krankheitserregern wird gegen mehrere, bei komplexen Krankheitserregern sogar gegen viele derer Bestandteile reagiert.

Auch bei der spezifischen Immunität sind Abwehrzellen und Abwehreiweiße tätig. Wie so oft in der medizinischen Fachsprache wurden Begriffe eingeführt, die leicht falsch verstanden werden können. Die Abwehreiweiße sind – wie alle Eiweiße – riesige Moleküle und keine Zellen. Sie haben aber einen blöden Namen der missverständlich ist, sie heißen Antikörper. Damit es noch ein bisschen komplizierter wird, heißen die Krankheitserreger selbst, aber auch die Bestandteile der Krankheitserreger, gegen die die Antikörper gebildet werden, Antigene. Das „gen" im Wort Antigen kommt von „genere", was „machen" bedeutet. In der Umgangssprache ist der Generator gebräuchlich, der Strom „macht". Zwar „machen" die Antigene die Antikörper nicht selbst, sie induzieren aber deren Produktion durch die Plasmazellen, die sich aus den B-Lymphozyten entwickelt haben. Die Antikörper passen zu den Antigenen wie der Schlüssel zum Schloss, das macht sie sehr effektiv. Es hat aber den Nachteil, dass schon eine kleine Änderung in der chemischen Zusammensetzung, vor allem in der räumlichen Struktur des Antigens, den Antikörper unwirksam macht, da er das Antigen nicht mehr erkennt. Die bekannten Indizes H und

N, die die Influenzaviren beschreiben (z. B. H5N1 oder H5N8), sind derartige Antigene, die bei den Influenzaviren leicht mutieren, also ihre Struktur ändern können, um somit auch den Antikörpern durch die Lappen zu gehen. (siehe Abb. 10.3). Das macht die Herstellung von Grippeimpfstoffen für den Menschen so schwierig, da bei Beginn der Impfstoffproduktion noch nicht klar sein kann, welche Mutation bis zum Beginn der Grippesaison die Oberhand gewonnen hat.

Neben den Antikörpern, also Eiweißmolekülen, treten auch Zellen im Kampf gegen Krankheitserreger an, die T-Lymphozyten, oft kurz T-Zellen genannt. Kommen sie in Kontakt mit einem Antigen, differenzieren sie sich in Effektorzellen (T-Killerzellen, T-Helferzellen, T-Regulatorzellen) und Gedächtniszellen.

T-Killerzellen heften sich an die Schädlichkeit an und zerstören sie direkt.

T-Helferzellen wirken mit löslichen Botenstoffen zusammen und locken weitere Immunzellen an.

T-Regulatorzellen schützen die körpereigenen Zellen vor Angriffen durch das eigene Immunsystem, versagen sie, kann es zur Autoimmunreaktion kommen.

Gedächtniszellen speichern die einmal gelernte spezifische Immunreaktion. Wird der Körper später mit dem gleichen Antigen konfrontiert, so starten sie eine neue Immunantwort, die dann sehr viel schneller wirksam wird als bei dem ersten Kontakt.

Sowohl die noch im Körper vorhandenen Antikörper als auch insbesondere die Gedächtniszellen bilden die Grundlage für die Wirkung der Impfung, die in Kapitel 12.3.5 erklärt wird.

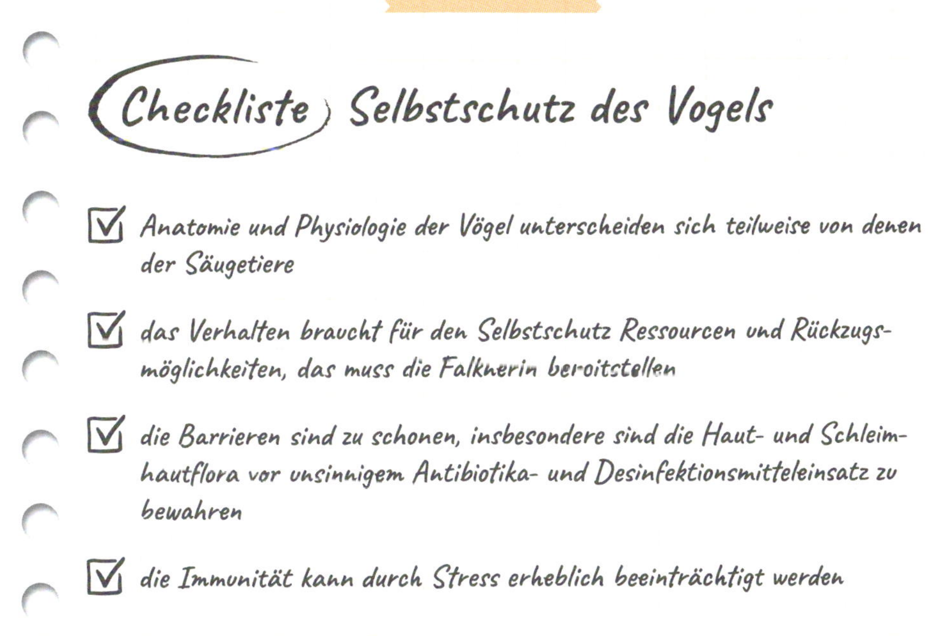

12

Wie kann die Falknerin den Vogel schützen?

Den Vogel vor Krankheiten zu schützen und, sollte doch ein Unglück passiert sein und der Vogel erkranken, ihn so schnell als möglich wieder gesund zu pflegen, ist eine Selbstverständlichkeit für jede Falknerin, die ja schließlich ihren Vogel liebt. Es ist aber auch ein Gebot der Klugheit, je seltener der Vogel erkrankt bzw. je früher eine doch vorkommende Erkrankung behandelt wird, umso seltener sind schwerwiegende Dauerfolgen bis hin zum Tod des Patienten und umso weniger Kosten fallen an. Schlussendlich ist es ein rechtliches Gebot: sowohl der § 2 TierSchG[1], als auch die §§ 42 und 43 BNatSchG[2] verlangen eine angemessene Pflege, zu der die gebotene Prophylaxe[3] und die ordnungsgemäße Behandlung von Erkrankungen ohne Zweifel dazu gehören.

12.1 Lösungsmöglichkeit Allgemeine Vorbeugung

Zunächst schützt sich der Vogel selbst durch seine intakte (Schleim-)Haut und sein intaktes Federkleid und vor allem durch die körpereigene Abwehr, das Immunsystem. Diese drei Mechanismen sind zu unterstützen und alles ist zu unterlassen, was sie schädigt. Wie diese Mechanismen funktionieren, ist in Kapitel 11 ausführlich dargestellt. Im Folgenden geht es um die Maßnahmen, die die Falknerin zur Vorbeugung ergreifen kann und sollte.

12.1.1 Lösungsmöglichkeit Reinigung und Desinfektion

Nicht nur die sprichwörtliche schwäbische Hausfrau, auch die durchschnittliche Falknerin liebt Sauberkeit und Ordnung. Reinigung ist also immer gut. Erinnert sei an 6.1.1.1.3, Praxistipps zur Volierenkonstruktion, wo dargelegt wurde, dass glatte und harte Oberflächen leicht zu reinigen sind, wozu sich ein Hochdruckreiniger mit Dreckfräse anbietet. Gereinigt werden Volieren und ähnliche Haltungseinrichtungen grundsätzlich von oben nach unten und von hinten nach vorne, alle beweglichen Einrichtungsgegenstände sind vorher zu entfernen, etwa vorhandener elektrischer Strom ist auszuschalten. Besonderes Augenmerk liegt dabei auf den Flächen, mit denen der Vogel und das Futter unmittelbar in Berührung kommen. Dort kann unter Umständen

[1] § 2 Wer ein Tier hält, betreut oder zu betreuen hat,
1. muss das Tier seiner Art und seinen Bedürfnissen entsprechend angemessen ernähren, pflegen und verhaltensgerecht unterbringen,

[2] § 42 […]
(3) Zoos sind so zu errichten und zu betreiben, dass […]
2. die Pflege der Tiere auf der Grundlage eines dem Stand der guten veterinärmedizinischen Praxis entsprechenden schriftlichen Programms zur tiermedizinischen Vorbeugung und Behandlung sowie zur Ernährung erfolgt, […]
Wobei das nach § 43 auch für private Greifvogelhaltungen gilt, die nämlich Tiergehege darstellen:
§ 43
(1) Tiergehege sind dauerhafte Einrichtungen, in denen Tiere wild lebender Arten außerhalb von Wohn- und Geschäftsgebäuden während eines Zeitraums von mindestens sieben Tagen im Jahr gehalten werden und die kein Zoo im Sinne des § 42 Absatz 1 sind.
(2) Tiergehege sind so zu errichten und zu betreiben, dass
1. die sich aus § 42 Absatz 3 Nummer 1 bis 4 ergebenden Anforderungen eingehalten werden, […]

[3] „There is no glory in prevention (mit Vorbeuge ist kein Ruhmesblatt zu gewinnen)" der Begriff wurde ursprünglich vom britischen Epidemiologen Geoffry Rose am Beispiel der koronaren Herzerkrankungen eingeführt. In unserem Fall bedeutet er, dass Vorbeugen mühsam ist und anscheinend ja auch bei weniger Vorsorge oft nichts passiert, wenn aber dann etwas passiert, dann sind die Folgen oft gravierend.

auch der Einsatz von heißem Wasser, Spachtel, Bürste und Schwamm angezeigt sein. Werden zusätzlich Reinigungsmittel verwendet, so ist auf deren Tier- und Umweltverträglichkeit und die Möglichkeit der rückstandslosen Entfernung (z. B. durch mehrfaches Abspülen) zu achten. Hier haben sich Präparate aus der landwirtschaftlichen Tierhaltung und der Lebensmittelindustrie bewährt. Schlecht reinigen lassen sich alle rissigen und rauen Flächen oder Gegenstände, z. B. aus Materialien wie Holz und Leder. So weit ist das bekannt und banal.

Desinfektion dagegen bringt nur dann etwas, wenn tatsächlich in einem Betrieb oder einer Haltung Krankheitserreger vorhanden sind, die über die Haltungseinrichtungen auf den Vogel oder die Vögel übergehen können. Das wird nur in seltenen Fällen der Fall sein und setzt immer eine genaue tierärztliche Erregerbestimmung voraus, da kein praxistaugliches Desinfektionsmittel gegen alle möglichen Krankheitserreger wirkt und vor allem unbehüllte Viren und verschiedene Parasiten oft nur schwer zu beseitigen sind.

Nicht so bekannt aber genauso banal ist, dass eine Desinfektion nur dann etwas bringt, wenn einerseits ein wirksames Desinfektionsmittel verwendet wird, das andererseits auch an die zu bekämpfenden Keime in deren Verstecken herankommen kann. Das heißt in der Praxis, dass eine Desinfektion nur nach vorheriger tiefgreifender Reinigung sinnvoll ist. Dabei sind glatte Flächen besonders gut zu reinigen und somit auch besonders wirksam zu desinfizieren. Holz oder Leder als Material scheiden genauso aus wie Naturboden. Auf Schmutzkrusten Desinfektionsmittel aufzubringen, hilft nichts, es kostet nur unnötig Geld, befördert Desinfektionsmittelresistenzen und ist umweltschädlich.

Des Weiteren ist der Temperaturbereich zu beachten, in dem das Desinfektionsmittel wirkt. Viele Desinfektionsmittel, vor allem die auf Aldehydbasis, wirken nicht bei kalten Temperaturen (sogenannter Kältefehler), während z. B. die Sauerstoffabspalter keine Wärme mögen. Das Desinfektionsmittel muss demnach zum Temperaturbereich passend gewählt bzw. (sofern möglich) die Temperatur entsprechend angepasst werden.

Weiterhin ist die Konzentration des Desinfektionsmittels von besonderer Bedeutung. Sowohl Über- als auch Unterdosierungen beeinflussen die Wirkung negativ. Man sollte sich demnach die Mühe machen, die gewünschte Konzentration exakt zu berechnen (bzw. durch die Tierärztin berechnen zu lassen) und dann die berechnete Menge in die zuvor abgemessene Menge (meist lauwarmen) Wassers zu geben und beides vorsichtig zu vermischen. Die Reihenfolge ist wichtig! Erst das Wasser und dann das Desinfektionsmittel. Trifft der Wasserstrahl hingegen auf das zuvor in ein Behältnis eingefüllte Desinfektionsmittel, so kann es zu einem ungewollten und eventuell gefährlichen Verspritzen des Desinfektionsmittels sowie zu störender Schaumbildung kommen, die vermieden werden sollten. Wird vor der Desinfektion nass gereinigt, so muss die Fläche wieder vollständig trocknen, da sich sonst die Konzentration des Desinfektionsmittels auf diese Weise ungewollt verdünnt.

Auch die Einwirkzeit des Desinfektionsmittels spielt eine wichtige Rolle: Die Mindesteinwirkdauer ist von dem verwendeten Mittel, dem Zielkeim und der Temperatur abhängig. Sie beträgt von einer halben bis zu zwei Stunden und bezieht sich meist auf vorgereinigte Flächen. Aus oben genannten Gründen wird klar, dass es nichts bringt, sich mit dreckigen Stiefeln für ein paar Sekunden in eine Wanne mit einem Desinfektionsmittel unbekannter Konzentration und Temperatur zu stellen, außer dass es zu einer trügerischen Gewissensberuhigung beiträgt.

Diese und viele weitere Informationen kann man von der betreuenden Tierärztin erhalten oder der Liste der für die Tierhaltung geprüften Desinfektionsmittel entnehmen, die die Deutsche Veterinärmedizinische Gesellschaft

(DVG) regelmäßig aktualisiert und unter **https://www.desinfektion-dvg.de/index.php?id=1800** kostenlos zur Verfügung stellt.

Schlussendlich sei darauf hingewiesen, dass solche Flächendesinfektionsmittel beim direkten Kontakt mit dem Vogel (Haut-/Gefiederkontakt oder in der Atemluft) ggf. schwere Schäden wie Verätzungen der Schleimhäute und der Haut und teils massive Atemstörungen sowie damit verbundene plötzliche Todesfälle verursachen können (hierzu muss beachtet werden, dass Vögel sehr viel empfindlicher auf Atemgifte reagieren als wir Menschen) (siehe 13.6.2). Daher sollte der Vogel während der Desinfektion aus der Haltungseinrichtung entfernt und erst in diese zurück verbracht werden, wenn das Desinfektionsmittel ausreichend eingewirkt hat, anschließend entfernt wurde und etwaige Dämpfe verflogen sind. Auch für die Anwenderin sind diese Substanzen meist nicht unproblematisch, sodass aus Gründen des Arbeitsschutzes Handschuhe und ggf. ein Atemschutz und eine Schutzbrille getragen und die notwendige Vorsicht bei Mischung und Anwendung an den Tag gelegt werden sollten.

12.2 Lösungsmöglichkeiten Krankheitserkennung

Die Krankheitsverhinderung ist natürlich der Königsweg. Eine Krankheit, die erst gar nicht entsteht, muss nicht behandelt werden. Allerdings lässt es sich nicht immer vermeiden, dass ein Vogel erkrankt. In dem Fall geht es um die Zeit. Zu Beginn einer Erkrankung kann oft noch so gut geholfen werden, dass der Vogel die Erkrankung nicht nur überlebt, sondern auch wieder vollständig hergestellt und leistungsfähig wird. Sind aber größere Organschäden aufgetreten, ist eine Rückkehr zur Ausgangssituation (*restitutio ad integrum*) nicht mehr möglich. In Beständen mit mehreren Tieren ist außerdem bei ansteckenden Krankheiten zu befürchten, dass sich weitere Individuen infizieren. Deshalb kommt der möglichst frühzeitigen Krankheitserkennung höchste Priorität zu, um einer ungewollten Ausbreitung und Verschleppung Einhalt zu gebieten.

Leider ist durch die Evolution bei allen Wildtieren, und unsere Vögel sind in der Beziehung noch Wildtiere, ein sehr starkes Bemühen entstanden, keine Krankheitsanzeichen zu zeigen. Das ist für Falknerinnen eigentlich selbstverständlich, erleben sie es doch auch beim Beizwild. Wer zeigt, dass er sich nicht wohl fühlt, setzt sich bei allen Beutegreifern als leichte Beute in Szene. Demnach ist man als Wildtier gut beraten, stets den Eindruck von Gesundheit und Vitalität zu vermitteln, auch wenn dies bei erkrankten Tieren beinahe einer schauspielerischen Meisterleistung gleichkommt. Manchmal sind es deshalb gerade die Verhaltensweisen, die bei völlig entspannten und gesunden Tieren beobachtet werden können, z. B. das Aufplustern des Gefieders, die auch bei erkrankten Tieren übersteigert gezeigt werden und der Falknerin deshalb verdächtig erscheinen sollten. Gesträubtes Gefieder, vor allem am Kopf, kann nämlich sowohl auf tiefe Entspannung als auch auf Krankheit oder Schmerzen hindeuten.

Neben offensichtlichen Verletzungen, neben Gliedmaßen, die nicht mehr belastet werden können oder hängen, sowie unnormaler Körperhaltung zeigt das Auge oft die ersten Symptome. Halb oder ganz geschlossene Augenlider außerhalb einer sehr entspannten Ruhephase sind immer ein Alarmsignal. Die Falknerin spricht hier häufig von „ovalen Augen" oder „Mandelaugen". Zudem kann die Sitzposition in der Voliere auffällig sein. Meist stehen die Vögel gerne erhöht und ein Stehen oder gar Ablegen am Volierenboden sollte kritisch hinterfragt werden. Rufen scheinbar ohne konkreten Anlass, ausbleibendes Putz- und Badeverhalten oder Bewegungsunlust können ebenfalls Hinweise auf Unwohlsein darstellen. Bei solch minimalen Symptomen

Abb. 12.1: Geschwächter, schläfriger Wanderfalke mit teilweise geschlossenen Augenlidern, die als „Mandelaugen" bezeichnet werden (Foto: M. Grebe)

ist die Beobachtungsgabe der erfahrenen Falknerin gefragt. Hält der Vogel beim Stehen beide Füße/Hände weit auseinander, kann das bereits ein Zeichen für Gleichgewichtsstörungen sein. Bedenklich ist es außerdem, wenn der Stoß/Staart beim ruhigen Atmen mitbewegt wird, die Atmung also anhand der Schwanzbewegung sichtbar ist. Gleiches gilt für eine Ruheatmung mit geöffnetem Schnabel, hörbare Atemgeräusche oder eine Flügel- und Bauchdeckenbewegung synchron zur Atmung. Dies alles kann auf eine Atemnot hindeuten, der ein größerer Schaden im Atmungstrakt zu Grunde liegen könnte und die deshalb dringend tiermedizinisch abgeklärt werden sollte. Bei einem gesunden Vogel in Ruhe sollte man die Atmung kaum wahrnehmen können. Allerdings muss ein geöffneter Schnabel nicht immer Zeichen einer Atemwegserkrankung sein. Der Schnabel kann genauso bei starker Anstrengung, bei Angst oder zur Wärmeableitung durch Hecheln geöffnet werden, ohne dass dies bedenklich ist.

Husten, Erbrechen, Durchfall, Nasenausfluss, Niesen, Schwellungen um die Augen, Augenausfluss und vermehrte Harnbildung können ebenfalls Zeichen einer teils tiefgreifenden Gesundheitsstörung sein. Apropos Kot und Harn, der Vogel setzt beides als Schmelz gemeinsam ab. Genauer gesagt ist der wässrige Teil der Harn, der weiße Teil die Harnsäure und der dunkle Teil der Kot. Die letztgenannten Anteile sollten ziemlich zäh, deutlich abgrenzbar, von typischer Farbe und ohne fremde Beimengungen (z. B. Sand) sein. Verwaschene Farben (z. B. eine mintgrüne Farbe des Harns), Blutbeimengungen oder eine fehlende Abgrenzung und Durchmischung der verschiedenen Anteile können auf mögliche Erkrankungen hindeuten.

Anzeichen für eine mögliche Erkrankung können sein:

- vermehrte Schläfrigkeit bzw. übermäßig aufgeplustertes Gefieder in den Ruhephasen
- verminderte oder keine Futteraufnahme
- langanhaltend verstärkte Atmung nach Belastung (lange Erholungsphase) oder deutlich sichtbare Atmung während der Ruhephasen
- Stimmveränderungen (Heiserkeit, Stimmverlust, Krächzen)
- Flugunlust oder verminderte Flug-/Jagdleistung
- Gewichtsabnahme trotz erhaltener Futteraufnahme bzw. keine Gewichtszunahme trotz erhöhter Futteraufnahme
- anhaltendes oder wiederholtes Würgen bzw. Erbrechen
- wiederholt farb- und formveränderter Kot oder vermehrte Wasserausscheidung
- dauerhafte oder häufig wiederholte Entlastung bzw. Hängenlassen von Gliedmaßen
- Zittern, Kopfverdrehen, Krampfen
- Liegen auf dem Boden (außerhalb entspannter Ruhephasen)

Abb. 12.2: Habicht mit hochgradiger Atemnot, sodass er in Ruhe und bei 21°C Raumtemperatur mit offenem Schnabel Atmen muss (Foto: D. Fischer, Klinik für Vögel, Reptilien, Amphibien und Fische, JLU Gießen)

Da eine ursächliche Diagnose und damit eine vernünftige und zielführende Therapie ohne eine gründliche tierärztliche Untersuchung nicht möglich sind, sollte auch schon bei leichten Krankheitserscheinungen tierärztlicher Rat eingeholt werden.

12.2.1 Tägliche Routine

Ein uralter Spruch aus der Landwirtschaft, der immer noch uneingeschränkt gilt, lautet: das Auge des Herrn mästet das Vieh[1]. Das gilt auch für die gehaltenen Greifvögel. Die sollen nun nicht gemästet werden, aber gesund bleiben.

Dazu sind die genaue Beobachtung und die rasche Reaktion der verantwortlichen Falknerin bei etwaigen Abweichungen die allerwichtigsten Maßnahmen.

Die tägliche Routine sollte mit der Beobachtung aus der Ferne beginnen, im Idealfall ohne dass der Vogel die Falknerin bemerkt. Dabei kann schon oft auf leichte Müdigkeit oder eine leichte Störung des Allgemeinbefindens geschlossen werden, auch wenn bei direktem Kontakt zur Falknerin alles aussieht wie immer. Wie erwähnt ist die Symptomatik bei Greifvögeln meist subtil und bereits kleinere Veränderungen im Verhalten können hinweisend auf ein Krankheitsgeschehen sein. In diesem Zusammenhang ist auch der Einsatz von Videokameras mit Aufzeichnungsfunktion vorteilhaft, die bei der Aufklärung zurückliegender Verletzungen oder der rückwirkenden Beurteilung von Verhaltensauffälligkeiten eine große Hilfe darstellen können. Bereits geringe Auffälligkeiten sollten Grund für eine genaue Untersuchung sein.

Verhält sich der Vogel wie immer und zeigt er auch bei Annäherung keine Krankheitszeichen, ist auf den Schmelz und ggf. auf das Gewölle zu achten. Gesunder Schmelz enthält kaum sichtbare zusätzliche Flüssigkeit (Harn), der Harnsäureanteil ist weiß, der Kotanteil sehr dunkel bis schwarz. Vermehrte Flüssigkeit bei kompaktem Kot kann auf ein Nierenproblem hinweisen, vermehrte Flüssigkeit bei zerlaufenem Kot und weißem Harn kann Anzeichen eines Durchfallproblems sein. Darüber hinaus kann eine grünliche Verfärbung des Harns auf eine Lebererkrankung sowie eine Störung oder vermehrte Ausscheidung von Gallensäuren hindeuten, wie dies bei ausbleibender oder gestörter Verdauung der Fall ist (Hungerkot). Rotverfärbungen können ein Hinweis auf Blutbeimengungen sein, die ihrerseits als Folge einer blutigen Darmentzündung (z. B. ***hämorrhagische*** Enteritis durch Kokzidien), einer Blutgerinnungsstörung oder einer Verletzung in oder um die Kloake auftreten können. Das Gewölle sollte von ovaler Form, fest-elastisch, mäßig feucht und geruchlos sein. Aasgeruch, unverdaute Nahrungsbestandteile oder Blutbeimengungen können auf Verletzungen, Verdauungsstörungen oder ein zu frühes Auswerfen des Gewölles hindeuten, deren Ursache es zu klären gilt.

Auf der Faust sollte ein genauerer Routinecheck aus der Nähe durchgeführt werden. Nach einem schnellen Blick über Kopf, Augen, Nasenlöcher und Schnabelwinkel sollte der Schnabelrachenraum kurz inspiziert werden. Es bietet sich hier an, dass die Falknerin den Vogel von Anfang an daran gewöhnt den Schnabel berühren zu lassen und durch Festhalten des Oberschnabels eine Öffnung des Schnabels hervorzurufen. Richtig durchgeführt ist dies eine Sache von wenigen Sekunden, die jedoch sehr hilfreich ist um Verletzungen, Auflagerungen, Feuchtigkeit und Farbe der Schleimhäute zu beurteilen und damit viele wichtige Informationen auf einen Blick zu erhalten. Gelbliche Auflagerungen im Schnabel-Rachenraum können beispielsweise durch Parasiten (z. B. Haarwürmer oder „Gel-

[1] Eigentlich wohl: „das Auge des Herrn macht das Pferd fett" („Oculus Domini pascit Equum"), das Sprichwort geht auf Xenophon zurück (* zwischen 430 und 425 v. Chr. in Athen; † ca. 354 v. Chr. in Korinth) antiker griechischer Politiker, Feldherr und Schriftsteller, Schüler des Sokrates. (Wikipedia, 04.01.2023; 19:30)

ber Knopf" durch Trichomonaden), Pilze (z. B. Hefen), Bakterien (z. B. Pseudomonaden) oder Viren (z. B. Pockenviren) hervorgerufen werden, sodass bei deren Feststellung eine tiermedizinische Abklärung frühzeitig eingeleitet werden kann (siehe Kapitel 13). Trockene Schleimhäute können auf eine verminderte Flüssigkeitsversorgung (Dehydratation) und blasse Schleimhäute auf einen schwachen Kreislauf oder ***Anämie*** hindeuten. Gleichzeitig kann man auf diese Weise den Schnabel reinigen, die Schnabellänge beurteilen und das Schnabelhorn auf seine Qualität und etwaige Verletzungen hin untersuchen.

Mit dem Zeigefinger sollten nachfolgend der Kropf und der Bauch kurz abgetastet werden, um hier Verhärtungen, Spannungen oder eine Verzögerung bzw. ein Ausbleiben der Verdauung sowie mögliche Schmerzen oder krankhafte Prozesse im Bauchraum festzustellen. Mit Zeigefinger und Daumen werden nachfolgend der Zustand und die Symmetrie des Brustmuskels abgeschätzt, was unter 4.2.1.1 näher erläutert wird.

Bei allen Vögeln ist die Sohlenfläche besonders empfindlich, das gilt in außerordentlichem Maße für die großen Falken. Umfangsvermehrungen und seien sie noch so klein, Verfärbungen, Risse oder das leichte Schonen eines Fußes sind bereits erste Alarmsignale. Um solche Fußveränderungen feststellen zu können, sollte sich die Falknerin routinemäßig angewöhnen, bei jeder Handhabung des Vogels einen Blick auf, aber auch unter beide Füße zu werfen. Auch hier gilt analog zum Öffnen des Schnabels, dass es sehr empfehlenswert und angenehm ist, wenn der Vogel an ein Halten und Anheben der Zehen beider Füße von Beginn an gewöhnt wird. So können die Fußgesundheit sowie die Länge und der Zustand der Krallen überwacht und im Bedarfsfall eine Behandlung der Fußsohle mit Salben oder sonstigen Medikamenten vorbereitet werden. Ein Abtasten der Sprung- und Kniegelenke ist darauf aufbauend meist leicht möglich. Insbesondere bei Wüstenbussarden sollte zur frühzeitigen Erkennung von Anzeichen eines Flügelspitzenödems auch ein Abtasten und Abspreizen des Flügelbuges eingeübt werden, um verräterische Schwellungen, Blasenbildungen, eine Unterkühlung oder den Austritt von Flüssigkeit unmittelbar feststellen zu können.

Zum Abschluss des Routinechecks sollte der Vogel durch Drehbewegungen der Faust zum Öffnen und Bewegen der Flügel (***Ballieren***) sowie zum Greifen und Festhalten animiert werden. Dabei werden das Gefieder und der ungestörte Bewegungsablauf der Flügel und der Beine beurteilt. In der Beiz- oder Trainingssaison gehören zudem das tägliche Wiegen und die Dokumentation des Körpergewichtes zum Routinecheck. Somit können schnell Gewichtsabnahmen im Zuge von krankhaften Prozessen, aber auch Gewichtszunahmen durch ungeplante Nahrungsaufnahmen (z. B. die Aufnahme von Regenwürmern oder Mäusen in der Voliere) registriert werden.

Nicht täglich, aber regelmäßig sollten die Ohren, die Bürzeldrüse und, falls das ohne den Vogel zu stressen möglich ist, die Kloakenöffnung und das umgebende Gefieder inspiziert werden, um auch hier krankhafte Prozesse und Auffälligkeiten frühzeitig zu erkennen.

12.3 Falknerin und Tierärztin – das Traumteam

Neben der allgemeinen Sauberkeit und der Atzungshygiene (siehe auch 7.2.1) ist von herausragender Bedeutung, sich bei jeglichen Gesundheitsstörungen so bald als irgend möglich an die vogelkundige Tierärztin zu wenden und eine gründliche Diagnose stellen zu lassen. Ist eine Erkrankung bereits weiter fortgeschritten, ist eine Wiederherstellung der völligen Gesundheit oft sehr schwierig oder gar nicht mehr möglich, während sie im

Anfangsstadium meist gut beherrschbar ist. Dabei muss mit einkalkuliert werden, dass ein Vogel Krankheitsanzeichen erst relativ spät offen zeigt (siehe 12.2). Das bedeutet, dass die Erkrankung oft schon länger andauert, bevor Symptome von der Falknerin wahrgenommen werden können.

12.3.1 Programm zur tierärztlichen Vorbeugung und Behandlung

Für jede Greifvogelhaltung ist nach Bundesnaturschutzgesetz (BNatSchG) eine tierärztliche Bestandsbetreuung vorgeschrieben.

Das BNatSchG schreibt vor:

> *„die Pflege der Tiere auf der Grundlage eines dem Stand der guten veterinärmedizinischen Praxis entsprechenden schriftlichen Programms zur tierärztlichen Vorbeugung und Behandlung sowie zur Ernährung"*

Das gilt nicht nur für Zoos, die § 42 anspricht, sondern nach § 43 für alle Tiergehege, zu denen auch die privaten Greifvogelhaltungen gehören (Lierz et al., 2010). Im Rahmen einer solchen Bestandsbetreuung können Informationen zu den gehaltenen Vögeln, der Fütterung und der Haltung ausgetauscht und gemeinsam besprochen werden, um die Untersuchungsbefunde im Zusammenhang mit diesen Informationen zu interpretieren und auch langfristige Veränderungen beobachten zu können, die bei einem Einzelbesuch mit dem Tier in einer Tierarztpraxis nicht in diesem Umfang möglich wären.

Prophylaktisch sollte jeder neu aufgestellte Vogel sofort nach Zugang und jeder Bestandsvogel mindestens einmal jährlich tierärztlich untersucht werden. Bei größeren Beständen muss die Frequenz dieser Untersuchungen risikoorientiert angepasst werden. Außerdem sind mindestens zweimal jährliche Schmelzuntersuchungen (insbesondere auf Endoparasiten) dringend zu empfehlen.

Bei der Wahl der Tierärztin empfiehlt es sich generell auf eine in der Vogelmedizin spezialisierte bzw. eine hierin erfahrene Kollegin zurückzugreifen. Tätigkeitsschwerpunkte in der Zootier- und Exotenmedizin, Zusatzbezeichnungen oder Fachtierarzttitel für Zier- und Wildvögel können dabei Erfahrungen im Bereich der Vogelmedizin anzeigen. Sehr wichtig ist außerdem mit der bestandsbetreuenden Tierärztin Vereinbarungen über die Erreichbarkeit bei Notfällen zu treffen und die Nummern des tierärztlichen Notdienstes immer parat zu haben. Bei schwerwiegenden, lebensbedrohlichen Verletzungen sollte die nächstgelegene Tierärztin – unabhängig von einer Spezialisierung – eine Notversorgung vornehmen, um das Leben des Tieres zu retten. Nachfolgend sollte das Tier dann aber der bestandsbetreuenden Tierärztin oder einer anderen Spezialistin vorgestellt bzw. die erhobenen Befunde kommuniziert werden.

Tom Richters Wanderfalkenterzel wurde vor einigen Jahren in Irland von einem wilden Artgenossen attackiert und sehr schwer am Auge verletzt. Eine auf Augenkrankheiten spezialisierte Tierärztin konnte zwar ausfindig gemacht werden, aber sie kannte sich nur mit Pferdeaugen aus und war mit Falken nicht vertraut. Dank der telefonischen Beratung der irischen Tierärztin durch einen der führenden deutschen Greifvogeltierärzte konnte der Vogel erfolgreich therapiert, das Auge und das Sehvermögen gerettet und der weitere Einsatz als Beizvogel erreicht werden. Der Kollegin und dem Kollegen sei großer Dank, ohne die Handykommunikation wäre dies nicht möglich gewesen.

12.3.1.1 Schmelzuntersuchung

In Schmelzproben des gesund erscheinenden Vogels werden routinemäßig Eier oder Entwicklungsstadien von Parasiten gesucht. Der Nachweis von Bakterien und Pilzen aus Kotproben ist zwar ebenfalls möglich, allerdings ist das bei gesund erscheinenden Vögeln in der Regel entbehrlich. Selbst Salmonellen oder Clostridien können den Magen-Darm-Trakt eines Greifvogels passieren und auch temporär besiedeln, ohne den Vogel krank zu machen. Schließlich schlägt der wilde Greifvogel – wie der Beizvogel – bevorzugt gesundheitlich angeschlagene Beutetiere, die mit unterschiedlichen Krankheitserregern infiziert sein können. Auch der Nachweis von Schimmelpilzen (*Aspergillus* spp.) aus Kotproben kommt regelmäßig bei gesunden Greifvögeln vor und hat keine diagnostische Aussagekraft zum Nachweis einer Aspergillose. Ist der Vogel der Falknerin jedoch erkrankt, dann wird die Tierärztin ggf. eine möglichst sterile Kotentnahme anordnen bzw. selbst eine sterile Tupferprobenentnahme aus der Kloake durchführen, um die Probe anschließend auf dem schnellsten Weg (per Kurier oder Express) und gekühlt (nicht gefroren) zur Untersuchung ins Labor zu senden.

Routinemäßige parasitologische Schmelzuntersuchungen können in staatlichen oder privaten Untersuchungslabors, aber auch in vielen tierärztlichen Praxislabors durchgeführt werden. Hierzu ist lediglich der dunkle Kotanteil des Schmelzes erforderlich. Wenn keine bakteriologische Untersuchung geplant ist, spielt Sterilität keine Rolle, aber größtmögliche Sauberkeit. Im Erdreich können z. B. Würmer vorkommen, deren Eier den Eiern von parasitären Würmern ähneln und deshalb zu Verwechslung Anlass geben können. Zudem können Sand, Kies oder Bodenpartikel die Untersuchung behindern. Da die Ausscheidung der Fortpflanzungsformen einiger Parasiten durch den Vogel oft unregelmäßig ist, sollte über einen Zeitraum von ca. 3-5 Tagen der Schmelz gesammelt werden. So kann die tageszeitlich variierende Ausscheidung dieser Parasitenstadien abgedeckt und gleichzeitig eine ausreichende Kotmenge gesammelt werden. Am besten wird dazu ein sauberes Stück Kunststofffolie oder Pappkarton unter dem bevorzugten Sitzplatz des Vogels so platziert, dass möglichst viel Schmelz aufgefangen, der Kotanteil im Schmelz gut identifiziert und eingesammelt werden kann. Der gesammelte Schmelz sollte dann, bei warmem Wetter am besten ebenfalls gekühlt, zügig ins Labor gebracht werden. Dort können durch direkte Mikroskopie und durch Anreicherungsverfahren (z. B. Sedimentation und Flotation) Kokzidienoozysten und Wurmeier nachgewiesen werden.

Probenentnahme- und Verpackungsmaterial, die Adressen der Laboratorien und Hinweise für die notwendigen Begleitbriefe sind über die Tierärztin zu beziehen. In jedem Fall ist besonders wichtig, die Proben unverwechselbar zu kennzeichnen, sodass sie über die Begleitbriefe dem individuellen Vogel zugeordnet werden können. Erfahrungsgemäß eignet sich keine Versendung in einem handelsüblichen Postbrief, da die Etikettiermaschine die Umverpackung häufig komprimiert und zu einem Auslaufen der Probe führt. Die laboreigenen Verpackungsmaterialien sind deshalb meist formstabil und auslaufsicher.

An dieser Stelle sei wiederum erwähnt, dass eine Entwurmung bei Greifvögeln nur nach genauer Diagnose und im Anschluss an diese Behandlung eine Kontrolle des Behandlungserfolges durch erneute Schmelzuntersuchung erfolgen sollten. Ungezielte „Routineentwurmungen" sind nicht sinnvoll und können zudem Gefahren bergen und Resistenzen fördern.

12.3.1.2 Klinische Diagnostik

Der vogelkundigen und entsprechend gut ausgerüsteten Tierärztin stehen vielfältige Untersuchungsmöglichkeiten zur Verfügung, die im Folgenden in groben Umrissen dargestellt werden.

12.3.1.2.1 Klinische Allgemeinuntersuchung und Augenhintergrund-Untersuchung

Die Tierärztin wird im Anschluss an die Erhebung des medizinischen Vorberichts (***Anamnese***), bei der sie unter anderem Informationen zur Haltung und Fütterung, beobachteten Symptomen und bereits ergriffenen Behandlungsmaßnahmen abfragt, mit der klinischen Allgemeinuntersuchung beginnen.
Im Rahmen derer wird das Tier, analog zum Routinecheck durch die Falknerin, zunächst aus der Distanz angeschaut (***Adspektion***). Dabei wird auf die Haltung, das Verhalten und die Atmung des Vogels sowie (falls vorhanden) auf den Schmelz geachtet. Nachfolgend wird das Tier aus der Nähe in Augenschein genommen. Die Tierärztin untersucht den Vogel von oben nach unten und von der Mitte zur Seite. Angefangen mit den Sinnesorganen (Auge und Nase) und dem Kopf werden die Körperhaltung, die Stellung und Belastung der Gliedmaßen, die Haut und das Gefieder beurteilt. Ziel ist es, das Allgemeinbefinden des Vogels einzuschätzen und etwaige Auffälligkeiten und Krankheitssymptome bereits vor einem weitergehenden Handling festzustellen.

Nachfolgend wird das Tier zur eingehenderen Untersuchung meist unter Zuhilfenahme eines Handtuchs fixiert, um es abzutasten und einzelne Körperpartien genauer zu betrachten. Kopf und Hals, insbesondere der Bereich des Kropfes, Brust und Bauch werden abgetastet. Am Brustbein wird der Bemuskelungsgrad beurteilt und damit der Ernährungs- und Trainingszustand des Tieres abgeschätzt. Der Schnabelrachenraum wird auf Auflagerungen, Verletzungen, Schleimhautfarbe und abweichenden Geruch untersucht, Ohröffnungen und Nasenöffnungen werden inspiziert. Bei dieser Gelegenheit können auch Tupferproben aus Rachen, ***Choane*** oder Kropf entnommen und für weiterführende Untersuchungen weitergeleitet werden. Lunge und Herz werden mit dem Stethoskop abge-

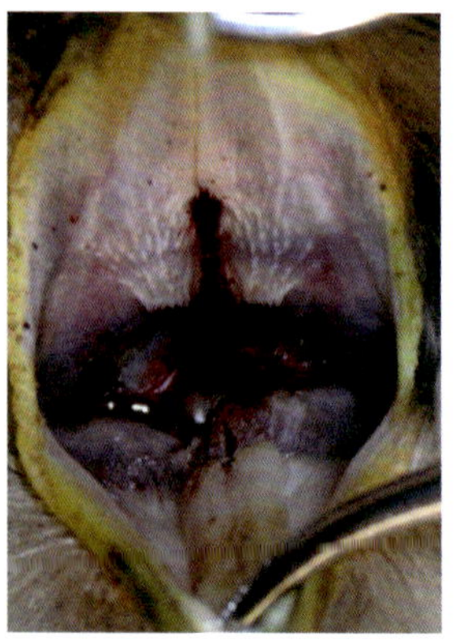

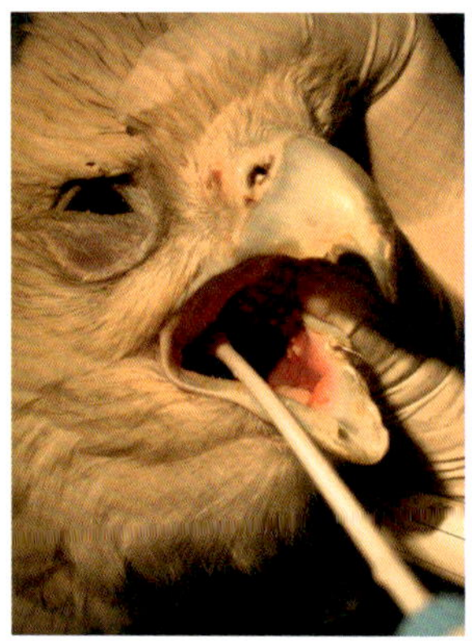

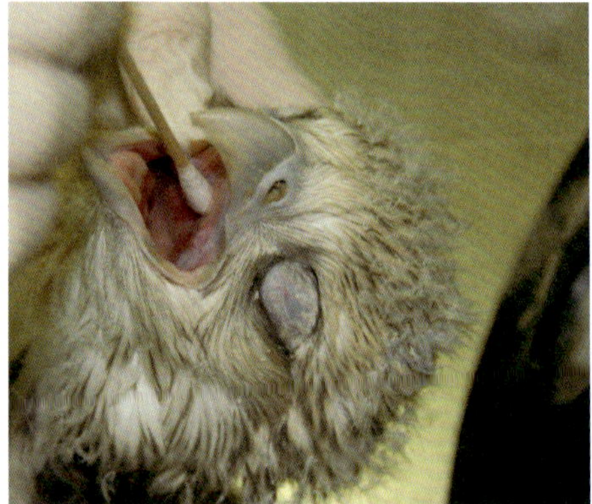

Abb. 12.3: Blutungen im Rachen eines Turmfalken, die bei Inspektion des Rachens auf ein Trauma hindeuten (links). Tupferprobenentnahme aus dem Schnabelrachenraum eines Gerfalken (Mitte). Tupferprobenentnahme aus der Choane eines narkotisierten Gerfalken (rechts; Fotos: D. Fischer)

hört und der Puls ertastet und beurteilt, um etwaige Atmungs- oder Herzkreislaufstörungen abzuklären. Anschließend werden die Flügel und Beine vom Ansatz bis zur Spitze abgetastet und angeschaut, wobei besonderes Augenmerk auf die Fußsohlen gelegt wird. Währenddessen werden auch die Federqualität und der Befiederungszustand beurteilt. Zum Abschluss werden die Bürzeldrüse (am Schwanzansatz) und die Kloake inspiziert, bevor das Tier wieder auf die Faust der Falknerin zurückgestellt wird.

Bei Verdacht auf ein Trauma oder bei Wildvögeln mit einer unklaren Vorgeschichte sollte eine Augenuntersuchung mit Betrachtung des Augenhintergrundes, also der Netzhaut, der Aderhaut und des Augenfächers durchgeführt werden, da es hier häufig im Zuge eines Traumas zu Verletzungen kommen kann. Für diese Untersuchung nutzt die Tierärztin eine sogenannte Spaltlampe, um zunächst die vordere Augenkammer (also den Bereich vor der Linse) auf Blutungen zu untersuchen. Danach wird die Unverletztheit der Hornhaut durch Nutzung eines fluoreszierenden Farbstoffes überprüft. Dieser Farbstoff färbt Risse oder Defekte in der Hornhaut an, welche dann umgehend behandelt werden sollten. Nachfolgend wird mit einem sogenannten Ophthalmoskop, einem Untersuchungsgerät mit starker Vergrößerungslupe, durch die Linse auf den Augenhintergrund geschaut. Dort wird auf Risse, Blutungen und Netzhautablösungen geachtet, die sehr schwer behandelbar sind und somit wahrscheinlich ein Erblinden des Tieres nach sich ziehen. Eine solche Diagnose würde bei einem Wildgreifvogel eine Auswilderung unmöglich machen.

Zur näheren Untersuchung des Atemtraktes werden neben der Betrachtung der oberen Atemwege (Nase, Nasennebenhöhlen, Choane, Rachen und Kehlkopf) auch die Luftröhre und die Luftsäcke zusätzlich zur Lunge mit dem Stethoskop abgehört. Eine tiefergehende Untersuchung der Atmung kann im Rahmen eines Ausdauertests, des sogenannten „Stresstests", stattfinden. Dabei werden die Atemfrequenz, die Atemtiefe und die Erholungszeit der Tiere bewertet (Tully und Harrison, 1994). Ein falknerisch trainierter und auf dem Handschuh stehender Greifvogel sollte circa 30 Sekunden lang mit den Flügeln schlagen, was durch ein schnelles Auf- und Abbewegen des Falknerhandschuhs erreicht werden kann, da das Tier dabei die Flügel bewegt, um seine Balance zu halten (Bailey, 2008). Eine Erhöhung der Erholungszeit (Zeit, die benötigt wird, um eine belastungsbedingt erhöhte Atemfrequenz wieder auf den Ausgangswert zu senken) kann hinweisend auf eine Atemwegserkrankung wie die Aspergillose sein (siehe 13.3.1). Gleiches gilt für einen verstärkten Atemtyp (z. B. bauchbetonte Atmung) oder eine doppelte Pumpbewegung der Bauchdecke bei der Atmung.

12.3.1.2.2 Bildgebende Untersuchungsverfahren

Bei den bildgebenden Untersuchungsverfahren unterscheidet man zwischen nichtinvasiven und invasiven Verfahren. Sie bieten den Vorteil, dass äußerlich nicht beurteilbare innere Organe und Strukturen untersucht und etwaige Auffälligkeiten, die im Rahmen der klinischen Allgemeinuntersuchung festgestellt wurden, weiter abgeklärt werden können. So kann auch gezielt nach spezifischen Läsionen und Befunden von Erkrankungen gesucht, das Ausmaß von Erkrankungen oder der Grad von Verletzungen (z. B. von Knochenbrüchen) genauer eingeschätzt werden, um eine weiterführende Untersuchung oder eine gezielte Therapie einleiten zu können. Zu den nicht-invasiven, bildgebenden Verfahren zählen die röntgenologische Untersuchung (Röntgen), die computertomografische Untersuchung (CT), die magnetresonanztomografische Untersuchung (MRT) und die ultrasonografische Untersuchung (Ultraschall oder Sonografie). Zu den invasiven Verfahren gehört die Endoskopie, welche in verschiedenen Körperhöhlen und Hohlräumen Anwendung finden kann.

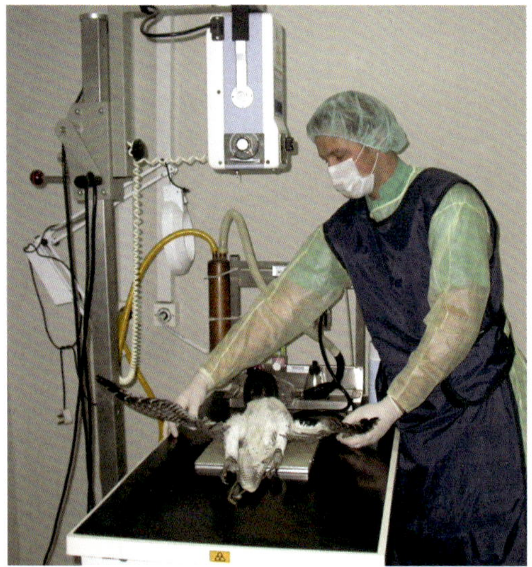

Abb. 12.4: Röntgenuntersuchung eines narkotisierten Gerfalken (oben). Röntgenuntersuchung eines narkotisierten Rotschwanzbussards. Das Tier wurde aus Strahlenschutzgründen mit Klebeband auf der Röntgenplatte fixiert, damit sich die Untersuchenden nicht im Raum befinden müssen (unten; Fotos: D. Fischer)

12.3.1.2.2.1 Röntgenuntersuchung

In der Vogelmedizin wird häufig auf die Röntgenuntersuchung zurückgegriffen. Sie dient beispielsweise der Abschätzung von Verletzungen nach einem unklaren Trauma (z. B. bei flugunfähig aufgefundenen Wildgreifvögeln), dem Nachweis von Geschosspartikeln oder Fremdkörpern und der Abklärung von Tumoren oder organischen Erkrankungen. Dabei können sowohl knöcherne Strukturen als auch Weichteilgewebe untersucht werden. Knochen erscheinen im Röntgenbild weiß, Luft schwarz und Weichteilgewebe sowie Flüssigkeiten in unterschiedlichen Grau-Weiß-Stufen, je nach Dichte. Die Greifvögel werden während der Röntgenuntersuchung an Kopf und Beinen gehalten und je nach beabsichtigter Aufnahme positioniert. Eine Sedierung oder eine Narkose können bei Bedarf angewendet werden, sind aber oft nicht zwingend erforderlich. Standardmäßig werden die Tiere auf dem Rücken liegend (dorsoventrale Ebene) und auf der rechten Seite liegend (laterolaterale Ebene) geröntgt. Aus Gründen des Arbeitsschutzes werden insbesondere in Nordamerika und Großbritannien, aber auch von einigen Tierärztinnen hierzulande Röntgenuntersuchungen ohne das Beisein von Personen durchgeführt. Das bedeutet, dass die Vögel in einer speziellen Haltevorrichtung fixiert unter dem Röntgengerät positioniert werden und die Aufnahme von einem Schutzraum aus gestartet wird. Zu diesem Zweck werden die Vögel nicht selten in Narkose gelegt, sodass hier im Vorfeld eine Abklärung der Narkosefähigkeit des Vogelpatienten erfolgen muss.

Durch Vergleich zweier Röntgenaufnahmen in unterschiedlichen Ebenen (Zweidimensionalität) versucht sich die Tierärztin die dreidimensionale Struktur von Organen oder Läsionen herzuleiten. Schwellungen von Organen (z. B. von Milz oder Leber), rundliche Entzündungsherde (z. B. Granulome), eine Asymmetrie von Organen, verwaschene Organgrenzen

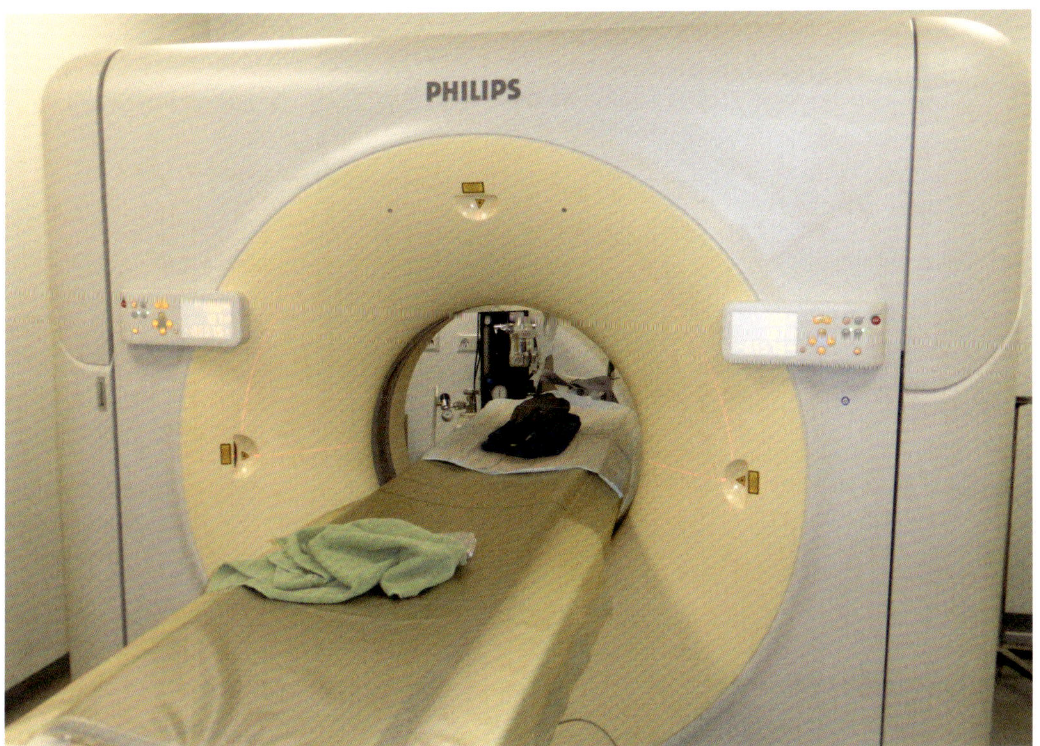

Abb. 12.5: CT-Untersuchung eines narkotisierten Wanderfalken (Foto: D. Fischer, Klinik für Kleintiere, JLU Gießen)

oder im Eileiter sichtbare Eischalenreste sind Beispiele von röntgenologisch feststellbaren Veränderungen. In vielen Fällen kann eine röntgenologische Untersuchung wichtige Hinweise auf eine Erkrankung liefern. Im Falle der „Dicken Hände" (siehe 13.5.1) erlaubt die Röntgenuntersuchung die Abschätzung des Grades der Schädigung, also ob neben der Haut auch bereits die Muskulatur, die Sehnen- und Sehnenscheiden oder sogar schon die Knochen und Gelenke betroffen sind. Letzteres würde ein sehr spätes Stadium der Erkrankung und eine sehr ungünstige Prognose darstellen. Bezogen auf die Aspergillose erlauben Röntgenuntersuchungen keine definitive Diagnose, da die feststellbaren Läsionen stets auch diverse andere Ursachen haben könnten. Eine schlechte Abgrenzbarkeit der Herzsilhouette sowie eine erhöhte Röntgendichte der hinteren Lungengrenze liefert bei Falken jedoch wertvolle Hinweise auf diese Atemwegserkrankung (Vorbrüggen et al., 2013).

12.3.1.2.2.2 Computertomografie (CT) und Magnetresonanztomografie (MRT)

Computertomografie (CT) und Magnetresonanztomografie (MRT) sind auf Grund ihrer dreidimensionalen Darstellung der zweidimensionalen Röntgenuntersuchung vielfach überlegen, da man das Ausmaß und die exakte Lokalisation von Krankheitsherden, Zubildungen und Läsionen oft besser darstellen kann (Krautwald-Junghanns et al., 1993; Phalen, 2000; Pye et al., 2000; Schwarz et al., 2015). Während das CT generell eine gute Übersicht und eine breite Palette an Einsatzmöglichkeiten zur Untersuchung von knöchernen Strukturen und Weichteilgeweben bietet,

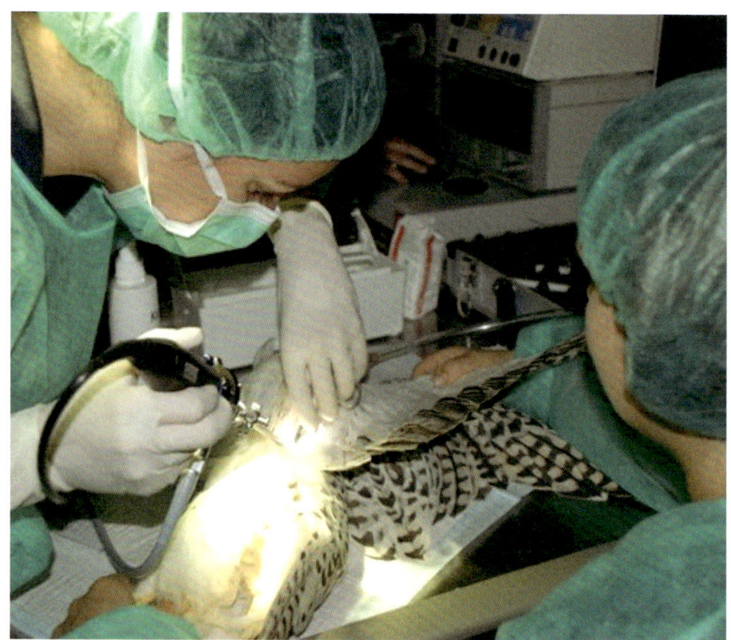

Abb. 12.6: Endoskopische Untersuchung bei einem Gerfalken. Das Endoskop wurde gerade in die Luftsäcke der linken Körperseite eingeführt (links). Ultraschallbild aufgenommen während der Herzuntersuchung bei einem Rotrückenbussard (unten; Fotos: D. Fischer, Klinik für Vögel, Reptilien, Amphibien und Fische, JLU Gießen)

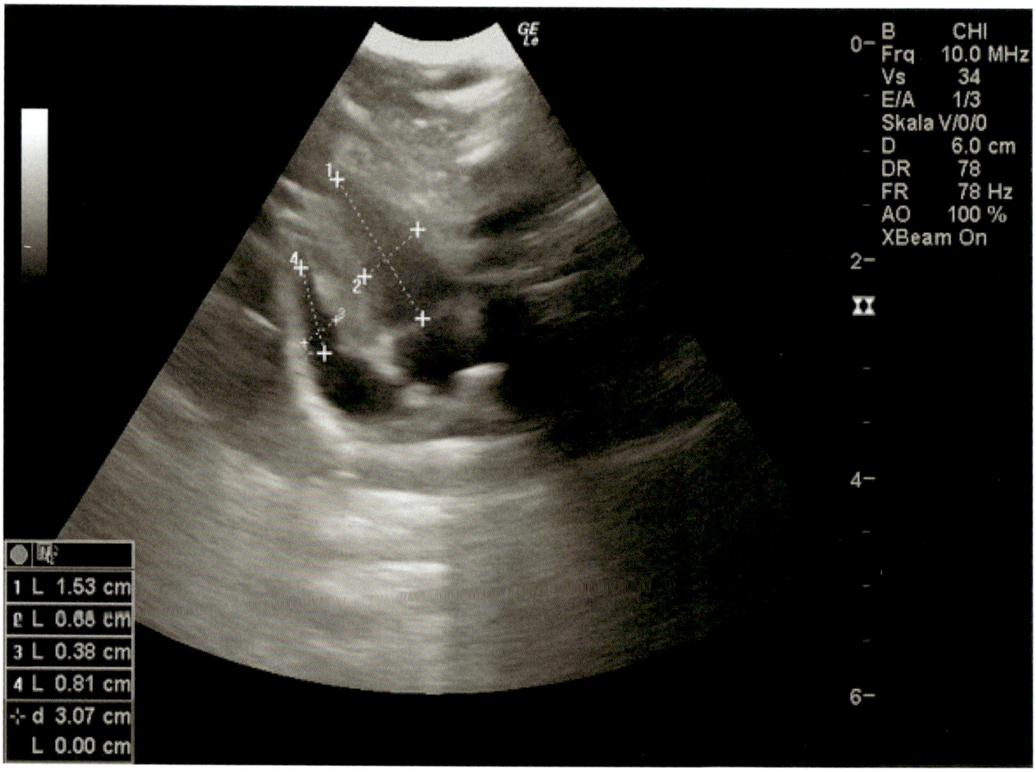

wird mittels MRT insbesondere das Nervensystem sowie der Sehnen- und Gelenkapparat untersucht. Allerdings erfordern beide im Gegensatz zur Röntgenuntersuchung immer eine Sedierung und sogar meist eine Narkose, damit der Patient während der Untersuchung in der „Röhre" still liegen bleibt. Zudem sind sie in der Regel mit einem höheren Zeitaufwand (vor allem MRT) und höheren Kosten verbunden. Hinzu kommt deren vergleichsweise eingeschränkte Verfügbarkeit, da zwar viele Tierarztpraxen über ein Röntgengerät, aber nur einige größere Praxen und Kliniken über ein CT oder MRT verfügen.

12.3.1.2.2.3 Ultraschalluntersuchung

Die Ultraschalluntersuchung eignet sich insbesondere zur Untersuchung von Weichteilgewebe. Die inneren Organe (Leber, Herz, Niere, Milz, Geschlechtsorgane, Darm), Zubildungen (Tumore) und das Auge lassen sich mittels Ultraschalls untersuchen. Eine Narkose des Patienten ist meist nicht erforderlich. Insbesondere wenn im Röntgenbild eine wenig abgrenzbare Weichteilmasse sichtbar ist, so hilft die Sonografie die beteiligten Gewebe und Strukturen zu unterscheiden. Dabei kann durch die Farbdopplereinstellung auch der Blutfluss innerhalb von Organen und Umfangsvermehrungen dargestellt werden, was im Vorfeld einer Operation wertvolle Informationen bieten kann. Neben der Herzuntersuchung wird Ultraschall regelmäßig zur Abklärung einer Legenot und von unklaren Flüssigkeitsansammlungen im Bauchraum angewendet. Im Ultraschallbild ist übrigens Flüssigkeit schwarz, Organe sind unterschiedlich gräulich-weiß und Luft führt zu Störungen des Bildes, der sogenannten Schallauslöschung. Deshalb kann der Ultraschallkopf auch nur an bestimmten Stellen des Körpers angesetzt werden, z. B. mittig auf dem Bauch an der Leber, da sonst die Luft in den verschiedenen Luftsäcken, im Magen und der Lunge zu Bildfehlern führt. Der Ultraschall kann auch eingesetzt werden, um ultraschallkontrollierte Biopsien aus dem Bauchraum zu entnehmen und um Augen zu untersuchen, die auf Grund von Blutungen oder Trübungen (z. B. durch eine Katarakt) nicht einsehbar sind.

12.3.1.2.2.4 Invasive, bildgebende Verfahren – Endoskopie

Bei der endoskopischen Untersuchung können mittels einer eingeführten Kamera verschiedene Körperhöhlen und Hohlräume direkt optisch untersucht und beprobt werden. Mittels eines Endoskops werden regelmäßig Gelenke (Arthroskopie), ***Trachea*** (Tracheoskopie), Speiseröhre und Kropf (Ingluvioskopie), Magen (Gastroskopie), Kloake (Kloakoskopie) und die Körperluftsäcke einschließlich der durch die Luftsackwände sichtbaren Organe der Körperhöhle (endoskopische Laparoskopie) untersucht (Lierz, 2008).

Wenn die Falknerin über eine Endoskopie beim Vogel spricht, so ist meist letztgenannter Eingriff gemeint. Hierzu ist ein kleiner Schnitt in die Haut am narkotisierten Vogel erforderlich, durch den das Endoskop zwischen den Muskelbäuchen in den Luftsack vorgeschoben wird. Deshalb spricht man hierbei auch von einer invasiven Maßnahme (Lierz, 2008). Seit ihrer Entwicklung in den 1980er Jahren ist die endoskopische Laparoskopie in der Vogelmedizin fest etabliert und vergleichsweise risikoarm. Lediglich Flüssigkeitsansammlungen und raumfordernde Prozesse im Bauchraum (z. B. Tumore), die kaum Platz für das Endoskop lassen, können gegen ihre Anwendung sprechen.

Neben der direkten Betrachtung sind mikrobiologische, zytologische und ***histologische*** Probenentnahmen möglich, die eine definitive Diagnose der Aspergillose ermöglichen (Jones und Orosz, 2000; Lierz, 2007). Trübe, verdickte und stark durchblutete Luftsackwände deuten neben dem Vorliegen von weißlich-gelben, knotigen, teils zähflüs-

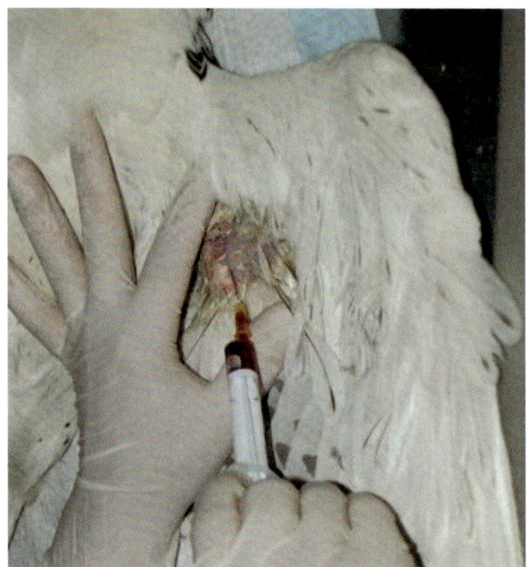

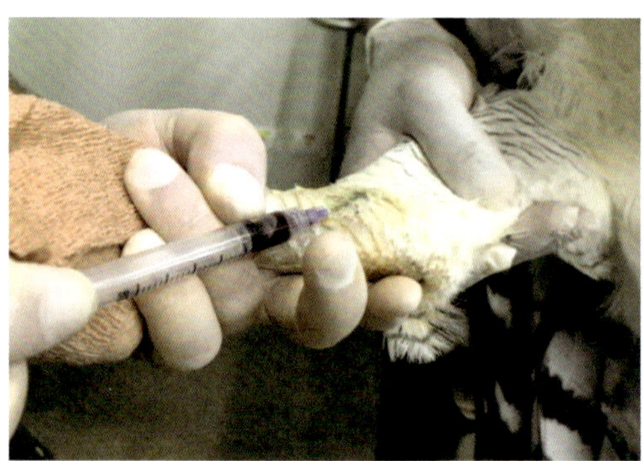

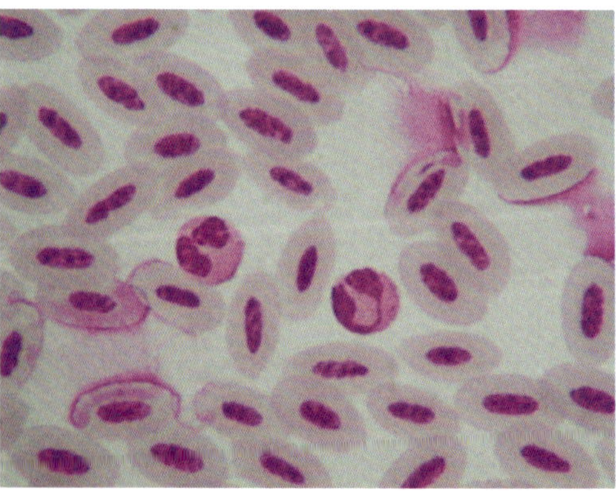

Abb. 12.7: Blutentnahme an der Flügelvene bei einem Gerfalken (oben) und am Ständer bei einer Harpyie (Mitte). Mikroskopisches Bild der Blutzellen (unten; Fotos: D. Fischer)

sig schmierigen Läsionen und einem aktiven Schimmelpilzrasen auf eine Aspergillose hin (Bailey, 2008).

Im Rahmen der Endoskopie können auch Fremdkörper mittels Fasszange, Operationen und Spülungen über den Arbeitskanal oder die gezielte Medikamentengabe (z. B. Auftragung von Pilzmittel auf Aspergilloseherde) durchgeführt werden.

12.3.1.3 Blutuntersuchung

Blutuntersuchungen können Hinweise auf eine Erkrankung und die Funktion bestimmter Organe des Vogels geben (Blutchemie oder Organprofil) oder die Anzahl und Verteilung der roten und weißen Blutkörperchen abbilden. Darüber hinaus sind in der Vogelmedizin die Untersuchung von bestimmten Proteinfraktionen (Serum-/Plasma-Protein-Elektrophorese), die Messung von Akute-Phase-Proteinen (z. B. Serum Amyloid A) sowie die Bestimmung spezifischer Antikörper und Antigene (z. B. Galactomanan) mehr und mehr auf dem Vormarsch.

Ein weißes Blutbild und die Gesamtanzahl an Entzündungszellen können im Zuge der Hämatologie schnell wichtige Hinweise auf ein Infektionsgeschehen geben und die Bestimmung des Hämatokrits, also des Anteils der festen (zellartigen) Bestandteile im Blut, erlaubt eine Abschätzung des Flüssigkeitszustands des gesamten Körpers.

Für die Zielstellung unseres Buches sind insbesondere die Blutuntersuchungen bedeutsam, die dem Nachweis von Infektionskrankheiten dienen. Zu unterscheiden ist dabei, ob nach dem kompletten Erreger (z. B. im Falle von Blutparasiten), bestimmten Oberflächenbestandteilen von Erregern (den Antigenen), der Erbinformation der Erreger (Genom in

Form von DNA oder RNA) oder nach Antikörpern, also der spezifischen Immunantwort des Vogels auf den Erreger (Serologie) gesucht wird (siehe 11.4.1.2). Wichtig ist dabei zu bedenken, dass die Antikörper verzögert, nämlich oft erst 5-7 Tage nach der Infizierung nachweisbar sind. Dafür können sie nachfolgend meist über einen langen Zeitraum im Blut zirkulieren, auch wenn der eigentliche Erreger schon längst eliminiert wurde. Somit wird häufig einer der erstgenannten Nachweise mit der Detektion von Antikörpern kombiniert, um eine möglichst breite Zeitspanne des Infektionsgeschehens diagnostisch abzudecken.

Da die Blutprobenentnahme durch die Tierärztin erfolgen muss, ist sie auch für die Erstbearbeitung, Lagerung und Weiterleitung an die Untersuchungseinrichtungen sowie die Beauftragung der genauen Untersuchungen zuständig. Sie hilft dann auch bei der Interpretation der Befunde.

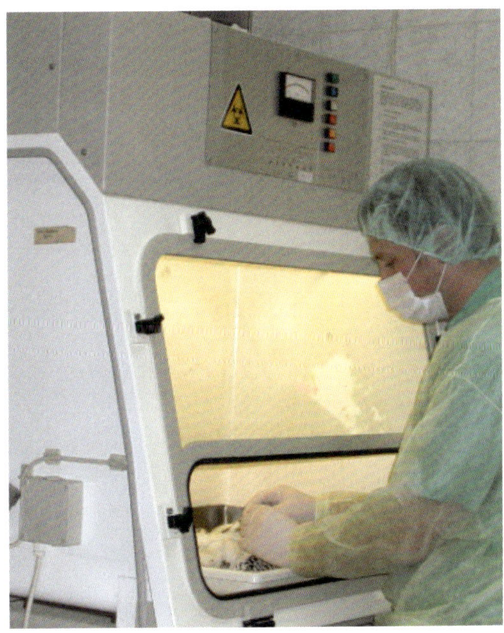

Abb. 12.8: Pathologisch-anatomische Untersuchung (Sektion) unter einer speziellen Werkbank, damit sich die Untersuchenden vor potentiellen ***Zoonose***erregern schützen können (Foto: D. Fischer)

12.3.1.4 Sektion

Alle unklaren Todesfälle bei gehaltenen Greifvögeln sollten durch eine Sektion abgeklärt werden. Das ist umso wichtiger, wenn von einer Falknerin oder in einem Betrieb mehrere Vögel gehalten werden, da auf diese Weise potentiell wichtige Informationen über ein etwaiges Bestandsproblem (z. B. ein Infektionsgeschehen) gewonnen werden können.

Sektionen durchführen dürfen nur dafür zugelassene staatliche oder private Einrichtungen mit entsprechenden Hygienevorkehrungen und Fachpersonal. Die Falknerin sollte hier keinesfalls aus Eigeninteresse selbstständig Untersuchungen durchführen, da dies nicht nur unzulässig und je nach Erkrankung eventuell auch gefährlich ist, sondern darüber hinaus in den meisten Fällen eine zukünftige Untersuchung und Probenentnahme durch Fachpersonal unmöglich macht.

Wichtig für ein aussagefähiges Sektionsergebnis ist der möglichst frische Erhaltungszustand des Tierkörpers. Das wird durch eine umgehende Kühlung und eine sehr rasche Übermittlung (persönlicher Direkttransport oder Versand mittels Kuriers oder Express Services) in gekühltem Zustand erreicht. Tieffrieren ist zwar generell möglich, führt aber zu einer eingeschränkten Aussagekraft bestimmter Untersuchungen, insbesondere der Histologie und der Untersuchung auf Bakterien und Pilze. Demnach sind eine Kühlung und ein direkter und schneller Versand zu bevorzugen. Wenn eine Zustellung innerhalb von 2-3 Tagen jedoch nicht möglich ist, so kann das Tiefgefrieren des Tierkörpers von Vorteil sein, um die ebenfalls verfälschenden Zersetzungs- und Fäulnisprozesse im Tierkörper zu stoppen.

Informationen über die Verpackung, Lagerung und Versendung gibt die Tierärztin. Wichtig ist eine hygienisch einwandfreie, auslaufsichere Verpackung und die eindeutige Zuordnung des Tierkörpers zu den Begleitdokumenten. Auf diesen Dokumenten sollten die medizinische Vorgeschichte des Tieres und möglichst genaue Informationen zu den beobachteten Symptomen, dem Verlauf der Erkrankung und Hintergrundinformationen zur Haltung und zum Bestand angegeben werden, um die erhobenen Befunde bestmöglich interpretieren zu können.

12.3.1.5 PCR

Nicht erst seit der Corona-Pandemie, sondern auch durch Fernsehkrimis ist die Abkürzung PCR ein oft gehörtes Zauberwort. Dadurch soll eine einwandfreie Identifikation eines wie auch immer gearteten organischen Materials möglich sein. Um die Funktionsweise dieses Testes zu verstehen, lohnt es sich, zunächst die Abkürzung aufzulösen: **P**olymerase **C**hain **R**eaction, auf Deutsch „Polymerase Kettenreaktion“, d. h. vielfache enzymatische Koppelung als Kettenreaktion. Wie funktioniert das? Bekannt ist, dass alle Lebewesen[1] die Erbinformation in Form des Doppelstranges der DNA (Desoxyribonukleinsäure) gespeichert haben. Die Buchstaben dieser Schrift sind vier organische Basen, die sich immer in gleichen Paaren, gebunden an den Zucker Desoxyribose und verbunden durch Phosphatreste, in den beiden Strängen gegenüberstehen. Die Reihenfolge der Basen enthält die Information ähnlich einem Code. Da sich die Base Adenin nur mit der Base Thymin und die Base Cytosin nur mit der Base Guanin verbinden kann, ist die Information in jeder Hälfte des Doppelstranges spiegelbildlich identisch. Werden die beiden Stränge getrennt, dann lagern sich die jeweils komplementären Basen an ihre jeweiligen Partnerbasen an, sodass eine Verdoppelung der Information stattgefunden hat. Die Erbinformation ist bei unterschiedlichen Arten von Lebewesen, ja sogar bei unterschiedlichen Individuen[2] einer Art verschieden. Aus der Reihenfolge der Basen kann man also feststellen, von welcher Art Lebewesen, ggf. sogar von welchem Individuum die Probe stammt. Auf diese Weise kann auch die Erbinformation von Krankheitserregern (Viren, Bakterien, Pilzen, Parasiten) exakt nachgewiesen werden. Da die Zuordnung extrem genau ist, spielt sie in der tiermedizinischen Diagnostik genauso eine zentrale Rolle wie in der Gerichtsmedizin. Anders als im TV oder Kino, wo mit einem Gerät alle Erreger und Substanzen in kürzester Zeit nachgewiesen werden, besteht die Einschränkung, dass nur wenige Erreger parallel untersucht und deshalb teils mehrere PCR-Untersuchungen nacheinander durchgeführt werden müssen. Grund hierfür ist die Notwendigkeit, erregertypisch-passende Primer (also eine Spiegelbildkopie eines charakteristischen DNA-Abschnitts) verwenden zu müssen.

Wenn man also eine kleine Menge DNA in einer Probe findet, die allein zu gering ist, als dass man sie eindeutig identifizieren kann, dann kann man sie durch vielfaches Trennen und wieder Kombinieren (Replikation oder Reduplikation genannt) der Doppelstränge vervielfältigen, bis man eine ausreichende Menge Material für weitere Untersuchungen hat. Das Koppeln von vielen kleineren Molekülen zu einem großen Molekül nennt man

[1] Außer manche Viren, die RNA enthalten
[2] Außer bei eineiigen Mehrlingen und Klonen

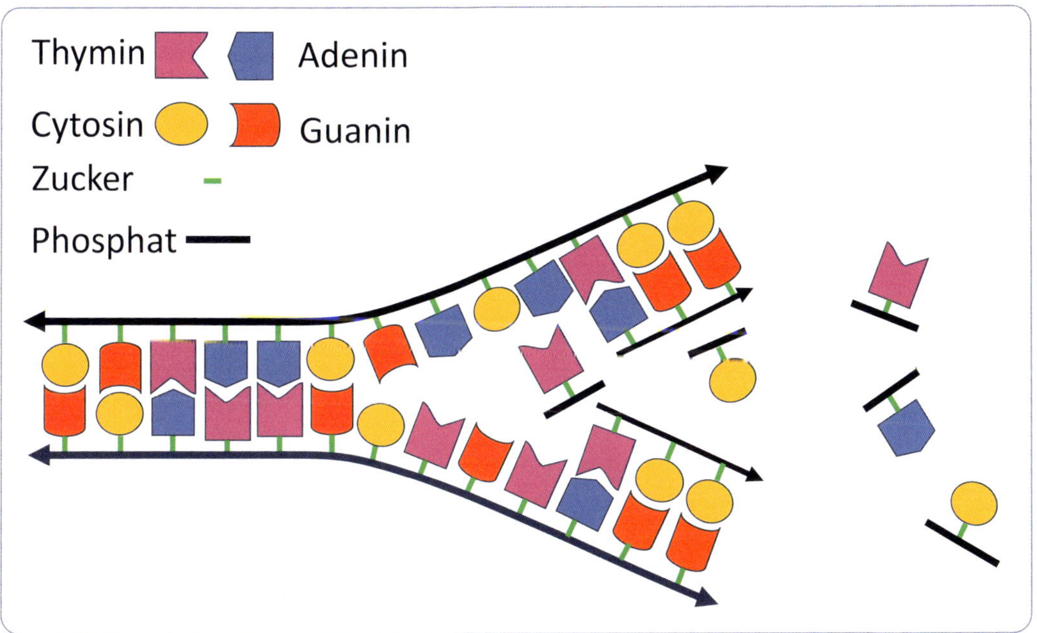

Abb. 12.9: Replikation (Zeichnung: Th. Richter)

Polymerisation, das Enzym, das dazu genutzt wird, Polymerase. Da dieser Schritt immer wieder wiederholt wird, handelt es sich um eine Kettenreaktion, so erklärt sich der Name.

12.3.2 KNACKPUNKT Tierärztliche Handlungsmöglichkeiten

Grundsätzlich stehen der Tierärztin die gleichen Handlungsmöglichkeiten zur Verfügung wie einer Ärztin für Menschen, wenn man von der Organtransplantation einmal absieht. In den meisten Fällen wird eine Kombination von ursächlich und symptomatisch wirkenden Arzneimitteln und Methoden anzuwenden sein. Das reicht von der einfachen Arzneimittelanwendung bis zu komplizierten Operationen. Die Tierärztin hat allerdings im Gegensatz zur Humanmedizinerin die Möglichkeit und die Verpflichtung, im Falle unheilbarer und mit Leiden verbundener Erkrankungen das weitere Leiden durch die Euthanasie zu verhindern.

12.3.2.1 Zeitpunkt der Verabreichung von Arzneimitteln und Impfstoffen

Bei der Verabreichung von Arzneimitteln und Impfstoffen kann man drei Zeitpunkte unterscheiden. Erfolgt sie vor einem möglichen Kontakt mit der Schädlichkeit nennt man das Prophylaxe, ist der Kontakt bereits vorhanden, der Vogel z. B. bereits mit dem Erreger infiziert, aber es sind noch keine Symptome erkennbar, dann handelt es sich um Metaphylaxe. Ist der Schaden bereits eingetreten, d. h. die Infektionskrankheit ausgebrochen, dann spricht man von Therapie. Arzneimittel können pro- und metaphylaktisch sowie therapeutisch beim Vogel eingesetzt werden, Impfstoffe werden beim Greifvogel – wenn überhaupt – prophylaktisch verabreicht.

12.3.3 Lösungsmöglichkeiten Therapie

Wenn man von reinen Körperpflegemaßnahmen absieht, etwa der Pflege der Hand eines Falken mit reiner Vaseline, kann man als Faustregel aufstellen, dass alle wirksamen Arzneimittel auch Nebenwirkungen haben. Deshalb sollte die Falknerin diese nicht auf eigene Faust und nicht ohne tierärztliche Weisung verabreichen. In besonderem Maße gilt das bei Cortison und seinen Verwandten (in der Greifvogelmedizin i. d. R. Prednisolon), die die körpereigene Abwehr in bedrohlichem Maße stören können, sodass sie nur nach sehr strenger tierärztlicher Indikation und ausnahmsweise angewandt werden dürfen. Auch Antiparasitika (z. B. Wurmmittel) können, vor allem bei Überdosierung, Schäden bis zu Todesfällen verursachen. Eine eigenverantwortliche Anwendung von Präparaten für Haussäugetiere (z. B. Hunde und Katzen) oder gar von humanmedizinischen Präparaten ohne tierärztliche Indikation, ohne Prüfung auf Verträglichkeit und ohne die Beachtung vogelartspezifisch passender Dosierung kann nur als grob fahrlässig angesehen werden. In so einem Fall setzt die Falknerin leichtsinnig die Gesundheit und das Leben des Vogels aufs Spiel. Einen ebenfalls speziellen Fall stellt die Anwendung von Arzneimitteln gegen Bakterien (antibiotische Therapie) und gegen Pilze (***antimykotische*** Therapie) dar.

12.3.3.1 Antibiotische Therapie

Neben den generellen Nebenwirkungen, die jedes Antibiotikum mit sich bringt, und neben der unterschiedlichen Verteilungsfähigkeit des jeweiligen Antibiotikums in den Geweben des Körpers, ist die bei allen relevanten Bakterienarten vorkommende Resistenz (Unempfindlichkeit) gegenüber einzelnen, im schlimmsten Fall gegenüber fast allen oder allen Antibiotika ein riesiges Problem.

Wie eigentlich immer in der Biologie unterliegt die Empfindlichkeit bzw. Resistenz eines Bakterienstammes gegenüber einem grundsätzlich wirksamen Antibiotikum einer Verteilung. Ein kleinerer Teil der Bakterien ist sehr empfindlich, ein großer Teil ist eher mittel empfindlich, und wiederum ein kleinerer Teil ist wenig empfindlich. Um mit einer Therapie Erfolg zu haben, aber auch um die Entwicklung von Resistenzen zu minimieren, müssen auch die wenig empfindlichen Bakterien bekämpft werden, ansonsten können sie sich blitzartig vermehren, da sie ja keine Konkurrenz mehr haben. Damit würde eine Selektion auf vermehrte Resistenz stattfinden.

Hinzu kommt, dass es bei der riesigen Vermehrungspotenz bei den Bakterien auch sehr häufig zu Mutationen kommt. Insbesondere durch solche Mutationen können Resistenzen gegen Antibiotika oder Desinfektionsmittel entstehen. Die Antibiotikaresistenz stellt nicht nur für die betroffenen heutigen Patienten, denen das Arzneimittel nicht hilft, sondern auch für künftig infizierte Individuen schlimmstenfalls eine tödliche Gefahr dar. Etliche dieser Resistenzgene können auch auf andere Bakterien, ja sogar über die Artgrenze hinweg, übertragen werden. Damit besteht die Gefahr nicht nur für das Tier oder den Tierbestand, sondern auch für den Menschen, zumal viele Bakterienarten sowohl Tiere als auch Menschen infizieren und zwischen ihnen zirkulieren können (Zoonoseerreger), wobei Resistenzeigenschaften ausgetauscht werden können.

Zur Minderung der Gefahr ist zunächst in jedem Fall tierärztlich zu prüfen, ob die Anwendung eines Antibiotikums überhaupt angezeigt ist. Im Falle von Infektionen durch Viren oder Pilze kann ein Antibiotikum per se nicht wirken und auch nicht jede bakterielle Infektion ist therapiewürdig. Auf keinen Fall sollte die Falknerin selbstständig auf Verdacht eine antibiotische Therapie beginnen, denn dadurch wird die Entstehung von Resistenzen gefördert und der diagnostische Nachweis der Erreger eingeschränkt - ganz davon abgesehen, dass bestimmte Wirkstoffe und falsche Dosierungen auch den behandelten Vögeln direkt schaden können! Die tierärztliche Diagnosestellung vor Anwendung verschreibungspflichtiger Arzneimittel, wozu die Antibiotika gehören, ist dabei auch rechtlich vorgeschrieben, widrigenfalls machen sich sowohl die arzneimittelabgebende Tierärztin als auch die anwendende Falknerin strafbar.

In allen Fällen, in denen erregerhaltiges Material gewonnen werden kann, ist ein Resistenztest im Labor Pflicht (z. B. der veränderte Schmelz bei Durchfall, ein Abstrich oder ein Wundsekret). Da die gängigen Resistenztests ein bis zwei Tage dauern, zusätzlich zum Zeitbedarf für den Transport zum Labor, wird oft die Therapie direkt nach der Probennahme begonnen. Ein Therapiebeginn vor der Probennahme ist kontraproduktiv, da auch im Patienten unwirksame Antibiotika oft das Testergebnis so stören, dass fälschlicher Weise eine Wirksamkeit angezeigt wird, die tatsächlich aber nicht gegeben ist. Das Ergebnis des Resistenztests ist von der Tierärztin zu dokumentieren und bei der amtlichen Kontrolle der tierärztlichen Hausapotheke vorzulegen.

Kann kein Material zur Untersuchung gewonnen werden oder muss ein Antibiotikum metaphylaktisch eingesetzt werden, z. B., weil ein Beizvogel durch einen freilebenden Artgenossen verletzt wurde, dann muss die Tierärztin diesen Befund ebenfalls dokumentieren.

Der Erfolg der Therapie hängt zusätzlich davon ab, dass das wirksame Antibiotikum in ausreichender Konzentration bei den Bakterien ankommt und dort ausreichend lange und passend wirkt. Die Art des zu bekämpfenden Bakteriums, der Ort der Infektion im Vogelkörper, die Verfügbarkeit und Wirkweise des Antibiotikums am Zielort und die zu erwartende Dauer einer wirksamen Konzentration des Antibiotikums am Zielort werden von der vogelkundigen Tierärztin bei der Höhe der Dosierung und der Dauer der Anwendung berücksichtigt. Die Anwendung muss korrekt nach Anweisung der Tierärztin erfolgen. Wird unterdosiert oder zu kurz behandelt, schwindet der Behandlungserfolg und die Resistenzentwicklung schreitet voran. Wird zu hoch dosiert oder zu lange behandelt, treten die Nebenwirkungen in den Vordergrund, ohne dass der Behandlungserfolg besser würde. Wichtige Hinweise für den Einsatz von Antibiotika geben die Leitlinien der Bundestierärztekammer, die unter **http://www.bundestieraerztekammer.de/downloads/btk/leitlinien/Antibiotika-Leitlinien_01-2015.pdf** heruntergeladen werden können. Da dieses Thema so bedeutsam ist, wird es in der Hintergrundinformation noch genauer dargelegt.

12.3.3.1.1 Antibiose im Überblick

Es gibt vier Problemfelder, die bei der Antibiose bedacht werden müssen:

1. Kein Antibiotikum wirkt grundsätzlich gegen alle relevanten Bakterien. Das hat mit dem unterschiedlichen Aufbau der Bakterien und den unterschiedlichen Wirkungsmechanismen der einzelnen Antibiotika zu tun. Es muss also vor der Anwendung erst einmal diagnostiziert werden, um welche Bakterienart es sich überhaupt handelt, das ist nur im Labor zuverlässig möglich.

2. Selbst wenn das Antibiotikum grundsätzlich gegen diese Bakterienart wirken sollte, kommt es doch sehr häufig vor, dass der spezielle Bakterienstamm gegen dieses

spezielle Antibiotikum oder gegen eine ganze Gruppe von Antibiotika eine Resistenz erworben hat. Damit ist natürlich kein Behandlungserfolg zu erreichen, die Krankheit des Vogels schreitet fort. Die Resistenzen gegen Antibiotika stellen aber nicht nur in der Tiermedizin, sondern auch in der Humanmedizin ein riesiges Problem dar. Dies vor allem auch, da die Resistenzgene von einem Bakterium auf ein anderes, auch über die Artgrenze hinweg, übertragen werden können. Von Bakterien beim Tier erworbene Resistenzen können also Menschen krankmachende Bakterien, und von Bakterien beim Menschen erworbene Resistenzen können für Tiere krankmachende Bakterien mit Resistenzgenen ausstatten. Krankenhauskeime, die gegen eine Vielzahl von Antibiotika resistent sind, führen in ganz erheblichem Maße zu Heilungsstörungen und Todesfällen beim Menschen. Auch aus diesem Grund sind Antibiotika verschreibungspflichtig und die Anwendung ist strengen Regeln unterworfen, die einen gemeinschaftlichen Ansatz von Human- und Tiermedizin im Blick haben müssen („One-Health-Approach").

Da die Resistenzlage bei Mykobakterien, einer Bakteriegruppe zu denen die Erreger der Tuberkulose und der Lepra zählen, bereits jetzt kritisch ist, wird die Behandlung von ohnehin prognostisch sehr schwierigen Mykobakterieninfektionen bei Tieren abgelehnt, um keine Resistenzzunahme bei Menschen zu riskieren.

Von Seiten einzelner Politikerinnen gibt es darüber hinaus immer wieder die Forderung, Antibiotika in der Tiermedizin gänzlich zu verbieten, um dadurch die Resistenzgefahr für Menschen zu mindern. Das wäre bei einem gewissenhaften Einsatz in der Tiermedizin jedoch nicht nur ungerechtfertigt und fachlich zweifelhaft, sondern zudem eine Katastrophe für die erkrankten und unter ihrer Erkrankung leidenden Tiere.

3. Das Antibiotikum muss in ausreichender Konzentration an die Bakterien herankommen. Das ist in vielen Fällen schwierig bis unmöglich, weil sich die Bakterien z. B. in Abszessen abgekapselt haben. Auch Gelenke oder das Gehirn sind nur schwer von Arzneimitteln zu erreichen.

4. Durch die Gabe eines Antibiotikums wird der Stoffwechsel des Vogelpatienten zusätzlich belastet. Schon allein der Abbau eines Medikaments kann Organe wie die Leber oder die Nieren erhebliche Energie kosten. Weiterhin hat annährend jedes Antibiotikum Nebenwirkungen, die mit einkalkuliert werden müssen. Nicht allein deshalb muss jeder Einsatz eines Antibiotikums bezogen auf den individuellen Zustand des Patienten gründlich abgewogen werden. Um die Wirkung zu garantieren, müssen Antibiotika über einen gewissen Zeitraum verabreicht werden. Weiterhin müssen einige dieser Wirkstoffe gespritzt werden, weil sie ***oral*** nicht oder nur eingeschränkt wirksam sind. Dies kann unter Umständen Stress für den Vogel (und die Falknerin) bedeuten.

12.3.3.2 Antimykotische Therapie

Eine Therapie mit Pilzmitteln (Antimykotika) ist langdauernd und komplex und gehört ausschließlich in tierärztliche Hand, zumal auch diese Arzneimittel Nebenwirkungen haben und verschreibungspflichtig sind. Auch Pilze können Resistenzen ausbilden, daher gilt für Antimykotika dasselbe wie für Antibiotika: der unüberlegte Einsatz dieser Medikamente durch die Falknerin ohne vorherige Untersuchung und Absprache mit der vogelkundigen Tierärztin und ohne entsprechende Diagnostik kann Resistenzen fördern, die Mensch und Tier langfristig ernsthaft gefährden können. Zudem werden antimykotische Therapien häufig ***multimodal*** durchgeführt, sodass Pilzmittel auf unterschiedlichen Wegen (oral, in die Vene, unter die Haut, in die Luftröhre oder/und in die Luftsäcke) parallel und oft gemeinsam mit Vitaminen und entzündungshemmenden Medikamenten verabreicht werden.

HINTERGRUND
INFORMATION

12.3.4 Entzündungshemmung

Eine reine entzündungshemmende Therapie ist bei Greifvögeln nur sehr selten angezeigt, denn das Wichtigste ist das Ausschalten der zugrundeliegenden Schädigung. Entzündungshemmende und zugleich schmerzlindernde Medikamente werden jedoch häufig ergänzend eingesetzt. Eine solche Wirkstoffgruppe stellen zum Beispiel die sogenannten NSAIDs (nicht-steroidale Antiphlogistika, d. h. keine Verwandten des Cortisons) dar. Davon haben sich einige Wirkstoffe (z. B. Meloxicam) bei vielen Greifvögeln als Schmerzmittel bewährt, während andere (z. B. Diclofenac) bei unterschiedlichen Arten (insbesondere bei Geiern) vielfach zu einem tödlichen Nierenversagen führen. Somit liegen die Wirkstoffauswahl, deren Anwendung und Dosierung in der tierärztlichen Entscheidungsgewalt. Eine andere Wirkstoffgruppe bilden die steroidalen Entzündungshemmer, zu denen Cortison gezählt wird. Von dessen Verwandten ist in der Greifvogelmedizin das Prednisolon am gebräuchlichsten, sie alle haben eine starke Schwächung des Immunsystems (Immunsuppression) als Nebenwirkung, die in den meisten Fällen tödlich endet. Sie dürfen von Tierärztinnen nur im Notfall nach präziser Diagnose und strenger Indikationsstellung eingesetzt werden.

HINTERGRUND
INFORMATION

12.3.5 Impfung

In Kapitel 11.4 wurde dargestellt, dass der Vogel bei dem Kontakt mit einer Vielzahl von Krankheitserregern oder deren Oberflächenstrukturen (den sogenannten Antigenen) mit der Produktion von bestimmten Abwehrzellen (Leukozyten wie den Fresszellen oder den B- und T-Lymphozyten) und spezifischen Abwehreiweißen (u. a. den Antikörpern) reagiert. Hat der Vogel die Erreger erfolgreich bekämpft und die Krankheit überstanden, so schützen die Abwehreiweiße und Abwehrzellen ihn vor einer erneuten Infektion mit dem jeweiligen Erreger, jedenfalls aber vor einem schweren Verlauf der entsprechenden Krankheit. In Kapitel 11.4.1.2 wurde auch schon ausgeführt, dass die wirklichen Krankheitserreger meist mehrere, oft viele verschiedene antigene Bestandteile haben, sodass der Vogel mit der Produktion von entsprechend vielen verschiedenen Antikörpern und Abwehrzellen reagiert.

Diese natürliche Immunisierung kann man nun nachahmen, indem man den Vogel mit entsprechenden Antigenen kontrolliert konfrontiert. Dies können beispielsweise den „bösen" Erregern ähnliche, aber nicht krankmachende bzw. durch „Zucht im Labor" künstlich abgeschwächte, lebende Mikroorganismen sein (sogenannte Lebendimpfstoffe), welche die Körperzellen infizieren und eine Abwehrreaktion hervorrufen. Die „bösen" Erreger können auch abgetötet werden, sodass sie nicht mehr vermehrungsfähig sind (sogenannte Inaktivat- oder Totimpfstoffe) (Angenvoort et al., 2014). Bei den sogenannten Subunit-Vakzinen werden lediglich Bestandteile der „bösen" Erreger injiziert und somit dem Immunsystem präsentiert, um dagegen eine gezielte Antikörperproduktion zu induzieren. Hierfür nimmt man gerne äußerlich zugängliche Bestandteile der Erreger wie die Eiweiße auf der Virushülle (Oberflächen- oder Hüllproteine), die von den Abwehrzellen leicht erkannt werden können. Modernere Impfstoffe bauen die Erregerinformation in die Hülle anderer, weniger schädlicher Erreger ein, um diese als Transportvehikel zu nutzen (z. B. Rekombinatvakzine oder Chimären). Die bislang modernste Variante der Impfstoffe veranlasst den Körper des Impflings selbst das Antigen herzustellen, indem ein kleiner Teil der Erbinformation des Erregers in Form von RNA oder DNA verabreicht wird. Danach produziert der Körper des Impflings selbst das Antigen, durch das dann das Immunsystem zur Reaktion angeregt wird (RNA- oder DNA-Impfstoffe). Dieses Verfahren wurde zur Bekämpfung der Corona-Pandemie beim Menschen ja millionenfach eingesetzt. Für Vögel wurden derartige Impfstoffe bislang bereits experimentell eingesetzt (z. B. zum Schutz vor einer Erkrankung durch das West-Nil-Virus), allerdings sind diese noch nicht kommerziell auf dem Markt erhältlich (Fischer et al., 2016).

In jedem Fall produziert der Körper des Impflings die Antikörper und Abwehrzellen aktiv selbst, deshalb wird diese Art der Impfung als aktive Immunisierung bezeichnet. Man kann aber auch einer wieder gesund gewordenen Patientin – in der Fachsprache als Rekonvaleszentin bezeichnet – Blutserum abnehmen und dieses direkt oder nach Reinigung als Impfstoff verwenden. Dann werden eben vor allem die aus dem Blut der genesenen Patientin gewonnenen und im Blutserum enthaltenen Antikörper passiv übertragen, weshalb man von einer passiven Immunisierung spricht. Als Impfung kommt für Vögel nur die aktive Immunisierung in Betracht. Impfstoffe für die passive Immunisierung sind weder auf dem Markt verfügbar, noch ist damit zu rechnen, dass sie in naher Zukunft auf den Markt kommen werden. Wenn also beim Vogel von Impfung oder Immunisierung die Rede ist, dann ist immer die aktive Immunisierung gemeint.

12.4 Lösungsmöglichkeit Handling inkl. Arzneimitteleingabe

Aus Angst, das Vertrauensverhältnis zwischen Falknerin und Vogel zu gefährden, möchte die Falknerin verständlicherweise Zwangsmaßnahmen zur Behandlung und Medikamenteneingabe auf das absolut notwendige Minimum reduzieren. Vieles kann im Vorfeld durch kontinuierliches, medizinisches Training vorbereitet werden. Dazu gehört die Behandlung der Fußsohle, der Fußoberseite oder der Ständer mit Salben, Cremes oder Spray, welche durch das tägliche Anfassen und Anheben dieser Bereiche trainiert werden kann. Ein regelmäßiges Kistentraining, also eine Gewöhnung an die Transportbox, erleichtert eine Inhalationsbehandlung, da das Inhalationsgerät in diesem Fall einfach außen an der Transportbox angebracht werden kann, um das Inhalat in die Box einzuleiten. Auch die behutsame Gewöhnung an die falknerische Haube gehört in gewisser Weise zum medizinischen Training, da Vögel unter der Haube stressfrei oder zumindest deutlich stressärmer über eine Inhalation, mittels Injektionen (z. B. in den Brustmuskel oder unter die Haut), aber auch mit Laser, Ozon, Kaltplasma oder Blutegeln behandelt werden können. Der Vorteil der falknerischen Haube konnte in diesem Zusammenhang deutlich in einer Studie an amerikanischen Rotschwanzbussarden gezeigt werden, wo verhaubte Individuen eine deutlich geringere Herz- und Atemfrequenz sowie einen niedrigeren Blutdruck während der Behandlung aufwiesen als unverhaubte (Doss und Mans, 2016). Injektionen in den Brustmuskel (intramuskulär) können dem verhaubten Vogel von der geübten Tierärztin häufig auf der Faust stehend gegeben werden. Orale Medikamente (z. B. Tabletten oder Suspensionen) können meist im Futter versteckt verabreicht werden. Hier eignen sich zum Beispiel Hühner- oder Tauben-

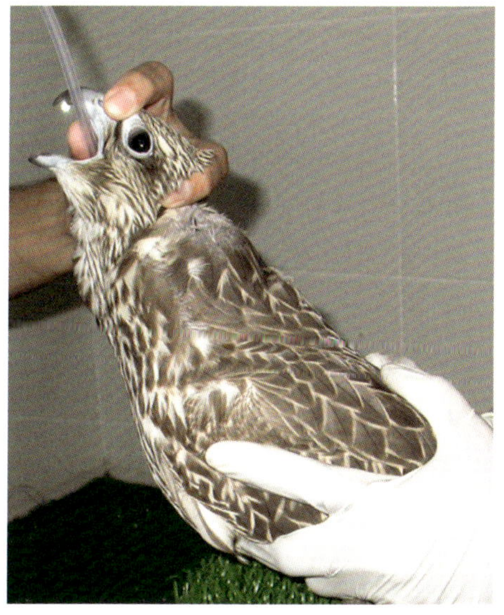

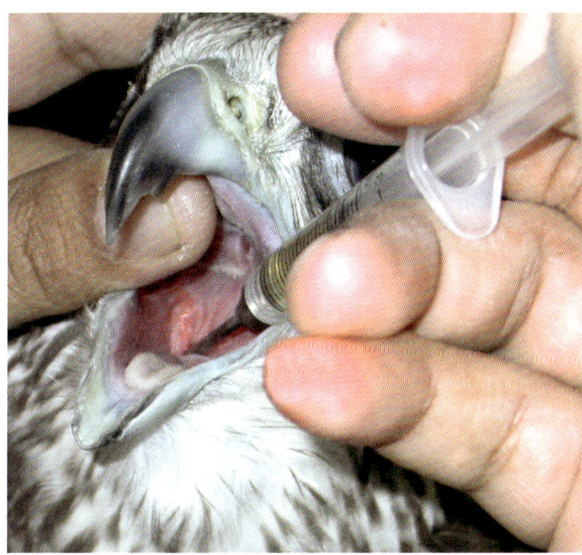

Abb. 12.10: Orale Medikamenteneingaben bei zwei Gerfalken. Links werden Medikante über einen Schlauch in den Magen gegeben und rechts mittels einer metallischen Knopfkanüle in den Kropf (Fotos: D. Fischer)

herzen, kleine Fleischstücke sowie die Köpfe, Schenkel oder Mägen von Eintagsküken als Versteck.

In manchen Fällen müssen Greifvögel zur Behandlung aber auch fixiert werden. Dabei gilt es den Eigenschutz zu beachten und Verletzungen durch die Krallen und den Schnabel des Vogels zu vermeiden. Eine Fixierung erfolgt am besten unter Zuhilfenahme eines Handtuchs, das möglichst schnell und gezielt über den Rücken des Vogels gelegt wird. Dieses kann bei unverhaubten Vögeln auch zur Abschirmung der Augen (optische Ruhigstellung) des Vogels genutzt werden. Hauptsächlich soll es aber die Flügel bedecken, die man auch gleich (durch das Handtuch) mit den Handflächen umfasst und den Vogel dabei behutsam runterdrückt. Mit dem gleichen Griff fixiert man die Ständer des Tieres, sodass diese gesichert sind. Zusammengefasst umgreifen die Handflächen also jeweils eine angelegte Schwinge und einen angezogenen Ständer auf Höhe des oberen Unterschenkels. Der Vogel wird nachfolgend mit dem Rücken an die Brust der Halterin gedrückt. Keinesfalls sollte dabei das Brustbein komprimiert werden, um die Atmung nicht zu behindern.

Alternativ kann auch versucht werden am stehenden Greifvogel mit einer Hand von hinten um die Ständer zu greifen und diese so zu fixieren. Der Zeigefinger liegt

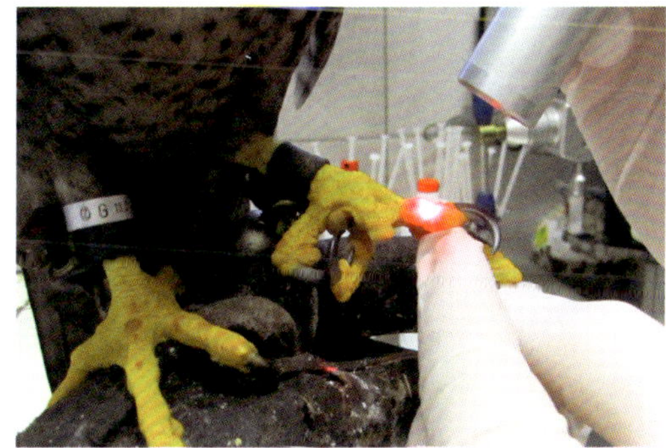

Abb. 12.11: Zur Unterstützung der Wundheilung kommt auch bereits moderne Soft-Lasertherapie zum Einsatz wie hier am Finger eines Wanderfalkenterzels (Foto: D. Fischer, Klinik für Vögel, Reptilien, Amphibien und Fische, JLU Gießen)

dabei zwischen beiden Ständern, Daumen und Mittelfinger greifen je von außen den rechten bzw. den linken Ständer. Bei größeren Vögeln sollten die Ständer einzeln mit je einer Hand gegriffen und fixiert werden, ähnlich dem Vorgehen beim Geschühwechsel, um mit ausreichend Kraft die starken Fänge zu sichern. Ein Schlagen der Flügel wird durch vorsichtiges Umwickeln mit dem Handtuch verhindert.

Abb. 12.12: Fixierung eines gerade aus der Voliere herausgefangenen Adlerbussards mittels Arbeitslederhandschuhen. Zwischen den Beinen wird ein gewisser Mindestabstand gehalten, sodass der Vogel nicht mit einem Fang in den anderen greifen kann. Die Flügel werden angelegt an den Unterarm und den Körper der haltenden Person gedrückt (Foto: D. Fischer)

Bei jeder Manipulation ist wichtig, dass das Federkleid nicht beschädigt wird, um keine Einschränkung der Flug- und Jagdtauglichkeit zu riskieren. Falls nötig können Tabletten vielen Vögeln direkt in den Schnabel eingegeben werden. Hierzu muss der Schnabel geöffnet und sicher offengehalten werden. Das ist durch Fingerdruck im Bereich des weichen Schnabelwinkels, zwischen Ober- und Unterschnabel erreichbar. Die Tablette muss seitlich an der mittigen Kehlkopföffnung, die meist genau in Verlängerung der Zunge liegt, vorbei eingeschoben werden. Keinesfalls darf die Tablette in die Kehlkopföffnung und damit in die Luftröhre gelangen. Gleiches gilt für flüssige Medikamente. Wenn diese direkt aus der Spritze über den weichen Schnabelwinkel getropft werden, muss dies langsam geschehen und der Kopf sollte leicht schräg gehalten werden, um die Flüssigkeit rechtsseitig an der Kehlkopföffnung vorbeizuleiten. Alternativ kann auch eine lange Spritze oder ein weicher Schlauch rechts an der Öffnung vorbeigeführt und erst dann das Medikament abgesetzt werden. Gleiches muss die Tierärztin beachten, wenn sie eine Knopfkanüle oder eine Magenschlundsonde einsetzen will. Diese müssen rechtsseitig an der Kehlkopföffnung vorbei und bei gestrecktem Hals in die Speiseröhre (rechte Halsseite) eingeführt und bei gestrecktem Hals vorsichtig in den Kropf vorgeschoben werden. Vor Applikation ist zwingend der ordnungsgemäße Sitz der Knopfkanüle zu kontrollieren, damit diese keinesfalls in der Luftröhre zum Liegen kommt.

Injektionen unter die Haut (subkutane Injektionen) in die Kniefalte, den Nacken oder den Flankenbereich sind ebenso tierärztliche Aufgabe wie Injektionen in den Brustmuskel (intramuskuläre Injektion) oder Injektionen in den Unterschenkel- oder Unterarmknochen (intraossäre Injektion). Auch die intravenöse Therapie in die Flügel-, Innenschenkel- oder Halsvenen sollte ausschließlich tierärztlichem Personal vorbehalten sein

Checkliste Schutz vor Krankheiten

- ☑ Reinigung ist eine wichtige tierhalterische Maßnahme, die jeder Desinfektion vorgeschaltet sein muss
- ☑ Desinfektion macht nur Sinn bei bestimmten nachgewiesenen Krankheitserregern, nur auf glatten Flächen und bei Beachtung der vorgeschriebenen Rahmenbedingungen, sie kann auch schaden
- ☑ Antibiotika wirken oft gegen Bakterien, aber nie gegen Viren
- ☑ zur Minimierung des Risikos der Entwicklung von antibiotikaresistenten Bakterienstämmen sind die gesetzlich vorgeschriebenen tierärztlichen Untersuchungen und die Befolgung der tierärztlichen Anweisungen notwendig
- ☑ Dreh- und Angelpunkt jeglicher Parasitenbekämpfung ist die sorgfältige Laboruntersuchung. Behandlungen ohne Diagnose schaden mehr als sie nutzen
- ☑ Wirkstoffe und Dosierungen von Arzneimitteln müssen für Vögel und teils für die jeweilige Vogelart exakt passen, da Nebenwirkungen gefährlich und unter Umständen sogar tödlich sein können. Keinesfalls sollte die Falknerin auf eigene Faust und ohne Rücksprache mit der Tierärztin Medikamente einsetzen
- ☑ ein medizinisches Training, einschließlich der Berührung und der Untersuchung der Füße, der Öffnung des Schnabels, sowie des Hauben- und des Kistentrainings, erleichtert die Untersuchung und im Bedarfsfall die Therapie des Vogels

13

Ausgewählte praxis- und tierschutzrelevante Krankheiten der Greifvögel

Im Folgenden wird auf einige, besonders wichtige und relevante Greifvogelkrankheiten eingegangen, welche die Falknerin kennen sollte. Dies bildet wohlgemerkt aber nur einen kleinen Teil der möglichen Erkrankungen der Beizvögel ab und kann in diesem Rahmen gar nicht den Anspruch auf Vollständigkeit erheben. Die Vielzahl der im mehrjährigen Studium der Tiermedizin und der darauffolgenden Weiterbildung in der Vogelmedizin behandelten Erkrankungen und Verletzungen kann hier nur punktuell wiedergegeben werden. Für weiterführende Informationen sei auf die internationale Fachliteratur im Bereich der Vogelmedizin verwiesen, aus der einige wichtige Textbücher und Artikel im Literaturverzeichnis aufgeführt wurden. Die folgende Aufzählung soll an dieser Stelle die Falknerin für mögliche Symptome sensibilisieren. Am Ende ist aber klar, dass nur die Konsultation einer vogelkundigen Tierärztin, die dann eine entsprechende Diagnostik und eine zielgerichtete Therapie einleitet, bei den hier aufgeführten Krankheiten helfen kann.

13.1 Erkrankungen durch Viren

Bei Viren handelt es sich im Wesentlichen um kleine Proteinhüllen, in denen Erbinformation in Form von DNA oder RNA gespeichert ist (siehe 10.3.2). Das Virus ist somit für seine Vermehrung auf die Zellen von Pflanzen, Tieren oder Menschen angewiesen. Daher verfügen Viren über Oberflächenproteine, die ein Anheften und ein Eindringen in die Wirtszelle ermöglichen.

Viruserkrankungen sind tückisch, da man den erkrankten Vogel in der Regel nicht mit spezifischen Medikamenten wirksam therapieren kann, sondern meist nur die Begleitsymptome mildern und die Immunabwehr des Vogels unterstützen kann. Antibiotika wirken beispielsweise nicht gegen Viren, wie häufig fälschlicher Weise angenommen wird. Weiterhin lassen sich Viren zum Teil sehr einfach übertragen: einige Viruspartikel werden sogar über die Luft transportiert. Ob eine Reinigung oder Desinfektion dabei gegen die Verbreitung des Virus hilft, ist insbesondere von dessen Hülle abhängig. Behüllte Viren sind – entgegen der ersten Erwartung – meist einfacher durch Desinfektion unschädlich zu machen als unbehüllte Viren (siehe 12.1.1). Einige der aufgeführten Erreger sind zoonotisch. Das bedeutet, dass sie auch beim Menschen zu Erkrankungen führen können, zu den sogenannten Zoonosen. Bei diesen Erregern ist daher besondere Vorsicht geboten.

13.1.1 Aviäre Influenza (Vogelgrippe/ Geflügelpest, AIV), Zoonose ANZEIGEPFLICHTIG

Ähnlich der menschlichen Grippe, die auch als humane Influenza bezeichnet wird, sind die Erreger der aviären Influenza bestimmte Influenzaviren (AIV) aus der Gruppe der Influenza A Viren. Ihre Hülle verfügt über ***Glykoproteine*** auf der Virusoberfläche, die für die Wechselwirkung mit den Wirtszellen und somit für deren Infektion im Wirtsorganismus ausschlaggebend sind. Man unterscheidet dabei das Oberflächenprotein Hämagglutinin (abgekürzt H) mit den Subtypen 1 bis 19 vom Oberflächenprotein Neuraminidase (abgekürzt N) mit den Subtypen 1 bis 11. In Kom-

Abb. 13.1: Völlig teilnahmsloser und schläfriger, wilder Habicht kurz nach Transport zur tierärztlichen Praxis (links; Foto: T. Schön, Wildvogelhilfe Saalekreis). Apathischer Wanderfalke, der sich zuvor erbrochen hat und schlitzförmig verengte Augenlider zeigt (rechts; Foto: D. Fischer)

bination ergeben die beiden die auch häufig in den Medien verwendeten Beschreibungen des AIV-Typs, z. B. H5N1 oder H5N8 (siehe Abb. 10.3). Leider verfügen Influenzaviren über die Fähigkeit sehr schnell zu mutieren und damit neben anderen Eigenschaften auch die Oberflächenproteine zu verändern. Erfahrungsgemäß verursachen vor allem die Viren mit den Hämagglutinin-Subtypen H5 und seltener H7 regelmäßig schwere Erkrankungsverläufe bei verschiedenen Vögeln einschließlich Greifvögeln, weshalb ein Ausbruch mit diesen Subtypen immer als besorgniserregend gilt. Auch in den Jahren 2021 bis 2023 waren es vor allem H5-Subtypen (z. B. H5N1, H5N8 und H5N3), die in Deutschland und weiten Teilen Europas Wassergeflügel, Möwen, Watt- und Meeresvögel, Hühnervögel und verschiedene Greifvögel infizierten und zu schweren Erkrankungs- und Todesfällen führten und sogar menschliche Erkrankungsfälle verursachten. Im Frühjahr und Sommer verstarben vermehrt adulte Wanderfalken und die auf sie angewiesene Brut in Nordrhein-Westfalen, Niedersachsen, Bayern und anderen Bundesländern.

Neben der Kombination der Oberflächenproteine unterscheidet man bei den krankmachenden (pathogenen) Influenzaviren zwischen hoch ansteckenden (hoch virulenten) und schwach ansteckenden (niedrig virulenten) Virusstämmen. Erst bei hoch virulenten Stämmen wird von der „Klassischen Geflügelpest" gesprochen, ansonsten von niedrig virulenter aviärer Influenza. Die Geflügelpest gehört zu den ***anzeigepflichtigen*** Tierseuchen in Deutschland und Europa, sodass jede Falknerin, jede Tierärztin, jede Tierpflegerin und alle anderen Personen, die mit Tieren zu tun haben, jeden Verdacht auf die Tierseuche dem zuständigen Veterinäramt umgehend anzeigen müssen. Begründung dafür ist, dass sie sich schnell verbreitet, einen immensen wirtschaftlichen Schaden in der Lebensmittelbranche verursacht und einige Virusstämme auch auf den Menschen (Zoonose), auf Haussäugetiere (z. B. Katzen und Marderartige) und Wildsäugetiere (z. B. Füchse, Otter, Waschbären, Bären, Luchse, Seehunde und Robben) überspringen und dort schädigen können.

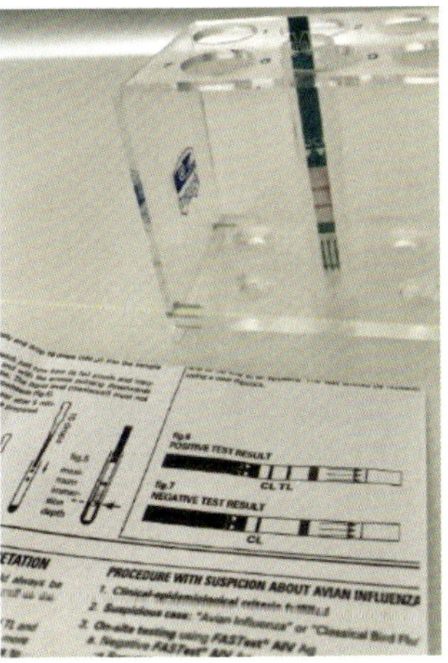

Abb. 13.2: Bläulich getrübtes Auge eines mit H5N1 infizierten Wanderfalken (oben). Blutungen an der Haut, sichtbar im Augenbereich eines frisch verstorbenen Wanderfalken (unten links). Positiver Schnelltest eines mit H5N1 infizierten, wilden Wanderfalken vor Aufnahme in die Auffang- und Pflegestation (unten rechts; Fotos: M. Grebe, Greifvogelhilfe Rheinland e.V.)

Influenzaviren werden über Sekrete wie Nasenausfluss und Tränenflüssigkeit, aber auch durch den Kot infizierter Vögel ausgeschieden. Auch blutsaugende Parasiten wie die rote Vogelmilbe können sie übertragen. Greifvögel infizieren sich jedoch meist über den Verzehr infizierter Vögel, z. B. beim Fressen eines AIV-haltigen Kadavers oder von infiziertem Beutewild. Da der Vogelzug als einer der Hauptübertragungswege angesehen wird, bergen Zugrouten, Rast- und Aufenthaltsplätze von Zugvögeln (insbesondere von Wassergeflügel) ein gewisses Risiko. Während der Erreger in der Vergangenheit meist auf Herbst, Winter und Frühjahr beschränkt war, so werden in den letzten Jahren ganzjährig Fälle in zunehmender Häufigkeit beobachtet.

Die Symptome bei Greifvögeln sind vielfältig und können von Appetit- und Teilnahmslosigkeit (siehe Abb. 13.1) über Blutungen, Ödeme und Atemwegssymptome wie Atemnot bis hin zu schweren zentralnervösen Störungen wie Lähmungen, Gleichgewichtsstörungen und Krämpfen reichen. Auch plötzliche Todesfälle sowie Augenveränderungen (z. B. eine getrübte und bläulich erscheinende Hornhaut) (siehe Abb. 13.2) sind nicht selten.

Das Virus kann über einen Rachen- und Kloakentupfer mittels PCR-Test nachgewiesen werden und auch für den Nachweis von Antikörpern im Blut existieren etablierte Verfahren. Allerdings ist der Krankheitsverlauf häufig sehr rasant, sodass die Ergebnisse der Diagnostik teils erst nach dem Tod des Patienten eintreffen. Die in der Praxis gebräuchlichen AIV-Schnelltests (siehe Abb. 13.2) sind nur im positiven Fall beweisend, geben aber bei negativem Testergebnis keine Sicherheit.

Bei einer AIV-Infektion bleiben die therapeutischen Möglichkeiten leider auf die Behandlung der auftretenden Symptome beschränkt und eine Therapie bei bestätigter Geflügelpest ist sogar rechtlich verboten. Demnach bleibt nur die Möglichkeit, Tiere mit Verdacht auf AIV schnellstmöglich zu testen und den Vogel bis zum Eintreffen der Ergebnisse so streng wie möglich von anderen Vögeln getrennt zu halten (strikte Quarantäne) sowie die entsprechenden Hygiene- und Desinfektionsmaßnahmen durchzuführen. Eine Verschleppung der Tierseuche muss in jedem Fall vermieden werden, erst recht aus eigenem Interesse in den eigenen Vogelbestand und in die Familie hinein.

Während eines Geflügelpest- bzw. Vogelgrippe-Ausbruchs und insbesondere in einem Risikogebiet sollte die Falknerin vorsorglich auf die Beizjagd, insbesondere auf die Jagd auf Federwild, verzichten und die Vorgaben der zuständigen Behörden einhalten (z. B. Aufstallungspflicht). Es sei an dieser Stelle erwähnt, dass die klinischen Symptome bei manchen Vogelgruppen (z. B. verschiedenen Enten- und Gänse- sowie Taubenarten) nach einer AIV-Infektion sehr gering sein oder sogar gänzlich fehlen können, sodass ein gewisses Infektionsrisiko bei Kontakt des Greifvogels zu Wildvögeln besteht.

Auch bei der Aufnahme von Wildgreifvogelpfleglingen ist in Risikogebieten und bei Vorliegen obiger Symptome größte Vorsicht geboten. In dieser Zeit ist eine strikte Quarantäne wichtiger denn je und verdächtige Vögel sollten nur mit persönlicher Schutzausrüstung (Infektionsmedizinischer Overall, Mundschutz und Einmal-Schutzhandschuhe) gehalten und transportiert, umgehend auf AIV getestet und streng vom übrigen Bestand isoliert gehalten werden. Eine frühzeitige und gute Zusammenarbeit mit den zuständigen Veterinärbehörden ist sehr wichtig.

Die Falknerin kann sich auf der Seite des Nationalen Referenzlabors, des Friedrich-Loeffler-Instituts, stets über das aktuelle Tierseuchengeschehen, aber auch über Vorbeugemaßnahmen und aktuelle Risikoeinschätzungen informieren (siehe **https://www.fli.de/de/aktuelles/tierseuchengeschehen/aviaere-influenza-ai-gefluegelpest**).

Steckbrief Geflügelpest / Vogelgrippe, Erkrankung durch Viren, Zoonose	
ANZEIGEPFLICHTIG	
Erreger	(hochpathogene) Aviäre Influenzaviren, Gattung Alpha-Influenzavirus, Familie Orthomyxoviridae, behüllte RNA-Viren
Verbreitung	weltweit
Tenazität	gering bei Wärme und UV-Bestrahlung, aber hoch in Kot und feuchtem Milieu, vor allem bei niedrigen Temperaturen; gegen viruzide Desinfektionsmittel empfindlich
Übertragung	direkt über Sekrete (Nasen- & Augenausfluss), Kot, orale Aufnahme infizierter Tiere
Infektiosität	je nach Stamm, teils sehr hoch
Inkubationszeit	wenige (18-36) Stunden bis Tage
Symptome	Appetit- und Teilnahmslosigkeit, Blutungen, Ödeme, Atemnot, zentralnervöse Störungen (z. B. Lähmungen, Gleichgewichtsstörungen und Krämpfe), Augenveränderungen (z. B. getrübte / bläulich erscheinende Hornhaut)
Verlauf	plötzliche Todesfälle möglich
Diagnose	PCR, Antikörper-Nachweis, , AIV-Antigen-Schnelltests (unsicheres Ergebnis)
Therapie	keine
Prophylaxe	allgemeine Hygienemaßnahmen, Reinigungs- und Desinfektionsmaßnahmen (v. a. des Schuhwerks), Impfung in Deutschland bislang verboten

13.1.1.1 Virulenz-Einteilung AIV

Bei den krankmachenden (pathogenen) aviären Influenzaviren wird zwischen hoch ansteckenden (hoch virulenten) und schwach ansteckenden (niedrig virulenten) Virusstämmen unterschieden. Erstgenannte lösen die „Klassische Geflügelpest" aus. Letztgenannte die niedrig virulente aviäre Influenza. Da in der international verwendeten englischen Sprache von highly pathogenic und low pathogenic gesprochen wird, findet sich häufig die Abkürzung HPAI (highly pathogenic avian influenza) bei hoch virulenten und LPAI (low pathogenic avian influenza, ***meldepflichtig*** beim Auftreten bei Wildtieren) bei niedrig virulenten Stämmen. Der Grad der krankmachenden Eigenschaften eines Virusstamms wird traditionell an ca. sechs Wochen alten Hühnern bestimmt, indem diese in speziellen Hochsicherheitslaboren (in Deutschland ist dies das Friedrich-Loeffler-Institut auf der Insel Riems bei Greifswald) mit dem zu testenden Virus, das z. B. bei einem Ausbruch isoliert wurde, durch intravenöse Injektion infiziert werden. Nachfolgend wird über 10 Tage beobachtet, wie viele Hühner erkranken oder sterben und wie viele nicht erkranken. Dies wird zur Berechnung eines sogenannten intravenösen Pathogenitätsindexes (IVPI) genutzt. Ein Pathogenitätsindex von 1,2 und höher gilt als hochvirulent (also als HPAI oder Geflügelpest), ein Index darunter als niedrig virulent (also als LPAI oder niedrig virulente aviäre Influenza). Heute nutzt man anstelle des Tierversuchs vielfach molekularbiologische Methoden zur genauen Untersuchung der Genstruktur des Virus, die für das Oberflächenprotein Hämagglutinin verantwortlich ist. Dort kann anhand der Genstruktur abgeschätzt werden, ob die Virusinfektion auf den Magendarmtrakt oder den Atemtrakt beschränkt bleibt oder nahezu jede Körperzelle infizieren kann. Die Unterscheidung der Virulenz generell ist nicht nur wichtig, um die Infektionsgefahr der Viren für Vögel besser abschätzen zu können, sondern auch aus rechtlichen Gründen. Die Restriktionsmaßnahmen im Sinne einer Tierseuchenbekämpfung und auch die wirtschaftlichen Folgen sind bei einem Ausbruch der Geflügelpest immer viel höher und schwerwiegender als bei niedrig virulenten Influenzaviren.

13.1.1.2 Impfung gegen AIV

Den besten Schutz vor einer Erkrankung durch Influenzaviren würde eine Impfung gegen AIV bieten, welche jedoch derzeit in Deutschland noch rechtlich verboten ist und sehr aufwändige Ausnahmegenehmigungen erfordert, die bis vor kurzem sogar der Zustimmung der EU bedurften. Experimentell wurde eine Impfung bereits bei Großfalken erprobt (Lierz et al., 2007). In einigen Ländern wie Frankreich, der Schweiz und Dänemark werden Zoo- und Falknervögel seit einigen Jahren regelmäßig und erfolgreich mit kommerziell erhältlichem Impfstoff gegen AIV geimpft (aktuell z. B. Inaktivatvakzin H5N2 (MSD) oder H5N9 (Merial)). Es werden keine Nebenwirkungen und ein zufriedenstellender Schutz vor Erkrankung und Tod als bisherige Impferfahrung berichtet. In Frankreich wurde im Oktober 2023 in Entenbeständen sogar eine groß angelegte Impfinitiative gegen die Geflügelpest gestartet, die in den überwiegenden Mehrheit der Betriebe Erkrankungen verhindern konnte. Gemäß EU-Verordnung (Delegierte VO (EU) 2023/361) und AHL (Animal Health Law) können auch in Deutschland auf Antragstellung und nach einem aufwändigen Genehmigungsverfahren Ausnahmegenehmigungen vom nationalen Impfverbot erteilt werden. Diese Ausnahmen werden allerdings immer an Bedingungen der Nachkontrolle und weiterer Tierseuchenvorbeugemaßnahmen geknüpft. Aktuell ist in Anbetracht der zunehmenden und ganzjährig auftretenden Geflügelpestfälle die bisher sehr restriktive Impfstrategie gegen AIV in der Diskussion und es wird eine Vereinfachung der Zulassung zur Impfung in Aussicht gestellt.

13.1.2 Newcastle Krankheit (atypische Geflügelpest, ND), Zoonose ANZEIGEPFLICHTIG

Die Newcastle Krankheit (oder Newcastle Disease, abgekürzt ND) wird auch als „atypische Geflügelpest" bezeichnet, da die Schwere der klinischen Symptome, die rasante Verbreitung und die damit verbundenen Todesfälle der ND denen der klassischen Geflügelpest sehr ähneln. Wie die Geflügelpest zählt auch die Newcastle Krankheit zu den anzeigepflichtigen Tierseuchen, bei der oben genannte Maßnahmen der umgehenden Anzeige beim Veterinäramt unbedingt zu beachten sind. Sie wird durch das Aviäre Paramyxovirus-1

(PMV-1 oder Avulavirus-1) hervorgerufen, welches bereits bei mehr als 250 Vogelarten nachgewiesen und als Erreger einer ***Konjunktivitis*** beim Menschen beschrieben wurde.

Betroffen sind vor allem Wirtschaftsgeflügelarten wie Hühner und Puten sowie Tauben, wobei letztere jedoch in den meisten Fällen eine taubenspezifische Variante des Virus aufweisen. Greifvögel infizieren sich in der Regel durch die Aufnahme infizierter oder frisch geimpfter Futtertiere, auch wenn eine Infektion über Speichel, Kot und Blut ebenfalls möglich wäre. In Deutschland werden Hühner, Puten und Tauben standardmäßig gegen ND bzw. die taubenspezifische Variante des Paramyxovirus geimpft. Im Gegensatz zur Geflügelpest besteht bei Hühnern und Puten sogar eine Impfpflicht gegen ND, die für alle privaten und kommerziellen Geflügelhaltungen Gültigkeit hat.

Die Symptome bei infizierten Vögeln sind vielfältig und insgesamt wenig spezifisch. Sie ähneln den Symptomen der Geflügel-

Abb. 13.3: Juveniler Rotschwanzbussard mit Kopfschiefhaltung, wie sie bei einer Infektion mit ND-Viren auftreten kann (Foto: D. Fischer)

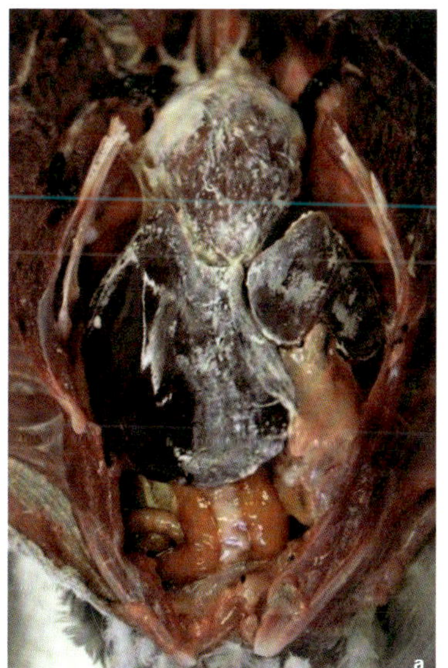

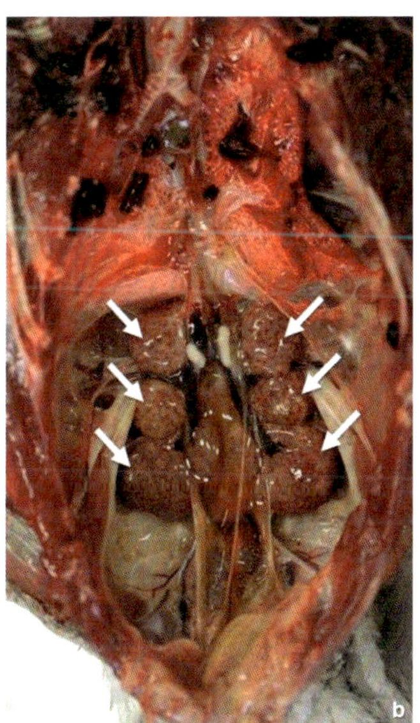

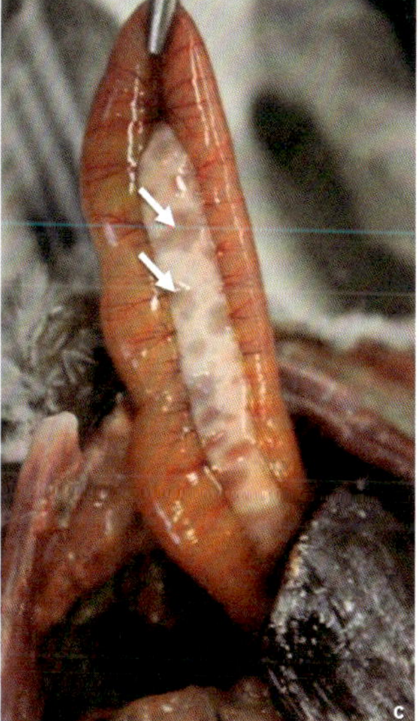

Abb. 13.4: Sektionsbilder einer an Paramyxoviren erkrankten Taube mit Gichtauflagerungen auf den inneren Organen (im Bild insbesondere Herzbeutel und Leber) (links), ***Nekrosen*** und Abszessen in der Niere (Mitte) und blasigen Entzündungen in der Bauchspeicheldrüse (rechts; Fotos: M. Peters, CVUA Westfalen)

pest: Appetitlosigkeit, Atemnot, Blutungen, Erbrechen und Durchfall bis hin zu neurologischen Symptomen wie Zuckungen, Krämpfen, Bewegungsstörungen (siehe Abb. 13.3) und Kopfschiefhaltung. Vor allem junge Vögel versterben meist sehr schnell.

Die Newcastle Krankheit kann über einen PCR-Test diagnostiziert werden. Auch Blutuntersuchungen für den Nachweis von Antikörpern stehen zur Verfügung. Da die Erkrankung aber häufig sehr schnell tödlich verläuft und keine Therapie möglich ist, wird die Diagnose meist erst nach dem Tod im Rahmen einer Sektion gestellt (siehe Abb. 13.4).

Um die Infektion des eigenen Beizvogels zu verhindern, sollte die Herkunft der bezogenen Futtertiere bekannt und sicher sein (z. B. nur aus zuvor negativ getesteten Beständen). Auch sollte der Kontakt der Falknerin zu Tauben- und Geflügelhaltungen vermieden bzw. nach einem Besuch die entsprechenden Hygienemaßnahmen eingehalten werden (z. B. Kleidungs- und Schuhwechsel). Dies gilt selbstverständlich auch für alle Besucherinnen und Kolleginnen, die den Greifvogelbestand aufsuchen und zuvor Kontakt zu Geflügel oder anderen potenziell infizierten Vögeln hatten. Eine spezifische Impfung gegen ND für Greif-

Steckbrief Newcastle Krankheit, Erkrankung durch Viren, Zoonose	
ANZEIGEPFLICHTIG	
Erreger	Aviäres Paramyxovirus-1, Subfamilie Avulavirinae, Familie Paramyxoviridae, behüllte RNA-Viren
Verbreitung	weltweit
Tenazität	hoch, insbesondere im feuchten und kalten Milieu
Übertragung	direkt über Speichel, Kot und Blut, vor allem über orale Aufnahme infizierter Tiere
Infektiosität	je nach Stamm, teils sehr hoch
Inkubationszeit	wenige Stunden bis Tage, meist 4-7 Tage
Symptome	Appetitlosigkeit, Atemnot, Blutungen, Erbrechen, Durchfall, zentralnervöse Störungen (z. B. Zuckungen, Gleichgewichtsstörungen und Kopfschiefhaltung)
Verlauf	plötzliche Todesfälle möglich
Diagnose	PCR, Antikörper-Nachweis
Therapie	keine
Prophylaxe	allgemeine Hygienemaßnahmen, Reinigung und Desinfektion, Futtertierhygiene, Impfung möglich, aber zurzeit nicht erhältlich

vögel war vor einigen Jahren in den Vereinigten Arabischen Emiraten erhältlich, ist aber nun seit längerem bereits nicht mehr verfügbar, sodass eine Impfung des Beizvogels zur Vorbeuge derzeitig praktisch nicht möglich ist.

13.1.3 West-Nil-Virus (WNV) Erkrankung

Das West-Nil-Virus (WNV) zählt zur Virusfamilie der Flaviviren und ruft Infektionen bei Tieren (Vögel, Säugetiere, Reptilien und Amphibien) und Menschen hervor. Es wird, genau wie das nahverwandte Usutu-Virus (13.1.4), durch Stechmücken und seltener auch durch Zecken übertragen und kann in diesen sogenannten ***Vektoren*** sogar „überwintern". Beide Viren stammen ursprünglich aus Afrika und gelangen nun durch die im Zuge der Globalisierung gestiegene Reise- und Handelstätigkeit und die weltweite Klimaerwärmung immer weiter gen Norden. Das West-Nil-Virus ist nach dem ehemaligen West-Nil-Distrikt, dem heutigen Uganda, benannt, wo es 1937 erstmals ein unerklärliches Fieber bei einer Frau auslöste. Seit 2018 treten Fälle in Deutschland auf, nachdem es in den Vorjahren bereits in Österreich, Ungarn, Tschechien und den Mittelmeerstaaten gastierte. Als wichtigster Verbreitungsweg wird der Vogelzug angesehen, da Vögel die Hauptwirte des WNV darstellen und Flaviviren lange im Blutkreislauf und den Körperorganen beherbergen können. Von infizierten Vögeln nehmen Mücken bei ihrer Blutmalzeit wiederum Virus auf, welches sie dann an andere Tiere und Menschen weitergeben können. In Säugetieren und Menschen vermehrt sich das Virus meist nicht ausreichend, um Mücken infizieren zu können, wie dies bei Vögeln möglich ist.

Während viele infizierte Tiere und Menschen keine klinischen Symptome zeigen, können einige Vogelarten (z. B. Habichte), Pferde und manche Menschen schwere und teils tödliche Erkrankungen entwickeln. West-Nil-Virus Erkrankungen wurden bereits bei verschiedenen Greifvögeln einschließlich Falken (z. B. Wander-, Bunt- und Gerfalken), Habichten, Sperbern, Adlern (z. B. Weißkopfsee-, Stein-, Kaiser- und Habichtsadler) und Geiern (z. B. Kalifornische Kondore oder Bartgeier) sowie bei Rotschwanz- und Wüstenbussarden nachgewiesen. Insgesamt wurden WNV-Infektionen bereits bei über 200 Vogelarten festgestellt. Vor allem aber Habichte scheinen für eine Erkrankung nach WNV-Infektion anfällig zu sein.

Infizierte Vögel können Symptome wie Teilnahmslosigkeit, Gewichtsverlust, Verdauungsstörungen (Würgen, Durchfall), Federveränderungen, neurologische Störungen wie Krämpfe, Bewegungsstörungen (siehe Abb. 13.5) und Augenveränderungen bis zur Erblindung sowie plötzliches Versterben zeigen. Daneben sind auch symptomlose Verläufe dokumentiert.

Zum Nachweis des Erregers kann ein PCR-Test durchgeführt werden. Durch Blutuntersuchungen kann man nachweisen, ob ein Vogel in der jüngeren Vergangenheit Kontakt zum Erreger hatte, indem man neben der Virus-RNA auch auf spezifische Antikörper gegen WNV untersucht. Insbesondere in Endemie-

Abb. 13.5: Wilder Habicht mit starken neurologischen Symptomen und Orientierungslosigkeit (Foto: G. Vergatos)

gebieten, in denen es also bei Pferden und Menschen zu vermehrten WNV-Fällen kommt, sollten alle Vögel mit verdächtigen Symptomen auf WNV getestet werden.

Eine wichtige Vorbeugemaßnahme ist die Bekämpfung der Vektoren (Fischer et al., 2019), das heißt der Stechmücken. Neben Mosquitonetzen können Pheromon- oder Lichtfallen verwendet werden. Brutstätten der Stechmücken sollten beseitigt bzw. vermieden werden (z. B. Regentonnen entfernen und Tümpel trockenlegen). Auch der Besatz mit Fischen in stehenden Gewässern oder der Einsatz eines zur Stechmückenbekämpfung produzierten Bakteriums (*Bacillus thuringiensis*) wurde zur „Vektorenkontrolle" beschrieben.

Des Weiteren ist eine Impfung gegen das West-Nil-Virus möglich, auch wenn man hierfür in Ermangelung vogelspezifischer Impfstoffe auf Pferdeimpfstoffe zurückgreifen muss (Jiménez de Oya et al., 2019). Studien hierzu wurden bislang an Großfalken (Angenvoort et al., 2014; Fischer et al., 2015; Fischer et al., 2016), Geiern (Chang, 2007; Bergmann, 2023) und Rotschwanzbussarden (Nusbaum et al., 2003; Redig et al., 2011) durchgeführt, weshalb die Wirkung und Unbedenklichkeit der Impfstoffe bei einigen, jedoch nicht für

Steckbrief **West-Nil-Virus-Infektion, Erkrankung durch Viren, Zoonose**	
ANZEIGEPFLICHTIG	
Erreger	West-Nil-Virus, Familie Flaviviridae, behüllte RNA-Viren
Verbreitung	weltweit
Tenazität	gering
Übertragung	Vektoren: überwiegend Stechmücken, aber auch Zecken; direkt über Speichel, Kot und Blut möglich
Infektiosität	je nach Erregermenge und Empfindlichkeit der Wirtsspezies hoch
Inkubationszeit	wenige Tage, allerdings hängt die Entwicklung im Vektor (extrinsische Inkubationszeit) stark von der (Außen-)Temperatur ab
Symptome	Teilnahmslosigkeit, Gewichtsverlust, Durchfall, Federveränderungen, neurologische Störungen (z. B. Krämpfe, Bewegungsstörungen), Augenveränderungen, Erblindung
Verlauf	plötzliche Todesfälle, aber auch chronische Infektionen ohne klinische Symptome möglich
Diagnose	PCR, Antikörper-Nachweis
Therapie	keine, nur symptomatische Behandlung
Prophylaxe	allgemeine Hygienemaßnahmen, Reinigung und Desinfektion, Futtertierhygiene, Impfung möglich, allerdings Umwidmung von Pferdeimpfstoffen notwendig

Abb. 13.6: Mit Usutu-Virus infizierte, teilnahmslose und geschwächte Amsel (Foto: F. Seifert)

alle Greifvogelspezies bewiesen wurde. In Abwägung zwischen Risiko und Möglichkeiten ist eine Impfung von Greifvögeln gegen WNV in Endemiegebieten zu empfehlen.

Erkrankte Vögel können meist nur symptomatisch behandelt und beispielsweise bei der Nahrungsaufnahme und durch Infusionen sowie Schmerzmittelgabe unterstützt werden. Leider erholen sich trotz Intensivtherapie nur wenige Patienten von einer WNV-Erkrankung, sodass die Vorbeugung einen wichtigen Stellenwert einnimmt.

Die Falknerin kann sich auf der Seite des Nationalen Referenzlabors, des Friedrich-Loeffler-Instituts, stets über das aktuelle WNV-Geschehen, aber auch über Vorbeugemaßnahmen und aktuelle Risikoeinschätzungen und Verbreitungsgebiete informieren **(siehe https://www.fli.de/de/aktuelles/tierseuchengeschehen/west-nil-virus).**

13.1.4 Usutu-Virus (USUV) Erkrankung, Zoonose

Auch bei Usutu-Viren handelt es sich um Flaviviren, die wie das West-Nil-Virus durch Stechmücken übertragen werden. Das Usutu-Virus wurde erstmals am Usutu River in Südafrika nachgewiesen. In Europa erlangte es als „Amsel-Killer-Virus" traurige Berühmtheit, da insbesondere Drosseln (einschließlich Amseln, siehe Abb. 13.6), neben Eulen (insbesondere gehaltene Bartkäuze, Sperbereulen und Schneeulen) und eine geringe Zahl von Singvögeln (z. B. Haussperlinge, Buchfinken und Blaumeisen) betroffen waren.

Infizierte Vögel zeigen in der Regel Schwäche, fehlendes Fress- und Fluchtverhalten, Flugunfähigkeit, hängende Flügel, neurologische Symptome (z. B. Krämpfe, Kopfdrehen, Bewegungsstörungen oder Orientierungslosigkeit) und spontane Todesfälle.

Steckbrief **Usutu-Virus-Infektion, Erkrankung durch Viren,** Zoonose	
Erreger	Usutu-Virus Familie Flaviviridae behüllte RNA-Viren
Verbreitung	weltweit
Tenazität	gering
Übertragung	Vektoren: Stechmücken, wahrscheinlich auch direkt über Speichel, Kot und Blut möglich
Infektiosität	je nach Erregermenge und Empfindlichkeit der Wirtsspezies hoch
Inkubationszeit	wenige Tage
Symptome	Teilnahmslosigkeit, Schwäche, Gewichtsverlust, Federveränderungen, neurologische Störungen (z. B. Krämpfe, Bewegungsstörungen)
Verlauf	plötzliche Todesfälle, aber auch chronische Infektion mit und ohne klinische Symptome möglich
Diagnose	PCR, Antikörper-Nachweis
Therapie	keine, nur symptomatische Behandlung
Prophylaxe	Vektorenkontrolle (Mosquitoschutz); es wird ein gewisser Teilschutz durch eine Impfung mit West-Nil-Impfstoffen diskutiert

Weiterhin können insbesondere nach überstandenen oder chronischen Infektionen Gefiederveränderungen beobachtet werden. Bei Amseln wurden beispielsweise weiße Federn im Gefieder festgestellt, während bei einem Wüstenbussard, der nachweislich eine Usutu-Virusinfektion überstanden hatte, helle Streifen im Groß- und Kleingefieder auffielen.

Hinsichtlich der nötigen Diagnostik und möglicher Therapieansätze kann analog zu einer West-Nil-Virus Infektion verfahren werden. Eine spezifische Impfung ist bisher jedoch nicht möglich, wobei ein gewisser Schutz gegen Usutu-Viruserkrankungen (Kreuzimmunität) durch WNV-Impfstoffe diskutiert wird.

Die Falknerin kann sich auf der Seite des Nationalen Referenzlabors, des Friedrich-Loeffler-Instituts, stets über das aktuelle USUV-Geschehen, aber auch über Vorbeugemaßnahmen und aktuelle Risikoeinschätzungen und Verbreitungsgebiete informieren **(siehe https://www.fli.de/de/aktuelles/tierseuchengeschehen/usutu-virus)**.

Abb. 13.7: Nach überstandener Usutu-Virusinfektion können sich bei einem Wüstenbussard streifige Federaufhellungen im Gefieder ausprägen (Foto: D. Fischer)

13.1.5 Pocken Erkrankung (Avipoxinfektion)

Erreger dieser weltweit vorkommenden Erkrankung bei Greifvögeln sind Vogelpocken (Avipox)-Viren (abgekürzt APV). Pocken wurden bei über 200 Vogelarten nachgewiesen, wobei es deutliche Hinweise gibt, dass die Pockenviren für eine Vogelart spezifisch sind und nicht zwischen verschiedenen Vogelarten oder Säugetieren ausgetauscht werden. Das Pockenvirus ist nicht in der Lage, die intakte Haut zu überwinden und bedarf deshalb kleiner Wunden als Eintrittspforte. Es wird somit vor allem mechanisch über Stechinsekten (z. B. Stechmücken, Gnitzen und Flöhe) übertragen, kann aber auch bei innerartlichen Kämpfen oder über eine andere Form des direkten Kontaktes zu infizierten Vögeln übertragen werden. Auch der Kontakt zu Hautpartikeln infizierter Vögel, zum Ausfluss aus Pockenherden und zu kontaminierten Materialien kann zu einer Ansteckung führen. An der Eintrittspforte bildet sich eine erhabene, leicht krustige oder borkige Primärpocke, bevor sich das Virus durch den Blutkreislauf im gesamten Körper verteilt.

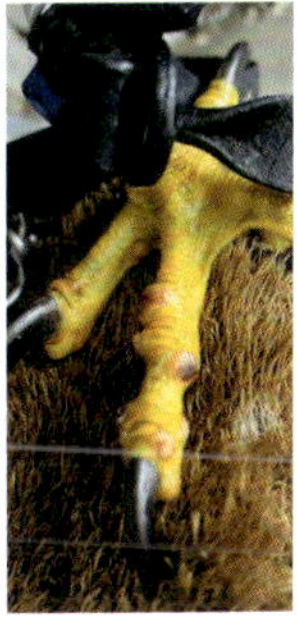

Abb. 13.8: Pockenläsionen bei zwei Gerfalken (oben, u. links; Fotos: D. Fischer), Pockenläsionen bei einem Habichtsterzel (rechts; Foto: J. Winkler)

Bei Greifvögeln werden zwei Krankheitsbilder unterschieden. Die sogenannte „trockene" Haut-Form führt vor allem an federlosen Hautstellen um die Augen, Nase und den

Abb. 13.9: Hochgradige Pockenläsionen bei einem Hybridfalken, die zum vollständigen Verlust des Oberschnabels geführt haben. Dieses Tier musste euthanasiert werden (Foto: D. Fischer)

Schnabel (Wachshaut) sowie den Ständern und Zehen/Fingern zu krustigen Pocken oder Pusteln (siehe Abb. 13.8). Entzünden sich diese nicht durch Begleitinfektionen mit Bakterien oder Pilzen (Sekundärinfektionen), heilen die Pocken innerhalb von 3-4 Wochen selbstständig ab. Dabei können Narben zurückbleiben.

Bei der sogenannten „feuchten" Form der Erkrankung, auch diphtheroide Form genannt, bilden sich gelblich, borkige Beläge und schmierige Geschwüre auf den innenliegenden Schleimhäuten im Schnabelrachenraum und der Speiseröhre, die dem Erscheinungsbild des „Gelben Knopfes" (Trichomoniasis, siehe 13.4.2.2) ähneln und in der Regel zu schweren, schmerzhaften und manchmal tödlichen Krankheitsverläufen führen (siehe Abb. 13.9), infolge derer es teils zum Verlust des Oberschnabels kommen kann. Diese schwerere Verlaufsform ist bei Greifvögeln glücklicherweise eher selten.

Die Diagnose kann meist schon durch eine eingehende Untersuchung durch die Tierärztin gestellt werden, da die Pockenläsionen gut zu erkennen sind. Im Zweifel kann über eine Biopsie mittels Histologie oder per PCR eine Verdachtsdiagnose bestätigt werden.

Eine Therapie der eigentlichen Pocken ist nicht nötig, da diese nach 3-4 Wochen selbstständig abheilen. Die Gabe von Vitamin A kann die Heilung zusätzlich unterstützen. Es lohnt sich, die betroffenen Hautstellen sauber zu halten, regelmäßig zu desinfizieren (z. B. mit Jod) und ggf. auftretende Wundinfektionen durch Bakterien oder Pilze entsprechend zu behandeln. Das in der älteren Literatur immer wieder genannte „Ausbrennen" der Pocken ist nicht zielführend und zudem sehr schmerzhaft für den Vogel!

In den bei der Erkrankung entstehenden Hautkrusten sind die Viren lange überlebensfähig, weshalb die Quarantäne und Säuberung der Umgebung von kontaminiertem Material einen wichtigen Faktor bei der Bekämpfung dieser Erkrankung darstellt. Auch die Stechinsekten-Bekämpfung bzw. eine entsprechend angepasste Haltung von Vögeln in betroffenen Gebieten ist sinnvoll (siehe auch 13.1.3). Die Anwendung eines bestandsspezifischen Impfstoffes, der speziell für einen Bestand mit dem dort vorkommenden Erreger hergestellt wird, kann in betroffenen Beständen ebenfalls helfen, da es keinen kommerziellen Pockenimpfstoff für Greifvögel gibt.

Steckbrief **Pockenvirus-Infektion, Erkrankung durch Viren**	
MELDEPFLICHTIG	
Erreger	Pockenvirus, Gattung Avipoxvirus, Familie Poxviridae behüllte DNA-Viren
Verbreitung	weltweit
Tenazität	hoch; stabil gegen viele Desinfektionsmittel, v. a. in getrockneten Schuppen und Schorf, aber hitzeempfindlich (>50°C für 30 Minuten)
Übertragung	Vektoren: Stechmücken; direkt über Pocken- bzw. Hautschuppen, auch aerogen
Infektiosität	mäßig, muss Haut-/Schleimhautbarriere überwinden
Inkubationszeit	ca. 8 (4-14) Tage
Symptome	„trockene" Haut-Form: krustige Pocken oder Pusteln an federlosen Hautstellen; „feuchte" Form: gelblich, borkige Beläge und ***ulzerierende*** Wunden auf innenliegenden Schleimhäuten des Magendarmtrakts
Verlauf	i. d. R. Selbstheilung nach 3-4 Wochen; Todesfälle bei „feuchter" Form oder sekundären Infektionen möglich
Diagnose	klinisches Bild, Biopsie und Histologie, PCR
Therapie	Selbstheilung nach 3-4 Wochen, Desinfektion der betroffenen Hautstellen, unterstützende Behandlung
Prophylaxe	Vektorenkontrolle (Mosquitoschutz), bestandsspezifische Impfung möglich

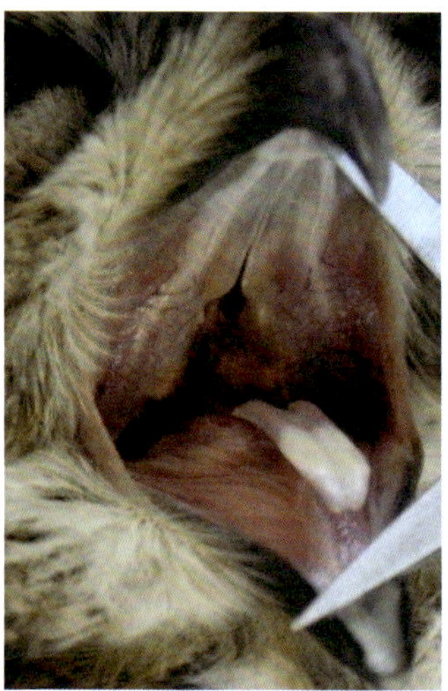

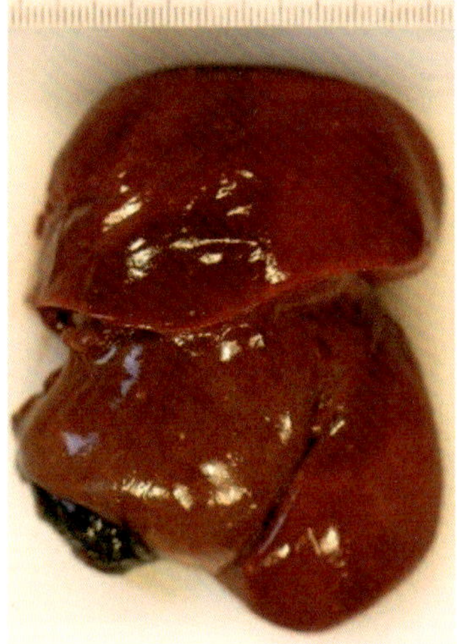

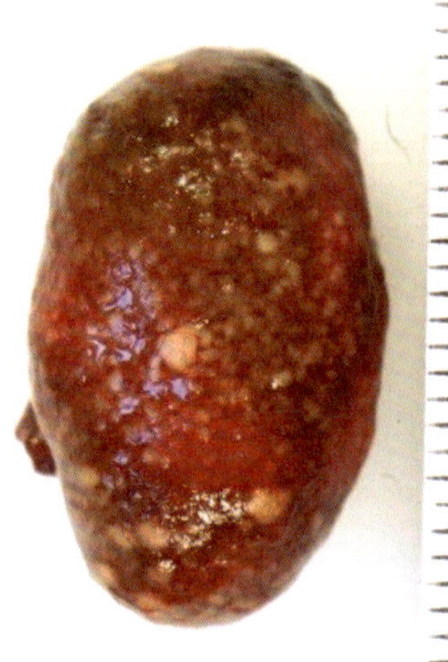

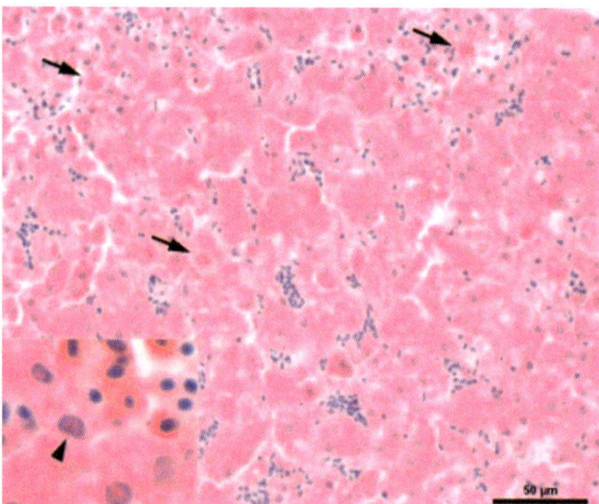

Abb. 13.10: Schnabel-Rachenraum eines mit Herpesviren infizierten Uhus, in dem gelbliche Nekroseherde sichtbar sind (o. links). Leber des gleichen Tieres mit sichtbarer Schwellung und punktförmigen, gelblichen Nekroseherden im Lebergewebe (o. Mitte). Milz des gleichen Uhus mit gelben Nekroseherden (o. rechts; Fotos: M. Peters, CVUA Westfalen). Histologisches Bild der Leber eines mit Herpesviren infizierten Seeadlers. Die Pfeile zeigen auf die virustypischen Einschlusskörperchen (unten; Foto: O. Kershaw, Institut für Veterinärpathologie, Freie Universität Berlin)

13.1.6 Herpesvirus Erkrankung

Eine Infektion mit Herpesviren verläuft beim Greifvogel in der Regel tödlich. Besonders empfänglich sind Falken und einige Adlerarten. Das Virus wird vor allem über das Verfüttern von Tauben übertragen, da das Herpesvirus der Tauben dem der Falken und dem der Eulen sehr ähnlich bzw. sogar identisch ist.

Das Virus wird über die Schleimhäute des Atmungs- und Verdauungstraktes aufgenommen und kann wahrscheinlich auch über Vektoren wie Stechinsekten oder Milben übertragen werden. Der Verzehr infizierter Beute bzw. infizierter Futtertiere, insbesondere infizierter Tauben, stellt den häufigsten Infektionsweg dar.

Infizierte Greifvögel zeigen meist nur unspezifische Symptome wie Abgeschlagenheit, Apathie und Fressunlust, bevor sie in der Regel nach wenigen Tagen versterben. Chronische Verläufe über einen längeren Zeitraum sind selten. Giftgrüner Schmelz kann als Symptom der virusbedingten Leberschädigung auftreten. Häufig werden vor dem Versterben aber gar keine Krankheitsanzeichen gezeigt, da die Krankheit so rasant fortschreitet und Greifvögel die Symptome erfolgreich verbergen können.

In der Sektion zeigen solche Tiere dann unter anderem eine vergrößerte und entzündete Milz und Leber sowie teils gelbliche, knotige Beläge im Rachen (siehe Abb. 13.10). Durch die Untersuchung dieser Organe lassen sich spezifische Veränderungen in den Zellen im Rahmen der Histologie und die DNA des Virus mittels PCR detektieren. Eine Blutuntersuchung auf Antikörper ist zwar möglich, aufgrund des schnellen Krankheitsverlaufs aber in den meisten Fällen gar nicht mehr durchführbar.

Ein Therapieversuch mit antiviral wirkenden Medikamenten ist denkbar, aber häufig zu spät und in den meisten Fällen nur wenig erfolgversprechend. Die Erkrankung verläuft fast immer tödlich, wenn Krankheitsanzeichen auftreten. Im seltenen Fall einer überstandenen Infektion muss bedacht werden, dass Herpesviren sich innerhalb von Körperzellen reaktionslos verstecken, jedoch aus dieser Ruhephase jederzeit, v. a. bei hormoneller Umstellung oder Stress, reaktiviert werden können. Somit muss ein einmal infiziertes Tier immer als potentielle Infektionsquelle für andere Tiere angesehen werden.

Die einzige Möglichkeit, den Vogel bestmöglich vor dem Eintrag von Herpesviren zu schützen, ist auf die Fütterung von Taube zu verzichten. Ein Verfüttern von Taube ist aber durchaus möglich, wenn der Taubenbestand gesundheitlich überwacht wird und die Tiere wiederholt negativ auf Herpesviren, Salmonellen und Paramyxoviren getestet wurden. Ansonsten besteht leider immer ein gewisses Risiko.

Steckbrief **Herpesvirus-Infektion, Erkrankung durch Viren**	
Erreger	Herpesvirus, Gattung Alphaherpesvirus, Familie Herpesviridae, behüllte DNA-Viren
Verbreitung	weltweit
Tenazität	gering, innerhalb von Zellen etwas höher
Übertragung	direkt über Kontakt, Verzehr infizierter Vögel; über Vektoren möglich
Infektiosität	hoch
Inkubationszeit	wenige Tage (bis zu 1 Woche)
Symptome	Abgeschlagenheit, Teilnahmslosigkeit, Fressunlust, giftgrüner Schmelz
Verlauf	plötzliche Todesfälle häufig; chronische Verläufe selten
Diagnose	PCR, Antikörper-Nachweis schwierig bei perakutem Verlauf, histologische Untersuchung
Therapie	Versuchsweise mit Virostatika; meist nur symptomatische Therapie
Prophylaxe	Futterhygiene und nur Bezug von herpesvirusfreien Futtertieren, insbesondere bei Tauben besteht Ansteckungsrisiko

13.2 Erkrankungen durch Bakterien

Bakterien sind einzellige Lebensformen, die trotz ihrer geringen Größe einen erheblichen Einfluss auf Menschen, Umwelt und Greifvögel haben. Die meisten Vertreter der Bakterien sind Teil der natürlichen Umgebung und stehen mit Wirbeltieren im Austausch und im Einklang (siehe 10.3.3). Auch ein Beizvogel beherbergt auf seiner äußeren Haut, den Schleimhäuten sowie im Magendarmtrakt eine bestimmte Bakterienflora, die als physiologisch angesehen wird und für dessen Gesundheit essentiell ist. Kommt es zu einer Störung dieser ***physiologischen*** Bakterienflora und damit zu einer Imbalance der vorhandenen Bakterien, kann dies zu negativen Effekten oder dem Auftreten von Krankheiten führen. Verdauungsstörungen oder mikrobielle Hautinfektionen können Beispiele hierfür sein. Einige Vertreter der Bakterien können zudem als krankmachend (pathogen) eingestuft werden. Dabei unterscheidet man zwischen Bakterien, die alleine bereits das Potential haben, ohne unterstützende Faktoren eine Krankheit auszulösen, die als „obligat pathogen" bezeichnet werden, und dem weitaus überwiegenden Teil der Bakterien, die für eine Krankheitsentstehung unterstützende Co-Faktoren (z. B. andere Krankheitserreger oder das Vorliegen einer Immunschwäche) benötigen und deshalb als „fakultativ pathogen" bezeichnet werden (siehe 10.3).

13.2.1 Salmonellose, Zoonose

Die Erkrankung wird von gleichnamigen Bakterien der Gattung *Salmonella* hervorgerufen. Man unterscheidet bei den Salmonellen tausende unterschiedliche Arten, Unterarten (Subspezies, abgekürzt subsp.) und Typen (sogenannte Serovare). Der für Greifvögel sicherlich relevanteste Typ heißt *Salmonella enterica* subsp. *enterica* serovar Typhimurium und wird der Einfachheit halber als *Salmonella* Typhimurium abgekürzt[1].

Salmonella Typhimurium ist vor allem bei Singvögeln und Tauben verbreitet und wird von Greifvögeln über infizierte Beute-/Futtertiere bzw. über eine mit bakterienhaltigem Kot kontaminierte Umwelt aufgenommen.

Die Salmonellose äußert sich beim Greifvogel vor allem durch Symptome wie allgemeine Abgeschlagenheit, Schwäche und Durchfall oder durch das vermehrte Absetzen von Harn und Harnsäure. Bei Falken ist eine Salmonellose auch als rasante und meist tödlich verlaufende Leberentzündung beschrieben, die dem Bild einer Herpesvirusinfektion ähnelt. Eher selten kann es auch zu Symptomen wie einer Bindehautentzündung, Atemnot oder Lahmheit kommen. In besonders schweren Fällen können zentralnervöse Störungen wie Zittern, Bewegungsstörungen und Kopfverdrehen und sogar Todesfälle auftreten.

Eine Diagnose kann durch eine Tupferprobenentnahme aus Kropf oder Kloake sowie eine Schmelzuntersuchung mit nachfolgender Laboruntersuchung erfolgen. Die dazu nötige Schmelzprobe muss allerdings sauber aufgefangen werden, um Kontaminationen aus der Umwelt zu vermeiden. Somit sind Kropf- und Kloakentupfer, die durch die Tierärztin entnommen und umgehend ans Labor weitergeleitet werden, für eine gezielte Diagnose vielversprechender. Im Labor werden dann in der Regel eine Quantifizierung der Salmonellen sowie eine spezielle Salmonellen-Anzucht durchgeführt, um eine Bestimmung des Serovars sowie einen Resistenztest anzuschließen. Verein-

[1] Hinter der Groß- und Kleinschreibung sowie den kursiv und nicht-kursiv geschriebenen Wörtern stecken eine komplizierte Taxonomie und dazugehörige Regeln, die an dieser Stelle nicht weiter erläutert werden

zelte Salmonellen in der Kloake sind noch nicht besorgniserregend, ein vermehrtes Auftreten in der Kloake oder eine Isolation aus dem Kropf sind allerdings häufig therapiewürdig.
Eine antibiotische Therapie ist bei der Behandlung von Salmonellen streng nach den Ergebnissen des erfolgten Resistenztests ausgelegt und muss in der Regel über mindestens 10 Tage erfolgen. Eine antimykotische Metaphylaxe ist wegen der langen Antibiotikagabe parallel empfehlenswert, da zu befürchten ist, dass sich Pilze anstelle der antibiotisch zurückgedrängten Bakterien ausbreiten können. Am Ende der Therapie sollte eine Erfolgskontrolle durch eine erneute Tupfer- oder Schmelzuntersuchung durchgeführt werden. Nicht selten kommt es nämlich zu ***Rezidiven***, da sich Salmonellen, wenn sie einmal in innere Organe wie Milz und Leber gestreut haben, hervorragend dort „verstecken" können.

Auch in der Umwelt halten sich Salmonellen sehr gut. Deshalb muss nach einer Erkrankung des Beizvogels die Haltung umfangreich gereinigt und entsprechend desinfiziert werden (siehe 12.1.1). Trumpf ist daher die Prophylaxe: Um den Eintrag zu vermeiden, sollte auf die Salmonellenfreiheit von Futtertieren geachtet werden. Insbesondere bei der Wahl von Taube als Futtertier sollte ausschließlich auf Tiere aus negativ auf Salmonellen getesteten Beständen zurückgegriffen werden.

Steckbrief Salmonellose, Erkrankung durch Bakterien, Zoonose

MELDEPFLICHTIG

Erreger	*Salmonella* Typhimurium (*Salmonella enterica* subsp. *enterica* serovar Typhimurium), gramnegatives Stäbchenbakterium
Verbreitung	weltweit
Tenazität	sehr hoch, v. a. in Kot und (Feder-) Staub
Übertragung	Aufnahme kontaminierten Futters (infizierte Futtertiere) oder durch mit Kot kontaminierte Umwelt, Schmierinfektion
Symptome	Abgeschlagenheit, Schwäche, Durchfall, selten Bindehautentzündung, Atemnot, Lahmheit, zentralnervöse Störungen (z. B. Zittern, Bewegungsstörungen und Kopfverdrehen), Tod
Labordiagnose	kulturelle Anzucht & Serovarbestimmung, PCR
Therapie	Antibiose nach Resistenztest möglich; persistierende Infektionen häufig
Prophylaxe	Futterhygiene, salmonellenfreie Futtertiere

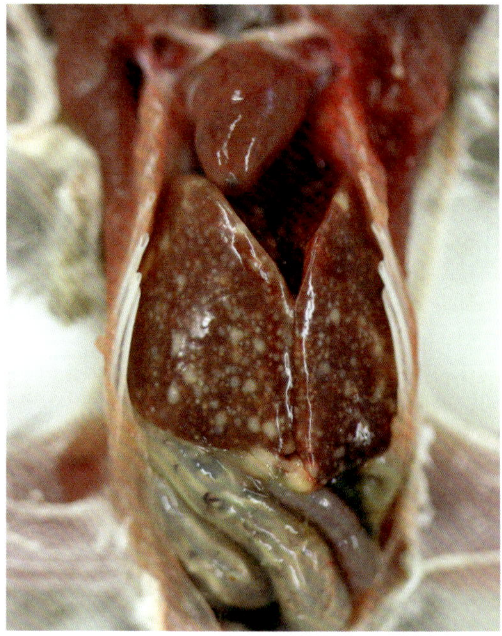

Abb. 13.11: Mykobakteriose bei einer Brieftaube: Bereits äußerlich sind gelbliche, derbe Schwellungen der Gelenke sichtbar (links). Häufig sind innere Organe wie Milz und Leber betroffen: *Mycobacterium avium*-Infektion bei einem erkrankten Sperber (rechts) (Fotos: M. Peters, CVUA Westfalen)

13.2.2 Aviäre Tuberkulose/ Mykobakteriose, Zoonose

Mykobakterien aus der Gruppe des *Mycobacterium avium*-Komplex (MAC) sind Erreger chronischer Erkrankungen bei vielen Wirbeltieren. Neben den Mykobakterien aus dem MAC kommen auch andere Mykobakterien (z. B. *Mycobacterium genavense*) bei Greifvögeln vor. Eine Mykobakterieninfektion geht typischerweise mit der Bildung von rundlichen Umfangsvermehrungen, sogenannten Granulomen, einher, die als Abwehrreaktion des Körpers gegen Mykobakterien in diversen Organen und Körperbereichen gebildet werden. Deutlich seltener sieht man atypische Formen, die zu diffusen Entzündungen in verschiedenen Organen führen. Da sie auch beim Menschen zu Erkrankungen führen können, zählen Mykobakterien mit zu den Zoonoseerregern.

Mykobakterien überleben in der Umwelt ausgesprochen lange, da sie eine spezielle säurefeste Zellwand besitzen. Somit sind die Erreger auch nach mehreren Monaten im Erdboden oder im Staub noch vorhanden und infektiös. Die Erreger werden in der Regel oral aufgenommen, können aber auch eingeatmet werden oder über kleine Hautwunden eintreten.

Da es sich bei der aviären Tuberkulose um ein chronisches Krankheitsgeschehen handelt, treten Symptome erst äußerst spät auf, nämlich meist erst dann, wenn die entsprechenden Organe bereits stark von der Granulombildung betroffen sind und an Funktion einbüßen. Betroffene Tiere zeigen in der Regel unspezifische Krankheitsanzeichen wie gesträubtes Gefieder, Schwäche, Leistungsdepression oder Abmagerung. Je nachdem welche Organe betroffen sind, kann es auch zu Atemnot, Durchfall oder Lahmheit kommen. Eine Infektion mit *Mycobacterium genavense* kann bei Vögeln unter anderem auch zu chronischen Bindehautentzündungen führen.

Die Erkrankung kann nur durch die Untersuchung einer Biopsie eines Granuloms mittels Histologie und/oder Spezialfärbung (z. B. Ziehl-Neelsen-Färbung) sicher festgestellt werden. Anhand einer durch eine Blutuntersuchung nachgewiesene, extreme Erhöhung der Abwehrzellen kann klinisch ein erster Verdacht geäußert werden; genauso bei der Darstellung mehrerer Umfangsvermehrungen in den Organen oder in den Knochen im Rahmen einer Röntgenuntersuchung oder einer Endoskopie, welche Granulome darstellen (siehe Abb. 13.11).

Eine antibiotische Therapie der Erkrankung wird bei Tieren sehr kritisch diskutiert und meist abgelehnt, da Mykobakterien auch in der Humanmedizin Erreger schwerer Erkrankungen sind und viele Menschen aufgrund der Art der Erreger und der bereits jetzt auftretenden Antibiotikaresistenzen nicht erfolgreich behandelt werden können. Um nicht zu einer Verschlechterung der Resistenzlage beizutragen, ist die Anwendung von Anti-

Steckbrief **Aviäre Tuberkulose/Mykobakteriose, Erkrankung durch Bakterien, Zoonose**	
MELDEPFLICHTIG	
Erreger	Mykobakterien aus der Gruppe des *Mycobacterium avium*-Komplex (MAC), säurefestes Stäbchenbakterium
Verbreitung	weltweit
Tenazität	sehr hoch, über Monate im Bodensubstrat infektiös; spezielle Desinfektionsmittel notwendig
Übertragung	Aufnahme kontaminierten Futters (infizierte Futtertiere) oder durch mit Kot kontaminierte Umwelt; Einatmen & Eintritt über Hautwunden möglich
Inkubationszeit	Tage bis Monate
Symptome	generell chronischer Verlauf; gesträubtes Gefieder, Schwäche, Leistungsdepression, Abmagerung, ggf. Atemnot, Durchfall, Lahmheit, Tod
Labordiagnose	Spezialfärbung, PCR, kulturelle Anzucht schwierig und langwierig
Therapie	Antibiose nach Resistenztest möglich, aber generell abzulehnen wegen möglicher Resistenzentwicklung; (antibiotische Therapie nur beim Menschen)
Prophylaxe	allgemeine Hygiene; im Ausbruchsfall angepasste Hygiene und Desinfektion

biotika gegen Mykobakterien in der Tiermedizin generell sehr umstritten. Andererseits ist es praktisch unmöglich, den Eintrag dieser Bakterien in den Bestand zu verhindern, da sie überall in der Umwelt vorkommen und auch bei Wildvögeln regelmäßig nachgewiesen werden. Nach Ausbruch der Mykobakteriose/Tuberkulose in einem Bestand ist strikte Hygiene unheimlich wichtig. Es gibt Belege, dass Mykobakterien in einigen Fällen bis zu 7 Jahre im Bodensubstrat infektiös bleiben und andere Vögel infizieren können, die sich in der kontaminierten Voliere aufhalten. Deshalb müssen auch das Bodensubstrat abgetragen sowie ausgewechselt und die Voliereneinrichtung vor dem Einstellen weiterer Vögel gründlich gereinigt und mit wirksamen Desinfektionsmitteln (in dem Fall tuberkuloziden Desinfektionsmitteln) behandelt werden.

13.2.3 Chlamydiose, Zoonose

Die Chlamydiose der Vögel wird durch Bakterien der Gattung *Chlamydia* hervorgerufen. Der bekannteste und weit verbreitetste Erreger heißt *Chlamydia psittaci*. Die Erkrankung wurde in der Vergangenheit als Psittakose bei Papageien und als Ornithose bei anderen Vögeln bezeichnet, aber heute spricht man einheitlich von aviärer Chlamydiose. Auch bei Chlamydien handelt es sich um Zoonoseerreger, die beim Menschen eine grippeähnliche Erkrankung namens Papageienkrankheit[1] hervorrufen können. Teils schwere Entzündungen können in verschiedenen Organen auftreten. Eine Erkrankung während der Schwangerschaft kann zu ***Abort*** führen.

Die Erreger werden von infizierten Tieren über den Kot ausgeschieden und über die Schleimhäute des Verdauungs- und des Atmungstraktes aufgenommen. Die Bakterien befallen dann Abwehrzellen und gelangen über diese ins Blut und somit in andere Organe wie Leber und Milz.

Klinische Symptome betreffen den Atmungstrakt (Atemnot, Tränen- und Nasenausfluss, Schwellung der Nasennebenhöhlen), den Verdauungstrakt (Fressunlust, Würgen, Erbrechen, Durchfall) und Augenbindehäute (Konjunktivitis) (siehe Abb. 13.12). Nicht selten ist zudem das Nervensystem betroffen, sodass die erkrankten Tiere Zittern, Bewegungs- und Gleichgewichtsstörungen zeigen können. Es gibt neben akuten, teils tödlichen Verläufen, auch chronische Verläufe, bei denen Vögel als lebenslang infiziert angesehen werden müssen. Ähnlich wie bei den Herpesviren können sich Chlamydien in den Körperzellen verstecken und der Beseitigung durch das Immunsystem entgehen. Somit kann es zu einem Wiederaufflammen der Erkrankung und einer erneuten Ausscheidung der Erreger kommen, weshalb die Vögel immer ein Ansteckungsrisiko für andere Vögel und den Menschen darstellen können.

Chlamydien vermehren sich in den Zellen, weshalb bei der Beprobung ein trockener Wattestabtupfer über mehrere Schleimhäute gezogen werden muss (Dreifachtupfer von Bindehaut, Schnabelrachenhöhle und Kloake), um dadurch Schleimhautzellen abzulösen und für eine Untersuchung aufzunehmen. Dieser Tupfer kann dann beispielsweise mittels PCR untersucht werden. Anzüchten kann man diesen Erreger nur sehr aufwändig in Zellkulturen und nicht auf einfachen Nährböden, wie dies bei anderen Bakterien oft möglich ist. Weiterhin sind eine Blutuntersuchung auf spezifische Antikörper oder eine Spezialfärbung (z. B. STAMP-Färbung) von Organbiopsien möglich.

Behandeln kann man gegen Chlamydien mit speziellen Antibiotika, die in der Lage sind, die Bakterien in den Körperzellen zu erreichen (z. B. Tetrazykline). Die Behandlungsdauer erstreckt sich meist über mehrere Wochen, weshalb auch hier eine Metaphylaxe mit Pilzmitteln ratsam ist. Rezidive sind jedoch möglich.

[1] Benannt nach der Quelle der ersten menschlichen Erkrankungsfälle, die auf eine Ansteckung bei Papageien zurückgeführt wurde

Abb. 13.12: Sakerfalke mit starker Schwellung der linken Bindehäute und der dortigen Nasennebenhöhlen durch Chlamydien, die zusätzlich durch andere Bakterien besiedelt und verkompliziert werden können (Foto: D. Fischer)

Steckbrief **Chlamydiose, Erkrankung durch Bakterien, Zoonose**	
MELDEPFLICHTIG	
Erreger	*Chlamydia psittaci*
Verbreitung	weltweit
Tenazität	hoch, Erregerstadien in Staub und Kot lange infektiös
Übertragung	orale Aufnahme und Einatmen aus mit Kot & Federstaub kontaminierter Umwelt
Infektiosität	je nach Virulenz teils hoch
Inkubationszeit	bis zu 40 Tage je nach Erreger und Vogelart
Symptome	Atemnot, Tränen- und Nasenausfluss, Fressunlust, Erbrechen, Durchfall, Bindehautentzündung, zentralnervöse Symptome (z. B. Zittern, Bewegungs- und Gleichgewichtsstörungen), Tod
Labordiagnose	Spezialfärbung, PCR, kulturelle Anzucht schwierig, Antikörper-Nachweis
Therapie	Antibiose über mehrere Wochen
Prophylaxe	allgemeine Hygiene; im Ausbruchsfall angepasste Hygiene und Desinfektion

Steckbrief **Pseudomonaden-Erkrankung, Erkrankung durch Bakterien**	
Erreger	*Pseudomonas* spp.
Verbreitung	weltweit
Tenazität	hoch, Erregerstadien in Schleimfilmen lange infektiös
Übertragung	orale Aufnahme
Symptome	verschiedene Krankheitsbilder möglich; Lungen- und Luftsackentzündungen, gelbliche Beläge im Schnabelrachenraum; Septikämie, Tod
Labordiagnose	kulturelle Anzucht
Therapie	Antibiotika nach Resistenztest
Prophylaxe	allgemeine Hygiene; im Ausbruchsfall angepasste Hygiene & Desinfektion

13.2.4 Erkrankungen durch Pseudomonaden

Bei Pseudomonaden handelt es sich um Bakterien, die unter anderem in der Lage sind, Giftstoffe zu produzieren, die die Körperzellen schädigen. Der wichtigste Vertreter dieser Bakteriengattung ist die Bakterienart *Pseudomonas aeruginosa*.

Pseudomonaden können an verschiedenen Krankheitsbildern beteiligt sein. So können sie Schleimhautinfektionen im Verdauungstrakt, aber auch Lungen- und Luftsackentzündungen hervorrufen. Sehr häufig führen sie dabei zu gelblichen Belägen im Schnabelrachenraum der Greifvögel (siehe Abb. 13.13), welche insbesondere im mittleren Osten eine große Rolle spielen. Bei schweren Krankheitsverläufen kann es zu ***Septikämie*** kommen.

Durch einen Abstrich wird eine Probe für eine bakterielle Anzucht gewonnen. Werden Pseudomonaden nachgewiesen, sollte unbedingt direkt ein Resistenztest durchgeführt werden, da bei dieser Bakteriengattung Resistenzen gegen Antibiotika bereits weit verbreitet sind.

Eine antibiotische Therapie erfolgt entsprechend den Ergebnissen des Resistenztests über einen ausreichend langen Zeitraum (in der Regel mindestens 7 Tage). Eine parallele antimykotische Therapie dient als Metaphylaxe gegen Pilzinfektionen.

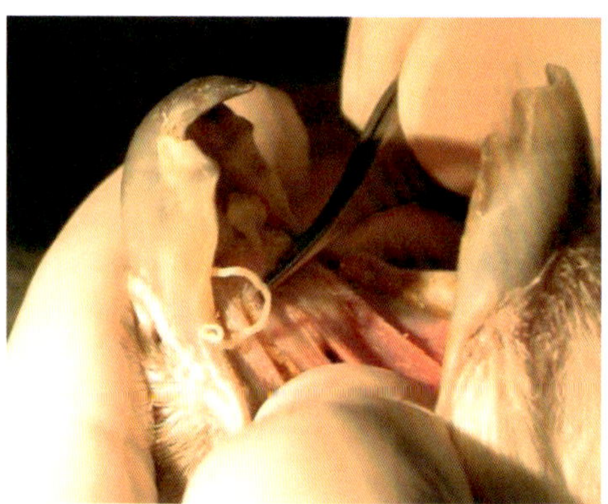

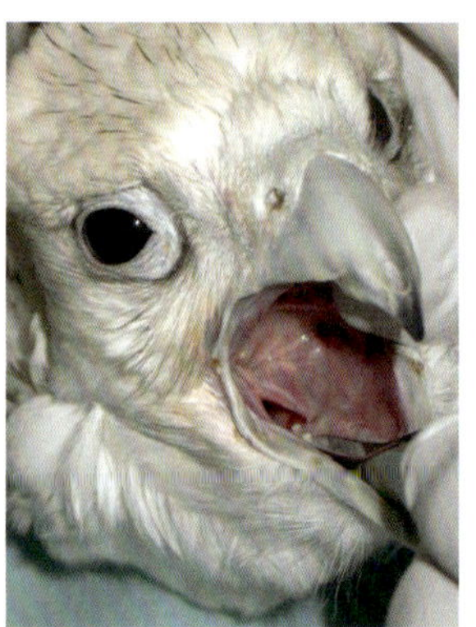

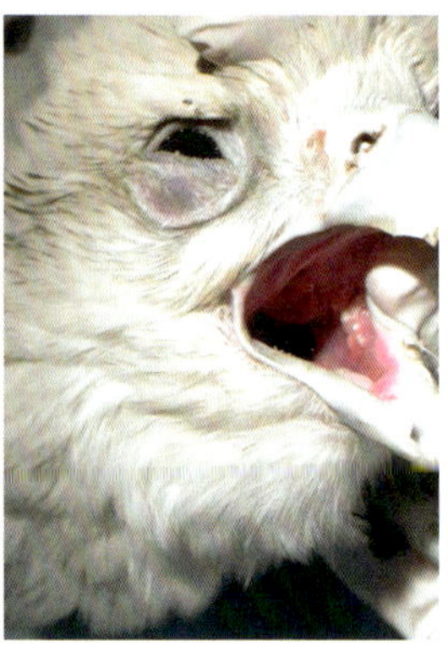

Abb. 13.13: Bakteriell-eitrige Entzündung der Schleimhäute und der Zunge bei Gerfalken hervorgerufen durch Pseudomonaden (Fotos: D. Fischer)

13.2.5 Pasteurellose

Die Pasteurellose ist eine schnell verlaufende und lebensbedrohliche Erkrankung, die durch das Bakterium *Pasteurella multocida* verursacht wird. Die Pasteurellose verursacht sowohl in der Geflügelhaltung als auch bei freilebenden Wasservögeln große Krankheitsausbrüche mit unzähligen Todesfällen, die auch als Geflügelcholera bezeichnet werden. Doch auch für Beizvogel kann eine Infektion schnell tödlich enden.

Die Bakterien überleben lange in Kadavern und in feuchter Umgebung. Doch sie zählen auch zur physiologischen Maul-Flora von Katzen oder anderen Fleischfressern, sodass sie mit einem Biss ins Gewebe gelangen und dort zu einer Septikämie und einer tödlichen Infektion führen können. Deshalb sollte man Bissverletzungen durch Waschbären, Katzen-, Marder- oder Hundeartige (z. B. Füchse) nie unterschätzen und sofort behandeln lassen. Eine vogelkundige Tierärztin sollte in jedem Fall unverzüglich aufgesucht werden, falls es bei der Beizjagd oder anderen Anlässen zu Bissverletzungen gekommen ist. Gelangen die Bakterien einmal über Wunden oder über die Schleimhäute des Verdauungs- oder Atmungstraktes ins Blut, so kommt jede Hilfe meist zu spät.

Infizierte Vögel zeigen anfangs Schwäche und Abgeschlagenheit, eventuell auch Atemnot, Durchfall oder zentralnervöse Störungen wie Zittern, Lähmungen und Bewegungsstörungen. Nicht selten verläuft die Erkrankung aber derart schnell, dass es auch zu plötzlichen Todesfällen ohne die Ausbildung von Symptomen kommen kann.

Eine antibiotische Therapie muss möglichst schnell erfolgen. Eine bakterielle Anzucht und Resistenztestung dauert häufig zu lange, muss aber zur sicheren Diagnosestellung parallel zur antibiotischen Behandlung durchgeführt werden, nicht zuletzt, um die anfängliche Behandlung nach den Ergebnissen des Resistenztests bei Bedarf anzupassen und zu optimieren.

Steckbrief **Pasteurellose, Erkrankung durch Bakterien**	
Erreger	*Pasteurella multocida*
Verbreitung	weltweit
Tenazität	hoch, Erregerstadien in Wasser infektiös
Übertragung	orale Aufnahme durch kontaminiertes Wasser oder Futter, Inhalation, Biss
Infektiosität	hoch
Inkubationszeit	wenige Stunden (bis Tage)
Symptome	Schwäche, Abgeschlagenheit, eventuell Atemnot, Durchfall oder zentralnervöse Störungen wie Zittern, Lähmungen und Bewegungsstörungen; Septikämie, plötzlicher Tod
Labordiagnose	kulturelle Anzucht, Spezialfärbung eines Blutausstrichs
Therapie	Antibiotika nach Resistenztest
Prophylaxe	allgemeine Hygiene; im Ausbruchsfall angepasste Hygiene und Desinfektion

13.2.6 Infektionen mit Mykoplasmen

Bei Mykoplasmen handelt es sich um sehr einfach aufgebaute Bakterien, die bei Greifvögeln häufig nachgewiesen werden. Viele Mykoplasmenarten zählen zur physiologischen Bakterienflora des Atemwegserkrankungen bei Greifvögeln und wurden daher von deren Entdeckern sogar nach den Vögeln benannt (z. B. *Mycoplasma falconis* als Mykoplasmenart bei Falken oder *Mycoplasma buteonis* als Mykoplasmenart bei Bussarden). Einige Mykoplasmenarten können aber auch Krankheiten hervorrufen. Sie spielen vor allem beim Geflügel als Erreger chronischer Atmungstraktes eine große Rolle (z. B. *Mycoplasma gallisepticum*). Fälle, in denen diese Bakterien nach Aufnahme infizierten Geflügels durch einen Greifvogel auch zu dessen Erkrankung führten, sind zwar selten, aber möglich. Weiterhin beteiligen sich Mykoplasmen gerne an Erkrankungen durch andere Bakterien oder Viren und schwächen den erkrankten Vogel somit zusätzlich. Über einige Mykoplasmenarten weiß man nach wie vor zu wenig, um deren Rolle bei einem Krankheitsgeschehen wirklich einordnen zu können. Dies trifft beispielsweise auf die Art *Mycoplasma vulturii* bei Geiern zu. Sicher ist jedoch, dass bei der Diagnose einer Mykoplasmen-Infektion ganz genau auf die nachgewiesene Mykoplasmenart geachtet werden muss, um den Befund auch richtig interpretieren zu können. Der einfache und undifferenzierte Nachweis von Mykoplasmen auf Ebene der Bakteriengattung ohne Speziesunterscheidung sagt meist nichts aus. Die vogelkundige Tierärztin sollte hier bei der Interpretation helfen können und entscheiden, ob eine Therapie oder begleitende Maßnahmen überhaupt notwendig sind.

13.2.7 Saurer Kropf

Durch eine (aus verschiedenen Gründen) zu lange im Kropf verweilende Atzung kann es zur Ausbildung eines sogenannten „sauren Kropfs“ kommen. Bei einer solchen Kropfstase sinkt der pH-Wert des Kropfinhalts durch übermäßiges Bakterienwachstum ab. Die Ursachen hierfür sind vielfältig. So kann eine Passagestörung des Magens mit Magenüberladung eine Kropfstase zur Folge haben. Bei handaufgezogenen Jungvögeln spielen vor allen Dingen Fütterungsfehler (zu hei-

Abb. 13.14: Sakerfalke mit saurem Kropf zeigt teilgeschlossene Augenlider (Mandelaugen), gesträubtes Gefieder und gedrungene Körperhaltung (links). Aguja mit saurem Kropf zeigt ebenfalls Mandelaugen und unterhalb des Schnabels vom Erbrechen feuchtes Gefieder (rechts; Fotos: D. Fischer)

ßes/zu kaltes Futter, hygienische Mängel, Verletzungen durch Pinzetten) eine große Rolle, während bei Altvögeln Dehydratation, übermäßige, zu energiereiche oder verdorbene Atzung sowie andere vorliegende Erkrankungen (z. B. Parasiteninfektionen des Magendarmtrakts) zu einem sauren Kropf führen können. Vor allem in den Sommermonaten während der Mauserzeit muss sichergestellt werden, dass die angebotene Atzung unverzüglich und vollständig gekröpft wird. Denn in liegengelassener oder versteckter Atzung können sich Bakterien (v. a. Fäkalkeime wie *E. coli*) vermehren, die zu einer bakteriellen Kropfentzündung führen können. Eine plötzliche Umstellung der Atzung kann ebenfalls Ursache für verlangsamte Passage und sauren Kropf sein, weil der Magendarmtrakt nicht auf Verdauung der neuen Nahrung eingestellt ist. Beispiele sind die Gabe eines vollen Kropfes mit Bisam oder Taube bei einem auf Eintagsküken und Kaninchen adaptierten Beizvogel. Aus diesem Grund sollte eine neue Atzungsart allmählich und in kleinen Portionen eingeführt werden.

Ein ebenfalls häufig gemachter Fehler, der meist in einem sauren Kropf resultiert, ist der uneingeschränkte (ad libitum) Zugang zu energiereichem und daher schwer verdaulichem Futter (z. B. Taubenbrust) für abgemagerte oder ausgezehrte Greifvögel. Bei diesen muss der Magendarmtrakt durch kleine Portionen leicht verdaulichen Futters (z.B. gerupfte Eintagsküken) erst allmählich wieder aktiviert werden.

Ein saurer Kropf äußert sich zunächst in Appetitlosigkeit, dann aber auch in Auswürgen der Atzung, fauligem Schnabelgeruch und schließlich einem insgesamt gestörten Allgemeinbefinden. Dabei zeigen betroffene Vögel verklebtes Gefieder um den Schnabel, Apathie, Schläfrigkeit und teilgeschlossene Augenlider (mandelförmige Augen) (siehe Abb. 13.14).

Bei einer vogelkundigen Tierärztin sollten unverzüglich gegebenenfalls im Kropf verbliebene Atzungsreste entfernt und ein Tupfer entnommen werden, um eine kulturelle Anzucht einzuleiten und einen Resistenztest durchzuführen. Eine antibakterielle Behandlung mit einem Breitbandantibiotikum sollte während der Laboruntersuchung aber bereits eingeleitet werden sowie eine Stabilisierung des Kreislaufs mit Infusionen. Natürlich muss eine Klärung der Grundursachen und deren Behandlung ebenfalls erfolgen.

13.3 Erkrankungen durch Pilze

Pilze kommen wie Bakterien überall in unserer Umwelt vor (siehe 10.3.4). Mit jedem Atemzug atmet unser Beizvogel Schimmelpilzsporen ein. Auch über das Futter können regelmäßig Hefepilze mit aufgenommen werden. Doch einige Pilze haben Eigenschaften, die unter gewissen Umständen bei unseren Beizvögeln Erkrankungen hervorrufen können. Deshalb spielt die Prophylaxe, vor allem in Form von optimalen Haltungsbedingungen, bei dieser Erregergruppe eine besonders große Rolle.

13.3.1 Aspergillose (und andere Schimmelpilzerkrankungen)

Der Begriff Aspergillose wird häufig für Schimmelpilzerkrankungen an sich verwendet. Jedoch handelt es sich tatsächlich nur dann um eine Aspergillose, wenn ein Schimmelpilz der Gattung *Aspergillus* für die Erkrankung ursächlich ist. Die übrigen Fälle sollten neutral als Schimmelpilzerkrankungen oder Mykose benannt werden.

Jungvögel, immunsupprimierte und durch Erkrankungen oder Verletzungen geschwächte Vögel sind besonders empfindlich gegenüber Schimmelpilzen. Weitere Faktoren, die eine Erkrankung begünstigen, sind eine unhygienische und suboptimale Haltung, antibiotische Behandlungen über mehrere Tage oder Wochen sowie die Gabe von Kortikosteroiden (z. B. Cortison). Die Krankheit ist nicht von Vogel zu Vogel übertragbar.

Steckbrief **Aspergillose, Erkrankung durch Pilze**	
Erreger	Schimmelpilze der Gattung *Aspergillus* spp. (meist *Aspergillus fumigatus*)
Verbreitung	weltweit
Tenazität	hoch
Übertragung	Inhalation von Sporen; Faktorenerkrankung
Infektiosität	mäßig
Inkubationszeit	Tage bis Monate
Symptome	Stimmverlust/-veränderungen, Atemnot, auch in Form von Schwanzwippen oder Backenblasen, Abgeschlagenheit, Schwäche, Leistungsdepression; bei chronischem Verlauf Appetitlosigkeit, Erbrechen, mintgrüner Durchfall
Labordiagnose	Hinweise über Röntgen- und Blutuntersuchung, Diagnose durch Endoskopie und Anzucht bzw. Histologie
Therapie	Antimykose; ggf. weiterführende Therapiemaßnahmen
Prophylaxe	Optimierung der Haltung; Abstellen der prädisponierenden Faktoren

Die Aspergillose betrifft normalerweise den Atmungstrakt, kann sich aber manchmal, insbesondere in schweren oder chronischen Fällen, auf andere Organe oder den gesamten Körper ausbreiten. Deshalb sind neben lokalen Formen (z. B. Luftröhre oder Nase) auch sogenannte generalisierte Formen beschrieben, die mehrere Organsysteme und weitere Körperpartien betreffen. Je nach Form und Ausbreitung variieren auch die klinischen Symptome der Erkrankung, die insgesamt auch für eine sehr lange Zeit völlig fehlen können. Lokale Formen können mit Atemnot und einem Verlust oder einer Veränderung der Stimme verbunden sein. Atemsynchrones Wippen des Stoßes/Staarts oder Blähung der Nasennebenhöhlen (sogenanntes Backenblasen) sowie Abgeschlagenheit, Schwäche und eine generelle Leistungsdepression sind weitere Symptome. Beim chronischen Verlauf neigen betroffene Tiere häufig zu Appetitlosigkeit und Erbrechen sowie mintgrünem Durchfall (siehe Abb. 13.15).

Neben einer gründlichen, klinischen Allgemeinuntersuchung gibt es verschiedene Methoden, um eine Aspergillose zu diagnostizieren: Eine Röntgenaufnahme sowie hämatologische und serologische Untersuchungen geben Hinweise, während die mikrobielle Kultur und die Histologie einer während der Endoskopie beprobten Läsion die effektivste und sicherste Methode zur Bestätigung einer Aspergillose darstellen (Fischer, 2017).

Eine Aspergillose muss so schnell wie möglich behandelt werden, da Anfangsstadien eine bessere Prognose haben als fortgeschrittene Stadien. Die systemische (oral oder per Injektion) und lokale (per Inhalation) Anwendung von Antimykotika, vorzugsweise mehrere unterschiedliche Wirkstoffe in Kombination, ist sehr wichtig. Zusätzlich kann während der Endoskopie eine lokale Antimykotika-Behandlung auf den Läsionen und/oder eine chirurgische Entfernung der Granulome angezeigt sein. Die Therapie erfordert normaler-

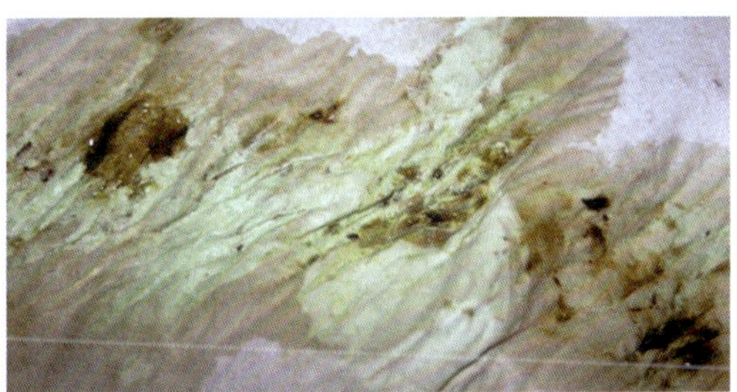

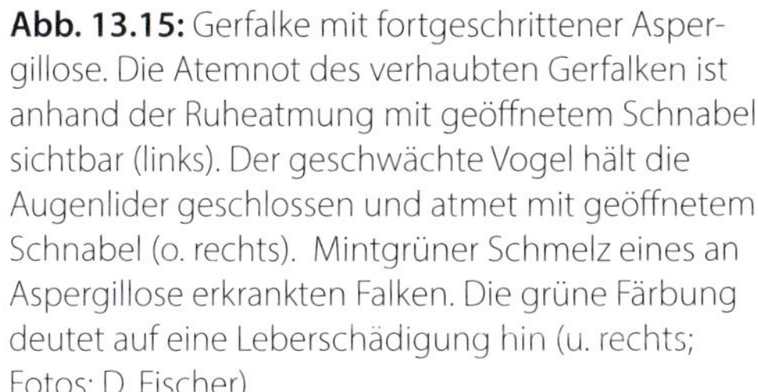

Abb. 13.15: Gerfalke mit fortgeschrittener Aspergillose. Die Atemnot des verhaubten Gerfalken ist anhand der Ruheatmung mit geöffnetem Schnabel sichtbar (links). Der geschwächte Vogel hält die Augenlider geschlossen und atmet mit geöffnetem Schnabel (o. rechts). Mintgrüner Schmelz eines an Aspergillose erkrankten Falken. Die grüne Färbung deutet auf eine Leberschädigung hin (u. rechts; Fotos: D. Fischer)

weise mindestens vier Wochen medikamentöse Behandlung, in schwerwiegenden Fällen muss diese jedoch noch um Wochen oder Monate verlängert werden. Stark betroffene Tiere sollten zunächst stationär stabilisiert werden und erhalten eine unterstützende Versorgung durch Flüssigkeit, entzündungshemmende Medikamente, Vitamin A und unter Umständen Antibiotika im Falle von Sekundärinfektionen durch Bakterien.

Die Krankheit kann am besten verhindert werden, indem prädisponierende Ursachen vermieden werden. Zu diesem Zwecke sollte der Vogel in einer belüfteten und hygienischen Umgebung gehalten werden. Der Bodenbelag sollte keine organischen Bestandteile enthalten, die ein Wachstum von Pilzen fördern. Die Vögel sollten Staub und Emissionen von landwirtschaftlichen Erntearbeiten, Heu, Kompost oder Schmutz beim Reinigen der Volieren möglichst nicht ausgesetzt sein, um zu vermeiden, dass vermehrt Pilzsporen eingeatmet werden. Zusätzlich sollten die Tiere gesund gehalten werden und gutes Futter bekommen. Stress sollte minimiert werden.

13.3.2 Candidose (und andere Hefepilzerkrankungen)

Candidosen leiten sich ab von der gleichnamigen Erregergruppe, Hefepilze der Gattung *Candida*, wobei meist die Art *Candida albicans* ursächlich ist. Hefepilze sind – in geringen Mengen – Teil der physiologischen Flora im Kropf und im restlichen Magendarmtrakt gesunder Greifvögel. Kommt es aber zu einem Ungleichgewicht, kann es zum Krankheitsbild der Candidose kommen. Dies kann durch andere Erkrankungen und eine damit einhergehende Belastung des Immunsystems sowie durch eine Antibiotika- oder Kortikosteroid-Behandlung (z. B. Cortison) begünstigt werden. Eine Candidose äußert sich durch käsig-gelbe Auflagerungen im Rachen, der Speiseröhre und dem Kropf. Dabei handelt es sich um Entzündungen und Gewebsuntergänge, die sich bis in den Magen und Darm fortsetzen können. Neben Schmerzen beim Schlucken können diese im schlimmsten Fall auch zu Schwellungen und damit verbundenen Verstopfungen führen. Betroffene Vögel zeigen daher Appetitlosigkeit und Gewichtsverlust, aber auch Durchfall.

Steckbrief **Candidose, Erkrankung durch Pilze**	
Erreger	*Candida albicans*
Verbreitung	weltweit
Tenazität	mäßig
Übertragung	orale Aufnahme
Infektiosität	mäßig
Inkubationszeit	Tage bis Monate
Symptome	käsig-gelbe Auflagerungen im Rachen, der Speiseröhre und dem Kropf, Appetitlosigkeit, Gewichtsverlust, Durchfall
Labordiagnose	kulturelle Anzucht, angefärbter Direktausstrich
Therapie	Antimykose
Prophylaxe	allgemeine Futterhygiene

Zur Diagnosestellung können Tupferproben aus Kropf und Kloake für eine kulturelle Anzucht oder PCR-Diagnostik verwendet werden. Durch ein Anfärben der Hefen auf einem Direktausstrich kann die Tierärztin auch eine schnelle Diagnose mit dem Lichtmikroskop erzielen. Auf dem Röntgenbild kann meist eine Verdickung der Kropf- und Magenwand nachvollzogen werden.

Eine Behandlung erfolgt mit Antimykotika, die vornehmlich im Magendarmtrakt wirken, über mehrere Tage bis Wochen. Wird die primäre Ursache für eine Hefepilzerkrankung nicht abgestellt, kommt es häufig zu Rezidiven. Die Vorbeugung ist daher sehr wichtig: Die Futter- und Haltungshygiene muss unbedingt eingehalten werden, um ein Überwachsen der Hefen nicht zu fördern. Dies ist vor allem in der künstlichen Jungvogelaufzucht zu beachten. Futterbesteck muss sauber gehalten und zwischen den einzelnen Jungvögeln gereinigt und desinfiziert werden, um eine Übertragung von Tier zu Tier zu verhindern.

13.3.3 Hautinfektionen durch Pilze

In seltenen Fällen kann es zu Hautinfektionen mit dem Pilz *Rhodotorula mucilaginosa* kommen. Die Erkrankung wird daher als Rhodotoruliasis bezeichnet. Die infizierten Hautpartien befinden sich vorwiegend am Flügelansatz (Achselhöhle) und zwischen Oberschenkel und Körperwand. Die betroffenen Areale weisen schmierig, gelbbraune Beläge auf, die im Randbereich zu vermehrter Hornbildung neigen. (siehe Abb. 13.16)

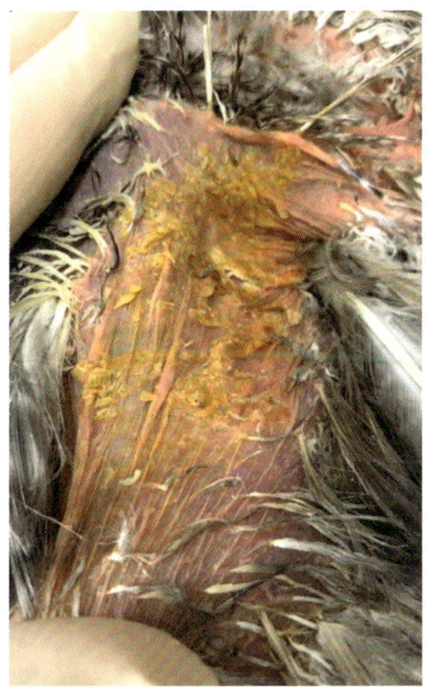

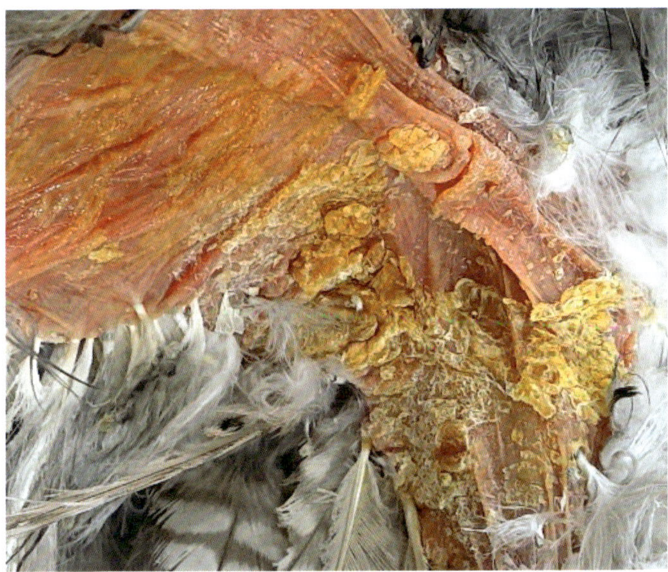

Abb. 13.16: Flächige Rhodotoruliasis, die großflächig die Achsel (links) und den Innenschenkelbereich (rechts) bei einem weiblichen Wanderfalken betrifft (Fotos: D. Fischer)

Dieser Hefepilz kann durch eine kulturelle Anzucht nachgewiesen werden, die aber in der Regel mehrere Tage dauert. Sekundäre bakterielle Infektionen müssen parallel abgeklärt werden.

Zur Therapie entfernt die Tierärztin zunächst totes Gewebe und arbeitet mit antimykotischen Salben. Bei sekundären Bakterieninfektionen müssen ebenfalls passende Antibiotika eingesetzt werden. Neuere Behandlungsmethoden schließen die Lasertherapie und die Kaltplasmabehandlung mit ein. Generell ist die Therapie sehr langwierig und die Anwendung von Salben beim Vogel aufgrund des Gefieders ebenfalls sehr schwierig. Eine orale Aufnahme der Salbe durch den Beizvogel sollte vermieden werden.

Steckbrief
Rhodotoruliasis, Erkrankung durch Pilze

Erreger	*Rhodotorula mucilaginosa*
Verbreitung	weltweit
Tenazität	mäßig
Übertragung	Schmierinfektion vermutet
Infektiosität	mäßig
Inkubationszeit	Tage bis Monate
Symptome	schmierig, gelbbraune Beläge auf der Haut, im Randbereich vermehrte Hornbildung
Labordiagnose	kulturelle Anzucht
Therapie	Antimykose
Prophylaxe	allgemeine Hygiene

13.4 Erkrankungen durch Parasiten

Parasiten sind kleine, ***eukariote*** Lebewesen, die auch mit oder von Greifvögeln leben. Während Parasiten bei wildlebenden Greifvögeln regelmäßig auch bei gesunden Individuen zu finden sind, wird bei den gehaltenen Greifvögeln eine gänzliche Freiheit von Parasiten angestrebt. Da sich die Beizvögel während der Beizjagd in der Umwelt und dem Kontakt mit Beizwild infizieren können und Parasiten zudem durch Nager oder Wildvögel in die heimische Haltung eingetragen werden können, ist eine regelmäßige Untersuchung auf Parasiten zwingend notwendig. Insgesamt unterscheidet man innerliche Endo- und äußerliche Ektoparasiten. Da die Fülle an verschiedenen Parasiten sehr groß ist, wird im Folgenden nur auf die gängigsten eingegangen. Die vogelkundige Tierärztin kennt im Zweifel aber sicherlich noch viele weitere!

13.4.1 Ektoparasitosen

Bei Ektoparasiten handelt es sich um Parasiten, die auf der Haut oder dem Gefieder zu finden sind. Neben stationären Vertretern, d. h. Ektoparasiten, die auf dem Greifvogel dauerhaft leben, können Greifvögel auch zeitweise von Maden, Stechmücken, Zecken und der Roten Vogelmilbe befallen werden. Es lohnt sich daher auch immer, die Umgebung (z. B. Sitzmöglichkeiten) der Beizvögel im Auge zu behalten.

13.4.1.1 Zeckenbefall/ Tick-related Sickness Syndrome

Greifvögel können von Zeckenarten befallen werden, die auch verschiedene Säuger befallen (z. B. der gemeine Holzbock *Ixodes ricinus*). Es gibt allerdings auch Zeckenarten, die auf Vögel spezialisiert sind (z. B. *Ixodes frontalis*) (Drehmann et al., 2019). Zecken befallen v. a. nah am Boden lebende Vögel, d. h. auch verletzte oder geschwächte Individuen. Sie beißen und sitzen dann besonders häufig am Vogelkopf, rund um Augen und Nase. Häufig erkennt man sie erst, wenn sie bereits Blut gesaugt und entsprechend aufgetrieben sind. Manchmal kann aber auch eine schief sitzende oder abstehende Feder hinweisend sein. Neben dem Blutverlust, der bei einem massiven Befall insbesondere bei Jungvögeln lebensbedrohliche Züge annehmen kann, ist das sogenannte Tick-related Sickness Syndrome (TSS) bei Greifvögeln gefürchtet. Dabei zeigen die Tiere bei einem Zeckenbiss eine ausgeprägte Schwäche, Müdigkeit und Appetitlosigkeit. Rund um die Bissstelle schwillt die Haut an, es kommt zu diversen Blutungen im Kopfbereich und es bilden sich teils auch Blutergüsse (siehe Abb. 13.17; vgl. Fischer und Kothe, 2020).

Die Zecke sollte in jedem Fall so schnell wie möglich entfernt werden. Dazu können Zeckenzangen oder auch feine Pinzetten verwendet werden. Analog zum Entfernen einer Zecke beim Hund oder Menschen sollte darauf geachtet werden keine Öle oder gar Klebstoff einzusetzen. Nach dem Entfernen sollte die Zecke auf Vollständigkeit überprüft werden, um zu kontrollieren, dass auch der Kopf der Zecke entfernt wurde.

Sollte der Vogel Anzeichen von TSS zeigen, sollte sofort eine vogelkundige Tierärztin aufgesucht werden, um weitere Maßnahmen wie Flüssigkeitstherapie, Gabe von Entzündungshemmern und ggf. Antibiose einzuleiten. Unbehandelt kann ein TSS tödlich sein.

Abb. 13.17: Harris Hawk mit Zecke (o. links; Foto: D. Fischer). Wüstenbussard mit deutlicher Schwellung, Nasenbluten und Hämatom an den Augenlidern nachdem dort eine Zecke Blut gesaugt und das Tick-related Sickness Syndrome ausgelöst hat (o. rechts und unten; Fotos: A. Wilms)

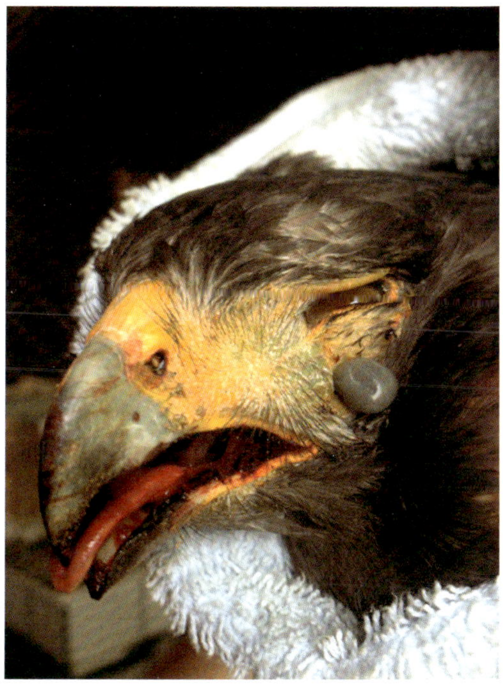

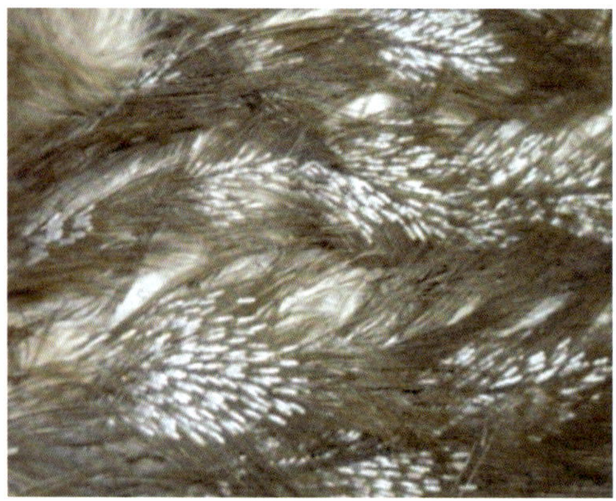

Abb. 13.18: Sakerfalke mit hochgradigem Federlingbefall sichtbar auf der Wachshaut des Falken (oben). Eipakete von Federlingen im Kleingefieder eines Mönchsgeiers (Mitte, unten; Fotos: D. Fischer)

13.4.1.2 Federlingbefall

Federlinge zählen zu den sogenannten Kieferläusen (Mallophagen) und ernähren sich von Federbestandteilen. Es handelt sich somit eher um Lästlinge, die aber bei einem starken Befall zu Schäden an der Federfahne führen können, welche die Flugfähigkeit des Beizvogels einschränken können. Zu finden sind Federlinge häufig auch beim gesunden Beizvogel, jedoch können andere Erkrankungen und Verletzungen, die den Beizvogel schwächen, dazu führen, dass sich Federlinge stark vermehren.

Man sollte den Beizvogel daher regelmäßig auf das Vorhandensein dieser Ektoparasiten und ihrer Eipakete (siehe Abb. 13.18) untersuchen. Dazu sollte sich die Falknerin vor allem die Flügel- und Oberschenkelinnenseiten des Beizvogels ansehen – dort wo es immer warm und geschützt ist, halten sich Ektoparasiten am liebsten auf.

Bei einem starken Befall kann der Beizvogel mit einem ***topisch*** aufzubringenden Arzneimittel nach tierärztlicher Diagnose und Anweisung behandelt werden. Dazu reibt man sich 2-3 Sprühstöße des Medikaments auf Einmalhandschuhe und streicht mit diesen anschließend über die Flügelinnenseiten. Beim direkten Einsprühen des Beizvogels sollte man vorsichtig sein, niemals sollte der Vogel das Aerosol direkt einatmen. Auch kann man diese Arzneimittel leicht überdosieren.

13.4.1.3 Milbenbefall (Federspul-, Grab- und Rote Vogelmilbe)

Bei Milben handelt es sich um sehr häufig vorkommende Ektoparasiten, die sich vom Blut des Beizvogels ernähren.

Die Federspulmilbe (*Syringophilus* sp.) lebt in der Federspule oder dem Blutkiel wachsender Federn. Dort schädigt sie das Federmark, was zu einem Abtrocknen und einer sanduhrförmigen Einschnürung des Federkiels führt. Betroffene Federn brechen ab oder werden erst gar nicht vollständig geschoben.

Die Grabmilbe oder auch Kalkbeinmilbe (*Knemidocoptes pilae*) ist eine Räudemilbe und lebt in den oberen Hautschichten der federlosen Haut. Vor allem die Haut um die Augen, die Wachshaut und die Haut der Ständer ist betroffen. Durch das Graben von Bohrgängen in der Haut reagiert diese mit vermehrter Hornbildung und starkem Juckreiz.

Die Rote Vogelmilbe (*Dermanyssus gallinae*) weist eine Besonderheit auf: sie wandert ausschließlich nachts auf den Vogel, um Blut zu saugen. Tagsüber versteckt sie sich in der Umgebung. Häufig ist sie in Holzritzen der Volierenbegrenzung oder unter den Sitzstangen zu finden.

Therapeutisch behilft sich die vogelkundige Tierärztin mittlerweile mit Medikamenten aus dem Geflügelbereich. Einige blutgängige Wirkstoffe können gespritzt, andere sogar über das Trinkwasser verabreicht werden. Über das Gefieder angewendete Präparate helfen bei der Federspulmilbe häufig nicht, da die Milben in der Spule sehr gut geschützt sind.

Ein ergänzender Einsatz von Ölen, um die Grabmilben in ihren Bohrgängen zu ersticken, muss kritisch betrachtet werden, da die Öle zu Irritationen der Haut um Auge und Nase und zum Verkleben des Gefieders führen können.

Bei der Roten Vogelmilbe müssen unbedingt die in der Umgebung befindlichen Milbennester entfernt werden. Dies stellt häufig die schwierigste Aufgabe dar, da man nicht selten die gesamte Voliere behandeln und die Inneneinrichtung beseitigen muss. Deshalb empfehlen sich Volierenwände aus anorganischem und glattem Material wie unter 6.1.1.1.3 beschrieben.

13.4.2 Endoparasitosen

Endoparasiten leben im Inneren unseres Beizvogels und können verschiedene Organsysteme befallen. Sehr häufig sind sie im Magendarmtrakt zu finden, einige Parasiten finden sich aber beispielsweise auch in der Luftröhre oder den Luftsäcken. Infektiöse Stadien dieser Parasiten sind bei einem Befall oft im Kot der Greifvögel zu finden, weshalb sie in den meisten Fällen über eine Schmelzuntersuchung diagnostiziert werden können.

13.4.2.1 Kokzidiose

Kokzidien sind einzellige Parasiten, die in den Zellen der Darmwand leben und sich dort vermehren. Die bekanntesten Vertreter sind die Gattungen *Eimeria*, *Isospora* und *Caryospora*. Die Vermehrungsstadien der Kokzidien werden als Oozysten bezeichnet. Diese werden mit dem Kot ausgeschieden und reifen in der Umwelt – erst nach der Reifung werden sie infektiös und können nach der oralen Aufnahme zu einer Erkrankung führen. Bei einem vollständigen Entwicklungszyklus, von der Aufnahme einer infektiösen Oozyste bis zur Ausscheidung neuer Oozysten über den Kot, vergehen nur vier bis acht Tage.

Durch die Infektion und Vermehrung in den Darmzellen werden diese geschädigt, was das klassische Krankheitsbild einer Kokzidiose bedingt: blutiger Durchfall (siehe Abb. 13.19). Weiterhin können ein gesträubtes Gefieder, Gewichtsverlust, Schwäche oder eine ver-

Abb. 13.19: Sektionsbild eines völlig durch Kokzidien geschädigten Darmes mit einer hochgradig blutigen und nekrotischen Darmentzündung bei einem jungen Luggerfalken, der im Zuge der Erkrankung verstarb; rechts oben: mikroskopische Aufnahme von einer Kokzidienoozyste (Fotos: D. Fischer, Klinik für Vögel, Reptilien, Amphibien und Fische, JLU Gießen)

minderte Leistungsfähigkeit beobachtet werden. Jedoch führen die meisten Kokzidien bei Greifvögeln nicht automatisch zu einer Erkrankung. Jungtiere und durch eine andere Erkrankung (v. a. bakterielle Darmentzündung z. B. durch Clostridien) geschwächte Vögel sind jedoch besonders anfällig.

Kokzidien können mittels parasitologischer Untersuchung einer Schmelzprobe einfach und schnell nachgewiesen werden. Aber auch molekularbiologische Nachweismethoden (z. B. PCR) sind mittlerweile verfügbar.

Behandelt werden Kokzidiosen durch spezielle Antiparasitika nach tierärztlicher Diagnose und Anweisung. Eine Infusionstherapie kann zusätzlich helfen, um dem Flüssigkeitsverlust aufgrund des Durchfalls entgegenzuwirken. Auch ein Schmerzmittel gegen die Bauchschmerzen sowie eine Antibiose bei parallel auftretenden bakteriellen Darminfektionen können angezeigt sein.

Die Falknerin sollte gerade bei ihrem Jungvogel immer auf Anzeichen einer Kokzidiose (z. B. Schwäche, gesträubtes Gefieder, Durchfall) achten. Durch regelmäßige Schmelzuntersuchungen können Kokzidien-Infektionen frühzeitig erkannt werden. Generell sollte die Kokzidiose bei hochgradigem Befall und bei Jungvögeln unbedingt direkt behandelt werden.

13.4.2.2 „Gelber Knopf" (Trichomoniasis, Trichomonadose)

Trichomonaden sind Einzeller, die den Verdauungstrakt von Vögeln befallen können. Sie werden regelmäßig bei Tauben, Finken- und Hühnervögeln nachgewiesen. Die Übertragung auf Beizvögel kann zum einen über das Aufnehmen eines infizierten Vogels stattfinden, die Parasiten werden aber auch über das Trinkwasser übertragen. Trinkt ein infizierter Vogel also an der Badebrente des Beizvogels, kann sich dieser beim Schöpfen dann

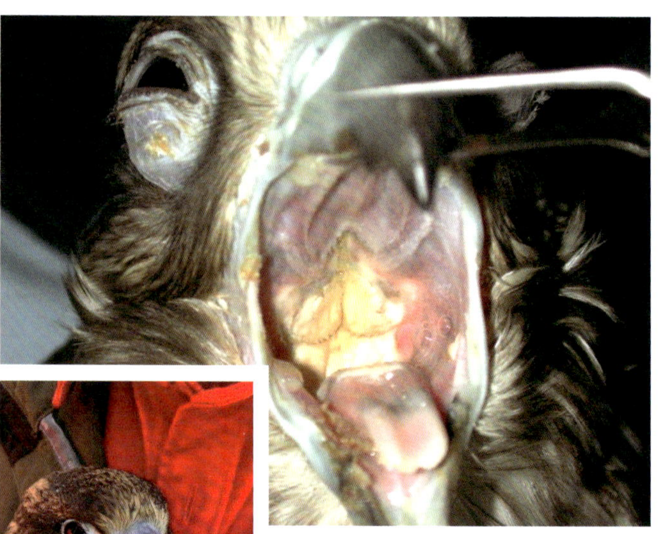

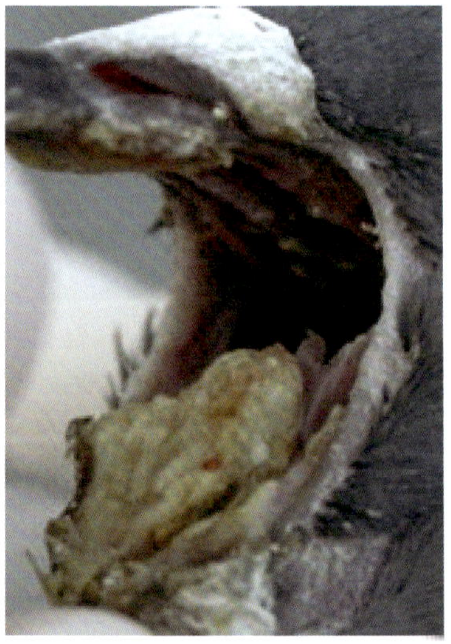

Abb. 13.20: Hochgradige gelbe Beläge durch Trichomonaden im Rachen eines Gerfalken (o. links). Taube mit hochgradiger Schleimhaut- und Zungenentzündung, die auf Grund ihrer Farbe als gelber Knopf bezeichnet werden. Die Veränderungen werden hervorgerufen durch Trichomonaden (o. rechts). Blutige Zungenentzündung durch Trichomonaden bei einem juvenilen Wanderfalken (unten links; Fotos: D. Fischer)

ebenfalls anstecken. Wildlebende Greifvögel und Eulen versterben regelmäßig durch eine Infektion mit diesem Parasiten.

Die Trichomonadose wird umgangssprachlich auch als „Gelber Knopf" bezeichnet, da erkrankte Vögel gelbliche Rachenbeläge ausbilden, die auch die Zunge, Speiseröhre und den Kropf betreffen können (siehe Abb. 13.20). Je nach Ausmaß dieser gelben Beläge reichen Krankheitsanzeichen von Schluckbeschwerden über Fressunlust bis hin zu Atemnot und einer fehlenden Nahrungs- und Flüssigkeitsaufnahme. Auch die Nasennebenhöhlen um die Augen können geschwollen und nekrotisch sein. Betroffene Tiere magern meist schnell ab.

Diagnostiziert werden Trichomonaden über einen frischen Rachenabstrich. Unter einem Lichtmikroskop sind die sich noch bewegenden Einzeller gut erkennbar. Ein fischiger Geruch aus der Schnabelhöhle kann hinweisend sein. Eine Untersuchung mittels PCR ist ebenfalls möglich. Infektionen mit Viren (z. B. Herpesviren), Bakterien (z. B. Pseudomonaden), Hefepilzen sowie anderen Parasiten wie Haarwürmern (*Capillaria* spp.) müssen unbedingt unterschieden werden, da sich die entsprechende medikamentöse Behandlung stark unterscheidet. In schlimmen Fällen müssen die Beläge operativ entfernt bzw. eine Euthanasie des Vogels in Betracht gezogen werden.

Prophylaktisch sollte Wasser in Tränken sowie der Badebrente regelmäßig erneuert und die Gefäße zwischenzeitlich abgetrocknet werden, um eine Übertragung zu verhindern (siehe 6.1.1.1.5).

13.4.2.3 Aviäre Malaria

Die Vogelmalaria fasst alle Erkrankungen zusammen, die durch Blutparasiten hervorgerufen werden. Zu diesen einzelligen, im Blut vorkommenden Parasiten zählen unter anderem *Haemoproteus* (übertragen durch Lausfliegen), *Plasmodium* (übertragen durch Stechmücken) und *Leukocytozoon* (übertragen durch Stech- und Kriebelmücken).

Die meisten Greifvogelarten zeigen bei Infektionen mit *Haemoproteus* und *Leukocytozoon* keinerlei Krankheitsanzeichen. Plasmodien können am ehesten zu Erkrankungen führen, jedoch kann jeder Greifvogel Symptome wie Abgeschlagenheit und Schwäche entwickeln, wenn zu viele Blutparasiten im Blut vorkommen. Im Rahmen einer Infektion mit Blutparasiten kann es zur Zerstörung von Blutkörperchen (Hämolyse) kommen, was zu einer Grünfärbung der Harnsäure im Schmelz führt. Bei Plasmodien-Infektionen kann sich zudem eine Anämie entwickeln, die dann zentralnervöse Störungen, Atemnot und plötzliche Todesfälle bedingen kann.

Der Nachweis von Blutparasiten erfolgt durch die mikroskopische Untersuchung eines Blutausstrichs im Rahmen der Hämatologie. Häufig werden diese Erreger daher zufällig entdeckt. Dabei ist *Leukocytozoon* gut zu erkennen, während *Plasmodium* und *Haemoproteus* schwierig zu unterscheiden sind. Durch PCR-Untersuchungen können die Blutparasiten genau identifiziert werden.

Für Greifvögel, die Krankheitsanzeichen aufgrund einer Infektion mit Blutparasiten zeigen, sind Behandlungsmöglichkeiten durch die Tierärztin vorhanden. In schweren Fällen müssen diese Medikamente über das Blut verabreicht und zudem Sauerstoff zugeführt oder eine Bluttransfusion durchgeführt werden. Meist ist dann auch die Gabe von Infusionen, Antibiotika und Antimykotika nötig, u. a. um Sekundärinfektionen vorzubeugen.

Als Vorbeugemaßnahme sollte ein Schutz gegen die Überträger der Blutparasiten (Stechinsekten) vorgenommen werden. Dies kann in Form von Mosquitonetzen, Pheromon- oder Lichtfallen und der Beseitigung von Pfützen und Wassertonnen als Brutstätten der Stechmücken erfolgen (siehe auch 13.1.3 und 13.1.4). Zusätzlich können besonders empfindliche Vogelarten in der Hochrisiko-Saison (Sommermonate) in Endemiegebieten prophylaktisch behandelt werden.

13.4.2.4 Befall mit Bandwürmern (Zestoden)

Bandwürmer sind segmentartig aufgebaut und können sehr lang werden, sodass sie im Kot zum Teil mit bloßem Auge zu erkennen sind. Sie verfügen über scharfe Mundwerkzeuge, um sich an der Darmschleimhaut festzubeißen. Ein massiver Befall führt daher zu schweren Schleimhautirritationen. Dies verursacht beim Vogel dann Bauchschmerzen sowie einen Nährstoff- und Blutverlust. Langfristig können solche Infektionen daher auch zu stumpfem Gefieder, Abmagerung und Verhaltensänderungen (z. B. ***Apathie*** oder Rupfen) führen.

Die Diagnose eines Bandwurmbefalls erfolgt durch die parasitologische Untersuchung einer Schmelzprobe. Der Schmelz sollte dabei über mehrere Tage gesammelt werden, da die Parasitenstadien nicht bei jedem Kotabsatz ausgeschieden werden.

Für die Behandlung von Bandwürmern sind andere Antiparasitika nötig als bei der Behandlung gegen Rundwürmer oder Kokzidien. Daher ist es sehr wichtig über eine Schmelzuntersuchung durch die Tierärztin nicht nur herauszufinden, ob ein Parasitenbefall vorliegt, sondern auch welche Parasiten den Vogel beeinträchtigen.

13.4.2.5 Befall mit Rundwürmern (Nematoden)

Zu den sogenannten Rundwürmern zählen viele verschiedene Arten, die im Rahmen dieses Buches nicht alle genannt und behandelt werden. Der Fokus soll an dieser Stelle auf einigen Arten liegen, die zum einen im Magendarmtrakt vorkommen und zum anderen den Atmungstrakt befallen.

Die Diagnose dieser Rundwürmer erfolgt ebenfalls durch die parasitologische Untersuchung einer Schmelzprobe. Dabei sollte immer eine Sammelschmelzprobe untersucht werden, da die Parasiteneier nicht bei jedem Kotabsatz ausgeschieden werden.

Als Antiparasitika können verschiedene Wirkstoffe aus der Gruppe der Benzimidazole oder der Avermectine eingesetzt werden, jedoch ist zu beachten, dass sich diese Wirkstoffe von denen zur Behandlung von Bandwürmern unterscheiden. Bei einem massiven Befall mit Rundwürmern ist bei der Behandlung Vorsicht geboten: so können die plötzlich absterbenden Würmer beim Greifvogel Verdauungs- bzw. Atemwege verlegen (sogenannter Wurm***Ilius*** oder Wurmverschluss) und somit zu lebensbedrohlichen Zuständen führen (siehe Abb. 13.21).

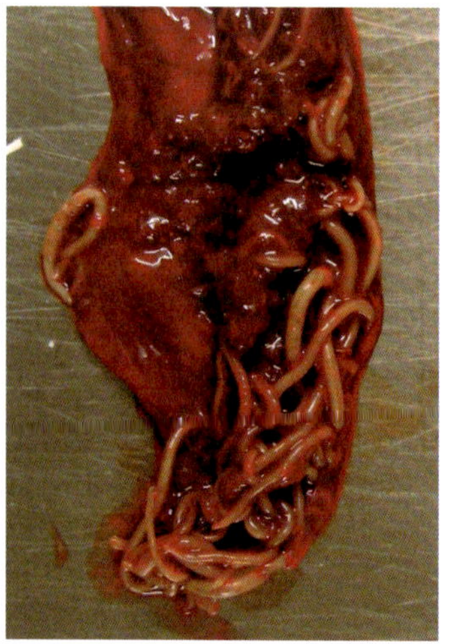

Abb. 13.21: Sektionsbild eines völlig durch Spulwürmer geschädigten und verlegten Darmes bei einem jungen Gerfalken, der im Zuge der Erkrankung verstarb (links). Ein vollständiger, mit dem Kot ausgeschiedener Spulwurm bei einem Wanderfalken mit hochgradigem Spulwurmbefall (rechts; Fotos: D. Fischer)

13.4.2.5.1 Spulwürmer und Haarwürmer

Askariden oder Spulwürmer leben im Magendarmtrakt von Greifvögeln. Die adulten Würmer bewohnen dabei v.a. den Darm und infektiöse Wurmeier werden über den Kot des Greifvogels ausgeschieden. Bei einem massiven Befall kann es auch zum Ausscheiden der adulten Würmer kommen. Diese können dann mit dem bloßen Auge im Schmelz des Greifvogels erkannt werden (siehe Abb. 13.21). Häufig verlaufen die Infektionen mit Spulwürmern ohne Krankheitsanzeichen. Ist der Befall aber zu groß, kann es zu Schwäche, aufgeplustertem Gefieder, Gewichtsverlust und Durchfall kommen. Insbesondere bei Jungvögeln ist eine Darmverstopfung durch Spulwürmer möglich (siehe Abb. 13.21).

Capillaria spp., umgangssprachlich auch Haarwürmer genannt, kommen vor allem im oberen Magendarmtrakt vor, also in der Schnabelhöhle, der Speiseröhre und dem Kropf. Sie verursachen dort gelbliche Beläge und Schleimhautläsionen in denen sich häufig Parasiteneier nachweisen lassen (siehe Abb. 13.22). Teils kann es zu Atemnot, Appetitlosigkeit und Apathie kommen. Greifvögel infizieren sich durch die Aufnahme von infizierten Beutetieren (z. B. Tauben oder Krähen).

Durch den Befall bilden sich gelbe, zum Teil massiv raumfordernde Beläge, die schließlich zu Schluckbeschwerden, Inappetenz und Gewichtsverlust sowie zu Atemnot führen können. Infektionen ohne derartige Veränderungen sind ebenfalls beschrieben.

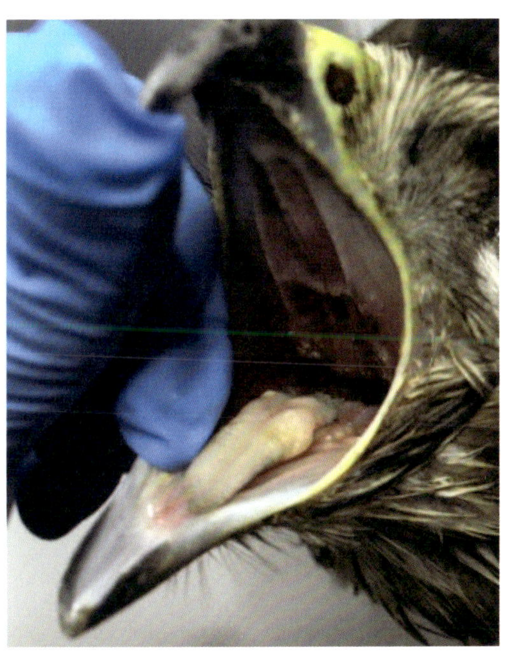

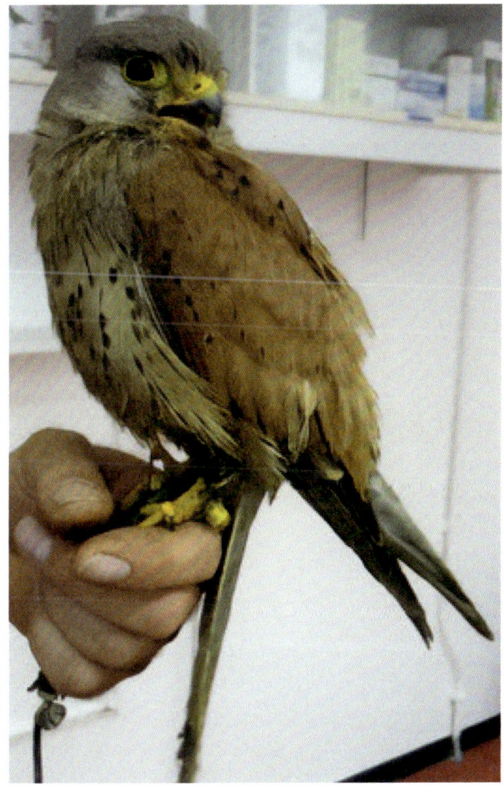

Abb. 13.22: Punktförmige gelbe Beläge im Rachen eines Mäusebussards, in denen mikroskopisch Parasiteneier sichtbar waren (oben). Turmfalke mit hochgradiger Atemnot auf Grund von hochgradigem Haarwurmbefall (unten; Fotos: D. Fischer, Klinik für Vögel, Reptilien, Amphibien und Fische, JLU Gießen)

13.4.2.5.2 Luftröhrenwürmer und Luftsackwürmer

Die Luftröhrenwürmer, v. a. die Art *Syngamus trachea*, leben hauptsächlich in der Luftröhre, können aber auch in den Luftsäcken vorkommen und führen dort zu milden Entzündungsreaktionen.

Krankheitsanzeichen wie Atemgeräusche (Giemen), Atemnot und Stimmveränderungen kommen in der Regel nur vor, wenn ein hochgradiger Befall vorliegt. Im schlimmsten Fall kann dies zum Ersticken führen. Da Vögel nicht in der Lage sind zu husten, weil sie nicht über ein Zwerchfell verfügen, versuchen infizierte Tiere die Würmer aus ihrer Luftröhre zu schleudern. Dazu schütteln sie immer wieder massiv den Kopf.

Luftsackwürmer der Ordnung Spirurida kommen weltweit vor. Der bekannteste Vertreter, *Serratospiculum tendo*, tritt in den letzten Jahren vermehrt in Süd- und Zentraleuropa auf. Dabei führt er vor allem bei Falken, aber auch bei Habichtartigen, Adlern und Geiern zu Erkrankungen. Betroffene Vögel zeigen neben allgemeinen Symptomen wie Abgeschlagenheit, Schwäche und Abmagerung, Erbrechen und Durchfall auch Atemnot durch den Befall der Lunge und der Luftsäcke. Bei einer seltenen Wanderung von Erregerstadien ins Gehirn kann es auch zu zentralnervösen Störungen sowie zur Erblindung kommen (Fischer et al., 2020). Sekundärinfektionen mit Bakterien und Pilzen sind nicht selten.

Im Rahmen einer Endoskopie der Luftsäcke im Fall einer Infektion mit *Serratospiculum* sp. bzw. der Luftröhre (Tracheoskopie) im Fall einer Infektion mit *Syngamus* sp., können die ausgewachsenen Würmer gesehen und sogar mittels Fasszange entfernt werden (siehe Abb. 13.23). Eine vorherige antiparasitäre Behandlung kann dabei hilfreich sein, denn dann haften die Würmer nicht mehr an dem umliegenden Gewebe, da sie bereits verendet sind. In der parasitologischen Kotuntersuchung werden die Eier von *Serratospiculum* spp. regelmäßig übersehen, da sie nur sehr vereinzelt ausgeschieden werden.

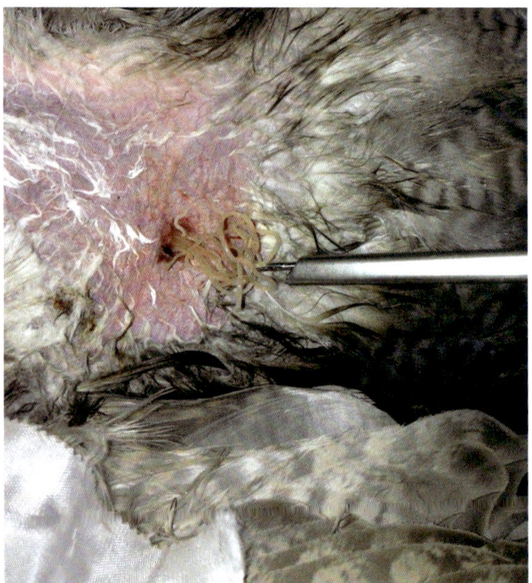

Abb. 13.23: Luftsackwürmer (*Serratospiculum tendo*) bei einem Wanderfalken: Die Würmer wurden endoskopisch entfernt (links). Die entfernten Würmer wurden in einer Nierenschale gesammelt (rechts; Fotos: D. Fischer, Klinik für Vögel, Reptilien, Amphibien und Fische, JLU Gießen)

13.5
Stoffwechsel- und Durchblutungsstörungen

Zwei nicht-infektiöse und zum Teil sehr verbreitete Erkrankungen von Beizvögeln werden durch Stoffwechsel- und Durchblutungsstörungen hervorgerufen. Dazu müssen verschiedene Faktoren gegeben sein, damit es zu einer Ausbildung dieser Erkrankung kommt. Diese Faktoren gilt es zu verhindern. Weiterhin kann die Falknerin durch regelmäßige Routine-Checks frühe Anzeichen dieser Erkrankungen erkennen und entgegenwirken.

13.5.1 Pododermatitis („Dicke Hände", Bumble Foot, Sohlenballengeschwür)

Das Krankheitsbild der „Dicken Hände" hat vielfältige Ursachen und kommt besonders häufig bei Falken und Adlern vor. Vor allem bei Großfalken wird die klassische Bumble Foot-Erkrankung vornehmlich durch plötzlich eintretende Kreislauf- und Stoffwechselumstellungen verursacht. Eine solche Umstellung könnte das abrupte Abstellen des Vogels nach der Beizsaison darstellen, das daher unbedingt vermieden werden sollte. Vielmehr sollte die Falknerin eine Phase des Abtrainierens einbauen, in der das tägliche Flugpensum schrittweise über 3-4 Wochen reduziert und das Körpergewicht langsam gesteigert werden. Weitere Ursachen können ein Ernährungsdefizit (v. a. ein Vitamin A-Mangel), ein generell zu hohes Körpergewicht oder Verletzungen der Haut darstellen, die sich nachfolgend infizieren. Letztere werden durch einen unhygienischen Untergrund

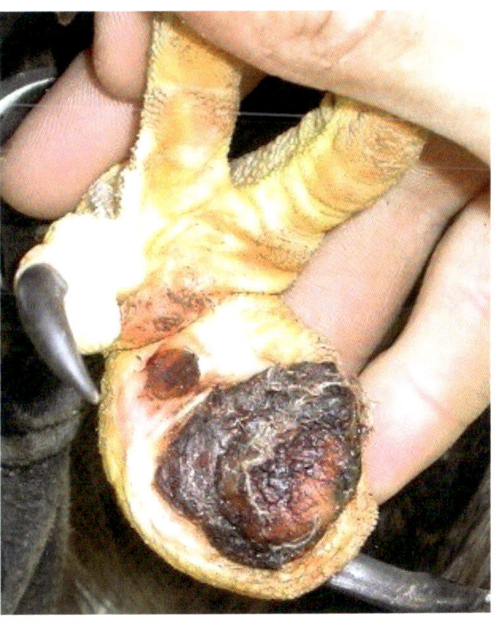

Abb. 13.24: Bumble Foot bei einem Wüstenbussard: Betroffen sind der mittlere Sohlenbereich des linken und der seitliche Sohlenbereich des rechten Fangs. Zu sehen sind Schwellung und Krustenbildung (oben). Hochgradige Schwellung und Krustenbildung bei einem Adlerbussard (Mitte). Hochgradiges und chronisches Geschwür an der Fangklaue eines Steinadlers (unten; Fotos: D. Fischer)

begünstigt. Zu kleinen Verletzungen kann es beispielsweise an herausstehenden Schrauben und Winkeln kommen, wobei diese aber auch durch Artgenossen, Beutetiere oder die Tiere selbst verursacht werden können. Fehlbelastungen durch ungeeignete Aufblockmöglichkeiten (z. B. zu glatte oder zu raue Sitzstangen) können zu Schwielen an der Fußsohle führen, welche wiederum einreißen können und somit zu Eintrittspforten für Keime werden. Am Ständer können Schwellungen auch durch ein zu enges, zu raues oder fehlerhaftes Geschüh entstehen.

Die klassischen „Dicken Hände" sind Schwellungen im Bereich der Hand/des Fangs von Falken, Adlern, Bussarden oder anderen Greifvögeln, typischer Weise im Zentrum und im Sohlenballenbereich, also auf der Unterseite des Mittelfußes (siehe Abb. 13.23 und 13.24). In einigen Fällen können auch die Randbereiche der Sohle sowie einzelne oder mehrere Finger/Zehen betroffen sein, wobei Letztgenannte meist an ihrem Ansatz, teils aber auch in hinteren Abschnitten oder auf gesamter Länge auftreten (siehe Abb. 13.23 und 13.24). Bei Habichten und Wüstenbussarden kommt es seltener zur Schwellung des Mittelfußballens,

Abb. 13.24: Teilweise sind die Dicken Hände schon auf der Oberseite des Fangs/der Hand sichtbar, wie in diesem Fall durch eine Schwellung zwischen den Fingern eines Sakerfalken (oben). In hochgradigen Fällen kommt es zu Funktionsverlust, Sehnen- und Knochendefekten sowie Verformung der Zehe wie bei diesem Steinadler (unten; Fotos: D. Fischer)

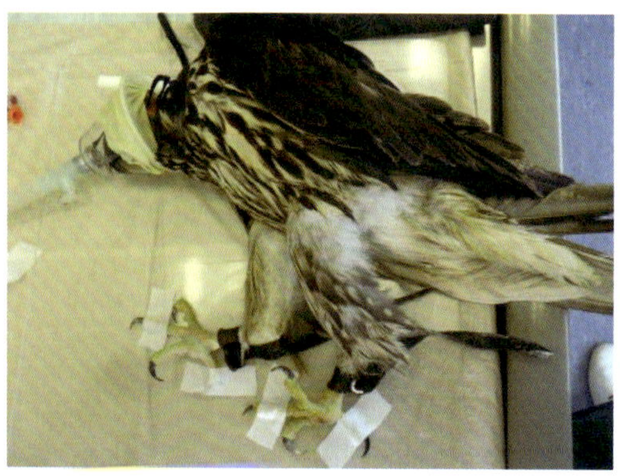

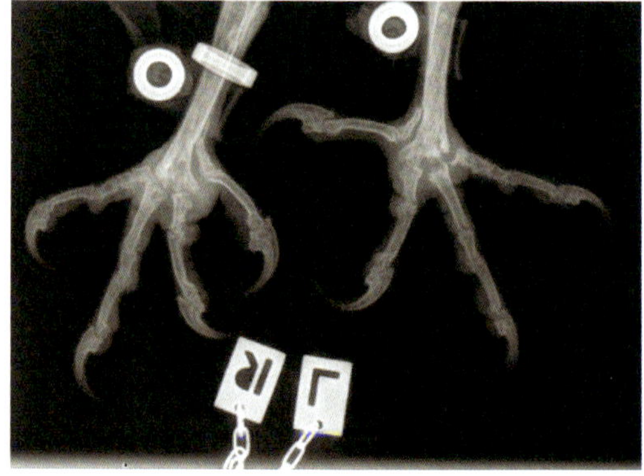

Abb. 13.25: Röntgenuntersuchung eines narkotisierten Sakerfalken mit hochgradig Bumble Foot. Die Finger werden einzeln fixiert, um die Knochen und Gelenke bestmöglich darzustellen (links). Auf dem Röntgenbild des Sakerfalken sind deutlich die Schwellungen beider Hände zu sehen (rechts). Zudem ist in der linken Hand zu sehen, dass die Grundgelenke am Fingeransatz aufgelöst sind, was durch schwarze Stellen erkennbar ist. Diese Finger werden funktionslos bleiben (Fotos: D. Fischer, Klinik für Vögel, Reptilien, Amphibien und Fische, JLU Gießen)

sondern häufiger zu Schwellungen im Bereich der Ständer, welche durch ungeeignete oder unpassende Geschühe oder durch zu häufiges Abspringen (Überbelastung) begünstigt oder verursacht werden können. Die unterschiedliche Ausprägung der Formen der Pododermatitis liegt auch in anatomischen Unterschieden zwischen den Greifvogelarten und damit verbundenen Unterschieden in der Blutversorgung begründet (Schwehn et al., 2018 und 2022). Neben der Schwellung können fortschreitend Entzündungsprozesse auftreten, die sich mit Rötung, Abflachung der Haut, Krustenbildung, Hauteröffnung, Blutung oder Ausfluss von Eiter darstellen und bis hin zum Absterben des gesamten Bereiches, einschließlich der Haut, der Muskulatur und der Sehnen, Blutgefäße und Nerven gehen können.

Auch wenn diese es lange nicht zeigen, Sohlenballengeschwüre gehen mit Schmerzen für das Tier einher und können langfristig zur ***Sepsis*** und zum Versterben des Tieres führen. Daher ist eine frühzeitige Erkennung äußerst wichtig! Die Falknerin kann ihren Beizvogel beispielsweise dahingehend trainieren, dass dieser das Anheben und Betrachten der Sohlenballen toleriert. So können Schwielen und kleinere Verletzungen frühzeitig erkannt werden und bei Bedarf lokale Behandlungen durchgeführt werden (siehe Abb. 13.26). Die Falknerin ist gut beraten, im Rahmen der täglichen Routine auf die Sohlenfläche zu schauen, weil nur so Anfangsstadien der Erkrankung erkannt werden können. Betroffene Tiere schonen häufig den betroffenen Ständer oder liegen vermehrt, falls beide Ständer betroffen sein sollten.

Bei der betreuenden Tierärztin kann eine röntgenologische Untersuchung der Fänge (siehe Abb. 13.25), eine hämatologische Untersuchung mit Fokus auf Entzündungszellen und eine mikrobiologische Probennahme helfen, den Grad der Bumble Foot-Erkrankung und die Wahl der geeigneten Therapie einzuschätzen. Bei Schwellungen, Schmerzhaftigkeit oder Ausfluss von Wundsekret oder Eiter aus der Umfangsvermehrung kann eine Operation notwendig sein. Die Prognose nach einer Operation ist umso günstiger, je früher das Tier tierärztlich untersucht und behandelt werden kann.

Um dieser Erkrankung vorzubeugen, sollten Beizvögel nach der Saison langsam abtrainiert werden. Weiterhin ist auf eine abwechslungsreiche und saubere Oberfläche der Aufblockmöglichkeiten (z. B. Kunstrasen) zu achten. Das Geschüh sollte regelmäßig auf eine einwandfreie Beschaffenheit überprüft werden. Bei spröder Haut kann das Auftragen von Salben helfen, wobei Wunden vor allem regelmäßig desinfiziert werden sollten. Therapiebegleitendes Flugtraining verbessert die Durchblutung der Fänge/Hände (Legler et al., 2016).

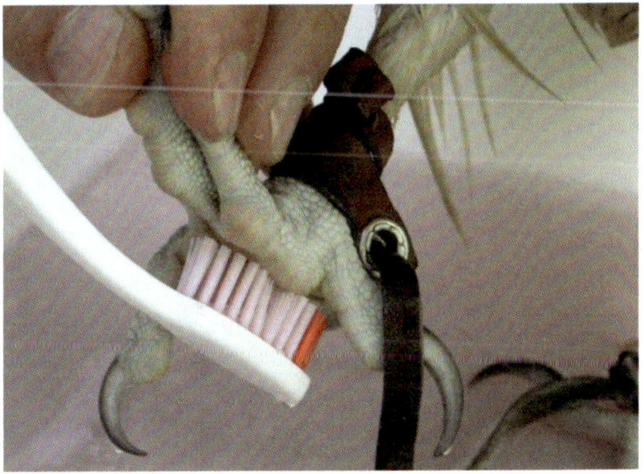

Abb. 13.26: Behandlung einer beginnenden Pododermatitis durch desinfizierende Fußbäder und Salben bei einem Gerfalken (oben). Die Sohlenfläche kann mit Hilfe einer Zahnbürste gereinigt werden (unten). Hierbei ist es von Vorteil, wenn der Vogel in der täglichen Routine an ein Anheben der Hand gewöhnt wurde (Fotos: D. Fischer)

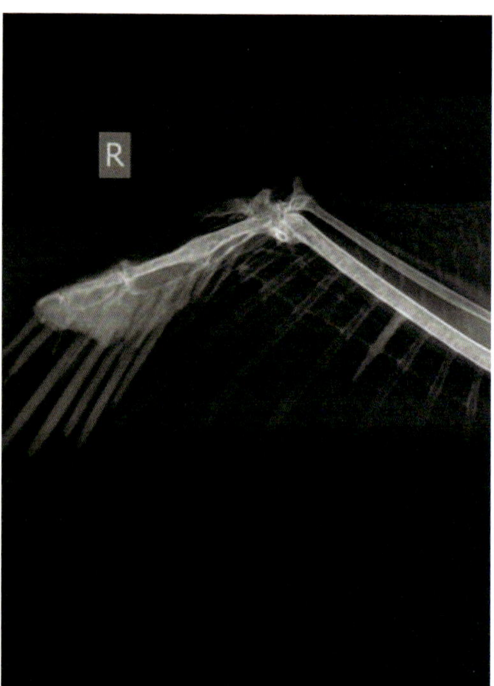

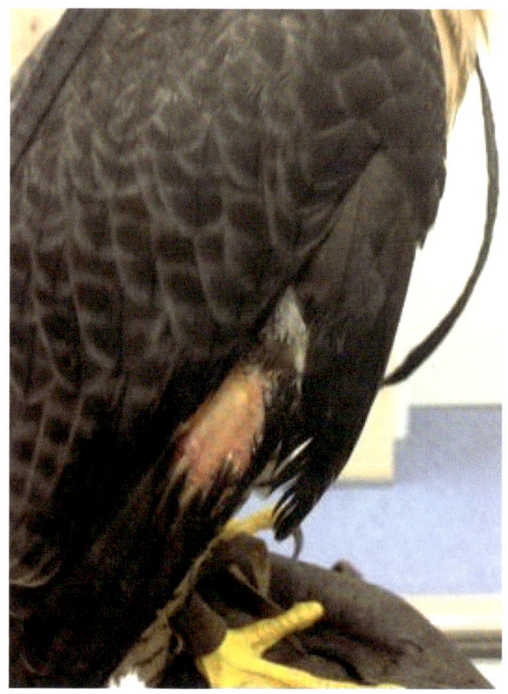

Abb. 13.27: Röntgenuntersuchung eines Wanderfalken mit Flügelspitzenödem (links). Die ödematisierte rechte Flügelspitze des Wanderfalken (rechts) ist erkennbar an der flüssigkeitsgefüllten Schwellung und dem bereits eingesetzten Austritt von Flüssigkeit (Fotos: D. Fischer, Klinik für Vögel, Reptilien, Amphibien und Fische, JLU Gießen)

13.5.2 Flügelspitzenödem (Wing Tip Oedema)

Das Flügelspitzenödem ist eine Erkrankung, die häufig bei Wüstenbussarden vorkommt, aber auch schon bei verschiedenen Falken, Adlern und Habichten beobachtet wurde. Sie betrifft besonders junge Wüstenbussarde und Greifvogelspezies aus wärmeren Klimazonen. Die genaue Ursache des Flügelspitzenödems ist bislang noch nicht bekannt. Es tritt vermehrt in den Wintermonaten (Oktober bis April) und nach Perioden mit (nass-)kaltem Wetter auf. Meistens sind Vögel betroffen, die sich vermehrt in Bodennähe aufhalten, wo sie dem Bodenfrost ausgesetzt sein können, oder die mit nassem Gefieder Zugluft oder Kälte ausgesetzt werden. Somit erscheint ein Einfluss der Witterung und insbesondere von kalten Temperaturen wahrscheinlich.

Im Anfangsstadium der Erkrankung stellt der Vogel den Flügel ein wenig vom Körper ab, lässt ihn eventuell leicht hängen und zeigt eine zunehmende Flugunlust. Die Haut der Flügelspitze ist in diesem Stadium blass, geschwollen und ödematös, d. h. mit Gewebsflüssigkeit gefüllt (siehe Abb. 13.27 und 13.28). Dies sieht man aber oft erst, wenn man das Kleingefieder scheitelt und die Haut an dieser Stelle freilegt. Wird die Haut im Bereich der Schwellung eingedrückt, bleibt die Eindruckstelle teils über mehrere Minuten bestehen. Der Bereich erscheint kälter als der übrige Flügel, was durch Wärmebildaufnahmen bestätigt werden kann (siehe Abb. 13.28). Eventuell kann das Gefieder der Flügelspitze und des angrenzenden Körpers auch nass erscheinen, wenn es bereits zum Austritt von Ödemflüssigkeit gekommen ist.

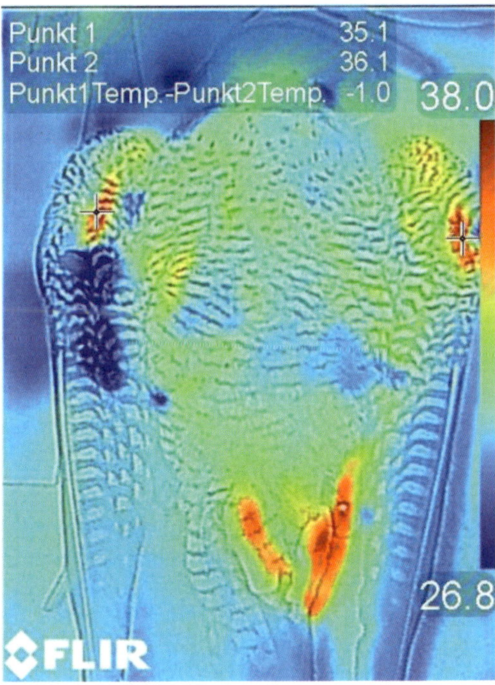

Abb. 13.28: Stark ödematisierte Flügelspitze eines Wanderfalken (links). Mittels Wärmebildkamera können die betroffenen Bereiche visualisiert werden: in blau ist der deutlich kältere Bereich der betroffenen Schwinge zu sehen (rechts; Fotos: D. Fischer)

Im fortgeschrittenen Stadium der Erkrankung geht die anfängliche Schwellung allmählich zurück und die Flügelspitze verfärbt sich von gelblich-braun bis hin zu schwarz. Dies bedeutet, dass die Flügelspitze abstirbt und somit nicht mehr zu retten ist. Schlussendlich fällt die Flügelspitze teils inklusive Knochen, Sehnen, Muskulatur und Haut ab (siehe Abb. 13.29).

Die Falknerin erkennt zu diesem Zeitpunkt meist nur den zeitgleichen Verlust mehrerer Schwungfedern und schließt fälschlicher Weise eventuell auf eine rasch einsetzende Mauser. Da es sich hierbei aber quasi um den Verlust der Fingerspitzen handelt, werden diese Federn in dieser Form und Anzahl sehr wahrscheinlich nicht wieder nachwachsen. Die nachwachsenden Federn bleiben oft lange in Federscheiden stecken, entfalten sich spät oder gar nicht und brechen teils im Blutkiel ab. Sie werden teils auch über folgende Mausern hinweg nie wieder funktionsfähig.

Im frühen Stadium des Flügelspitzenödems ist eine gezielte Behandlung noch erfolgversprechend, weshalb ein frühes Erkennen Trumpf ist. Auch hier kann die Falknerin durch gezieltes Training das Untersuchen der Flügelspitze beim Beizvogel auf der Faust trainieren, um diese regelmäßig kontrollieren zu können. Bei entsprechenden Anzeichen sollte dann eine umgehende Vorstellung bei der Tierärztin erfolgen. Diese kann die Durchblutung im Flügel durch die Gabe von Medikamenten, eine Laser- und Rotlichtbestrahlung oder den Einsatz von Blutegeln fördern. Weiterhin können eine ***antiinfektive*** Therapie mit Antibiotika und Antimykotika sowie die Gabe von Entzündungshemmern und Schmerzmitteln förderlich sein. Therapiebegleitend sollten

Abb. 13.29: Abgestorbene und abgefallene Flügelspitze eines Wüstenbussards (links; Mitte). Es kann zum Verlust von Federn, Haut, Muskulatur und Knochen kommen. Nach dem Verlust der Spitze wachsen wieder Federn nach, diese sind aber oft lange in ihren Federscheiden und werden teils nie wieder funktionsfähig (rechts; Fotos: D. Fischer)

die Vögel bei Raumtemperatur gehalten und mehrmals täglich bewegt werden (z. B. Lockschnurtraining oder „Vertical Jumping"). Das Flugtraining sollte aber je Trainingseinheit moderat sein, sodass sich die Vögel hierbei nicht überanstrengen. Eine starke Konditionierung ist dabei nicht zielführend.

Die Erkrankung ist in der Regel durch eine Anpassung der Haltungsbedingungen vermeidbar. So sollte bei der Haltung von Wüstenbussarden, aber auch anderen nicht-winterfesten Greifvogelspezies generell auf eine zugluft- und frostfreie Unterbringung geachtet werden (siehe 5.4). Ratsam sind hier Temperaturen über 5°C. Insbesondere in der falknerischen Unterbringung sollte der Vogel keinem Bodenfrost ausgesetzt sein. Hier hat sich die Installation einer Wärmequelle (z. B. von Infrarot-Wärmelampen, Decken- oder Wandheizelementen oder Gewächshausheizungen) (siehe Abb.5.1), eines Wind- und Regenschutzes oder die Haltung in einem kältegeschützten Bereich bewährt. In Außenhaltung sollte bei Nachtfrostgefahr den Vögeln ab den frühen Nachmittagsstunden kein Badewasser mehr zur Verfügung stehen, damit sie abends oder nachts nicht mit feuchtem Gefieder auskühlen.

Abb. 13.30: Zentralnervöse Störungen bei einem Sakerfalken nach exzessiver Anwendung von Anti-Parasitenmitteln durch den Falkner (Foto: D. Fischer)

13.6 Vergiftungen

Der Alptraum einer jeden Falknerin ist sicherlich das unwissentliche Vergiften des eigenen Beizvogels. Greifvögel sind hinsichtlich verschiedener Giftstoffe mitunter empfindlicher als Menschen oder Haustiere. Neben offenkundigen und als Gifte bekannten Substanzen, wie beispielsweise Rattengift (Cumarin), können auch unwillentlich im erjagten Wild verbleibende Bleirückstände den Beizvogel vergiften. Auch können einige Arzneimittel, die bei Menschen oder Haussäugetieren regelmäßig angewendet werden, für den Beizvogel giftig sein oder, wenn die Wirkstoffe per se nicht giftig sind, so können sie sehr leicht gefährlich überdosiert werden (siehe Abb. 13.30). Da Vögel über eine sehr effiziente Atmung verfügen, sind sie gegenüber Substanzen besonders empfindlich, die in Lösungsmitteln, in Holzschutzfarbe oder in Desinfektionsmitteln enthalten sind (siehe Abb. 13.32). Deshalb muss immer ein ausreichendes Ausdünsten solcher Substanzen und eine gute Lüftung der Voliere bedacht werden.

Vergiftungsanzeichen sind in der Regel sehr unspezifisch. Das bedeutet, dass man sie häufig nicht von anderen Erkrankungen unterscheiden und nicht direkt auf eine Vergiftung schließen kann. Unter anderem können folgende Symptome auf eine Vergiftung hinweisen: Apathie, Müdigkeit, Schwäche, Sehstörungen, übermäßiges Speicheln, enge oder sehr weite, starre Pupillen, Bewegungsstörungen, Zittern, Krämpfe, Durchfall, Erbrechen und Atemnot (siehe Abb. 13.30-13.32). Aber auch plötzliche Todesfälle können im Zuge einer Vergiftung auftreten.

Beim Verdacht auf eine Vergiftung sollte die Falknerin so schnell wie möglich eine Tierärztin aufsuchen, um eine Notfallbehandlung einzuleiten. Beim Transport sollte der Vogel stabil auf Brust und Bauch gelagert werden (z. B. abgelegt auf einem U-förmig gelegten Handtuch). Um zu verhindern, dass der Vogel sich an Erbrochenem verschluckt, sollten dabei Schnabel und Nase tiefer als der übrige Körper gelagert werden. Die Tierärztin sollte so früh wie möglich vor dem Eintreffen des Vogels in der Praxis über den Verdacht einer Vergiftung informiert werden, damit sie ihrerseits Vorbereitungen für eine Notfallbehandlung treffen kann. Die genaue Therapie hängt zu einem gewissen Grad vom vermuteten Giftstoff ab, insbesondere wenn es um die Wahl eines spezifischen Gegengiftes (***Antidots***) geht. Kropfspülungen, Infusions- und Inhalationstherapie sowie die Gabe von spezifischen Medikamenten können angezeigt sein (siehe Abb. 13.31).

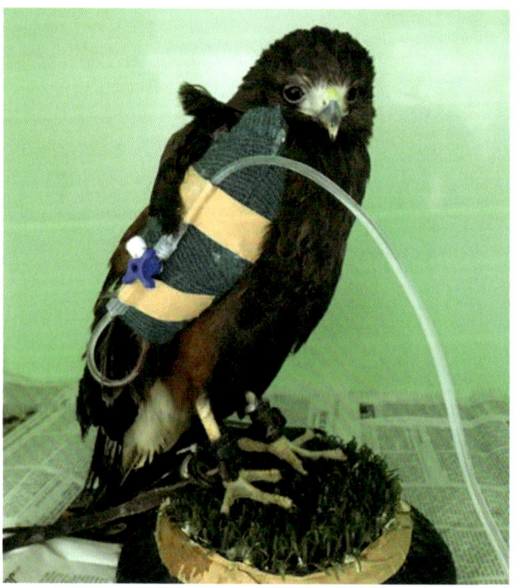

Falls der Vogel versterben sollte, ist anzuraten die Todesursache durch eine Sektion und nachfolgende Untersuchungen zum Giftnachweis herauszufinden. Hierzu muss die Falknerin der Pathologin den Verdacht auf eine Vergiftung angeben, damit sie die erforderlichen Proben sichert und gesteigerten Eigenschutz beachtet.

13.6.1 Vergiftungen durch Arzneimittel

Einige Greifvögel sind sehr empfindlich gegenüber einer Arzneimittelgruppe, die bei Menschen und Haustieren sehr regelmäßig als Schmerzmittel und Entzündungshemmer Anwendung findet, die NSAIDs (Nicht-steroidale Antiphlogistika). Der darunter wohl bekannteste Vertreter ist Diclofenac (z. B. enthalten in Voltaren®). Bereits kleinste Mengen bewirken beim Greifvogel ein rapides Nierenversagen. Schon allein die Anwendung von Voltaren-Augentropfen könnte somit tödlich enden. Seine tödliche Wirkung erlangte nicht zuletzt durch ungewollte Greifvogelvergiftungen in Indien und Pakistan traurige Berühmtheit, als mit Diclofenac behandelte Kühe auf den dort eigens eingerichteten Kuhfriedhöfen von Geiern gefressen wurden, die daraufhin verstarben. Auf die gleiche Weise führte das Verfüttern von falsch-deklariertem Pferdefleisch auch in Deutschland bereits zum Versterben von in zoologischen Einrichtungen gehaltenen Greifvögeln, da das verfütterte Pferd vorab medikamentös behandelt worden war und noch Medikamentenrückstände im Fleisch enthalten waren.

Auch die Überdosierung von Medikamenten, die in der Vogelmedizin Anwendung fin-

Abb. 13.31: Vergifteter, hochgradig geschwächter Wüstenbussard, der über einen Venenkatheter mittels Dauertropfinfusion behandelt wird (Foto: D. Fischer, Klinik für Vögel, Reptilien, Amphibien und Fische, JLU Gießen)

den, kann zu schweren Vergiftungserscheinungen oder Tod führen. So kann der Wirkstoff Fenbendazol (z. B. enthalten in Panacur®) bei Greifvögeln schnell überdosiert werden, wenn die Falknerin die Dosierung für Hunde oder Katzen einfach selbst auf das Gewicht des Greifvogels hochrechnet. Betroffene Greifvögel entwickeln durch eine Zerstörung der roten Blutkörperchen eine Blutarmut und eine Immunsuppression, die dann v. a. bakteriellen Infektionen Tür und Tor öffnet, welche sich schnell ausbreiten und zum Tod führen können. Generell tückisch ist die Anwendung von Kombi-Präparaten, die eigentlich für den Gebrauch bei anderen Tierarten wie Hund oder Katze zugelassen sind. Denn hier ist die Dosierung der darin beinhalteten Wirkstoffe häufig nur für die vorgesehene Tierart passend abgestimmt und für die Anwendung bei Vögeln falsch dosiert.

All diese Beispiele beweisen die Sinnhaftigkeit der ausschließlich in Absprache mit der vogelkundigen Tierärztin durchzuführenden Medikamentenanwendung. Eine Medikamentengabe nach eigenem Ermessen kann bereits bei einer vermeintlich simplen Parasitenbehandlung für den Beizvogel tödlich enden.

13.6.2 Atemgifte

Da Vögel über einen hocheffizienten Atmungstrakt verfügen, sind sie für Atmungsgifte hoch empfindlich. Dies bedeutet, dass in Wand- und Holzschutzfarben oder in Desinfektionsmitteln enthaltene Wirkstoffe und Lösungsmittel schnell und tief über die Atemwege in die Lunge gelangen und dort Verätzungen, Entzündungsreaktionen und Blutungen hervorrufen können. Alle Dämpfe, die der Falknerin etwas in Nase oder Hals kratzen oder in den Lungen brennen, sind somit schnell tödlich für den Beizvogel. Oberstes Gebot ist somit das ausgedehnte Lüften nach der Verwendung solcher Substanzen und dies nicht nur in geschlossenen Räumen, sondern auch in offenen Volieren.

Abb. 13.32: Hochgradig geschwächter, drei Monate alter Steinadler mit akuter Atemwegsvergiftung durch in Holzschutzfarbe enthaltene Giftstoffe. Die Jungfalknerin hatte in freudiger Erwartung des Neuzugangs die Voliere am Vortag nochmal grundgereinigt und gestrichen. Die feuchte Farbe hatte noch zu viele Dämpfe abgesondert. Es kam trotz Intensivbehandlung und Sauerstoffgabe zum Erstickungstod, da die roten Blutkörperchen des Vogels im Zuge der Vergiftung platzten (Foto: D. Fischer, Klinik für Vögel, Reptilien, Amphibien und Fische, JLU Gießen)

Eine Falknerin holte ihren lange vorbestellten Steinadler vom Züchter ab und stellte ihn nach dem Aufschirren in ihre Transportkiste. Während der Autofahrt hörte sie aufgeregt anhand der Bells, wie sich der Vogel in der Transportkiste bewegte, und schaute auch bei jeder Rast vorsichtig durch die Luftlöcher, um sich zu vergewissern, dass es dem Adler gut ging. Leider erlitt sie eine Panne mit ihrem Auto und dieses musste zur nächstliegenden Werkstatt abgeschleppt werden. Die Mechaniker kündigten an, den Schaden gleich beheben zu können, und baten um etwas Geduld. Die Falknerin vertrieb sich die vierstündige Wartezeit in einem Restaurant. Als sie das Auto abholte, blickte sie zuerst in die Transportkiste, welche sie mitsamt Steinadler im vermeintlich sicheren Auto belassen hatte. Leider konnte sie nur noch den Tod des Tieres feststellen. Der Vogel erstickte auf Grund der Fahrzeugabgase oder der Dämpfe aus der nahegelegenen Lackiererei. Die Falknerin hatte die Gefahren von Atemgiften schlichtweg unterschätzt.

13.6.2.1 Atemgifte

Die Atmung von Vögeln ist auf Grund ihrer Anatomie und Physiologie viel effektiver als die menschliche Atmung. Über ein ausgeklügeltes System der Atemwege, das auch mehrere Luftsäcke beinhaltet, wird die Luft gleich zweimal pro Atemzug durch die Lunge geleitet, in der der Gasaustausch stattfindet (Kapitel 11.1.7). Somit können Vögel den Sauerstoff der Luft effektiver verwenden, leider werden aber auch Atemgifte effektiver aufgenommen. Somit können sie schneller starke Schäden verursachen. Atemgifte wie Kohlenmonoxid und Kohlendioxid, die z. B. im Brandrauch enthalten sein können, führen schnell zum Tod von Vögeln. Nicht ohne Grund nahm man früher einen Vogel, meist einen Kanarienvogel, mit „unter Tage", um diese beim Bergbau gelegentlich freiwerdenden, tödlichen geruchlosen und geschmacklosen Gase frühzeitig zu bemerken. Verstarb der empfindlichere Vogel, war dies für alle Bergleute das Alarmsignal, sofort den Stollen zu räumen und an die frische Luft zurückzukehren. Auch in der heimischen Küche lauern Gefahren für den Vogel, die meist für im Haus gehaltene Ziervögel jedoch unter Umständen auch für den Beizvogel gefährlich werden könnten. Die bei der Erhitzung von beschichteten Pfannen freiwerdenden Teflondämpfe, insbesondere, wenn diese erst kürzlich hergestellt und neu

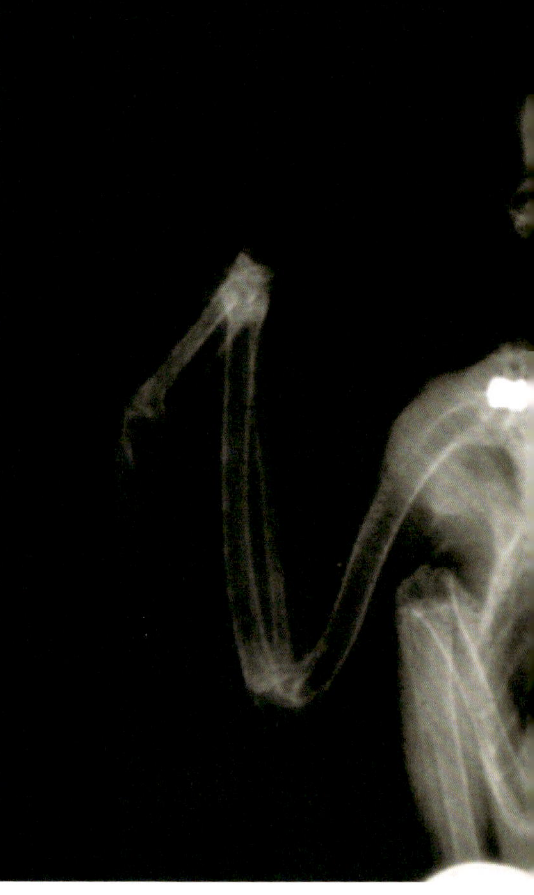

sind, haben somit schon so manchen Wellensittich das Leben gekostet, weil ihre ahnungslosen Halterinnen die Gefahr nicht kannten.

13.6.3 Blei und andere Schwermetalle

Vögel reagieren sehr empfindlich auf Schwermetalle wie Blei und Zink. Greifvögel nehmen Blei häufig durch die Nahrung auf. Mit bleihaltiger Munition geschossenes Wild beinhaltet kleinste Bleipartikel, die im Magendarmtrakt des Greifvogels aufgenommen werden und somit ihre Wirkung entfalten können. Das im Blut zirkulierende Blei kann direkt Symptome hervorrufen. Es kann zu Unruhe, Blutarmut, Blutungen, Schwäche, Magendarm- und Muskellähmungen, grünem Schmelz,

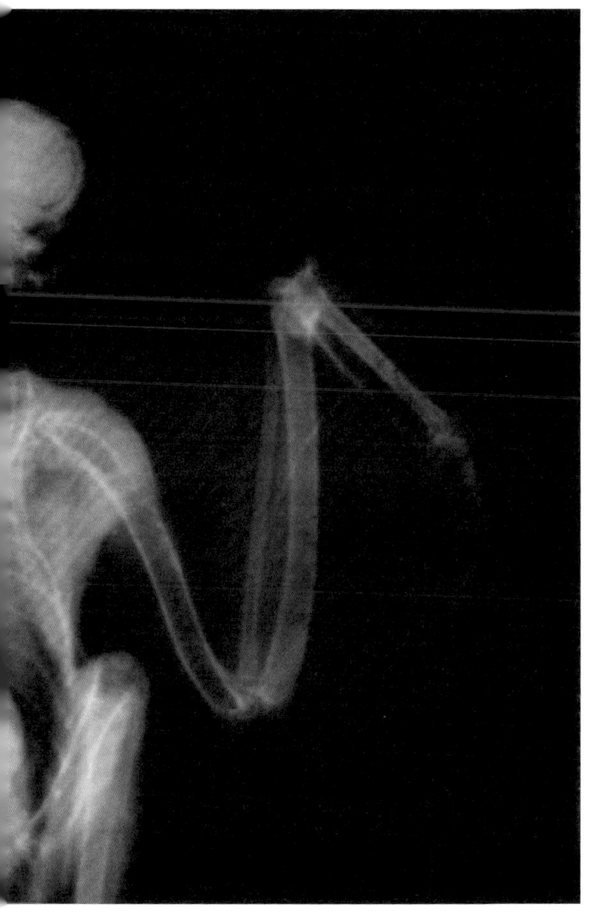

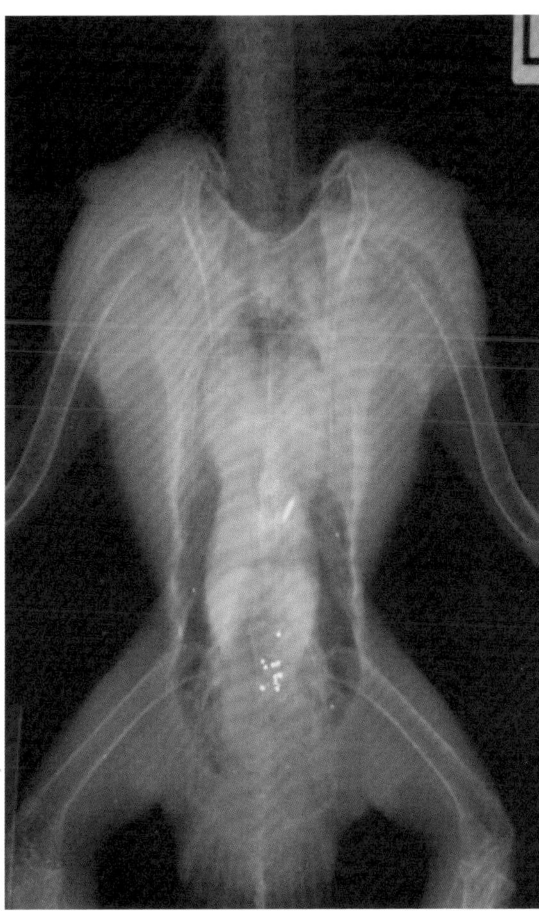

Abb. 13.33: Röntgenbild eines Turmfalken, der mit einem Luftgewehr beschossen wurde – das Diabologeschoss steckt im Bereich der rechten Schulter (links). Röntgenbild eines Gerfalken, der einen mit Schrot geschossenen Fasan als Atzung bekommen hatte. Die runden, hellen Punkte sind die Schrotkugeln, der darüber liegende helle Strich ist ein Microchip im Brustmuskel des Vogels (rechts; Fotos: D. Fischer).

Austrocknung (Dehydratation), ***ZNS***-Symptomen (z. B. Kopfverdrehung und Gleichgewichtsstörungen), Krämpfen, Sehstörungen, Blindheit und Tod kommen (siehe Abb. 13.34). Blei kann aber auch in die Knochen eingebaut und in bestimmten Situationen wieder mobilisiert werden (z. B. bei Legeaktivität oder durch Stress). Das bedeutet, dass eine überstandene Bleivergiftung auch nach Monaten oder Jahren wieder zu Symptomen führen kann, obwohl nicht erneut Blei aufgenommen wurde. Bei solch chronischen Fällen magern betroffene Tiere häufig zusätzlich ab. Eine Diagnose kann über Röntgenuntersuchungen (siehe Abb. 13.33) und/oder Blutanalysen und eine Therapie entsprechend gezielt erfolgen.

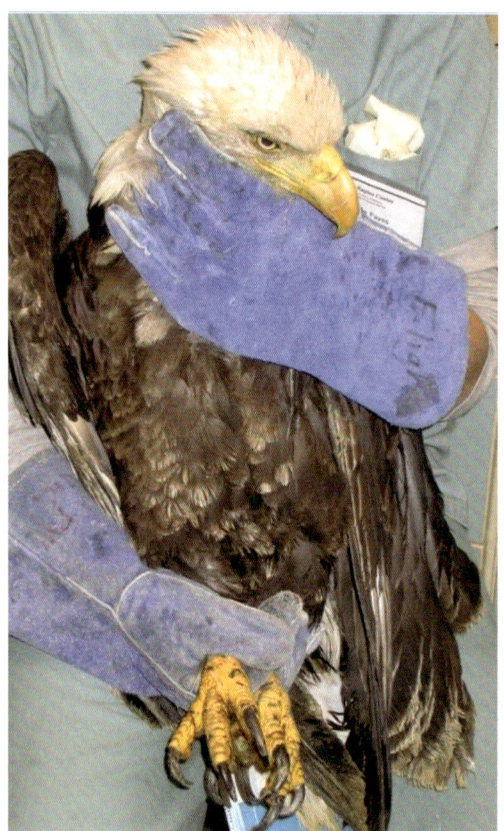

Abb. 13.34: Hochgradig geschwächter und ausgetrockneter (dehydrierter) Weikopfseeadler mit Bleivergiftung (Foto: D. Fischer)

Die beste Prophylaxe ist allerdings auf das Verfüttern geschossenen Wildes gänzlich zu verzichten. Angeschossene und mit bleihaltigen Geschossen verletzte Greifvögel können, sofern sie nicht durch die unmittelbare Schusswirkung getötet oder durch die Geschosse zu stark verletzt und geschwächt wurden, die Geschosse teils reaktionslos abkapseln (siehe Abb. 13.33). Somit stellen Bleischrote gerade bei weit ziehenden Wildgreifvögeln einen regelmäßigen Nebenbefund dar. Wenn auch nicht gänzlich ausgeschlossen, so ist die Gefahr einer Bleivergiftung bei außerhalb des Magendarmtraktes abgekapselten Bleipartikeln deutlich geringer.

Murphy

Ein erfahrener Falkner ist stolz auf seinen schneeweißen, nordischen Habicht, den er für einen stattlichen Preis erstanden hatte. Die ersten Beizjagden verliefen gut und erfolgreich. Bei den letzten Flügen erschien der Vogel allerdings kraftlos, das Verhalten wirkte zunehmend schläfrig und teilnahmslos und der Schmelz verfärbte sich grün. Auf Grund des letzten Symptoms vermutete der Falkner gleich eine Aspergillose. Erst nach Erhebung des vollständigen Vorberichtes bei der Tierärztin und einem langen Hin und Her, um der Ursache auf den Grund zu gehen, gab der Falkner schließlich zu, dass er auch geschossene Kaninchen verfüttere. Er ergänzte jedoch stolz, dass diese nur mit Kugel und nur per Kopfschuss erlegt worden seien. Das Röntgenbild und die Blutuntersuchung zeigten aber deutlich, dass diese vermeintlichen Vorsichtsmaßnahmen unzureichend waren und der Vogel an einer akuten Bleivergiftung litt. Bei den meisten Kleinkalibergeschossen, die zur Jagd auf Kaninchen verwendet werden, handelt es sich um Teilmantelgeschosse, die sich beim Auftreffen auf den Wildkörper in viele Einzelteile zerteilen. Sind diese oder die alternativ verwendeten Schrotgeschosse – wie noch in den meisten Fällen – bleihaltig, so befinden sich danach in nahezu allen Körperpartien teils winzige Bleipartikel, die vom Vogel mit der Atzung aufgenommen werden und zu schweren Vergiftungen und Tod führen können. Dank der eingeleiteten Intensivtherapie konnte der Habicht gerettet werden. Der Falkner versprach nie wieder geschossenes Wild als Atzung anzubieten.

13.6.4 Pestizide und Rodentizide

Unter den Pflanzenschutzmitteln gibt es verschiedenste Stoffe, die auch für Menschen und Tiere hochgiftig sind. Für einige dieser

Stoffe sind Vögel noch empfindlicher als Säuger, sodass minimale Mengen innerhalb von Minuten tödlich wirken können. Zu diesen Stoffen gehören beispielsweise chlorierte Kohlenwasserstoffe und Carbamate (z. B. Aldicarb, Carbofuran, Methomyl, E605) und Organophosphate (z. B. Fenthion, Methamidophos, Diazinon, Chlorfenvinphos, Fenamiphos). Leider werden diese Pestizide illegal genutzt, um Greifvögel, Rabenvögel oder andere Fleischfresser gezielt zu dezimieren (Fischer, 2024). Zu diesem Zweck werden speziell mit Gift präparierte Köder (meist aufgerissene Beutetiere) in der Nähe von Horsten ausgebracht. Häufig sind die Substanzen eingefärbt, sodass sie einen violetten, blauen, rötlichen oder silbrigen Schimmer hinterlassen (siehe Abb. 13.35).

Aber auch Rodentizide können zu Todesfällen bei Greifvögeln führen, beispielsweise wenn Nager, die Rattengift aufgenommen haben, durch den Beizvogel in der Voliere gefangen und gefressen werden. Deshalb ist die Schädlingsbekämpfung in und um die Haltungseinrichtung eine Spezialaufgabe, die durch Fachpersonal durchgeführt werden sollte.

Wenn der Greifvogel nach der Aufnahme eines solchen Giftstoffes Krankheitsanzeichen zeigt und nicht direkt verstirbt, können Erbrechen, Zittern, Lähmungen sowie vermehrtes Speicheln, enge Pupillen und Apathie hinweisend sein.

Die folgende Tabelle fasst einige der Wirkstoffe und deren Wirkung (soweit bekannt) zusammen:

Organophosphate	Carbamate
Fenthion: Die Wirkung tritt erst nach ca. 30 min ein, sodass Vögel bis dahin noch symptomfrei sein können; die Prognose ist sehr schlecht und die Heilung kann mehrere Monate dauern trotz Intensivtherapie	**Aldicarb:** Die Wirkung tritt sofort ein; betroffene Vögel werden unmittelbar bei der Giftquelle tot aufgefunden; die Prognose ist sehr schlecht trotz sofortiger Intensivtherapie
Methamidophos: Wirkung setzt innerhalb der ersten 5 min ein; Vögel werden daher meist innerhalb von 50 m um die Giftquelle aufgefunden; die Prognose ist trotz Intensivtherapie sehr schlecht	**Carbofuran:** (in Granulat-Form) Symptome meist erst nach 5-30 min; meist werden zunächst ***subletale*** Mengen aufgenommen; Elterntiere erreichen meist noch das Nest und füttern Gift u. U. an die Jungtiere, die anschließend auch versterben
Diazinon: Symptome bereits nach 3-5 min; Vögel werden meist innerhalb von 100 m um die Giftquelle aufgefunden; bei Intensivtherapie kann eine vollständige Heilung erfolgen	**Carbofuran:** (in flüssiger Form) Symptome setzen meist direkt ein; Vögel werden direkt um die Giftquelle aufgefunden; sehr schlechte Prognose trotz Intensivtherapie
Cadusafos: Symptome treten erst nach bis zu 30 min auf; Vögel entfernen sich weit von der Giftquelle; Heilung möglich, jedoch Rezidive möglich, v. a. bei Gewichtsverlust; Prognose schlecht	

Sollte man eine Vergiftung eines Greifvogels mit diesen Giften vermuten, muss sofort eine Kropfspülung erfolgen, um möglichst viel aufgenommenes Gift aus dem Kropf zu entfernen. Zusätzlich können Paraffin und Aktivkohle in den Kropf gegeben werden, um die weitere Aufnahme von Gift über die Schleimhaut zu verhindern. Das sollte mit größter Vorsicht und durch die Tierärztin erfolgen, um zu verhindern, dass dabei schädlicher Inhalt in Luftröhre und Lunge kommt.

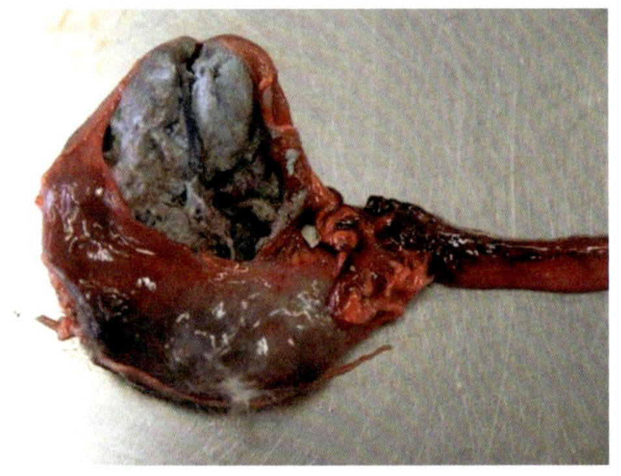

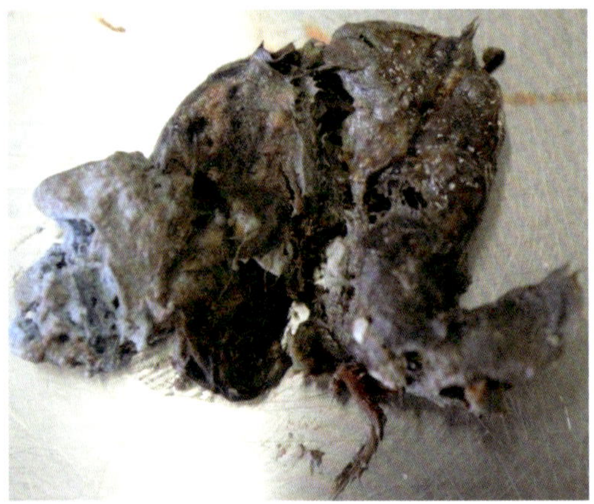

Abb. 13.35: Bläuliches Granulat auf Ködern oder im Schnabel-, Kropf- oder Mageninhalt tot aufgefundener Greifvögel kann auf eine Vergiftung mit Carbofuran hindeuten. Eine gesicherte Diagnose kann jedoch nur durch toxikologische Untersuchungen im Anschluss an die Sektion gestellt werden (Fotos: M. Peters, CVUA Westfalen)

Es beginnt somit ein Wettlauf gegen die Zeit, denn als weitere wichtige Maßnahme muss so zeitnah wie möglich eine ***Antidot***-Gabe erfolgen. Dabei wird ein Medikament verabreicht, das die Wirkung des Giftes stoppt oder abschwächt. Im Falle von Organophosphaten und Carbamaten ist das Atropin. Leider kann jedoch die bereits eingetretene Wirkung des Gifts nicht rückgängig gemacht werden, was bedeutet, dass bei einer schnell eintretenden Giftwirkung die Antidot-Gabe quasi sofort erfolgen muss, um den Vogel zu retten.

Eine Intensivtherapie sollte weiterhin eine radikale Flüssigkeitstherapie beinhalten, um die Nieren zu unterstützen und die Ausschwemmung der Giftstoffe zu fördern. Die Flüssigkeitsgabe sollte über einen längeren Zeitraum am besten über einen venösen Zugang (Venenverweilkatheter) erfolgen (Fischer, 2022). Weiterhin muss eine künstliche Ernährung stattfinden, da die betroffenen Vögel nicht mehr in der Lage sind Nahrung aufzunehmen. Eventuell muss das Tier sediert werden und benötigt Sauerstoff.

13.7 Erste-Hilfe beim Beizvogel – Erstmaßnahmen bei Verletzungen und Co.

Sollte es im Rahmen der Beizjagd oder auch in der heimischen Haltung zu Verletzungen kommen, heißt es zunächst immer Ruhe bewahren. Ein überlegtes Handeln kann dann den entscheidenden Vorteil bei der Rettung und späteren Genesung des Greifvogels darstellen. Daher empfiehlt es sich, mögliche Szenarien einmal vorab zu durchdenken und entsprechende Vorkehrungen zu treffen (siehe 0.5).

13.7.1 Äußerliche Blutungen

Äußerliche Blutungen können schnell durch Verletzungen wie Risse, Schnitte oder Bisse entstehen. Während oberflächliche Blutungen meist nach kurzer Zeit durch die Gerinnung von selbst versiegen, können größere und tiefere Wunden schnell zu einem gefährlich hohen Blutverlust führen. Das Gesamtblutvolumen eines Vogels beträgt zirka ein Zehntel des Körpergewichts. Ein Blutverlust über 10 % des Gesamtblutvolumens, also über mehr als 1 % des Körpergewichts, ist als bedenklich anzusehen. Bei einem Greifvogel mit 1 kg Gewicht heißt das, dass ab einem Verlust von zirka 10 ml Blut tierärztliche Maßnahmen zur Kreislaufstabilisierung (Infusionstherapie, Bluttransfusionen) durchgeführt werden sollten.

Bei der Versorgung blutender Wunden sollten – wenn möglich – Einmalhandschuhe getragen werden, um eine Kontamination der Wunden bestmöglich zu vermeiden. Zur Erstversorgung kann eine oberflächliche Wunde zunächst mit einem Wunddesinfektionsspray (z. B. Octenisept®) versorgt werden. Handelt es sich um eine augenscheinlich verdreckte, oberflächliche Wunde, so kann diese zuerst mit sauberem Wasser, beispielsweise aufgetragen durch eine Sprühflasche, gereinigt werden. Der Blutfluss kann durch den manuellen Druck mittels steriler Wundauflage auf die Wunde minimiert werden. Der Einsatz blutstillender Mittel sollte kritisch hinterfragt werden: Viele der Wirkstoffe können ätzend und somit schädigend für das Gewebe sein. Neuere Präparate auf Kartoffelstärkebasis (z. B. VetSil®) stellen dabei eine vielversprechende und unschädliche Alternative dar. Wenn die Wunde nach wenigen Minuten und trotz Erster Hilfe nicht aufhören sollte zu bluten, muss der Vogel dringend einer Tierärztin vorgestellt werden. Dies gilt in jedem Fall für großflächige oder stark blutende sowie verdreckte Wunden.

Für ein schnellstmögliches Stoppen der Blutung, z. B. während des Transports zur Tierärztin, kann die angedrückte Wundauflage mittels einer Mullbinde fixiert werden. Blutstillendes Pulver (keine gewebsschädigenden oder ätzenden Präparate, aber z. B. auf Kartoffelstärkebasis) kann zu einer Beschleunigung der Blutstillung beitragen (siehe Abb. 13.36). Um mehr Druck auf die blutende Wunde aufzubauen, kann ein zusätzliches Druckpolster (z. B. verschlossenes Mullbinden- oder Verbandpäckchen) zwischen Wundauflage und gebundener Mullbinde platziert werden, um somit das Prinzip eines Druckverbandes zu erfüllen. Auf die Verwendung von Pflastern, Tapes oder Klebeband sollte verzichtet werden, da das spätere Entfernen des klebenden Materials einen unnötigen Zeitverlust bei der späteren Versorgung und darüber hinaus einen schmerzhaften Gefiederverlust bedeuten kann. Ein längeres oder unsachgemäßes Abbinden von blutenden Gliedmaßen, z. B. mit Gummibändern oder Schnüren, kann schlimmstenfalls zum Absterben der betroffenen Gliedmaße führen, da die Blutzirkulation dann vollständig

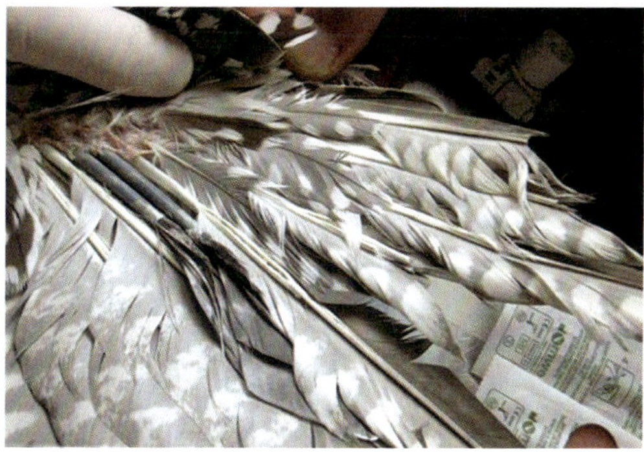

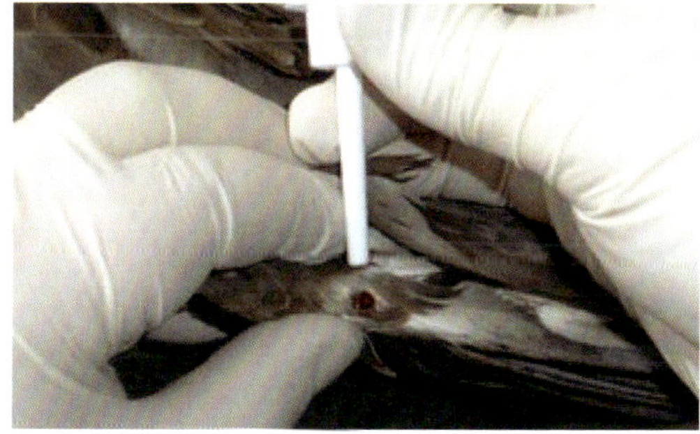

Abb. 13.36: Wachsende Schwungfedern mit deutlich sichtbaren und gut durchbluteten, bläulichen Federscheiden (oben). Blutungen am Flügelbug eines Seeadlers werden durch ein blutstillendes Pulver auf Kartoffelstärkebasis behandelt (unten; Fotos: D. Fischer)

unterbrochen wird. Daher sollte dies nur im absoluten Notfall durchgeführt werden, wenn die Blutstillung nicht durch andere Maßnahmen erreicht werden konnte. Lebensbedrohliche, spritzende, arterielle Blutungen können durch den gezielten Druck auf das Gefäß (z. B. mit den Fingerspitzen bzw. durch das Platzieren einer Arterienklemme falls vorhanden) zumindest zeitweise unterbunden werden.

Bei Blutungen aus Schnabel, Nase, Auge, Ohr oder Kloake ist unverzüglich eine Tierärztin aufzusuchen. Da die Blutquelle in diesem Fall im Inneren des Vogels liegt, ist eine Abdeckung hier nicht sinnvoll und die Anbringung eines Druckverbandes unmöglich.

Eine Blutung durch eine verletzte, wachsende Feder (siehe Abb. 13.36) kann durch das Abbinden mittels Fadenschlinge gestoppt werden. Das Ziehen dieser „Blutfeder", wie es beispielsweise bei Papageien durchgeführt wird, um das ständige Bluten aus der wachsenden Feder zu beenden, kann bei Greifvögeln auf Grund einer Verletzung der Federanlage/-papille dazu führen, dass anschließend keine neue Feder mehr geschoben wird.

Griff- oder Bissverletzungen durch andere Greifvögel, Frettchen, Hunde oder Katzen sollten auch bei ausbleibenden Blutungen umgehend tierärztlich behandelt werden. Bakterielle Erreger wie Pasteurellen können innerhalb weniger Stunden über die Wunde in den Blutkreislauf streuen und zum Tod führen (siehe 13.2.5). Eine Spülung der Wunde mit Wundspüllösungen sowie die Gabe von entzündungshemmenden Medikamenten und Antibiotika durch die Tierärztin sind in diesen Fällen dringend angezeigt.

13.7.2 Abriss einer Kralle

Verletzungen des Krallenhorns oder des darunterliegenden Knochens (Krallenbeins) gehen oft mit starken Blutungen einher. Beim Abbrechen der Krallenspitze kann eine eventuell entstandene Blutung durch das Entlangreiben und Eindrücken der verletzten Kralle an einem Stück Kernseife gestoppt werden. Entscheidend ist das Verschließen des offenliegenden Wundkanals durch das wachsartige Seifenmaterial.

Ist die Kralle komplett abgerissen, muss eine Reinigung und Desinfektion des freiliegenden Knochens (Krallenbein) durchgeführt werden. Die Reinigung kann mit sauberem Wasser, am besten mit steriler Kochsalzlösung, erfolgen. Anschließend sollte das Krallenbein mit einer Wundkompresse oder einem sauberen Tuch abgedeckt werden. Die Wundabdeckung kann mit Klebeband oder Verbandsmaterial vorübergehend befestigt werden. Dabei darf die Zehe aber nicht abgeschnürt werden! Sollte das abgezogene Krallenhorn noch zur Verfügung stehen, kann dieses sauber verpackt mit zur Tierärztin genommen werden und bei der Versorgung quasi als Schutzhülle für das freiliegende Krallenbein genutzt werden bis neues Horn nachgewachsen ist. Das Krallenhorn kann nachwachsen, wenn im Zuge der Verletzung die hornbildende Zone der Kralle nicht geschädigt wurde. Es kann jedoch auch sein, dass das Krallenbein irreparabel verletzt oder bereits schwer entzündet ist und somit chirurgisch abgesetzt werden muss. Die Tierärztin entscheidet je nach Schweregrad und kann ggf. ein Schmerzmittel verabreichen, Flüssigkeit durch Infusionsgabe supplementieren oder eine antibiotische Behandlung einleiten.

13.7.3 Augenverletzungen

Verletzungen der Augen können vor allem während der Beizjagd geschehen, beispielsweise durch das Einspießen von Astteilen oder Dornen beim Verfolgungsflug oder aber bei Griffverletzungen durch andere Beizvögel. Kam es zu Kratz- oder Spießverletzungen, zeigt der Vogel meist direkt ein vermehrtes oder dauerhaftes Zukneifen des Augenlids am betroffenen Auge. Weiterhin kann es zu vermehrtem Tränenfluss, einer Rötung oder Schwellung der Bindehäute oder vermehrtem Scheuern oder Kratzen durch den Vogel kommen.

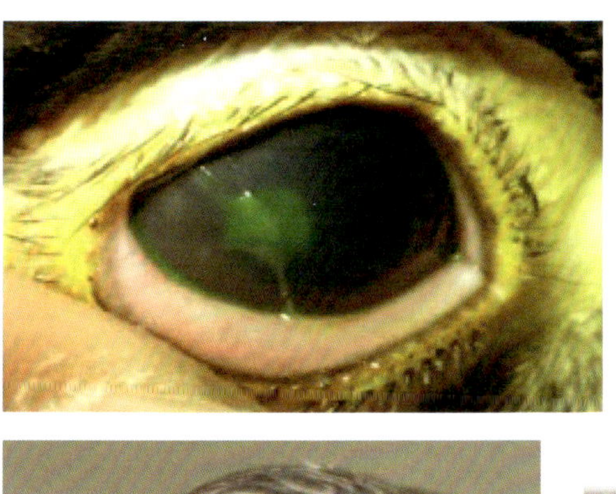

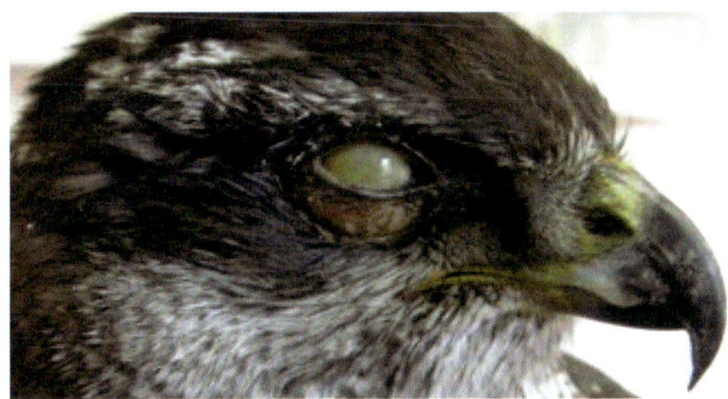

Abb. 13.37: Diverse Augenveränderungen bei Greifvögeln: links oben: Wanderfalke mit einer frischen, punktförmigen Verletzung (Durchspießung) der Hornhaut, die mittels Fluoreszin-Farbstoff gelb angefärbt wurde. Rechts oben: Angeborene Irisveränderung im Auge eines Rothabichts, wodurch es zu einer Verengung der Pupille gekommen ist. Unten links: Eine unbehandelte Hornhautverletzung bei einem Sakerfalken führte dazu, dass Augenflüssigkeit ausgetreten und der Augapfel kollabiert ist. Das Auge war nicht zu mehr retten. Rechts unten: Eine unbehandelte Einspießung ins Auge eines Habichts führte innerhalb weniger Stunden zu einer vollständigen, eitrigen Entzündung des Auges (Fotos: D. Fischer, Klinik für Vögel, Reptilien, Amphibien und Fische, JLU Gießen)

Kommt es zu Augenverletzungen, muss der Greifvogel in jedem Fall schnellstmöglich einer Tierärztin vorgestellt werden, denn im Allgemeinen sind diese für den Vogel sehr schmerzhaft und können mit schwerwiegenden Infektionen einhergehen, die im schlimmsten Fall zum Erblinden führen können. Das Entfernen von Fremdkörpern wie Dornen durch die Falknerin sollte keinesfalls versucht werden, um das Auge nicht noch schwerwiegender zu verletzen oder gar Komplikationen zu verursachen.

Zur genaueren Abklärung von Augenverletzungen müssen spezifische Augenuntersuchungen durchgeführt werden, um beispielsweise die Intaktheit der Hornhaut zu überprüfen (z. B. Fluoreszintest) (siehe Abb. 13.37). Das Ausmaß der Schädigung des Augeninneren und des Augenhintergrunds beeinflussen am Ende maßgeblich die Therapie und die Prognose für das betroffene Auge.

Eine Therapie kann durch eine lokale Behandlung mittels Augentropfen oder -salben sowie durch eine systemische Behandlung erfolgen. Dabei können entzündungshemmende und ***antiinfektive*** Medikamente zielführend sein. In keinem Fall sollten Medikamente aus der Humanmedizin in Eigenregie durch die Falknerin ohne vorherige Diagnosestellung angewendet werden; damit geht nur wertvolle Zeit verloren und ggf. kann es sogar zu unerwarteten Nebenwirkungen kommen (z. B. plötzliche Todesfälle durch Diclofenac oder Schäden durch Cortison Augentropfen; siehe 13.6.1).

Das Habichtsweib einer ambitionierten Falknerin versucht sich zum ersten Mal an einer Nilgans. Die Falknerin ist stolz und voller Adrenalin, als der Habicht die Nilgans am Ackerboden bindet. Doch die Partner-Nilgans eilt direkt zur Hilfe und ist schneller am Ort des Geschehens als die Falknerin: Als die Falknerin ihren Beizvogel erreicht, hat dieser bereits einen Schlag mit dem Flügel der Nilgans abbekommen und liegt rücklinks krampfend am Boden. Die Nilgänse lassen schnell vom Angreifer ab, doch der Habicht ist über Sekunden nicht ansprechbar. Die Falknerin nimmt ihren Beizvogel vorsichtig auf und ist erleichtert: Der Habicht stellt sich, wenn auch etwas wacklig, aber zielgerichtet auf die Faust. Nach dem ersten vorsichtigen Abtasten kann die Falknerin keine augenscheinlichen Verletzungen feststellen, aber sie will alles richtig machen und fährt direkt zur nächsten vogelkundigen Tierärztin. Und die Fahrt lohnt sich: Bei der Tierärztin wird eine kleine Verletzung der Hornhaut am Auge festgestellt, die wahrscheinlich auf den Flügelschlag der Nilgans zurückzuführen ist. Dank einer direkten Behandlung mit Augentropfen wird das junge Habichtsweib keine bleibenden Schäden an seinem Auge davontragen.

13.7.4 Einspießungs- und Stacheldrahtverletzungen

Kleinere, oberflächlich eingespießte Fremdkörper können durch die Falknerin selbst, beispielsweise mittels Pinzette aus der Haut (nicht aus dem Auge!), entfernt werden. Dabei muss aber in jedem Fall sichergestellt werden, dass der Fremdkörper vollständig entfernt wurde. Anschließend sollte die Wunde desinfiziert werden. Haben sich größere Fremdkörper eingespießt, stecken diese tief im Tierkörper oder hat sich der Vogel an Stacheldraht verfangen (siehe Abb. 13.38), sollte man den Fremdkörper nicht vor Ort entfernen, um die Verletzungen nicht zu verschlimmern und Blutungen zu riskieren. Daher sollte der Fremdkörper über der Wunde abgeschnitten (nicht abgebrochen!) bzw. der Stacheldraht vor und hinter dem Körper durchtrennt werden. Der Vogel sollte dann so schnell wie möglich zur Tierärztin gebracht werden, damit das eingespießte Material behutsam entfernt werden kann.

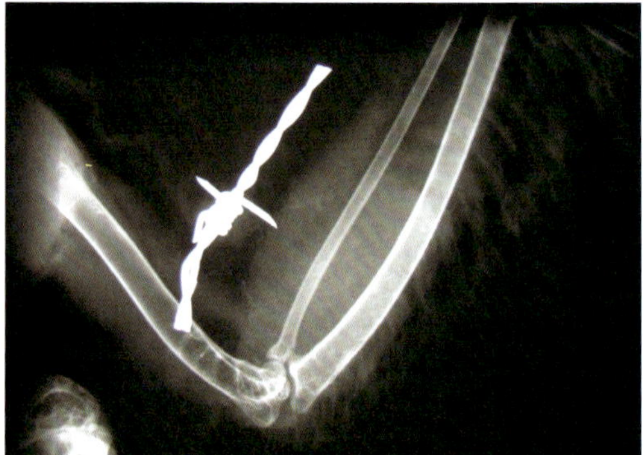

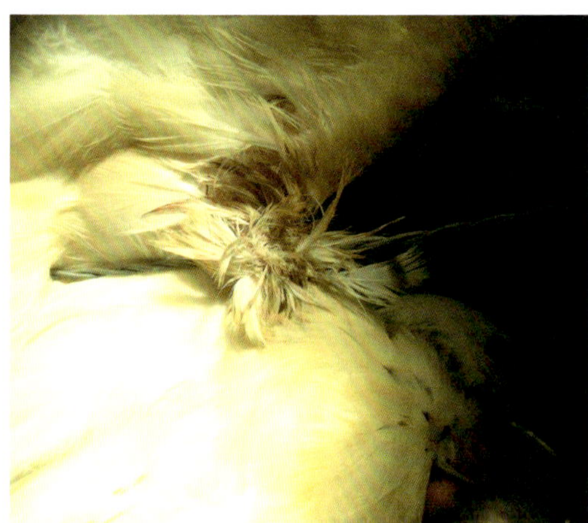

Abb. 13.38: Verletzungen durch Stacheldraht sind häufig schwerwiegend. Deshalb sollte vor Ort der Draht zugeschnitten und mit dem Vogel in die Klinik transportiert werden, wo der Draht durch die Tierärztin entfernt werden kann ohne weiteres Gewebe zu zerstören (Fotos: D. Fischer)

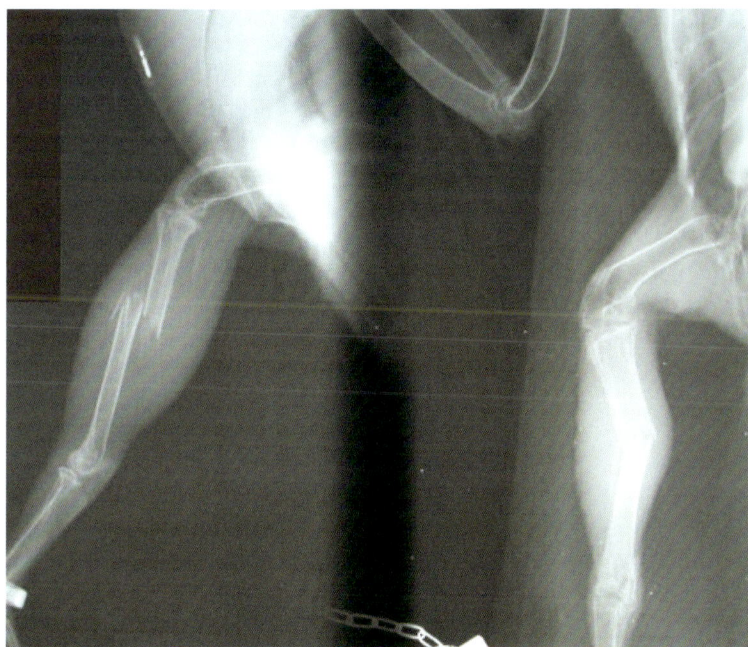

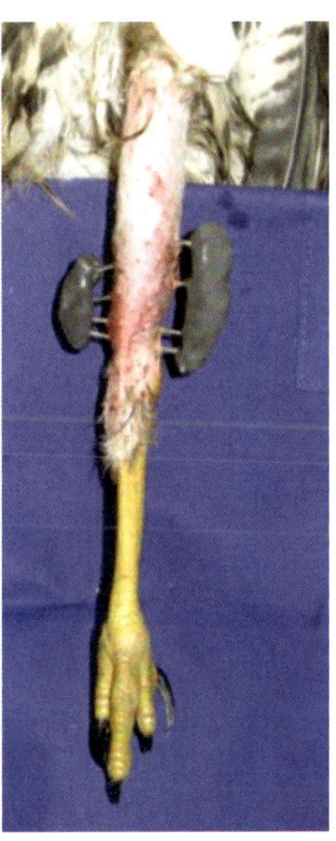

Abb. 13.39: Röntgenbild eines Gerfalken mit einer Fraktur im linken Unterschenkel (der helle Strich ist ein Microchip im Brustmuskel des Vogels) (links). Fraktur im linken Unterschenkel eines Wüstenbussards wurde mittels externem Fixateur versorgt (rechts; Foto: D. Fischer)

13.7.5 Knochenbrüche

Bei Knochenbrüchen unterscheidet man offene (Haut eröffnet) von geschlossenen (Haut intakt) Frakturen. In jedem Fall muss durch die Tierärztin umgehend eine Schmerztherapie und Frakturversorgung erfolgen. Je früher die Fraktur versorgt wird, desto besser ist am Ende die Heilungsprognose. Offene Frakturen stellen jedoch ein zusätzliches Risiko dar, weil hier Erreger in den Knochen gelangen können, die in der Regel zu Komplikationen führen. Eine Spülung der Wunde durch die Falknerin muss bei offenen Frakturen unterbleiben, da ansonsten Dreck und Keime tiefer in die Wunde und bei pneumatisierten Knochen Spülflüssigkeit in die Atemwege gelangen kann. Beides wäre sehr gefährlich und letztgenanntes sogar meist tödlich, sodass dies dringend beachtet werden muss.

Für den Transport zur Tierärztin sollte die betroffene Körperpartie (meist Flügel oder Ständer) weitestgehend ruhiggestellt werden, um weitere Verletzungen (z. B. an nah an der Fraktur gelegenen Gefäßen oder Nerven) zu verhindern. Dazu kann der Vogel mit angelegten Flügeln und nach hinten ausgestreckten Ständern in ein Handtuch gewickelt werden (siehe Abb. 8.6 und 8.7). Es kann jedoch auch ratsam sein, den Vogel in seiner gewohnten Umgebung (z. B. seiner Transportkiste) zu transportieren, um einer Verschlimmerung der Verletzungen vorzubeugen. Eventuell ist es auch angezeigt, das Tier durch eine Hilfsperson bis zum Eintreffen in der Tierarztpraxis/-klinik halten zu lassen.

Sollte der Vogel nicht zeitnah zu einer Tierärztin gebracht werden können (hierbei zählen nur triftige Gründe!), können ein Stützverband und eventuell eine Schienung die

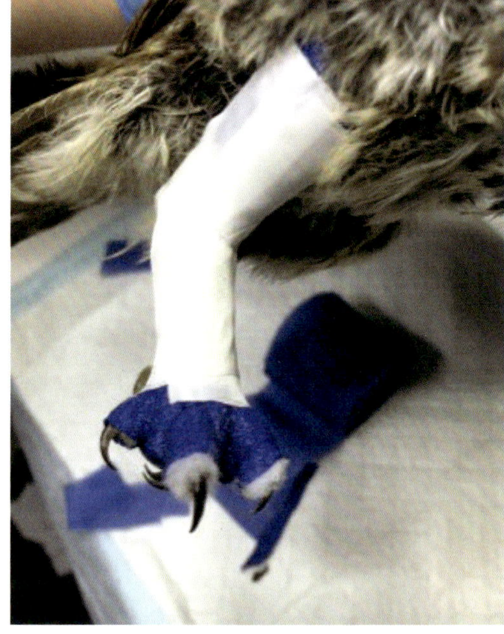

Abb. 13.40: Flügelverband zur Versorgung einer Unterarmfraktur bei einem Turmfalken (o. links). Stützverband zur Versorgung einer Fußfraktur bei einem Steinkauz (o. rechts; Fotos: T. Marina), veterinärmedizinische Versorgung einer Fraktur mittels externem Fixateur und Verband (links; Foto: D. Fischer)

Fraktur stabilisieren (siehe Abb. 13.40). Bei Flügelfrakturen kann die verletzte Schwinge an den Körper angelegt und fixiert werden (z. B. Flügel-Brust-Verband). Bei Ständerfrakturen kann eine Fixierung des Beins in einer Position versucht werden, in der der Vogel mühelos stehen könnte (z. B. Schmetterlingsverband). Dabei können flexible Aluminiumschienen (z. B. SAM® Splint Finger), Holzstäbe oder mehrere Lagen Pappe oder Papier in den Verband eingearbeitet werden. Der Verband und explizit die Schienung müssen in jedem Fall immer ausreichend mit Verbandwatte gepolstert werden, um die Gefäße der Gliedmaße nicht ungewollt abzubinden. Weiterhin sollten stets die beiden an die Frakturstelle angrenzenden Gelenke mit ruhiggestellt werden. Die Durchblutung der Extremitäten muss durch Abtasten engmaschig überwacht werden (die Haut an Händen/Fängen würde dann abkühlen). Sollte die Falknerin keine Erfahrung mit Verbänden und Schienungen haben, sollte auf diese verzichtet werden, damit es nicht zu einem unnötigen Zeitverlust kommt, das Tier nicht zusätzlich aufgeregt wird und falsch angelegte Verbände und Schienungen unter Umständen sogar schädlich sein können. In diesen Fällen wäre ein schneller Transport zur Tierärztin vorteilhafter.

Bei der Tierärztin erfolgt neben der Gabe von Schmerzmitteln je nach Fraktur eine konservative (z. B. Verband) oder operative Therapie (z. B. Fixateur externe). Bei offenen Frakturen sind zudem eine bakteriologische Probenentnahme, die Anfertigung eines Resistenztests sowie eine entsprechende Behandlung mit Antibiotika und/oder Antimykotika erforderlich.

13.7.6 Krämpfe/Lähmungen

Krämpfe oder Lähmungen haben vielfältige Ursachen und können z. B. bei einer Gehirnerschütterung auftreten. Diese kann Folge eines Anflugtraumas gegen einen Zaun oder eine Scheibe, aber auch einer gezielten Abwehraktion durch Beizwild (z. B. Flügelschlag einer Gans) sein (siehe 13.7.3 Murphy). Entsprechende Symptome können dabei sofort aber auch zeitversetzt auftreten, weshalb Beizvögel nach einem solchen Unfall immer ausreichend lange beobachtet werden sollten. Dabei muss das Hauptaugenmerk auf einer Kontrolle der Atmung des Tieres liegen. Sollte sich der Greifvogel übergeben müssen, muss darauf geachtet werden, dass die Atemwege frei bleiben. Bei liegenden Vögeln empfiehlt es sich, den Kopf etwas tiefer als den übrigen Körper zu lagern, damit Erbrochenes abfließen kann.

Neben traumatischen Ursachen können Lähmungen oder Krämpfe aber auch durch unentdeckte Gefäß- oder Herzleiden (z. B. Arteriosklerose), Vergiftungen, Stoffwechselstörungen (z. B. Harnsäureanreicherung bei Nierenerkrankungen), Mangelerscheinungen (z. B. Vitamin B-, Kalzium- oder Glukosemangel), Tumore oder verschiedene Infektionskrankheiten (z. B. Aviäre Influenza) hervorgerufen werden. Es gibt zudem epilepsieähnliche Erkrankungen bei Greifvögeln.

Findet man einen gelähmten oder einen krampfenden Greifvogel auf bzw. tritt ein Krampf im Beisein der Falknerin auf, so ist rasches Handeln gefordert. Der Vogel sollte umgehend abgedunkelt und damit reizarm untergebracht werden z. B. in einem abgedunkelten Transportkarton oder in der Transportkiste mit genügend Frischluftzufuhr, um ihn dann direkt zur nächstgelegenen Tierärztin zu bringen. Dort ist dann meist eine Stabilisierung und eine umfängliche Diagnostik zur Ursachenermittlung notwendig.

Gelähmte Vögel sollten mit dem Oberkörper in ein U-förmig gerolltes Handtuch gelegt werden. Um zu verhindern, dass sich der Vogel im Krampf selbst greift, können ein Handtuch, der Falknerhandschuh oder zu diesem Zweck im Erste-Hilfe-Set enthaltene Korken in den Fang gelegt werden.

13.7.7 Atemnot

Bei einer Atemnot handelt es sich immer um einen lebensbedrohlichen Notfall. Wegen der Atemnot leidet der Vogel an Panik, weshalb man immer umgehend die nächstgelegene Tierärztin aufsuchen sollte. Obwohl eine Atemnot häufig plötzlich auftritt, kann die zugrundeliegende Ursache bereits länger vorliegen (z. B. eine Aspergillose oder eine Luftröhrenwurminfektion). Weitere mögliche Ursachen können ein Anflugtrauma, die Inhalation von Rauch oder giftigen Dämpfen oder tiefreichende Griffverletzungen sein.

Ein an Atemnot leidender Vogel wird eine Atmung durch den geöffneten Schnabel zeigen sowie ein atemsynchrones Bewegen des Stoßes/Staarts, der Flügel und der Bauchdecke. Weiterhin können Atemgeräusche auftreten (z. B. Giemen).

Beim Transport des Vogels zur Tierärztin muss unbedingt auf eine ausreichende Frischluftzufuhr und eine kühle Umgebung geachtet werden. Der Vogel sollte im Falle einer Atemnot möglichst nicht in ein Handtuch gewickelt oder verhaubt werden, um ihn möglichst frei atmen zu lassen. Wenn der Vogel die Haube

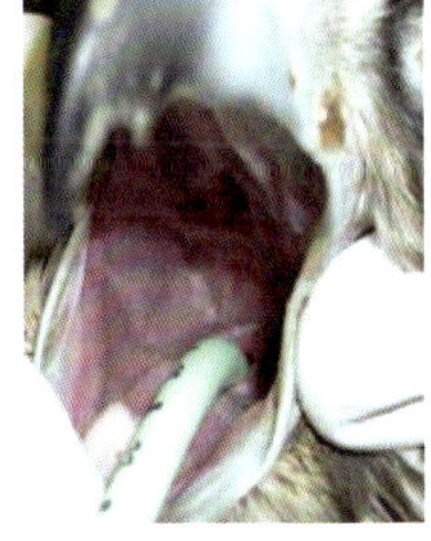

Abb. 13.41: Durch Installation eines Schlauches in die Luftröhre (***endotracheale*** Intubation) können Vögel mittels Beatmungsbeutel oder Beatmungsgerät beatmet werden (Fotos: D. Fischer)

jedoch gewöhnt ist und sich darunter beruhigt, so kann ein Verhauben in dieser Situation Vorteile bringen. Auf dem Weg ist es ratsam, die Tierärztin bereits über die Atemnot und eventuell vermutete Ursachen zu informieren, damit entsprechende Maßnahmen vorbereitet werden können. Vor Ort sollte dann schnellstmöglich eine Sauerstoffgabe erfolgen (z. B. in einer Sauerstoffbox, über einen Luftröhrentubus oder auch über einen Luftsackkatheter) (siehe Abb. 13.41). Weiterhin können atemstimulierende Medikamente verabreicht werden.

13.7.8 Hitzschlag, Überhitzung, Sonnenstich

Bei einem Hitzschlag oder einer Überhitzung kann der Vogel seine Körpertemperatur nicht durch eigene Regulationsmaßnahmen (z. B. Hecheln) oder Verhaltensweisen (z. B. Aufsuchen von Schatten oder von Wasser) herunterregeln. Insbesondere in den warmen Sommermonaten können in abgeschlossenen Kisten, in Innenräumen und in parkenden Autos schnell Temperaturen von über 60 °C entstehen. Auch an der Außenwelt kann es zu Hitzschlag, Überhitzung oder Sonnenstich kommen, wenn der Vogel nicht die Möglichkeit hat einen Schattenplatz oder eine Badebrennte aufzusuchen bzw. von dieser Möglichkeit keinen Gebrauch macht.

Anzeichen einer Überhitzung können Schwäche, Teilnahmslosigkeit und eine rasche Atmung mit geöffnetem Schnabel und stark angelegtem Gefieder sein. Weiterhin können Appetitlosigkeit, Übelkeit und Erbrechen auftreten.

Als Erste-Hilfe-Maßnahme muss der Greifvogel unverzüglich gekühlt werden. Hierzu sollte er an einen möglichst kühlen, schattigen Ort mit guter Frischluftzufuhr verbracht werden. Zusätzlich sollte man den Vogel an den unbefiederten Körperpartien wie Ständern oder auch Achseln und Schenkelinnenseiten mit mäßig kühlem (nicht eiskaltem) Wasser aus einer Sprühflasche besprühen. Eventuell können auch Kühlkompressen an den Körper angelegt werden, wobei diese zur Verhütung von lokalen Erfrierungen in ein Handtuch oder Zellstoff gewickelt sein sollten.

Wenn sich der Zustand des Vogels nach dieser Maßnahme nicht rasch bessert oder gar verschlechtert, sollte die nächstgelegene Tierärztin aufgesucht werden. Bei der Tierärztin kann dem Greifvogel unter ständiger Überwachung durch kühlende Infusionslösungen, orale Eingabe von kühler Flüssigkeit und Medikamentengaben geholfen werden.

Die Falknerin kann eine Überhitzung ihres Greifvogels verhindern, indem sie ihre Haltungs- und Transporteinrichtungen mittels Thermometer oder Thermologger kontrolliert, um gegebenenfalls schattenspendende (z. B. Sonnenschirme oder Bepflanzungen) oder kühlende Maßnahmen (z. B. Ventilatoren oder Klimaanlagen) einzuleiten.

13.7.9 Schock

Der sogenannte Schock ist eine lebensbedrohliche Kreislaufstörung, bei der wichtige Organe wie Nieren, Herz und Gehirn nicht mehr ausreichend mit Sauerstoff versorgt werden. Daher kann es sehr schnell zur Bewusstlosigkeit und zum Tod des Tieres kommen. Ursachen für einen Schock sind vielfältig: hohe Blut- oder Flüssigkeitsverluste (z. B. auch nach heftigem Durchfall oder Erbrechen), Herz-Kreislaufversagen, Sepsis, allergische Reaktionen oder Vergiftungen.

Ein Greifvogel im Schock liegt sehr wahrscheinlich bereits geschwächt am Boden. Die Schleimhäute der Schnabelhöhle sind blass, da der Kreislauf des Tieres (als finale Gegenmaßnahme des Körpers) auf die lebenswichtigen Organe zentralisiert wird.

In jedem Fall sollte schnellstmöglich die nächstgelegene Tierärztin aufgesucht werden, um lebensrettende Maßnahmen durchzuführen. Damit die Tierärztin die erforderlichen Medikamente, eine Intensivbehandlungseinheit und Infusionen vorbereiten

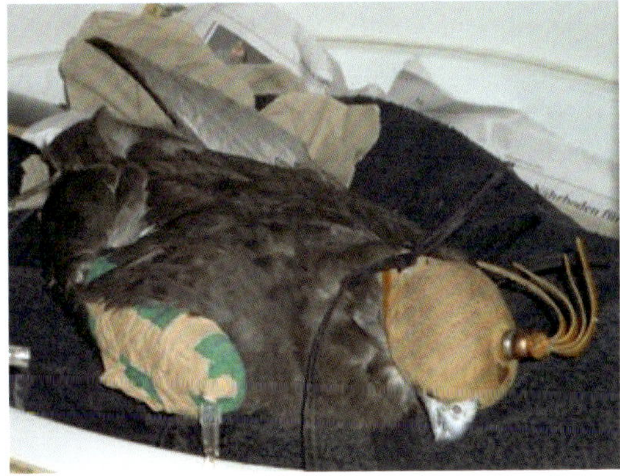

Abb. 13.42: Ein schwer kranker Gerfalke wird in einer speziellen Intensivbox stabilisiert. In der Box wird medizinischer Sauerstoff zugeleitet und die Temperatur geregelt. Der Falke ist in der Box verhaubt und erhält Infusionen über einen Venenzugang im rechten Flügel, der durch einen Verband fixiert und geschützt wurde (Fotos: D. Fischer, Klinik für Vögel, Reptilien, Amphibien und Fische, JLU Gießen)

kann (siehe Abb. 13.42), sollte sie vorab über den kritischen Zustand des Tieres informiert werden. Für den Transport sollte der Vogel auf ein U-förmig gerolltes Handtuch gebettet werden, sodass die Brust leicht erhöht liegt. Unbedingt notwendig sind währenddessen die Überwachung der Atmung und die Sicherstellung der Freiheit der Atemwege (z. B. bei Erbrechen das Erbrochene schnellstmöglich zu entfernen). Auch ein Wärmeerhalt (z. B. durch Unterlage von Decken) ist wichtig, da Tiere im Schock schnell auskühlen.

13.7.10 Stromschlag

Leider kommt es vor allem bei freilebenden Greifvögeln immer noch regelmäßig zu Todesfällen infolge von Stromschlägen. Diese passieren vor allem an unzureichend isolierten Stromleitungen, sobald der Vogel durch seine Schwingen oder Ständer eine Verbindung zwischen den Stromleitungen und dem Strommast erzeugt. Auch Beizvögel sind vor solchen unglücklichen Unfällen nicht sicher. Vor allem Falken in der offenen Landschaft baumen gerne auf Hochspannungsmasten auf. Auch die Beizvögel wie Habichte und Rotschwanz- oder Wüstenbussarde baumen nach einem Fehlflug in der Nähe von Bahndämmen gerne auf der Oberspannungsleitung auf, was schnell tödlich enden kann. Die Falknerin ist daher stets verpflichtet, im Sinne ihres Beizvogels auf solche möglichen Gefahren zu achten und wenn nötig eine gute Beizgelegenheit auszulassen, um den Beizvogel keiner vermeidbaren Gefahr auszusetzen.

Kommt es trotzdem zu einem Stromschlag, fällt der Vogel meist direkt zu Boden. Sollte die Falknerin direkt vor Ort sein, kann sie nicht selten einen verbrannten Geruch, ein hörbares Schlag-/Knallgeräusch oder/und einen Lichtblitz wahrnehmen. Schnellstmöglich sollten Erste-Hilfe-Maßnahmen eingeleitet werden, d. h. Atmung und Herzschlag sollten kontrolliert und ggf. sollte eine Herzdruckmassage sowie eine Mund-zu-Nase-Beatmung versucht werden. Kommt der Vogel zu sich, sollte er umgehend zur Tierärztin gebracht werden.

Häufig kommt es durch den Stromfluss zu schweren inneren Blutungen, aber auch zu Nervenschädigungen und Verbrennungen. Auf jeden Fall sollte der betroffene Vogel eine Flüssigkeits- und Schmerztherapie erfahren. Auch wenn auf den ersten Blick keine sogenannten Strommarken zu sehen sind (kleinste

Verbrennungen oder Verfärbungen der Haut an der Stelle des Stromflusses), muss der Vogel zeitnah von der Tierärztin eingehend darauf untersucht werden. Die Reizweiterleitung am Herzen kann gestört sein und Gewebeschädigungen äußern sich unter Umständen erst Stunden bis Tage später. Sie benötigen eine penible und kleinschrittige Wundversorgung sowie ggf. eine Antibiose. Die Prognose bleibt fraglich, da es auch nach Tagen und Monaten noch zum Absterben von Zehen oder Teilen der Gliedmaßen kommen kann.

Voller Enthusiasmus konnte es eine Falknerin nicht lassen, denn die Baue am Bahndamm sahen einfach zu verführerisch aus. Sie stellte sich extra nach oben an den Bahndamm, damit ihr Vogel nach unten starten konnte. Bei einem Fehlflug rechnete sie damit, dass sich der Beizvogel sicher in einen der nahestehenden Bäume am Rande des Bahndammes abstellen würde. Das Frettchen wird angesetzt, das Wildkaninchen springt und der Vogel startet. Doch das Kaninchen nimmt einen ungewöhnlichen Weg: Es läuft dem Beizvogel schier entgegen den Bahndamm nach oben und rennt an den Gleisen entlang. Es entkommt mit etwas Vorsprung und der Beizvogel will aufbaumen – auf die Oberspannungsleitung. Ein ebenfalls am Bahndamm positionierter Falkner hatte die Situation verfolgt, schnappte sich kurzerhand ein bereits gebeiztes, totes Kaninchen aus seiner Falknertasche und warf es geistesgegenwärtig hoch in die Luft und in die Richtung des sich gerade aufbaumenden Beizvogels. Dieser drehte in letzter Sekunde ab und „band" das noch durch die Luft fliegende Kaninchen. Am Ende ist der Beizvogel glücklich, so leicht an Beute gekommen zu sein, und die Falknerin überglücklich, ihren Beizvogel wohlbehalten auf die Faust nehmen zu können. Niemals mehr, denkt sie sich, beize ich an einem Bahndamm!

13.7.11 Fremdkörperaufnahme

Wenn ein Greifvogel langanhaltend würgt, kann dies natürlich verschiedene Ursachen haben. So können Parasitosen, Infektionen durch Bakterien oder Pilze und auch Vergiftungen zu Würgen und Erbrechen führen. Eine weitere Möglichkeit stellt jedoch auch die Aufnahme eines Fremdkörpers (z. B. eines langen Knochens, eines Astes oder einer Schnur) dar. Dies ist häufig sehr schmerzvoll für den Vogel, sodass dieser unter Stress steht und sich unter Umständen panisch oder aggressiv verhält.

Bei der Kontrolle des Schnabelrachenraumes durch die Falknerin sollte sie eine zweite Person zum Halten des Vogels zur Hilfe haben. Wenn es möglich ist, einen Fremdkörper zu fassen und diesen ohne Widerstand herauszuziehen, kann dies vorsichtig versucht werden. Dabei sollte der Hals des Tieres möglichst gestreckt werden, um die Speiseröhre in einen geraden Verlauf zu bringen. Jedoch sollte niemals mit Kraft gezogen werden, da es dann zur Zerreißung von Gewebe (z. B. von Speise- oder Luftröhre), Nerven oder Blutgefäßen kommen kann.

In jedem Fall sollte der Vogel umgehend zu einer Tierärztin gebracht werden, da auch bei erfolgreicher Entfernung des Fremdkörpers tieferliegende Verletzungen vorliegen können. Bei der Tierärztin können durch Röntgen und Endoskopie Fremdkörper und eventuelle Verletzungen erkannt, abgeklärt und eventuell auch operativ versorgt werden.

13.7.12 Allergische Reaktion auf Insektenstiche und Zeckenbisse

Nach Insektenstichen kann es wie auch beim Menschen zu Schwellungen und Rötungen im Bereich der Stichstelle kommen. Hier reicht oft Kühlen mit Wasser oder einem Kühlkissen/

Kühlkompresse/„Cold pack" aus. Dabei sollte stets ein Handtuch um das Cold pack gewickelt werden, um lokale Erfrierungen zu verhindern. Tritt die Schwellung im Bereich der Atemwege auf, kann es schnell zu deren Verlegung und somit zu einer lebensbedrohlichen Situation kommen. Der Vogel sollte daher unverzüglich durch eine Tierärztin antiallergisch behandelt werden. Durch eine endotracheale Intubation oder die Installation eines Luftsackkatheters kann notfalls die Atmung gesichert werden (siehe Abb. 13.41).

Bei Zeckenbissen kann es relativ rasch zum sogenannten Tick-related Syndrome (TRS, siehe 13.4.1.1) kommen, welches mit einer Verschlechterung des Allgemeinbefindens sowie einer Schwellung und Blutung in der Nähe der Bissstelle einhergehen kann. In der Regel hilft es dabei zunächst die Zecke mit Hilfe einer Zeckenzange vollständig zu entfernen, die Einstichstelle zu desinfizieren und die Bissstelle mit etwas Wasser oder einer Kühlkompresse zu kühlen. Sollten die oben genannten Symptome innerhalb der nächsten 1-2 Tage jedoch nicht verschwinden oder schlimmer werden, sollte unverzüglich eine Tierärztin aufgesucht werden. Auch im Fall einer sekundären Infektion der Bissstelle sollte dann eine antiallergische Therapie sowie Schmerzmittelgabe, Antibiose und eine Flüssigkeitstherapie eingeleitet werden.

13.8 Erste-Hilfe-Ausrüstung

Folgende Erste-Hilfe-Ausrüstung wurde auf der Internationalen Falknertagung des DFO in Niedernhausen (Hessen) im Vortrag „Erste-Hilfe-Maßnahmen bei der Beize und Zuhause" von Dr. Dominik Fischer und Prof. Dr. Michael Lierz aus der Klinik für Vögel, Reptilien, Amphibien und Fische der Justus-Liebig-Universität Gießen empfohlen und wird hier in Auszügen wiedergegeben (siehe DFO Jahrbuch Greifvögel und Falknerei, 2015).

Erste-Hilfe-Set für die Falknertasche:
Eine Grundausstattung für die Erste-Hilfe vor Ort bewährt sich immer! Dabei beschränkt man sich natürlich auch aufgrund des Gewichts auf das Nötigste.

- **Einmalhandschuhe:** Mehrere Paare Einmalhandschuhe in der jeweils passenden Größe sollten zur Vermeidung von Verunreinigungen von Wunden und zum Eigenschutz vor Krankheitserregern (z. B. beim ***Auswerfen*** von gebeiztem Wild) mitgeführt werden.
- **Wunddesinfektionsspray:** Nach erfolgter Reinigung kann als Wunddesinfektion z. B. Octenisept® (Schülke & Mayr) verwendet werden. Dieses brennt nicht bei der Anwendung bei offenen Wunden.
- **Kernseifenstück:** Zum Stoppen einer Blutung nach Abbruch der Krallenspitze kann ein Stück Kernseife verwendet werden. Durch das Auftragen der Seife wird der Kanal im Krallenhorn verschlossen und die Blutung gestoppt.
- **Rosenschere:** Um den Beizvogel nach einem Verfolgungsflug ins Dornen-Gebüsch oder den Brombeerstrauch befreien zu können, lohnt sich das Mitführen einer Rosenschere.

Erweiterte Ausrüstung:
Weitere Materialien, welche nicht permanent in der Falknertasche mitgeführt werden können, können im Auto für den Fall der Fälle aufbewahrt und mitgeführt werden.

- **Sauberes Wasser:** Nicht zuletzt für das Waschen der eigenen Hände, kann ein Kanister mit sauberem Wasser mitgeführt werden. Wasser in einer Sprühflasche kann zum Kühlen genutzt werden.
- **Handtuch:** Ein Handtuch dient dem Einwickeln bzw. Fixieren des Vogels im Notfall.
- **Haube:** Eine für den eigenen Beizvogel passende Haube kann für den Transport

bereitgehalten werden. Diese sollte aber keinesfalls bei Würgen oder einer Überhitzung des Vogels benutzt werden.

- **Instrumente:**
  - **Pinzette:** Zur Entfernung kleinerer Fremdkörper (z. B. Splitter) kann eine (anatomische) Pinzette hilfreich sein. Große Fremdkörper (z. B. Pfählungsverletzungen) oder Fremdkörper im Auge sollten nur durch die Tierärztin entfernt werden.
  - **Schere:** Zum Abschneiden abgebrochener Federn sollte eine kleine Schere (z. B. Nagelschere) mitgeführt werden.

- **Wund-/Augensalbe:** Zur ersten Versorgung von Wunden empfehlen sich jodhaltige Wundsalben (z. B. Betaisodona® Salbe). Raue Hautstellen, Krusten, rissige Fußsohlen und oberflächliche Hautabschürfungen können mit Heilsalben (z. B. Bepanthen® Wund- und Heilsalbe) behandelt werden. Augensalben sind hierbei häufig klein verpackt und leicht mitführbar. Es sollte darauf geachtet werden, dass die Salbe kein Kortison oder ähnliche Substanzen enthält.
- **Kühlkompressen / Cold packs:** Zum Kühlen von Insektenstichen oder nach Überhitzung können Kühlkompressen oder Cold packs verwendet werden.

- **Verbandsmaterial:** Zur Versorgung und Abdeckung von offenen Wunden sollte handelsübliches Verbandsmaterial mitgeführt werden. Häufig können Erste-Hilfe-Sets für Fahrradfahrer oder Wanderer genutzt werden bzw. KFZ-Verbandkästen.
  - **Gazekompressen / sterile Wundauflagen:** Die Wunde sollte möglichst mittels steriler Wundauflage abgedeckt werden.
  - **Watte-Rollen:** Ein Schutzverband sollte immer ausreichend mit zwei bis drei Lagen Watte gepolstert sein.
  - **Mullbinden / adhäsiver Verband:** Watte wird nachfolgend mit Verbandmull oder adhäsivem Verband (z. B. CoFlex®, Andover oder Vetrap®, 3M) umwickelt. Dabei darf nicht zu straff gewickelt werden, um eine Blutversorgung der Gliedmaße nicht zu gefährden bzw. dem Vogel das Atmen zu ermöglichen.
  - **Klebepflaster:** Zur abschließenden Stabilisierung empfiehlt sich das Aufbringen einiger Pflasterstreifen (z. B. Leukoplast, BSN Medical).
  - **Gummibänder:** Bei starken Blutungen kann ein Abbinden der Wunde mit breiten Gummibändern (> 4mm breit) notwendig sein. Dies sollte aber nur kurzzeitig (maximal 30 Minuten) erfolgen bzw. im äußersten Notfall, da nachfolgend mit einem Absterben der Gliedmaße zu rechnen ist.
  - **Verbandsschere**

- **Zeckenzange:** Zecken sollten schnellstmöglich entfernt werden, um damit verbundene Gewebsreaktionen (z. B. Schwellungen) zu vermeiden.
- **Kneifzange:** Sollte sich der Beizvogel in einem Seil oder Drahtrest verfangen haben, lohnt es sich, eine Kneifzange zu dessen Durchtrennung dabei zu haben, um den Vogel beim Auslösen nicht noch mehr zu verletzen.
- **Taschenlampe:** Zur näheren Untersuchung des Schnabel-Rachen-Raumes, der Augen, der Ohren, der Nase, der Kloake und von Wunden kann eine Taschen- oder Stirnlampe nützlich sein.
- **Korken:** Weinkorken werden zur Verhinderung des „Selbst-Greifens" in die Fänge eingelegt. Deshalb sollten mindestens zwei passende Exemplare mitgeführt werden. Bei größeren Beizvögeln müssen entsprechend andere Materialien verwendet werden.

- **Plastikspritzen:** Plastikspritzen eignen sich unter anderem als Druckpolster beim Druckverband, zur Schienung bei Stützverbänden und/oder zum Auffangen von Probenmaterial (z. B. Erbrochenem, Kot) zur weiterführenden Untersuchung bei der Tierärztin. Jeweils zwei Exemplare unterschiedlicher Größe (1ml, 2ml, 5ml, 10ml, 20ml) sind zu empfehlen.
- **Malerkreppband (dehnbar) und Schienen (Holzspatel, Aluminiumschienen flexibel):** Wenn keine sofortige Versorgung eines Knochenbruchs durch eine Tierärztin möglich ist und eine Erstversorgung durch die Falknerin geschehen muss, ist es das Ziel, den Bruch zu stabilisieren, um weitere Schäden zu vermeiden. Zusätzlich zum Wundverband (siehe oben) kann deshalb eine Schienung notwendig sein. Holzspatel, Einmalspritzen oder flexible Aluminiumschienen (z. B. SAM® Splint, SAM Medical Products) sind hierfür nützlich. Es sollte darauf geachtet werden, dass die beiden angrenzenden Gelenke über und unter der Bruchstelle mit ruhiggestellt werden und Blutgefäße nicht abgebunden werden. Malerkreppband (z. B. Maler-Krepp Creative, Tesa®) kann schnell und einfach auch auf dem Gefieder angelegt werden. Zudem können mehrere Lagen Malerkreppband als Schmetterlingsverband übereinander zur Ruhigstellung einer Beinfraktur angebracht werden.

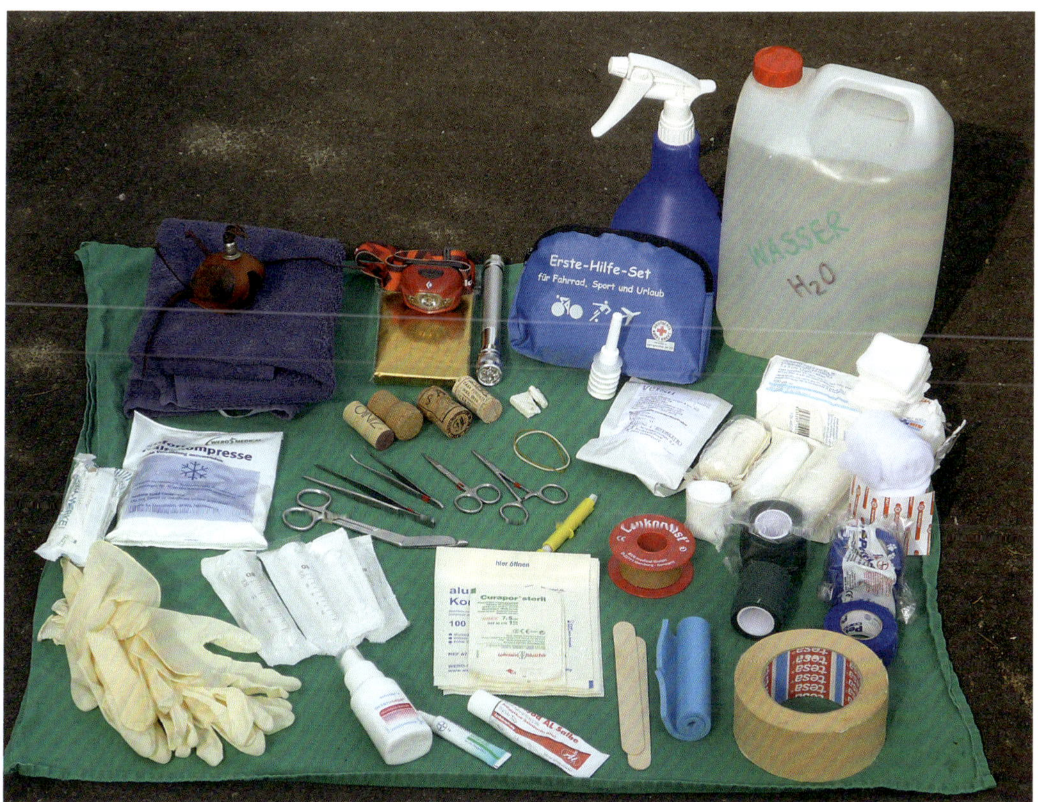

Abb. 13.43: Optimales Erste-Hilfe-Set, die oben angeführten Gegenstände enthaltend (Foto: D. Fischer)

14

Ausgewählte praxis- und tierschutzrelevante Krankheiten des Haarwildes

Wildkrankheiten sind allgegenwärtig, ein erheblicher Teil der Wildtierpopulationen trägt Krankheitserreger in sich. Für unser Buch sind diejenigen relevant, die eine Gefahr für die Wildtierpopulation selbst, insbesondere das Beizwild, für die Beizvögel, für Jagdhunde und Frettchen, für landwirtschaftlich gehaltene Nutztiere, Heimtiere und schlussendlich für Menschen darstellen.

Im Folgenden werden nur die Krankheiten des Haarwildes behandelt. Auf die Erkrankungen des Federwildes wird bei den Erkrankungen der Beizvögel (siehe Kapitel 13) mit eingegangen. Natürlich kann die folgende Auflistung in Anbetracht der vielzähligen unterschiedlichen Wildkrankheiten nicht vollständig sein.

Krankheiten des Wildes	Gefahr für Wildtier-population	Gefahr für Hunde, Frettchen	Gefahr für land-wirtsch. Nutztiere, Heimtiere	Gefahr für Menschen	Tierseuchen-Relevanz
Viren					
Myxomatose	+		+		
Rabbit haemorrhagic disease (RHD) & European Brown Hare Syndrome (EBHS)	+		+		
Staupe	+	+	+		
Aujeszkysche Krankheit (AK)	+	+	+		A*
Afrikanische Schweinepest (ASP)	+		+		A
Bakterien					
Tularämie	+	(+)		+	M
Parasiten					
Echinokokkose	+	+	+	+	M
Räude	+	+	+	(+)	

Tab. 14.1: Gegenüberstellung der Krankheiten des Wildes und deren Bedeutung. A bedeutet Anzeigepflicht, A* Anzeigepflicht nur für Haustiere, M Meldepflicht

14.1 Durch Viren bedingte Erkrankungen

Die besonderen Eigenschaften der durch Viren bedingten Erkrankungen wurden in den Kapiteln 10.3.2 und 13.1 bereits dargestellt. Das Nationale Referenzlabor für Viruserkrankungen der Tiere ist das Friedrich-Loeffler-Institut (FLI) auf der Insel Riems (https://www.fli.de/de). Das FLI veröffentlicht stets aktualisierte Karten, die den Verlauf der Ausbreitung einer Viruserkrankung wie RHD oder ASP zeigen.

14.1.1 KNACKPUNKT Myxomatose

Die Myxomatose (syn. Kaninchenseuche, Kaninchenpest) ist eine der gefährlichsten und verlustreichsten Virusallgemeinerkrankungen für europäische Haus- und Wildkaninchen. Sie wird durch Myxomatoseviren, eine hasen- und kaninchenspezifische Art der Pockenviren (Leporipoxviren), hervorgerufen. In Mitteleuropa tritt die Myxomatose eher kleinteilig auf, es ist aber bei erkrankten Kaninchen ein fast immer tödlicher Verlauf zu beobachten. Aktuell kommt es vermehrt zu Myxomatosefällen bei Feldhasen zu Myxomatosefällen bei Feldhasen. Dabei haben die Populationsdichte, der Durchseuchungsgrad, das Klima und die Jahreszeit einen wichtigen Einfluss auf die Rhythmik des Seuchengeschehens.

Die Kaninchen werden direkt über Kontakt zu infizierten Tieren und auch durch deren Ausscheidungen infiziert. Das Virus kann über größere Strecken durch blutsaugende Insekten und andere Gliederfüßer, vor allem Kaninchenflöhe und Stechmücken, von Tier zu Tier übertragen werden oder es kommt durch indirekte Übertragung über Futter, Stiefel und Gerätschaften der Falknerin oder deren Frettchen zur Infektion.

Eintrittspforten für das Virus sind Haut und Schleimhäute im Kopf- und Genitalbereich. Der Erreger wird dann wieder über die Sekrete in diesen Bereichen ausgeschieden und von Gliederfüßern (z. B. Stechmücken, Flöhen, Läusen, Milben, Zecken) aufgenommen und auf andere Tiere verbreitet.

Die erkrankten Kaninchen zeigen stark geschwollene, knotige Hautpartien, insbesondere im Bereich des Kopfes, der Augenlider, dem Genital, später auch an den Gliedmaßen (siehe Abb. 14.1). Auffällig sind in der Nähe des Baues sitzende, apathische, teilnahmslose Kaninchen, die bei Annäherung nicht flüchten.

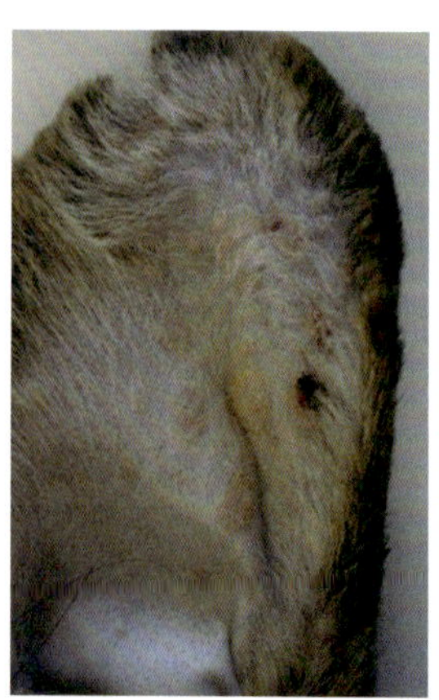

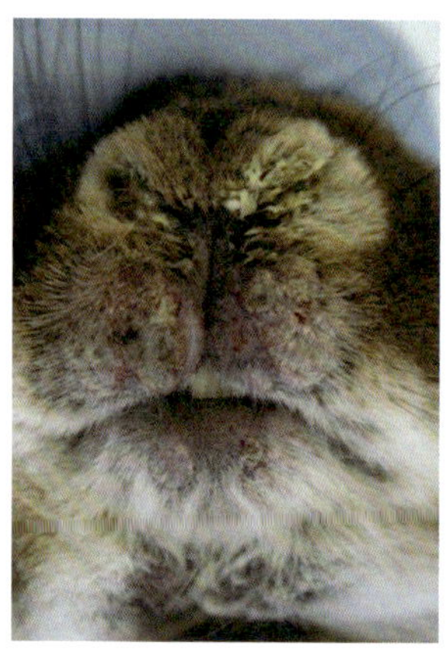

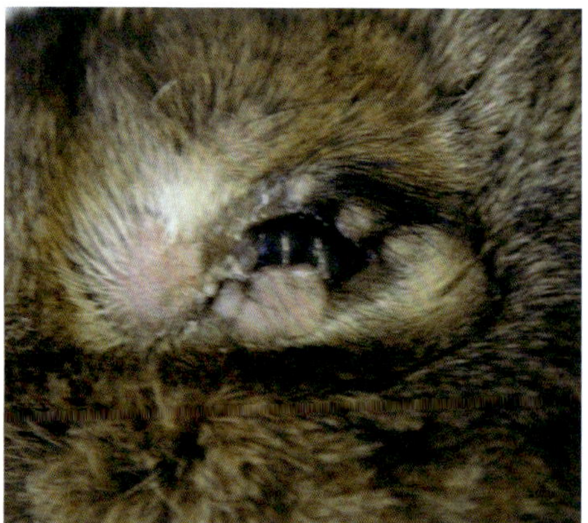

Abb. 14.1: Myxomatose beim Wildkaninchen äußert sich durch pockenartige Umfangsvermehrungen in der Haut v. a. im Bereich der Ohren (links), Nase und Maul (Mitte) und Augen (rechts) sowie am Genital (Fotos: M. Peters, CVUA Westfalen)

14.1.1.1 Lösungsmöglichkeiten Myxomatose

Eine Impfung ist für Hauskaninchen möglich. Verendet aufgefundene Kaninchen sollten unschädlich beseitigt werden, ebenso kranke Tiere, die von der Falknerin von ihrem Leiden erlöst wurden. Dabei sollte nach Möglichkeit kein Blut des infizierten Tieres in die Umgebung gelangen.

Die Gefahr, das Virus von einem infizierten Gebiet in ein Gebiet zu tragen, das bisher frei ist, ist durchaus gegeben. Bei feuchter Umgebung und etwa 10 °C bleibt das Virus bis zu 3 Monate infektiös, bei Trockenheit bis zu 3 Wochen.

Frettchen dürfen deshalb nicht in einem Gebiet mit Myxomatose und anschließend in einem myxomatosefreien Gebiet in die Kaninchenbaue eingesetzt werden, denn sonst verschleppt man möglicherweise die Seuchenerreger am Fell oder der Haut des Frettchens.

Beim Wechsel von einem Gebiet mit Myxomatose in ein freies Gebiet sind optimalerweise andere Kleidung, vor allem Schuhe oder Stiefel, sowie eine andere Ausrüstung, Falknertasche, Federspiel usw. zu benutzen. Alternativ kann auch eine gründliche Reinigung mit Erhitzen über 60 °C für mindestens 20 Minuten die Viruslast senken. Chemischen Desinfektionsmitteln gegenüber ist das Virus relativ widerstandsfähig (siehe auch 12.1.1).

Steckbrief **Myxomatose, Erkrankung durch Viren**	
Erreger	*Myxomavirus*, Gattung Leporipoxviren, Familie Poxviridae (Pockenviren), behüllte DNA-Viren
Verbreitung	ursprünglich Südamerika, dann Nordamerika, mittlerweile Australien und Mitteleuropa
Tenazität	bei 10 °C und feuchter Umgebung bis 3 Monate, bei Trockenheit 3 Wochen
Übertragung	direkt über Kontakt und durch blutsaugende Insekten, indirekt über Futter, Frettchen, Gummistiefel, Kleidung und Ausrüstung
Infektiosität	sehr hoch
Inkubationszeit	5 – 10 Tage
Symptome	knotige Schwellungen am Kopf, Körper, Augenlider und Augenbindehäute entzündet, Ausbildung eines sogenannten Löwenkopfes
Verlauf	Fressunlust, Apathie, ***Pneumonie***, Fieber, Tod
Diagnose	klinisches Bild, Elektronenmikroskopie, AG-***ELISA***, PCR
Therapie	keine
Prophylaxe	allgemeine Hygienemaßnahmen, Reinigung und Desinfektion von Gummistiefeln, ggf. Messer, Kleidung, kein wechselseitiges Einsetzen von Frettchen in infizierte und nicht infizierte Baue, bei Hauskaninchen Impfung

14.1.2 KNACKPUNKT
Rabbit Haemorrhagic Disease (RHD)

Wie der Name sagt, handelt es sich um eine Blutungen (Hämorrhagien) verursachende Krankheit der Kaninchen, die auch als „Chinaseuche" bekannt ist. Das RHD-Virus (RHDV) ist ein Virus aus der Familie der Caliciviren, infiziert und tötet nur Kaninchen, die neueren Virusvarianten (RHDV-2) auch Hasen (Fischer L., 2020). Bei beiden Varianten sind die Symptome gleich. Der Krankheitsverlauf ist zumeist perakut, die Tiere sind heute gesund und morgen tot. Innerhalb weniger Tage liegen ein bis mehrere verendete Wildkaninchen in der Nähe des Baues. Möglicherweise verenden Tiere auch im Bau, was den Eindruck erzeugt, der Bau sei auf einmal verwaist. Die ***Mortalitäts***-, also die Sterblichkeitsrate, wird für RHDV-2 mit ca. 90% angegeben. Selten können erkrankte Tiere beobachtet werden, die dann Blutungen aus Nase, Äser oder Weidloch und auch Atemnot zeigen (Nehls, 2020).

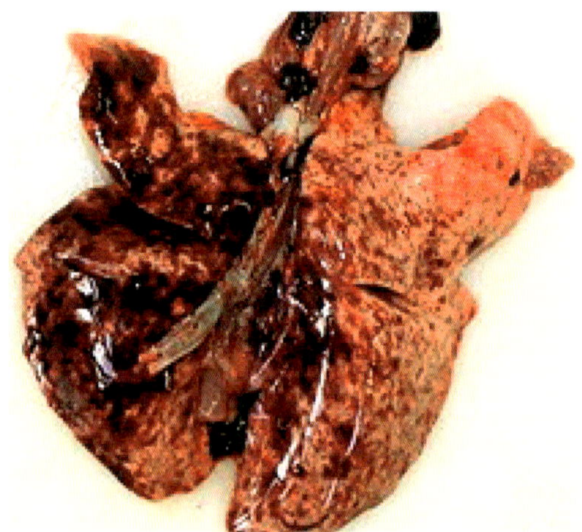

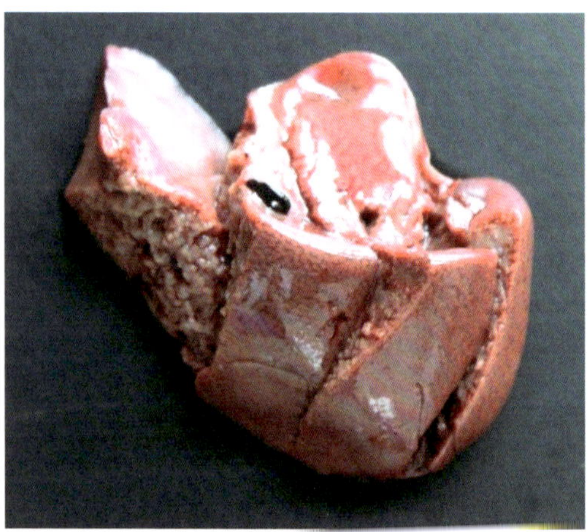

Abb. 14.2: Lunge eines Kaninchens mit RHD mit deutlich sichtbaren massiven Blutungen (oben; Foto: Ch. Süß-Dombrowski, CVUA Stuttgart); Leber eines Kaninchens mit RHD, Gewebe brüchig mit zahlreichen kleinen Blutungen (unten; Foto: B. Strobel, CVUA Karlsruhe)

Bei der Sektion der Tiere fällt üblicherweise die Leber auf, die geschwollen, brüchig, rotbraun bis ockerfarben ist und zahlreiche Blutungen aufweist (siehe Abb. 14.2). Bei der histologischen Untersuchung der Leber sind massive Zelluntergänge und ausgedehnte Blutungen zu sehen. Auch in der Lunge fallen makroskopisch und mikroskopisch massive Blutungen auf (siehe Abb. 14.2).

Ursache für die Blutungen in die Organe ist eine Störung in der Bildung von Gerinnungsfaktoren und eine zunehmende Durchlässigkeit der Gefäßwände. Die Tiere bluten in die Lunge und ersticken (FLI-FAQ, 2017; Hartmann und Richter, 2020).

Es scheint einen entscheidenden Unterschied bei RHDV und der neuen Variante RHDV-2 zu geben: während bei der Infektion mit RHDV selten tote Jungtiere gefunden werden, ist dies bei RHDV-2 sehr wohl der Fall. Woran liegt das? Bei RHDV gibt es eine sogenannte Nestlingsimmunität, die Jungkaninchen bis zum Alter von ca. 10 Wochen vor einer Infektion schützt und überleben lässt. Dagegen konnte bei der Infektion mit RHDV-2 eine Resistenz gegen das Virus nur im Alter bis 2, höchstens 4 Wochen nachgewiesen werden (FLI, FAQ, 2017). Diese Erkenntnis hat möglicherweise entscheidenden Einfluss auf den Aufbau einer resistenten Population nach dem Durchzug des Virus in der Region.

Abb. 14.3: Hygiene ist wichtig, um die Verschleppung der RHD von Revier zu Revier zu verhindern. An Stiefeln und über die tierischen Jagdhelfer mittransportierte Erreger können sonst zum Seuchenausbruch in bisher RHD-freien Regionen führen, das Waschen der Stiefel in einem Gewässer befreit sie nicht vom Virus, vielmehr kann das Virus dadurch weitergetragen werden (oben; Foto: S. Lücker). Mehrere zeitgleich in einem Revier tot aufgefundene Wildkaninchen können auf das Vorkommen der RHD hindeuten (rechts; Foto: L. Fischer).

Durch die bisher stattgefundenen massiven Besatzeinbrüche gehen Kaninchen nicht nur als Beizwild für die Falknerin, sondern auch als Beutetiere verloren. Über 40 verschiedene Beutegreifer nutzen Wildkaninchen, manche davon sogar als Hauptanteil ihrer Nahrung. Diese Fokussierung einzelner Beutegreifer auf das Kaninchen kann sie also in große Bedrängnis bringen (Gangl, 2019). Bekanntestes Beispiel aus Europa dürfte der seltene Spanische Kaiseradler sein, der durch die Rückgänge des Kaninchens bereits deutliche Bestandseinbrüche gezeigt hat.

Die Viren werden direkt von Kaninchen zu Kaninchen durch Körperkontakt bzw. Ausscheidungen der Tiere oder über kontaminiertes Futter oder Wasser übertragen. Sie können jedoch auch indirekt durch belebte Vektoren wie Mücken und Zecken sowie über Wildgreifvögel, Frettchen und vermutlich auch über

Schafe übertragen werden. Der Wildtierpopulation selbst kommt bei der Übertragung eine große Bedeutung zu, denn in der Natur verendete Tiere und deren Kadaver stellen ein großes Erregerreservoir dar. Über Beutegreifer und fliegende Insekten kann der Erreger in kürzester Zeit weit verbreitet werden.

RHDV und RHDV-2 halten sich sehr gut in der Umwelt. Bei höheren Temperaturen (bis 50 °C) und Trockenheit bleiben die Viren über längere Zeit stabil, z. B. getrocknet bei Raumtemperatur mindestens über 15 Wochen. In Kadavern hält sich das Virus bei tiefen Temperaturen nachweislich über 7 Monate (FLI zu RHD, 2023).

14.1.2.1 Lösungsmöglichkeiten RHD

Eine Impfung gibt es für Hauskaninchen. Eine zielgerichtete Therapie ist bei Haus- und Wildkaninchen jedoch nicht vorhanden.

Caliciviren sind unbehüllte Viren und daher relativ widerstandsfähig gegenüber Umwelteinflüssen und Desinfektionsmitteln. Die Viren können in trockener Umgebung bei Raum-

Steckbrief **RHD, Erkrankung durch Viren**	
Erreger	RHDV und RHDV-2, Gattung Lagovirus, Familie Caliciviridae, unbehüllte RNA-Viren
Verbreitung	ursprünglich China, seit 1984 in Europa, seit 2020 in Nordamerika, jetzt nahezu weltweit; RHDV-2 breitet sich seit 2010 von Frankreich aus
Tenazität	bei Zimmertemperatur 3 Monate, bei niedrigeren Temperaturen 7½ Monate
Übertragung	direkt über Kontakt und durch blutsaugende Insekten; indirekt über Futter, Wasser, Frettchen, Gummistiefel und andere Gegenstände
Infektiosität	sehr hoch
Inkubationszeit	12 - 36 Stunden
Symptome	Blutungen aus der Nase, Krämpfe
Verlauf	perakute Todesfälle, Mortalität bis 90 %
Diagnose	klinisches Bild, ELISA, RT-PCR, Elektronenmikroskopie, Sektionsbefunde: ***petechiale*** Hämorrhagien wie punktförmige Blutungen auf der Niere
Therapie	keine
Prophylaxe	allgemeine Hygienemaßnahmen, Reinigung und Desinfektion von Gummistiefeln, Messern, ggf. Kleidung; kein wechselseitiges Einsetzen von Frettchen in RHD- bzw. RHD-freie Gebiete; bei Hauskaninchen Impfung gegen RHDV und RHDV-2 möglich

temperatur noch nach ca. drei Monaten infektiös sein, bei niedrigen Umgebungstemperaturen sogar erheblich länger. Frost tötet die Viren nicht ab. Das Einfrieren eines RHDV-2 erkrankten Kaninchens, um es ein paar Monate später als Schleppkaninchen in aufgetauter Form für die Hundearbeit zu verwenden, könnte demnach einen Eintrag von noch infektionsfähigem Virus in die Umwelt bedeuten – das sollte man unbedingt unterlassen. Auch in der Natur verendete Kaninchen können bei niedrigen Temperaturen noch nach 7 Monaten infektionsfähiges Virus tragen und damit ein Reservoir für erneute Infektionen bei der Kaninchenpopulation darstellen. Daher sollte man grundsätzlich verendete Kaninchen oder Hasen nicht im Revier liegen lassen, diese stattdessen zur Untersuchung an das zuständige Veterinär-Untersuchungsamt einsenden oder im Falle eines bestätigten Seuchenausbruchs in der Tierkörperbeseitigungsanstalt unschädlich beseitigen lassen.

Unbelebte Vektoren können Kleidung, insbesondere Schuhe, Autoreifen, Falknertasche, Messer und Ähnliches sein (siehe Abb. 14.3). Belebte Vektoren können z. B. Frettchen sein. Dies bedeutet, dass die Falknerin ihre Frettchen zu Hause lassen sollte, wenn sie in ein fremdes Revier eingeladen wird und nicht auszuschließen ist, dass dort oder zu Hause eine Infektion mit RHDV/RHDV-2 bei den Kaninchen aufgetreten ist. Potentiell kontaminierte Kleidung ist in der Waschmaschine bei 60 °C zu waschen. Zur Desinfektion der gereinigten Gummistiefel und des Equipments sind nur Desinfektionsmittel zu verwenden, die sicher gegen unbehüllte Viren wirken (siehe 12.1.1).

14.1.3 KNACKPUNKT European Brown Hare Syndrome (EBHS)

Das europäische Feldhasen Syndrom (European Brown Hare Syndrome – EBHS) wird auch durch ein Calicivirus verursacht, das nah verwandt aber nicht identisch ist mit RHDV-2. Dieses Virus kommt jedoch nur bei Hasen vor, andere Tiere und Menschen sind nicht betroffen. Äußerlich sind an EBHS erkrankte Hasen nicht von mit RHDV-2 infizierten Hasen zu unterscheiden. Beide Infektionen verursachen beim Hasen vergleichbare Symptome und entsprechende pathologisch-anatomische Veränderungen. Auch hier stehen die Blutungen im Vordergrund (siehe Abb. 14.4). Aufgrund der Einsendungen von Untersuchungsmaterial verendeter Hasen an das FLI wurde 2019 ein vermehrtes Auftreten von EBHS bundesweit festgestellt. Möglicherweise sind Hasen in unterschiedlichen Regionen auch unterschiedlich empfindlich gegenüber dem Virus der EBHS. Eine in einem Jahr beobachtete hohe Sterblichkeit bei den Hasen könnte auch mit starken Jahrgängen und damit vielen empfänglichen Jungtieren zusammenhängen (König, 2020, pers. Mitt.).

Abschließend sei bemerkt, dass diese Caliciviren für den Menschen ungefährlich sind, es sind also keine Zoonoseerreger.

14.1.3.1 Lösungsmöglichkeiten EBHS

Die Lösungsmöglichkeiten und der Steckbrief der EBHS entsprechen denen der RHD.

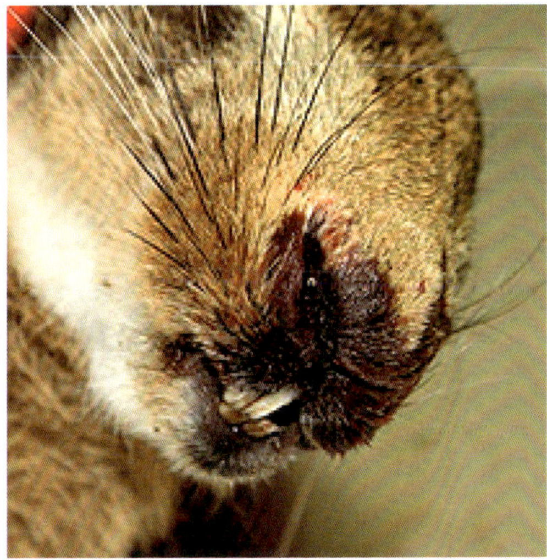

Abb. 14.4: EBHS bei einem Feldhasen (Foto: Pathologie CVUA Stuttgart, aus Ch. Süß-Dombrowski (2009))

14.1.4 KNACKPUNKT Staupe

Die Staupe, hervorgerufen durch das Canine Distemper Virus aus der Familie der Paramyxoviren, ist eine Viruskrankheit, die alle landlebenden Fleischfresser (der Familien: Hunde (Canidae), Katzen (Felidae), Hyänen (Hyaenidae), Marder (Mustelidae), Kleinbären (Procyonidae), Kleine Pandas (Ailuridae), Bären (Ursidae) und Schleichkatzen (Viverridae)) infizieren kann. Regelrechte Seuchenzüge sind bei Füchsen und Waschbären dokumentiert. Gefährlich ist die Übertragung von Fuchs oder anderem Raubwild auf Hunde oder Frettchen. Hauskatzen können sich zwar infizieren, erkranken aber nicht. Für nicht oder nicht vollständig geimpfte Hunde ist die Erkrankung schwer und häufig fatal, für nicht geimpfte Frettchen nahezu immer tödlich.

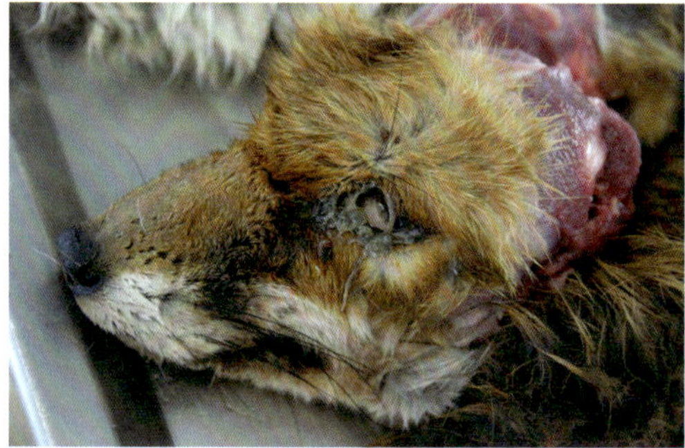

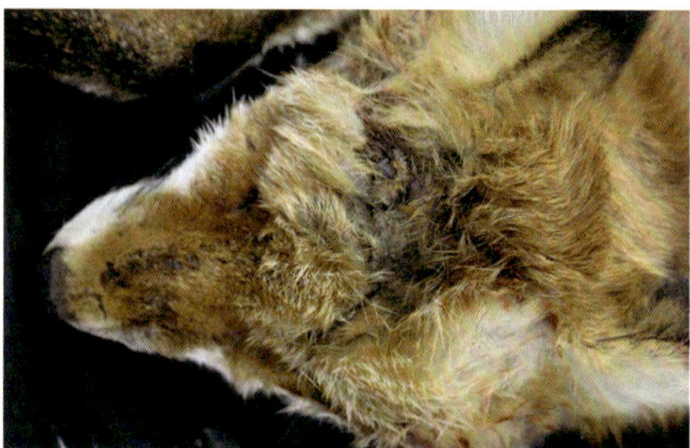

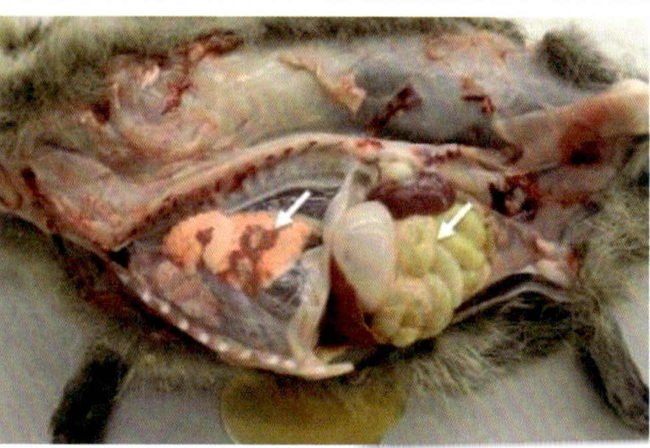

Abb. 14.5: Staupe Fuchs: Abschürfungen im Kopfbereich; Sektionsbild mit deutlichen Hinweisen auf Veränderungen in der Lunge und im Magen-Darm-Trakt (unten; siehe weiße Pfeile) (oben; Foto: E. Großmann, STUA-Diagnostikzentrum Aulendorf; Mitte und unten; Fotos: M. Peters, CVUA Westfalen)

Bei einer Staupe-Infektion werden vor allem die Lunge, der Magendarmtrakt, das Gehirn und die Haut geschädigt. Infizierte Tiere können grippeähnliche Symptome wie Fieber, Schwäche, Atemprobleme, tränende Augen, Nasenausfluss, Durchfall und Erbrechen zeigen (siehe Abb. 14.5). In besonders schweren Fällen kommt es zudem zu Bewegungsstörungen und untypischem Verhalten, manchmal auch zu Sehstörungen. Die betroffenen Wildtiere wirken dann teilnahmslos, unaufmerksam und zeigen eine verminderte Scheu vor dem Menschen. Deshalb kann Staupe in diesem Stadium klinisch auch kaum von Tollwut unterschieden werden. Bei Tieren, die eine Infektion überstehen (dies kommt nur selten vor), kann es zu einer übermäßigen Verhornung der Fußballen sowie der Nase, der Augenlider und der Ohren kommen. Auch die bei Hunden als „Staupe-Gebiss" beschriebenen Zahnveränderungen können eine überstandene Infektion anzeigen.

14.1.4.1 Lösungsmöglichkeiten Staupe

Eine ursächliche Behandlung der Staupe ist nicht möglich.

Für Hunde und Frettchen ist die prophylaktische Impfung das Mittel der Wahl. Die ständige Impfkommission Veterinärmedizin am Friedrich-Loeffler-Institut (StIKo Vet) empfiehlt die Grundimmunisierung von Hundewelpen mit einem attenuierten Lebendvirus in der 8., der 12. und der 16. Lebenswoche, gefolgt von einer weiteren Impfung nach einem Jahr. Wei-

Steckbrief **Staupe, Erkrankung durch Viren**	
Erreger	Canines Staupevirus, Gattung Morbillivirus, Familie Paramyxoviridae, behülltes RNA-Virus, eng verwandt mit dem menschlichen Masernvirus und dem Seehund-Staupevirus
Verbreitung	weltweit bei ***Carnivoren*** wie Fuchs, Hund, Wolf, Marderhund, Marderartigen (Dachs, Baum-, Steinmarder, Nerz, Iltis, Wiesel, Frettchen) Fischotter, Waschbär, Luchs und Bären; Jungtiere besonders empfänglich, erwachsene Tiere ggf. keine klinische Erkrankung aber stille Überträger
Tenazität	labil, in der Außenwelt nur wenige Tage
Übertragung	über direkten Kontakt von Tier zu Tier bzw. Sekrete, ***Exkrete***, Tröpfchen, kontaminiertes Futter und Wasser
Infektiosität	hoch
Inkubationszeit	3-7 Tage
Symptome je nach Verlaufsform	generell hohes Fieber und Apathie
Symptome nervöse Form	Bewegungsstörungen, Aggressivität, epileptische Anfälle, Lähmungen
Symptome Darm-Form	Erbrechen, Durchfall
Symptome Lungen-Form	Atembeschwerden, Husten, klarer, später eitriger Nasenausfluss, Bindehautentzündung
Verlauf	je nach Verlaufsform, nervöse Form häufig tödlich, Darm-Form und Lungen-Form oft milde
Labordiagnose am lebenden Tier	Antigentests oder PCR aus einer Tupferprobe des ***Konjunktivalabstrichs***, ***EDTA-Blut***, ***Liquor*** oder Urin
Labordiagnose am toten Tier	direkte immunfluoreszenzmikroskopische Untersuchung am Organschnitt (Leber, Niere, Milz, Harnblase, Lunge, Trachea, ZNS), Antigentest oder PCR mit der Organverreibung des oben beschriebenen Materials
Therapie beim Hund	symptomatische Therapie, das früher verfügbare Hyperimmunserum ist nicht mehr zugelassen
Prophylaxe	Impfung von Hunden und Frettchen (für die Tierart zugelassene Impfstoffe verwenden!)

tere Wiederholungsimpfungen in dreijährigem Rhythmus sind nach derzeitigen wissenschaftlichen Erkenntnissen ausreichend und bieten einen guten Schutz (**https://stiko-vet.fli.de/de/impftabelle/a-kleine-haustiere/a-1-hunde/staupe/ Zugriff 06.07.2023, 10:00**).

Wegen der hohen Empfänglichkeit gegen attenuierte Staupevirusstämme muss die Verwendung eines für Frettchen zugelassenen Impfstoffes besonders betont werden. Auf Grund der sich ständig ändernden Verfügbarkeit von Impfstoffen obliegt die Wahl des Impfstoffes der behandelnden Tierärztin. Die einmalige Grundimmunisierung von Frettchen sollte ab der 10. Lebenswoche und die Wiederholungsimpfungen sollten jährlich erfolgen. Bei hohem Infektionsdruck kann auch bereits vor der 10. Lebenswoche (allerdings nicht vor der 6. Lebenswoche) geimpft werden, jedoch ist dann eine 2. Impfung 4 Wochen später für eine Grundimmunisierung erforderlich (**https://stiko-vet.fli.de/de/impftabelle/a-kleine-haustiere/a-3-frettchen/staupe/ Zugriff 12.07.2023, 10:00**).

Da das Staupevirus behüllt ist, ist eine Desinfektion mit handelsüblichen Mitteln möglich. Auch erhöhte Temperaturen und Sonnenbestrahlung zerstören den Erreger innerhalb von Stunden. Bei wildlebenden Tieren ist eine Impfung nicht sinnvoll.

HINTERGRUND
INFORMATION

14.1.4.2 Staupe

Das Virus zeichnet sich durch seine relative Hitzelabilität aus. Sonnenbestrahlung zerstört das Virus innerhalb von 14 Stunden. Bei Zimmertemperatur kann es allerdings über einige Tage infektiös bleiben. Gegenüber Trocknung und tiefen Temperaturen ist der Erreger sehr resistent. Labil verhält er sich dagegen bei pH-Werten unter pH 4 und über pH 9.

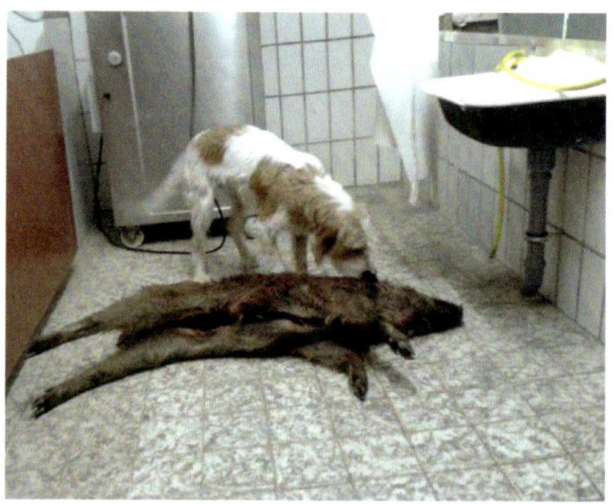

Abb. 14.6: Zwei Sünden auf einem Bild: für den Hund besteht Ansteckungsgefahr mit dem Aujeszky-Virus und aus lebensmittelhygienischen Gründen hat der Hund in der Wildkammer nichts zu suchen (Foto: Fundus Th. Richter)

14.1.5 KNACKPUNKT Aujeszkysche Krankheit (AK)

ANZEIGEPFLICHTIG

Die Aujeszkysche Krankheit, auch Pseudowut oder Tollkrätze genannt, wird durch das von Schweinen stammende Suide Herpesvirus 1 hervorgerufen. Bei Wildschweinen sterben aufgrund der Infektion meistens nur die kleinen Frischlinge, ältere Tiere überstehen die Erkrankung oft und stellen ein Erregerreservoir dar. Beim Hund verläuft die Aujeszkysche Krankheit tödlich. Vor dem Tod zeigen betroffene Hunde tollwutähnliche Symptome, was der Krankheit auch den Namen Pseudowut eingebracht hat. Auch für Rinder und Katzen ist diese Virusinfektion tödlich. Für den Menschen ist das Virus der Aujeszkyschen Krankheit dagegen ungefährlich. Bei Hausschweinen in Deutschland ist die Krankheit seit 2002 nicht mehr aufgetreten, kann aber jederzeit wieder eingeschleppt werden. Bei Wildschweinen kommt das Virus jedoch immer noch vor und stellt insbesondere für Jagdhunde eine Bedrohung dar. Der Jagdhund kann sich über alle Ex- und Sekrete von virustragenden Schweinen infizieren. Hauptsächlich sind es Nasensekrete, aber auch Augenflüssigkeit, Blut und Sekrete aus Geschlechtsteilen des Schweins, ausgenommen Harn. Der Hund infiziert sich fast immer über direkten Kontakt oder wenn ***Aufbruch*** verfüttert wird. Schweiß ist auch, jedoch weniger infektiös.

14.1.5.1 Lösungsmöglichkeiten Aujeszkysche Krankheit

Kontakt von Hunden mit Wildschweinen, deren ***Gescheide*** und allen Se- und Exkreten so weit als möglich verhindern, kein ***genossen machen*** mit Teilen des Aufbruchs. Gefundene Kadaver von Wildschweinen zur weiteren Untersuchung und rückstandsfreien Entsorgung unverzüglich dem Veterinäramt melden (auch wegen der ASP, siehe 14.1.6). Auch das Verfüttern von Wildschweinfleisch einschließlich getrockneten Rohwürsten und Wildschweinsalami an Jagdhunde oder Frettchen sollte aus gleichen Gründen gänzlich unterlassen werden.

Steckbrief **Aujeszkysche Krankheit, Erkrankung durch Viren**	
ANZEIGEPFLICHTIG (bei Hausschweinen und Hausrindern)	
Erreger	Suides Herpesvirus 1, Gattung Varizellovirus, Alphaherpesvirinae, behülltes DNA-Virus
Verbreitung	weltweit, Hauptwirt Haus- und Wildschweine, Nebenwirte Fleischfresser, Nagetiere, Wiederkäuer
Tenazität	bis zu: 20 Tagen in gepökeltem Fleisch, 36 Tagen bei - 18 °C in Muskelfleisch, 12 Tagen bei Verwesung
Übertragung beim Hund	Aufnahme durch Maul- und Nasenschleimhaut bei direktem Kontakt, Verfütterung von rohem Fleisch infizierter Schweine
Infektiosität	hoch
Inkubationszeit	1-4 Tage
Symptome beim Hund	extremer Juckreiz, Appetitlosigkeit, Erbrechen, Schluckbeschwerden, Wesensveränderung, Verlust des Bewusstseins und Tod
Diagnose	PCR, Virusanzüchtung und Immunofluoreszenz
Therapie	keine
Prophylaxe beim Hund	kein Verfüttern von nicht durchgegartem Schweinefleisch, wenn möglich kein direkter Kontakt zu Wildschweinen; keine Impfung des Hundes möglich

14.1.6 KNACKPUNKT Afrikanische Schweinepest (ASP)

ANZEIGEPFLICHTIG

Die Afrikanische Schweinepest (ASP) ist eine anzeigepflichtige Tierseuche, von der Haus- und Wildschweine betroffen sind. Seit 2020 grassiert die ASP in Teilen Deutschlands. Ausbrüche der Tierseuche haben für die landwirtschaftliche Schweinehaltung katastrophale Folgen. Für den Menschen, Beizvögel und Frettchen ist die ASP ungefährlich. Wegen der außerordentlichen wirtschaftlichen und politischen Bedeutung der ASP, und da viele Falknerinnen auch mit der Waffe jagen, und da auch bei der Beizjagd immer wieder tote Wildschweine aufgefunden werden, wurde die Krankheit in unser Buch aufgenommen.

Infizierte Tiere erkranken meist schwer mit hohem Fieber und sterben häufig innerhalb einer Woche. Chronische Verläufe sind selten. Alle Altersklassen und Geschlechter der Haus- und Wildschweine sind gleichermaßen betroffen (Fischer L., 2022).

Beim Aufbrechen erkrankter Wildschweine zeigen sich typischerweise Blutungen in verschiedenen Organen, z. B. in den Lymphknoten, der Milz, der Brust- und Bauchhöhle, den Nieren oder der Haut bzw. Unterhaut. Das ursächliche Virus ist sehr widerstandsfähig und breitet sich durch direkte Tierkontakte, aber auch durch Zecken und indirekt über kontaminierte Gegenstände oder von infizierten Tieren stammende Lebensmittel aus. Blut und Körperhöhlenflüssigkeiten erkrankter oder verendeter Tiere gelten als besonders infektiös.

Durch menschliche Aktivitäten kann die ASP auch über weite Strecken verschleppt werden, beispielsweise mit kontaminierter Jagdausrüstung oder infiziertem, unzureichend erhitztem (Wild-) Schweinefleisch, wie Rohsalami oder Rohschinken.

14.1.6.1 Lösungsmöglichkeiten Afrikanische Schweinepest

Jägerinnen müssen bei allen zweifelhaften Befunden das Aufbrechen sofort an Ort und Stelle beenden und sind verpflichtet, den Verdacht auf ASP unverzüglich dem zuständigen Veterinäramt anzuzeigen, vorzugsweise unter Angabe des genauen Fundortes mittels Geokoordinaten. Das gilt für Jägerinnen und Falknerinnen auch beim etwaigen Fund toter Wildschweine. Die Kadaver sind möglichst nicht zu berühren, Hunde sind fernzuhalten.

Kleidung einschließlich der Stiefel und Handwerkszeug wie z. B. Messer sind nach Anweisung des Veterinäramtes zu behandeln.

Abb. 14.7: Verendet aufgefundene Wildschweine sind unverzüglich dem zuständigen Veterinäramt vorzugsweise unter Angabe des genauen Fundortes mittels Geokoordinaten zu melden (Foto: Shutterstock)

14.1.6.2 Afrikanische Schweinepest

Die ASP kommt in vielen afrikanischen Ländern südlich der Sahara sowie auf Sardinien endemisch vor. Im Jahre 2007 wurde das ASP-Virus (ASPV) aus Afrika nach Georgien eingeschleppt und hat sich seither über mehrere Trans-Kaukasische Länder nach Russland, Weißrussland, die Ukraine und weite Teile Asiens ausgebreitet. Seit Anfang 2014 sind auch die baltischen EU-Mitgliedstaaten und Polen von der ASP betroffen. Mittlerweile ist die ASP seit dem 10.09.2020 in den grenznahen Regionen über migrierende, infizierte Wildschweine nach Deutschland eingetragen worden. Seitdem wurden Ausbrüche in mehreren Bundesländern (Brandenburg, Niedersachsen, Baden-Württemberg, Mecklenburg-Vorpommern, Hessen und Rheinland-Pfalz) bestätigt. Das Friedrich-Loeffler-Institut (FLI) aktualisiert auf seiner Webseite regelmäßig Informationen zur Verbreitung der ASP und entsprechenden Restriktionsgebieten **(https://www.fli.de/de/aktuelles/tierseuchengeschehen/afrikanische-schweinepest/)**.

Steckbrief Afrikanische Schweinepest, Erkrankung durch Viren	
ANZEIGEPFLICHTIG	
Erreger	African Swine Fever Virus (ASFV), Gattung Asfivirus, Familie Asfarviridae, großes komplexes DNA-Virus
Verbreitung	Europa, Afrika, Asien und Pazifische Inseln, Dominikanische Republik und Haiti bei Haus- und Wildschweinen
Tenazität	Blut 4 Monate, Fleischerzeugnisse 3 Monate bis zu 1 Jahr, mit Blut kontaminierter Erdboden ca. 5 Monate, Schweinekot ca. 6 -10 Tage, durch Fäulnis nur langsame Inaktivierung
Übertragung	direkter Kontakt, insbesondere Kontakt zu Kadavern und Blut, verunreinigte Gegenstände (z. B. Werkzeuge, Fahrzeuge, Jagdausrüstung, Schuhe/Kleidung etc.), vom infizierten Schwein stammende Lebensmittel und Speiseabfälle, kontaminiertes Futter und Wasser
Infektiosität	hoch
Inkubationszeit	3-15 Tage
Symptome	perakute Todesfälle, hohes Fieber, Appetitlosigkeit, Konjunktivitis, Erbrechen, Durchfall, Inkoordination, Blutungen, Atemnot, Aborte, Rötungen oder Blauverfärbungen an Ohren und Maul
Verlauf	perakut bis chronisch, je nach Virulenz des Erregerstammes
Diagnose	RT PCR , Virusanzucht auf Makrophagenkulturen
Therapie	keine
Prophylaxe	Beprobung von Fallwild zur Früherkennung

14.2 Durch Bakterien bedingte Erkrankungen

Die besonderen Eigenschaften der durch Bakterien bedingten Erkrankungen wurden in den Kapiteln 10.3.3 und 13.2 bereits dargestellt.

14.2.1 KNACKPUNKT Tularämie Zoonose

Die Tularämie oder Hasenpest ist eine bakteriell bedingte Erkrankung, die schon sehr lange bei freilebenden Nagetieren und Hasenartigen bekannt ist. Das Bakterium *Francisella tularensis* ist nicht nur eine Gefahr für einheimische Hasen und Kaninchen[1], sondern auch für den Menschen, es ist eine echte Zoonose, das heißt, die Infektion kann vom Tier auf den Menschen übergehen. Beim Menschen reichen ganz wenige Bakterien, die Rede ist von 10 bis 50, um eine Krankheit auszulösen. Der Verlauf kann asymptomatisch sein bis zu einer schweren Allgemeinerkrankung, dann treten lokale Hautgeschwüre an der Eintrittsstelle der Bakterien auf, die mit regionalen Lymphknotenschwellungen verbunden sind (Bauerfeind et al., 2013). Unbehandelt kann die Sterblichkeit beim Menschen bis zu 40 % betragen.

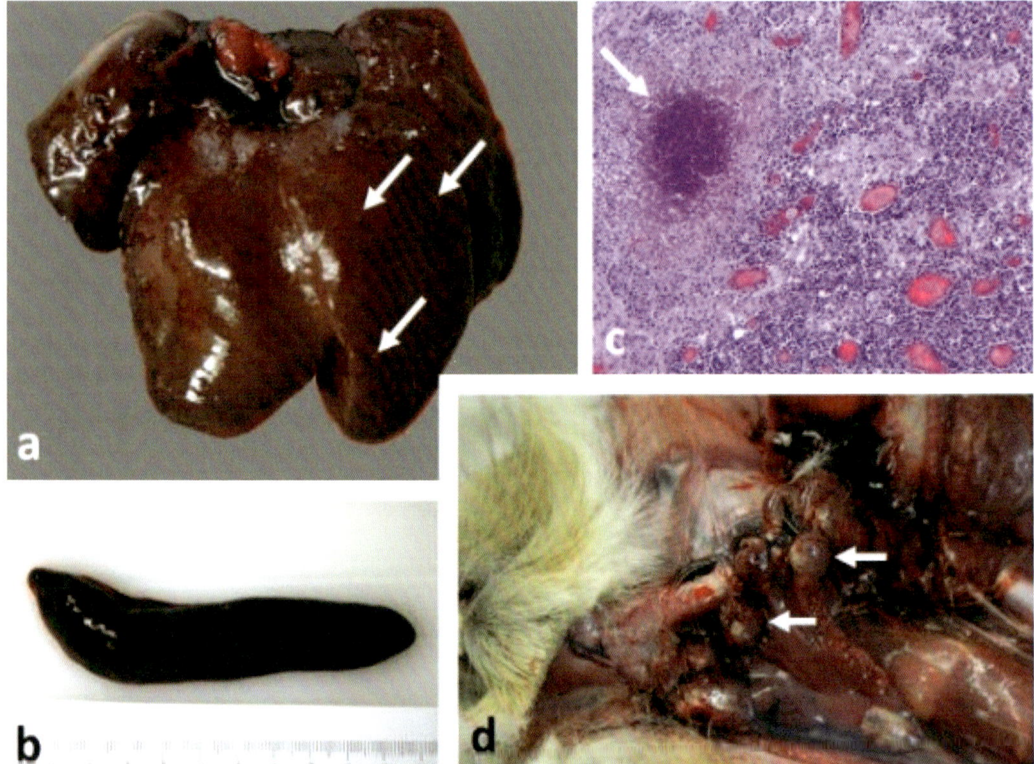

Abb. 14.8: Sektionsbilder eines an Tularämie erkrankten Feldhasen mit Nekrosen und Abszessen in der geschwollenen Leber (a), die im histologischen Bild ebenfalls darstellbar sind (c), einer Milzschwellung (b) und Abszessen und Lymphknotenschwellungen in der Körperhöhle (d) (Fotos: M. Peters, CVUA Westfalen)

[1] In der Literatur sind über 125 verschiedene Tierarten als natürliche Wirte beschrieben, darunter auch Rebhühner, Fasane und Wachteln (Bauerfeind et.al., 2013), die in der Praxis jedoch keine große Rolle spielen

Steckbrief **Tularämie, Erkrankung durch Bakterien, Zoonose**	
MELDEPFLICHT bei Tier und Mensch	
Erreger	*Francisella tularensis* ein kleines, gramnegatives, kokkoides (fast kugelförmiges), schwer anzüchtbares Bakterium
Verbreitung	Europa, Asien und Nordamerika bei Nagetieren und Hasenartigen
Tenazität	in gefrorenem Fleisch mindestens 3 Jahre, in Zecken Monate, in Boden und Wasser mehrere Wochen
Übertragung auf den Menschen	Kontakt mit infektiösen Tieren (insbesondere durch Jagd), Haut und Schleimhäute (Konjunktiven) als Eintrittspforten, blutsaugende Arthropoden als Vektoren, Schlamm oder verunreinigtes Wasser, Einatmen erregerhaltigen Staubes, etwa 10-50 Bakterien führen bereits zu einer Erkrankung, Verzehr von ungenügend erhitztem erregerhaltigem Fleisch
Infektiosität	hoch
Inkubationszeit	2-3 Tage bei Hasen 1-21 (3-10) Tage bei Menschen
Symptome bei Hasen	Schwäche, Apathie (bis zum Ausbleiben von Fluchtverhalten), Fieber und gesteigerte Atemfrequenz; Lymphknoten und Milz sind vergrößert, weiß-gelbliche Herde in Leber, Milz, Lymphknoten (pseudotuberkulöses Sektionsbild); innerhalb von 4 bis 13 Tagen sind die meisten Tiere verendet
Labordiagnose	Erregeranzüchtung schwierig, PCR, Immunofluoreszenzmikroskopie, ELISA
Therapie beim Menschen	Antibiose nach Resistenztest ***Letalität*** beim Menschen ohne Behandlung bis zu 40 %
Vorbeugende Maßnahmen	Hygiene im Umgang mit erlegten Hasen, mindestens Gummihandschuhe, besser zusätzlich Atemschutz

Infizierte Hasen fallen im Revier durch mangelndes Fluchtverhalten, d. h. Verlust der natürlichen Scheu, auf, sie erscheinen abgekommen und können bisweilen vom Hund oder der Falknerin gegriffen werden. Die Übertragung von Hase zu Hase und damit von Revier zu Revier kann – wie bei den Caliciviren – durch direkten Kontakt, aber auch über Vektoren, besonders Zecken, erfolgen. Das Bakterium hält sich auch sehr lange im Wasser. An Fieber leidende Hasen versuchen sich im kühlen Wasser Abhilfe zu verschaffen und versterben häufig an Gewässern oder in Gewässernähe, wodurch eine große Erregermenge ins Wasser eingetragen wird (Fischer, 2021).

Eine Therapie beim Menschen ist mit Antibiotika möglich, in der freien Natur ist die Ausbringung von Antibiotika jedoch verboten, nicht zuletzt um die Entstehung von Antibiotikaresistenzen nicht zu fördern. Die Bakterien sind sehr widerstandsfähig. Aus gefrorenem Wildbret sind sie noch nach Monaten ansteckend, auch für Menschen in der Küche und auf dem Teller.

14.2.1.1 Lösungsmöglichkeiten Tularämie

Eintrittspforte beim Menschen sind meist kleine Verletzungen der Haut, was bei Falknerinnen ja häufig vorkommt. Beim Umgang mit erlegten Hasen sollten deshalb auf jeden Fall Einmal-Gummihandschuhe und am besten auch Atemschutz getragen werden, ganz besonders beim Aufbrechen. Unzureichend erhitztes Wildbret kann ebenfalls ansteckend sein, Wildbret nur rosa zu braten ist eine gefährliche, moderne Unsitte.

Als Prophylaxe des Eintrags in bisher nicht betroffene Reviere bleibt für Falknerinnen nur, wie bei den Caliciviren schon ausgeführt, die direkte Übertragung unwahrscheinlicher zu machen.

Während man als Ärztin bei Jägerinnen und Falknerinnen mit vorberichtlichem Kontakt zu hasenartigem Wild an Tularämie denken könnte, so stellen sich manche Tularämiefälle als spannende Rätsel heraus. So ereignete sich 2018 in der Schweiz ein seltener Fall von Tularämie bei einer 41-jährigen Patientin, der über mehrere Wochen unerkannt blieb. Das hohe Fieber (über 40 °C), Kopf- und Gliederschmerzen sowie eine schmerzhafte Lymphknotenschwellung am Hals waren von der Hausärztin als Folge einer viralen Hirnhautentzündung gedeutet und mit Schmerzmitteln und Fiebersenkern behandelt worden. Auch nach stationärer Aufnahme im Krankenhaus wurde die Erkrankung als Atemwegserkrankung fehlgedeutet und nicht zielführend behandelt. Erst drei Wochen nach Erstvorstellung bei der Hausärztin kam man in einer infektionsmedizinischen Spezialabteilung des Kantonsspitals Baden auf den Verdacht der Tularämie, nachdem die Patientin berichtete, dass sie beim Joggen von einem wilden Bussard attackiert wurde, der ihr einen kleinen Kratzer hinter dem Ohr verursachte. Prompt wurden Antikörper gegen das Bakterium im Blut entdeckt und eine antibiotische Therapie verschaffte Linderung. Es wurde spekuliert, dass der Bussard zuvor an einem infizierten Hasenkadaver gekröpft und das Bakterium so mit seinen Krallen in Kontakt gebracht hatte. Beim Kratzen der Joggerin wurden die Bakterien durch die Wunde in den Körper transportiert, wo sie nach wenigen Tagen zu starken Symptomen führten. Ein spannender Fall mit vielen unglücklichen Zufällen, der letztlich aber glimpflich ausging (**Ehrensperger et al. 2018 und Spiegel: https://www.spiegel.de/gesundheit/diagnose/nach-bussard-angriff-erkrankt-ein-raetselhafter-patient-a-1199544.html**).

14.3
Durch Parasiten bedingte Erkrankungen

Die besonderen Eigenschaften durch Parasiten bedingter Erkrankungen wurden in den Kapiteln 10.3.4 und 13.3 bereits dargestellt.

14.3.1 KNACKPUNKT
Echinokokkose Zoonose

Als Echinokokkose bezeichnet man Infektionen des Dünndarms von Carnivoren mit Bandwürmern der Gattung *Echinococcus* (E.) sowie den ***extraintestinalen*** Befall von Säugetieren und Menschen mit deren Finnen. Die Finnen des *Echinococcus granulosus* verursachen die zystische Echinokokkose, die Finnen des *Echinococcus multilocularis* die alveoläre Echinokokkose.

14.3.1.1 Bandwürmer

Bandwürmer sind obligat zweiwirtig, d. h. sie benötigen in ihrem Lebenszyklus zwei Wirte unterschiedlicher Arten. Im Darm des sogenannten Endwirts leben die geschlechtsreifen Bandwürmer, die Eier absondern, die über den Kot des Wirtes ausgeschieden werden. Werden die Eier vom Zwischenwirt oral aufgenommen, bilden sich in oder an verschiedenen Organen Blasen, die die Kopfanlage des künftigen Wurmes enthalten, die sogenannten Finnen. Der im Zuge solcher massiver Organveränderungen und Gewebszerstörungen geschwächte Zwischenwirt wird zur leichten Beute und beim Fressen des

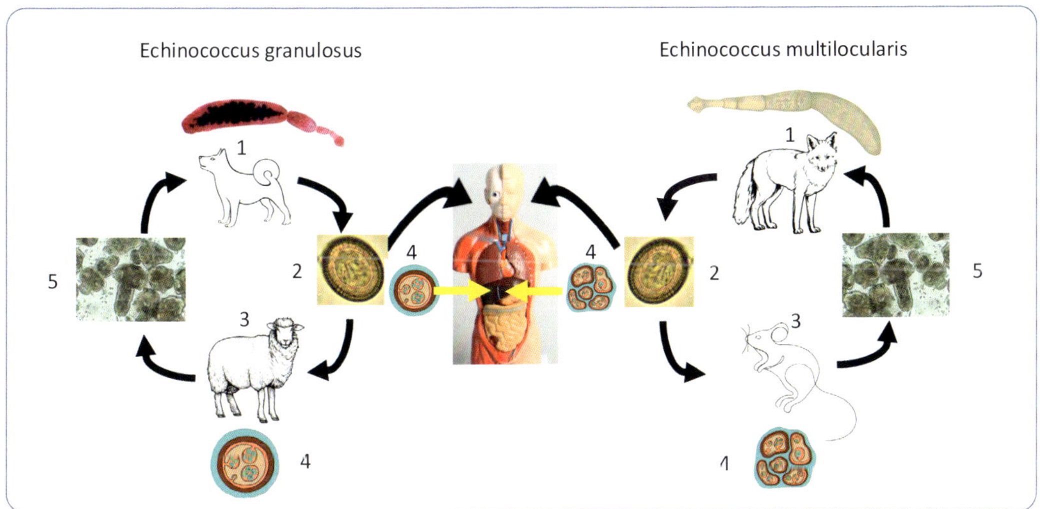

Abb. 14.9: die geschlechtsreifen Bandwürmer leben im Darm von Hund oder Fuchs (1), mit dem Kot werden Eier (2) ausgeschieden, die im Fall von E. granulosus von Schaf oder Rind, im Fall von E. multilocularis von der Maus oral aufgenommen werden (3), in den Zwischenwirten bilden sich Finnen (4) meist in der Leber, dadurch werden die Zwischenwirte geschwächt und somit leichte Beute, Hund oder Fuchs nehmen die Finnen mit den darin enthaltenen Wurmlaven (Protoscolices (5)) oral auf und der Zyklus schließt sich. Die Finnen von E. granulosus sind großblasig und gut abgegrenzt, die Finnen von E. multilocularis sind kleinblasig und wachsen infiltrativ ähnlich wie ein Tumor. Der Mensch ist ein falscher Zwischenwirt (Fehlwirt), nach Aufnahme von Eiern bilden sich Finnen in Leber, Lunge, ggf. Gehirn (Grafik: Th. Richter unter Verwendung von beispielhaften Abbildungen aus Shutterstock)

Steckbrief Echinokokkose, Erkrankung durch Parasiten, Zoonose		
MELDEPFLICHT bei Tier und Mensch		
Erreger	zwei Bandwurmarten, *E. granulosus* und *E. mulitlocularis*	
	E. granulosus	***E. multilocularis***
Länge (mm)	2 - 7 (selten bis 11)	1,2 - 4,5
Proglottiden-(Glieder)zahl	3 (2 - 7)	5 (2 - 6)
Endwirte (Europa)	Hund, Wolf, selten Rotfuchs	Rot-, Polarfuchs, Wolf, Marderhund, Hund, Katze
Zwischenwirte (Europa)	Schaf, Ziege, Rind, Pferd, Schwein, Wildwiederkäuer u. a.	Feld -, Scher -, Rötelmaus, Bisam u. a.
Typische Form der Finne	Großblasig (bis > 20 cm) einhöhlig, z. T. gekammert, mit Flüssigkeit	Konglomerat vieler kleiner Blasen (bis max. 3 cm) ergibt „alveoläre" Struktur, kaum Flüssigkeit
Hauptlokalisation der Finne	Leber, Lunge, andere Organe, meist gut abgegrenzt vom umgebenden Gewebe	primär Leber, Metastasen in anderen Organen, ***infiltratives*** Wachstum wie bösartiger Tumor
Infektion beim Menschen	Zystische Echinokokkose	Alveoläre Echinokokkose
Mensch Fehlwirt	orale Aufnahme von Eiern, Entwicklung von Zysten in Leber, Lunge, (Niere, Milz, Gehirn, Auge)	wie *E. granulosus*, aber langsame Entwicklung der Blasen über 10-15 Jahre! Infiltratives Wachstum, unbehandelt hohe Letalitätsrate (> 90 %)
Tenazität der Eier	40 °C wenige Stunden, 7 °C bis 200 Tage	- 18 °C monatelang infektiös - 80 °C wenige Tage kurzes Kochen sofort inaktiv (FLI)
Therapie Hund (Fuchs)	spezielles Entwurmungsmittel gegen Bandwürmer; Achtung: ausgeschiedene Eier noch infektiös!	spezielles Entwurmungsmittel gegen Bandwürmer, mindestens zweimalige Behandlung
Therapie Mensch	ggf. chirurgische Entfernung der Zyste	Chemotherapie mit Benzimidazolen, chirurgische Entfernung der Zysten (schwierig)

Prophylaxe Hund	Hunde nicht mit rohen Innereien von Schlacht-/Wildtieren füttern	Hunde von Mäusen fernhalten, regelmäßige Behandlung mit gegen Bandwürmer wirksamem Entwurmungsmittel
Prophylaxe Mensch	nach dem Streicheln von Hunden Hände waschen	rohes Obst und Gemüse vor Verzehr waschen; Tragen von Einmalhandschuhen und Atemschutzmaske (FFP2/ FFP3) beim Kontakt mit erlegten Füchsen
Diagnose	***Koproantigen*** – ELISA, PCR	wie *E. granulosus*, beim Menschen wichtig Abklärung durch bildgebende Verfahren (Sonografie, CT, MRT)

Zwischenwirts gelangen die Wurmstadien in den Endwirt. Die Schädigung des Endwirtes erfolgt – wie bei anderen parasitären Würmern – durch Nahrungsentzug und evtl. durch Verlegung des Darmlumens. Die Schädigung des Zwischenwirtes ist oft deutlich gefährlicher, da die Finnen eine erhebliche Größe erreichen oder in erheblicher Zahl auftreten und die betroffenen Organe zerstören können. Diese Gefahr ist bei E. *multilocularis* beim Menschen als Fehlwirt besonders groß, da es dort auch zum Finnenwachstum kommen kann. Betroffene müssen oft lebenslang medikamentös behandelt werden, um das Wachstum der Finnen, meist in der Leber, in seltenen Fällen auch in anderen Organen, z. B. dem Gehirn, wenigstens zu bremsen.

14.3.2 KNACKPUNKT Räude

Unter Räude versteht man Krankheitsbilder der Haut, die mit starkem Juckreiz einhergehen und durch verschiedene Räude- oder Grabmilbenarten verursacht werden. Räude tritt bei vielen Säugetierarten und verschiedenen Vögeln auf. Relevant für unser Buch ist die Fuchsräude, die für Hunde und Frettchen sehr ansteckend ist.

14.3.2.1 Lösungsmöglichkeiten Fuchsräude

Erlegte oder gefundene Füchse nur mit Gummihandschuhen anfassen und falls nötig nur ausreichend verpackt transportieren. Sichtbar erkrankte Füchse, die an Juckreiz leiden und sogar Abmagerung oder Verhaltensauffälligkeiten zeigen, sollten erlegt werden, um sie von Leiden zu erlösen und die weitere Verbreitung der Krankheit, insbesondere auf Hunde, zu bremsen. Füchse, die eine Räude überstanden haben, zeigen häufig haarlose, dunkel verfärbte Hautpartien. Diese Tiere beherbergen keine Räudemilben mehr und leiden auch nicht mehr an Juckreiz.

Hunde sollten von Füchsen mit sichtbaren Hautveränderungen ferngehalten werden. Bei vermehrtem Kratzen oder Fellbeißen des Hundes sollte durch eine Tierärztin eine Diagnose gestellt und ggf. eine Behandlung eingeleitet werden. Leben mehrere Hunde zusammen, sind alle Hunde in die Behandlung mit einzubeziehen.

14.3.2.2 Fuchsräude

Beim Fuchs spielt vor allem die Grabmilbe *Sarcoptes scabiei* var. vulpes eine Rolle. Die Weibchen legen Bohrgänge in der Haut an, um in der Tiefe ihre Eier abzulegen. Die Männchen leben immer an der Oberfläche. Als Reaktion des Körpers auf die Grabgänge werden diese verhornt. Um Nahrung zu erreichen, müssen die Milben die neugebildeten Hornschichten durch ihren Speichel immer wieder auflösen. Falls ihnen dies nicht gelingt, werden sie „eingesargt" und es erfolgt eine Selbstheilung des Körpers. Bei geschwächter Abwehrlage gelingt dies nicht und es entwickelt sich das klinische Bild der Räude (Großmann et al., 2022).

Die Übertragung der Erkrankung erfolgt in der Regel direkt von Tier zu Tier, da alle Stadien von *Sarcoptes scabiei* ihre Bohrgänge zeitweise verlassen und auf dem Wirt umherwandern (Deplazes et al., 2021). Vor allem während der Paarungszeit der Füchse und bei der Aufzucht der Welpen werden die Milben leicht übertragen. Latent infizierte Tiere können ein potentielles Erregerreservoir und eine mögliche Ansteckungsquelle darstellen, wenn sie nach Abklingen der Symptome äußerlich als gesund erscheinen, jedoch weiterhin Träger der Milben sind. Beim Fuchs wurde allerdings auch eine Form der Räude beschrieben, in der es zur vollständigen Abheilung einer Infektion kommen kann. Diese Tiere zeigen dann haarlose und meist dunkle Hautareale, die aber keine Milben mehr aufweisen (Nimmervoll et al., 2013). Eine indirekte Übertragung der Räudemilben ist ebenfalls möglich, da diese unter optimalen Umweltverhältnissen (hohe Feuchtigkeit, niedrige Temperatur) in der Lage sind, mehrere Wochen ohne Wirt zu überleben. Eine Ansteckung erfolgt z. B. beim Aufsuchen eines verlassenen Baues, in dem sich zuvor mit Sarcoptesmilben befallene Füchse aufhielten. Bei der Räude handelt es sich um eine Faktorenkrankheit, die mit starkem Juckreiz einhergeht. Der Juckreiz wird durch mechanische Irritation (Grabtätigkeit der Milben), toxische Produkte, Sekretion allergener Substanzen (meist enthalten im Milbenspeichel) und durch die Freilegung von Nervenendigungen in der Haut hervorgerufen. Verantwortlich für die Entstehung der Hautveränderungen sind vor allem allergische Reaktionen auf den Speichel und den Kot der Milben, durch den Juckreiz hervorgerufene Verletzungen (Kratzen, Scheuern, Benagen etc.) sowie nachfolgende bakterielle Infektionen. In der Folge fallen die Haare häufig aus und die Haut nimmt ein borkiges Aussehen mit dicken Krusten an. Bevorzugt befallene Regionen sind beim Fuchs der Nacken, die Kruppe, der Schwanzansatz und die Hinterbeine. Die Ausprägung der Erkrankung wird von der Reaktionslage des Wirtes (Immunstatus, Ernährungszustand, Allgemeinzustand) und von Umweltbedingungen beeinflusst. Falls die Veränderungen einen Großteil der Haut betreffen, führt die Erkrankung durch die damit verbundenen Sekundärinfektionen zum Tod des Tieres. Nicht selten sind befallene Tiere nicht mehr in der Lage erfolgreich zu jagen und verhungern daher regelrecht.

Die Sarcoptes-Räude ist weltweit bei Haus- und Wildtieren (Füchse, Wölfe, Gamswild, Rehwild, Wildkaninchen u. a.) verbreitet. In Gebieten mit endemischer Verbreitung von Sarcoptes-Räude bei Füchsen tritt sie auch gehäuft beim Hund auf.

Für die Verbreitung der Räude spielen die Populationsdichte sowie die Bewegung einzelner Individuen in einer Population, z. B. z.B. durch Aufsuchen von Siedlungen in den Wintermonaten, eine entscheidende Rolle. Eine hohe Wirtsdichte begünstigt die Übertragung, da es hierdurch zwangsläufig zu einem Anstieg direkter und indirekter Kontakte zwischen den Füchsen kommt. Der Verlauf der

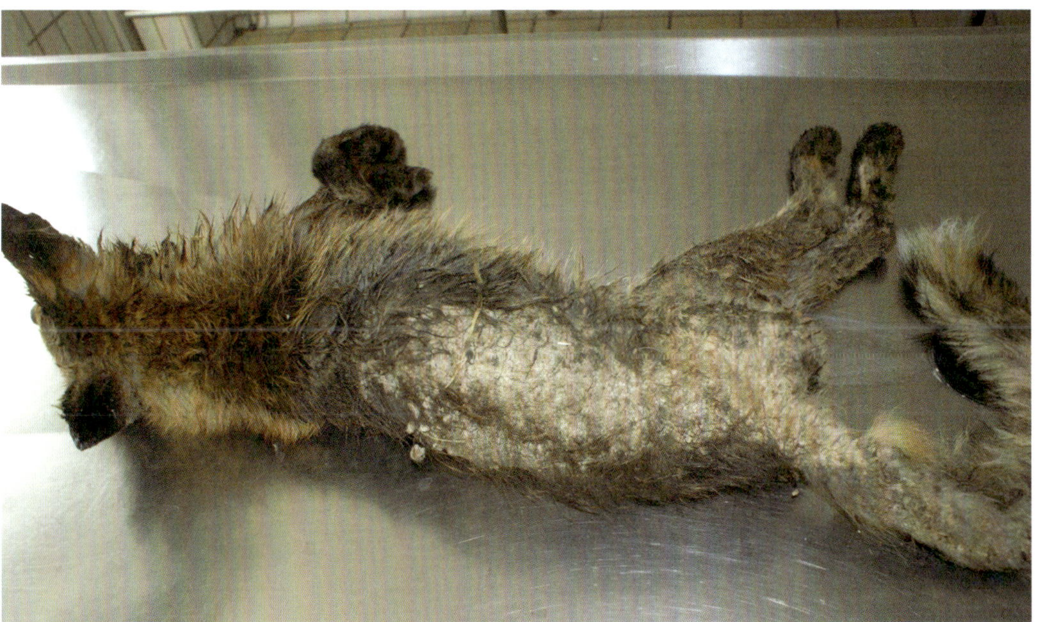

Abb. 14.10: Fuchs mit Räude (Foto: E. Großmann, STUA-Diagnostikzentrum Aulendorf)

Steckbrief **Fuchsräude, Erkrankung durch Parasiten, Zoonose**	
Erreger	*Sarcoptes scabiei* var. vulpes, Ektoparasit, Grabmilbe
Wirt	Fuchs, Hund, Frettchen: Sarcoptes-Räude
Fehlwirt	Mensch: Pseudoscabies, Trugkrätze
Verbreitung	weltweit, z. T. endemisches Vorkommen
Übertragung	direkter Kontakt zu erkrankten Tieren, Milbenübertragung im Fuchsbau
Symptome	Juckreiz, entzündliche Hautveränderungen, ***Hyperkeratose*** mit Borkenbildung, Haarverlust, bakterielle Sekundärinfektionen der Haut
Krankheitsbild, Verlauf	gestörtes Allgemeinbefinden, Abmagern, Verhaltensstörungen, Tod nach 3 Monaten, bei milderen Verlaufsformen Überleben möglich
Verdachtsdiagnose	Juckreiz, Hautläsionen
Diagnose	direkter und indirekter Milbennachweis
Therapie bei Hund, Frettchen	nach tierärztlicher Diagnose und Anweisung

Erkrankung in einer Population hängt davon ab, ob die Räude in der entsprechenden Population bereits vorhanden ist, oder ob die Tiere noch nie Kontakt mit Sarcoptesmilben hatten. In ersterem Fall treten meist nur vereinzelt Fälle auf, während es in letzterem Fall nach dem Auftreten der Krankheit zu großen Verlusten kommen kann. Erkrankte Füchse, die aufgrund des Nahrungsangebots Städte und Gemeinden aufsuchen und dort ihre Quartiere aufschlagen, sind eine potentielle Infektionsquelle für Hunde. Eine Übertragung auf den Hund ist nur über direkten, intensiven Kontakt zu den veränderten Hautarealen möglich (Großmann et al., 2022).

Zoonotisches Potential: Die Sarcoptesmilben sind größtenteils wirtsspezifisch. Milben von Fuchs oder Hund können jedoch bei Kontakt auf den Menschen zeitweise übergehen und das Krankheitsbild der Pseudoscabies (Trugräude) verursachen. Es bilden sich an den Kontaktstellen ***Papeln***, ***Vesikel***, Haut***effloreszenzen*** und akuter Juckreiz. Im Gegensatz zur echten Scabies oder Krätze, die durch die an Menschen angepasste Variante der Grabmilben (*Sarcoptes scabiei* var. hominis) hervorgerufen wird, tritt bei der Pseudoscabies der Juckreiz beim Menschen schon nach wenigen Stunden und nicht erst nach Wochen auf. Die Milben graben aber hier keine Gänge und vermehren sich nicht, sodass die Veränderungen wieder schnell verschwinden (Deplazes et al., 2021).

Beim Umgang mit tot aufgefundenen Wildtieren ist immer Vorsicht geboten und die Tiere sollten, wenn überhaupt, nur mit Handschuhen angefasst werden.

Abb. 14.11: Sichtbar an Räude erkrankte Füchse sind – im Rahmen jagdrechtlicher Möglichkeiten – zu erlegen und unschädlich zu beseitigen (Foto: Shutterstock)

Checkliste Krankheiten des Haarwildes

- [x] bei erstmals im Revier tot aufgefundenem Wild sollte immer die Todesursache durch das zuständige Untersuchungsamt ermittelt werden
- [x] bei bekannten Seuchenzügen, z.B. Myxomatose, RHD, EBHS oder Fuchsräude sollten aufgefundene Kadaver der Tierkörperbeseitigung zugeführt werden um den Keimdruck auf die Wildtierpopulation nicht zusätzlich zu erhöhen
- [x] im Umgang mit erlegtem, insbesonders aber mit tot aufgefundenem Haarwild ist zum Eigenschutz größtmögliche Hygiene zu beachten, also sind Einmal-Gummihandschuhe und am besten auch Mundschutz zu tragen
- [x] tot aufgefundenes Schwarzwild ist nicht zu berühren, sondern es sind die Koordinaten des Fundortes zu speichern und unverzüglich das zuständige Veterinäramt zu benachrichtigen
- [x] Jagdhunde sind zu deren Eigenschutz von tot oder sichtbar krank aufgefundenem Haarwild fern zu halten
- [x] Aufbruch von Schwarzwild und rohes Wildbret einschließlich Salami und Rohschinken dürfen nicht an Hunde oder Frettchen verfüttert werden
- [x] Hunde sind ausreichend zu impfen und regelmäßig zu entwurmen
- [x] Frettchen sollten gegen Staupe geimpft werden

15

Tierschutzethik[1]

In diesem Kapitel werden die philosophischen Grundlagen des Tierschutzes und die Konsequenzen für Greifvogelhaltung und Beizjagd behandelt.

15.1 Philosophie und Ethik

Die Philosophie, wörtlich übersetzt „Liebe zur Weisheit", ist eine Geisteswissenschaft, die durch Denken Erklärungen für die Fragen sucht, die von den Naturwissenschaften, z. B. der Biologie, und den Textwissenschaften, z. B. der Rechtswissenschaft oder den axiomatischen Wissenschaften, z. B. der Mathematik, nicht beantwortet werden können. Dabei nimmt sie die, von den anderen Wissenschaftszweigen erarbeiteten Fakten und Ergebnisse als Basis auf. Von den großen Teilgebieten der Philosophie[2] ist die Ethik als Wissenschaft vom richtigen Handeln für unser Thema zentral wichtig.

15.2 Ethik versus Moral

Die Begriffe Ethik und Moral werden oft gleichbedeutend gebraucht. Sinnvoll ist jedoch eine Trennung der Begriffe, nach der die Moral das Gedankengebäude beschreibt, das einem Menschen oder einer Gruppe von Menschen als Richtschnur zu richtigem Handeln dient. Diese Moralen sind zu verschiedenen Zeiten, in verschiedenen Religionen, in verschiedenen Weltgegenden und selbst in verschiedenen sozialen Gruppen im deutschsprachigen Raum sehr unterschiedlich. Man denke nur an den Militarismus im deutschen Kaiserreich des 19. Jahrhunderts und die heutige Auffassung der Mehrheit der Mitbürgerinnen über den Krieg, die verschiedenen Einstellungen zum Thema Abtreibung, oder die Unterschiede in den Vorstellungen über den moralisch richtigen Umgang mit Tieren zwischen einer Veganerin und einer Jägerin.

Die Ethik ist nach dieser Begriffsdefinition die philosophische Untersuchung der verschiedenen Moralen. In diesem Sinn steht die Ethik zur Moral wie die Medizin zur Krankheit oder die Germanistik zum Roman (Müller, 2006). Wie nicht anders zu erwarten, gibt es sehr unterschiedliche Herangehensweisen und unterschiedliche Ergebnisse dieser philosophischen Untersuchungen, die darzustellen den Rahmen dieses Buches bei weitem sprengen würden.

Fazit: es gibt kein objektiv messbares Kriterium, das analog zu einem naturwissenschaftlichen Beweis festzustellen befähigte, welche der möglichen Moralen die richtige ist. Im Folgenden wird deshalb versucht anhand der Quellen möglicher Moralen und anhand der Konsequenzen, die eine strikte Befolgung hätte, Hinweise für eine in sich stimmige individuelle Entscheidung zu geben.

15.3 Quellen der individuellen Moral

Es gibt mehrere Quellen, aus denen die Moral der Einzelnen entspringt. Warum sich eine einzelne Person eine bestimmte Moral aneignet, liegt daran, was sie überzeugt. Meist ist es eine Mischung von drei Grundelementen. Diese drei Grundelemente hat der griechi-

[1] Vielen Dank an Prof. Dr. Peter Kunzmann für die kritische Durchsicht dieses Kapitels und sehr wertvolle Hinweise

[2] Teilgebiete der Philosophie: Logik, Metaphysik, Wissenschaftstheorie, Erkenntnistheorie und Ethik

sche Philosoph Aristoteles[1] als Elemente der Rhetorik (Kunst der Rede) beschrieben. Eine gute Rede nutzt nach Aristoteles drei Arten der Überzeugung, nämlich Fakten und Folgerichtigkeit der Beweisführung (Logos), Autorität und Glaubwürdigkeit des Sprechers und seiner Gewährsleute (Ethos) und rednerische Gewalt und emotionalen Appell (Pathos[2]). Jede gute Rede solle alle drei Elemente enthalten, die je nach Persönlichkeit der Rednerin und des Publikums gemischt werden. Manche Zuhörerinnen kann man mit rationalen Argumenten besonders gut überzeugen, andere glauben eher an die Weisheit der Autoritäten und die dritten sind für emotionale Argumente besonders empfänglich.

Dass die Bevorzugung moralischer Argumente bei unterschiedlichen Zuhörerinnen unterschiedlich ist, kann auch mit der Empfänglichkeit für die drei Elemente der Rede durch die jeweilige Zuhörerin interpretiert werden. Bei jeder gelebten Moral werden sich Anteile aller drei Elemente finden, allerdings wird auch hier die Mischung bei den einzelnen Mitbürgerinnen sehr unterschiedlich sein, auch und gerade den Tierschutz betreffend. Manche moralische Überzeugung ist eher vom Glauben an die Weisheit prominenter Vorbilder geprägt, andere Einstellungen beruhen mehrheitlich auf einem inneren Gefühl und als Drittes kann auch die Überzeugungskraft der Fakten im Vordergrund stehen. Üblicherweise ist sich die Einzelne nicht bewusst, dass es verschiedene Quellen der Moral gibt und welche Mischung der eigenen zu Grunde liegt, vielmehr ist man tief davon überzeugt, dass es nur eine zulässige Moral gibt, nämlich die eigene. Besonders in kontroversen Diskussionen ist es in jedem Fall nützlich, die unterschiedlich begründeten Moralen der Diskutierenden zu analysieren. Eine Person, die eine überwiegend emotional begründete Moral vertritt, kann man mit Fakten allein kaum überzeugen, so wenig wie eine andere Person, die auch den moralischen Einstellungen rationale Argumente zu Grunde legt, mit dem Verweis auf die Einstellung irgendeines Prominenten. Um eine falsche Vermutung gleich zu widerlegen sei angemerkt, dass nicht nur fanatische Tierschützerinnen in der Regel hauptsächlich emotional motiviert denken, sondern auch besonders passionierte Falknerinnen. Der Begriff „Passion" ist ja mit dem Begriff „Pathos" eng verwandt. Die Autorinnen und Autoren des vorliegenden Buches bevorzugen – bei aller falknerischen Passion – eine rational begründete Moral.

15.4 Bedingungen einer rationalen Moral

Vier Punkte sollte eine stimmige rationale Moral erfüllen:

- Zunächst einmal sollte sie in sich widerspruchsfrei sein.
- Dann ist der Gleichheitsgrundsatz zu beachten: Gleiches muss gleich behandelt werden, Ungleiches muss unterschiedlich behandelt werden, sonst besteht die Gefahr der Willkür. Die Entscheidung, ob Gleichheit oder Ungleichheit vorliegt, muss auf der Grundlage objektiv feststellbarer Kriterien getroffen werden. Zum Beispiel brauchen Menschen die Gesellschaft anderer Artgenossen, Habichte brauchen sie nicht in gleichem Maße.
- Außerdem sollte die Moral lebbar sein. Niemand darf zu Handlungen oder Unterlassungen gezwungen werden, die mit

[1] * 384 v. Chr. in Stageira (Bergdorf in Nordgriechenland); † 322 v. Chr. in Chalkis auf Euböa (zweitgrößte Insel Griechenlands – nach Kreta – an der Ostküste von Mittelgriechenland)

[2] Der Begriff „Pathos" wird in diesem Zusammenhang sowohl für positive als auch für negative Emotionen und somit anders gebraucht als unter 15.6 und 15.7 wo er nur negative Zustände, dabei aber auch morphologische, physiologische und ethologische Schäden neben fühlbaren Schmerzen und Leiden umfasst

der individuellen Fähigkeit unvereinbar sind (ultra posse nemo obligatur – jenseits des Könnens kann niemand verpflichtet werden – ist ein bewährter juristischer Grundsatz). Der Ansatz von Albert Schweitzer, das Leben von Bakterien und Menschen gleich zu setzen, ist z. B. mit dem Weiterleben des Menschen nicht vereinbar (siehe 15.6).

- Letztlich sollte sie auf objektiv überprüfbaren Kriterien beruhen.

15.5 Subjekt und Objekt der Moral

Mitglieder des moralischen Universums können aktiven und/oder passiven Status haben, also selbst moralisch handelndes Subjekt oder lediglich Objekt des moralischen Handelns Anderer sein.

Aktiver Status bedeutet, dass eigene Moralfähigkeit gegeben ist. In früheren Zeiten wurde das auch Tieren zugestanden. Es gibt berühmte historische Urteile gegen Tiere. Dazu gehören zwei Gerichtsverfahren von 1408 n. Chr. in Frankreich. Sie endeten damit, dass jeweils ein Schwein, das ein Kind getötet hatte, vom staatlichen Henker an den Galgen gebracht wurde (Litzenburger, 2018)[1]. Heute geht man davon aus, dass Tieren die Einsichtsfähigkeit fehlt, die für eigene aktive Moralfähigkeit notwendig ist.

Passiver moralischer Status dagegen bedeutet, dass einer ***Entität*** (einem „existierenden Ding") ein Eigenwert zugesprochen wird. Nach Uldahl et al. (2022) kommt das allen Tieren zu, nicht nur den Wirbeltieren. Es können jedoch auch andere Entitäten Objekte der Moral sein, sogar unbelebte oder „virtuelle". Es wäre auch unmoralisch die Mona Lisa zu zerstören oder mit einem Plagiat geistiges Eigentum zu stehlen.

15.6 Geschichte der Tierschutzethik

Menschen machen sich schon seit mindestens zweieinhalbtausend Jahren Gedanken über ihr Verhältnis zu Tieren. Der Bogen der Argumente für die Mensch-Tier-Beziehung spannt sich von der Aussage in der Bibel (1. Mose 1,28): „Gott segnete sie und sprach zu ihnen: Seid fruchtbar und mehret euch, füllet die Erde und machet sie euch untertan. Herrscht über die Fische im Meer und die Vögel am Himmel und über jedes Lebewesen, das sich auf der Erde bewegt", über das dualistische Denken des René Descartes (1596-1650 n.Chr.), dessen Nachfolger Tiere für Maschinen ansehen konnten, die weder denken, noch Schmerz empfinden oder leiden können, bis hin zu Albert Schweitzers Aussage: „Ich bin Leben, das leben will, und ich existiere inmitten von Leben, das leben will. […] Gut ist Leben erhalten, Leben fördern, entwicklungsfähiges Leben auf seinen höchsten Wert bringen. Böse ist Leben vernichten, Leben beeinträchtigen, entwicklungsfähiges Leben hemmen."

Während die Bibel dem Menschen praktisch keine Schranken auferlegt, macht Schweitzer, zumindest anfänglich, keinen moralischen Unterschied zwischen Bakterien, Pflanzen, Tieren und Menschen, auch wenn er in seinem realen Leben ganz anders gehandelt hat. Beide Positionen, die extrem anthropozentrische der Bibel und die extrem biozentrische Albert Schweitzers, gehen an der modernen Lebenswirklichkeit vorbei. Dass eine uneingeschränkte Herrschaft über die Erde Chaos verursacht, zeigt sich täglich nicht nur am menschengemachten Klimawandel. Eine moralische Gleichwertigkeit allen Lebens hingegen ist mit dem Überleben des Menschen nicht zu vereinbaren, selbst eine vegane Mahlzeit enthält pflanzliches Leben, von Hygiene

[1] Allerdings hatte das Rechtsdenken vor der Aufklärung ohnehin wenig Interesse an der subjektiven Schuldfähigkeit von Delinquenten. Außerdem dienten Strafprozesse auch der Wiederherstellung einer mehr oder weniger sakral gedachten Ordnung, die wir heute zum Glück nicht mehr zugrunde legen (Kunzmann, pers. Mitteilung)

oder Antibiose in der Medizin mit ihrer Zerstörung von Bakterien, Parasiten und anderen Mikroorganismen ganz zu schweigen.

Die „Tierrechtsbewegung" hat weltweit eine bedeutende Anhängerschaft, die sich auf Peter Singers Aussage von 1997 beruft: „Das Grundprinzip der Gleichheit, [...], ist die Gleichheit der Rücksichtnahme". Singer wiederum bezieht sich auf Jeremy Bentham, der 1789 feststellte: „Die Frage ist nicht, ob sie denken können oder ob sie sprechen können, sondern ob sie leiden können". Nach dieser Auffassung sollten empfindungsfähige Tiere ebenso berücksichtigt werden wie empfindungsfähige Menschen. Nach dieser Position sind jegliche Tierhaltung und jedes Töten von empfindungsfähigen Tieren ausgeschlossen. Diese Auffassung wird als egalitärer ***Pathozentrismus*** bezeichnet.

In Wirklichkeit leben wir alle auf der Grundlage eines Gleichgewichts von Prinzipien. Dies liegt daran, dass ethische Prinzipien in ihrer extremen Ausprägung zu unhaltbaren und manchmal sogar absurden Ergebnissen führen, wie das Gedankenexperiment des berühmten deutschen Philosophen Ernst Tugendhat aus dem Jahr 1997 als Antwort auf Singers Position zeigt: **In einer ausweglosen Verkehrssituation kann man nur zwischen der Tötung eines Menschen oder eines Schafes wählen. Ein konsequenter Anhänger der Tierrechtsbewegung müsste zu 50% absichtlich den Menschen überfahren**. Das ist unmenschlich und für fast alle Menschen in der heutigen Gesellschaft inakzeptabel.

15.7 Hierarchischer und diagnostischer Pathozentrismus

Im deutschen Tierschutzgesetz ist im §1 festgelegt, dass das Leben und Wohlbefinden der Tiere zu schützen ist. Niemand darf einem Tier ohne vernünftigen Grund Schmerzen, Leiden oder Schäden zufügen, wobei sich diese Vorschrift nicht nur auf Wirbeltiere, sondern auf alle Tiere aller biologischen Taxa[1] bezieht.

Diese Vorschrift enthält zwei unterschiedliche Aspekte.

- Zum einen sind Schmerzen, Leiden und Schäden biologische Kriterien, die unter dem Namen Pathos zusammengefasst werden können. Das Pathos ist also das Diagnostikum, das zu benutzen ist.
- Zum anderen wird das Verbot der Zufügung von Pathos durch den vernünftigen Grund eingeschränkt. Im Gegensatz zum egalitären Pathozentrismus nach Bentham und Singer dürfen Tiere mit vernünftigem Grund anders behandelt werden als Menschen. Diese Auffassung wird als hierarchischer Pathozentrismus bezeichnet, da sie eine Hierarchie zwischen Mensch und Tier postuliert.

Bei sachgerechter Greifvogelhaltung und insbesondere in der Falknerei werden dem Vogel keine Schmerzen, Leiden oder Schäden zugefügt. Das Beizwild allerdings wird getötet, dazu bedarf es der Rechtfertigung durch den vernünftigen Grund. Genaueres wird in 15.9 sowie 16.1.1 und 16.1.2 bei der Erläuterung des deutschen Tierschutzgesetzes dargestellt.

15.8 Der naturalistische Fehlschluss

Sowohl manche Gegnerinnen der Falknerei als auch manche Falknerinnen argumentieren, dass die Natürlichkeit bestimmter Abläufe oder Gegebenheiten eine moralische Entscheidung vorgäbe oder gar erzwinge. Weil etwas natürlich ist, soll es auch moralisch gut sein. In der

[1] Unter Veterinärmedizinerinnen ist das Bonmot beliebt: „das Tierschutzgesetz schützt den Hund und seine Flöhe"

Ethik als Teil der Philosophie wird das als naturalistischer Fehlschluss oder Sein-Sollens-Fehlschluss bezeichnet.

Wenn in der Natur beispielsweise ein wilder Habicht manchmal etliche Zeit benötigt, um seine Beute zu töten, dann sei es auch für die Falknerin erlaubt, vielleicht sogar geboten, das Beizwild nicht abzufangen. Oder: da es ja natürlich ist, dass das zuerst geschlüpfte Adlerküken sein Geschwister tötet[1], sei es unter Haltungsbedingungen ein Gebot der Moral, das zweitgeschlüpfte Küken sterben zu lassen. Bei dieser Argumentation wird direkt aus einer Beobachtung ein moralischer Schluss gezogen, ohne eine Bewertung anhand moralischer Kriterien vorzunehmen.

Bei den beiden obigen Beispielen ist die Unsinnigkeit der Argumentation offensichtlich, sie widersprechen auch den Vorschriften des Tierschutzgesetzes, deshalb wurden sie ausgewählt. Vorsicht ist aber immer angebracht, wenn allein mit der Natürlichkeit moralische Ansprüche begründet werden. Es ist immer notwendig zu fragen, warum der natürliche Ablauf auch moralisch geboten sein soll. Das deutsche Tierschutzgesetz verbietet, wie gerade dargestellt, einem Tier – ohne vernünftigen Grund – Schmerzen, Leiden oder Schäden zuzufügen (siehe auch 15.7 und 16.2.1). Wenn zum Beispiel behauptet wird, dass man einen Habicht nicht in einer Voliere halten dürfe, weil er in der Natur ein Revier nutzt, das viel größer als eine Voliere ist, ist man nach der dem deutschen Tierschutzgesetz zugrunde liegenden Moral verpflichtet zu überprüfen, ob durch die Haltung Schmerzen, Leiden oder Schäden entstehen. Da diese biologischen Diagnosen bei einem korrekt gehaltenen Habicht nicht zutreffen, ist die Haltung in der Voliere nicht zu beanstanden. Der Schluss von der Beobachtung des Raumbedarfs eines wilden Habichts auf die nötige Volierengröße für den gehaltenen Habicht ist unzulässig. Die Notwendigkeit eines großen Reviers für den wilden Habicht liegt in der Nahrungsverfügbarkeit im natürlichen Habitat begründet und nicht in einem Drang nach Freiheit der Bewegung, der ja nicht vorhanden ist. Dies wird dadurch gestützt, dass die Reviere und die Flugaktivität aller Greifvögel in nahrungsreichen Regionen, also Gebieten mit einer hohen Beutetierdichte oder ergiebigen alternativen Nahrungsquellen, vergleichsweise viel kleiner sind als in nahrungsarmen Regionen, obwohl der artspezifische Bewegungsdrang ja gleich sein müsste.

15.9 Konsequenzen für Greifvogelhaltung und Beizjagd

Eine sorgfältige Haltung und ggf. Ausbildung eines Greif- bzw. Beizvogels stellen sicher, dass keine Schmerzen, Leiden oder Schäden auftreten. Damit erübrigt sich für diesen Aspekt die Frage nach dem vernünftigen Grund. Bei abweichenden Befunden kann schnell Abhilfe geschaffen werden, dazu soll dieses Buch einen Beitrag leisten.

Die Beizjagd hingegen endet, sofern erfolgreich, mit dem Tod des Beizwildes. Hier ist die Frage nach dem vernünftigen Grund zu stellen. Dass es für die Erlegung grundsätzlich einen vernünftigen Grund gibt, erkennt der Gesetz- bzw. Verordnungsgeber durch die Ausweisung einer Jagdzeit für eine Tierart bzw. die Nichtaufnahme in die Listen der besonders bzw. streng geschützten Tierarten an. Implizit unterliegen diesen Regelungen folgende Argumente (siehe auch Richter, 2001):

- die Nutzung als Lebensmittel für Menschen und/oder als Futtermittel für Tiere.

[1] Dieses als Kainismus (Brudermord) bezeichnete Phänomen tritt nahezu immer bei Schreiadlern (*Aquila pomarina*) und regelmäßig bei anderen Vertretern der echten Adler (Gattung *Aquila*) auf

Das gilt selbstverständlich für die klassischen Federwildarten (wie Fasan, Ente und Rebhuhn) und für Kaninchen, Hasen und Rehwild, aber auch z. B. für gebeizte Krähen, die an den Beizvogel veratzt werden;

- der Schutz garten-, land- und forstwirtschaftlicher Anpflanzungen. Das trifft zu für alle herbivoren und omnivoren Wildarten, also für Pflanzen- und Allesfresser;
- der Schutz des menschlichen Lebens und der menschlichen Gesundheit und menschlicher Infrastruktur. Beispiele sind der Schutz vor Vogelschlag auf Flughäfen (Erickson et al., 1990; Battistoni et al., 2008), der Schutz vor Krankheitsverschleppung an Mülldeponien (Baxter und Allan, 2006; Cook et al., 2008), der Schutz vor Unterhöhlung durch Kaninchen an Deichen, Bauwerken, Sportplätzen oder Industrieanlagen oder der Schutz der Grabbepflanzungen auf Friedhöfen;
- der Schutz anderer Tierarten, z. B. bodenbrütender Vögel. Das trifft vornehmlich für die Bejagung von Prädatoren und Allesfressern zu, da diese lokale Tierpopulationen teils stark gefährden können;
- die Eindämmung invasiver nichtheimischer Tierarten, z. B. Nilgans, Waschbär und Marderhund.

In vielen Fällen treffen mehrere Gründe gleichzeitig zu. So schützt die Erlegung von Nilgänsen z. B. vor Schäden in der Feldflur, dämmt eine invasive Art ein und liefert hervorragendes Wildbret für die menschliche Ernährung sowie ausgezeichnete Atzung für den Beizvogel.

Außerdem tritt bei der Beizjagd, stärker als bei manchen anderen Jagdmethoden, in vielen Fällen eine lokale Vergrämung ein. Das gilt insbesondere für vagabundierende Krähenschwärme oder Gänseansammlungen, die durch den Beizvogel teils von landwirtschaftlichen Nutzflächen oder Freibädern ferngehalten werden können (Thiériot et al., 2011 und 2015).

Die Belastung des Wildes bei der erfolgreichen Beizjagd ist im Allgemeinen relativ gering, die Jagdflüge sind zeitlich kurz, Beizjagd ist keine Hetzjagd, die das Wild bis zur Erschöpfung treibt, und der Tod durch den Beizvogel oder die Falknerin erfolgt schnell und human.

Schließlich ist Beizjagd in vielen Fällen selektiv. Potentielle Beutetiere werden viel leichter erlegt, wenn sie durch Erkrankungen, Verletzungen oder Behinderungen vorgeschädigt sind, z. B. Kaninchen mit Myxomatose. Da bei allen Arten des Beizwildes, ähnlich wie bei der Mehrheit der meisten Wildtierarten, ein erheblicher Teil der Population vor Erreichen der Fortpflanzungsreife stirbt, wird das mit dem natürlichen Tod i. d. R. verbundene Leiden verkürzt. Für das Beizwild ist der Greifvogel ein natürlicher Teil des Lebensraumes und die Feindvermeidung ein wichtiger Teil des Normalverhaltens.

Bei der Beizjagd gibt es keine Gefährdung des Hinterlandes (inklusive Industrieanlagen und Grabstätten) sowie keine Störung von Anwohnerinnen oder der Totenruhe sowie anderer freilebender Tierarten. Es gibt keinen Eintrag von potentiell toxischen Geschossresten in die Umwelt und keine Lärmbelästigung.

15.10 Fazit

Eine moralische Abwägung auf Grund des hierarchischen Pathozentrismus und eine rechtliche Abwägung auf Grund des deutschen Tierschutz-, Jagd- und Naturschutzrechtes ergibt, dass Greifvogelhaltung und Beizjagd legitim sind.

Biologisch betrachtet ist die Beizjagd die das Beizwild und die Umwelt am wenigsten belastende Jagdart.

Damit erweist sich die Beizjagd als die tierschutzkonformste, ökologisch unbedenklichste und sozialverträglichste Jagdart.

Checkliste Philosophie und Ethik

- ☑ Ethik ist die philosophische Wissenschaft von den Moralen
- ☑ es gibt kein objektives Kriterium, das die Richtigkeit bestimmter Moralen beweisen könnte
- ☑ eine rational begründete Moral sollte sich auf innere Widerspruchsfreiheit, den Gleichheitsgrundsatz, die Lebbarkeit und objektive Kriterien stützen
- ☑ das deutsche Tierschutzrecht basiert auf dem hierarchischen Pathozentrismus
- ☑ der naturalistische Fehlschluss muss vermieden werden
- ☑ die Beizjagd kann als die tierschutzkonformste, ökologisch unbedenklichste und sozialverträglichste Jagdart angesehen werden.

16

Recht[1]

16.1 Rechtsquellen

Verpflichtende Normen, die in die persönliche Freiheit der Einzelnen eingreifen, sind auf verschiedenen Ebenen von verschiedenen Organen gesetzt worden. Es erleichtert das Verständnis und damit die Befolgung der Normen, sich über deren Quellen und deren Reichweite zu informieren.

Die umfassendste Ebene ist das **internationale Recht**. Greifvogelhaltung und Falknerei betreffend, ist das einschlägige Beispiel das sogenannte Washingtoner Artenschutzübereinkommen, das nach dem englischen Titel „Convention on International Trade in Endangered Species of Wild Fauna and Flora" als CITES abgekürzt wird. Wie der Name sagt, handelt es sich um einen Vertrag, den souveräne Staaten miteinander abgeschlossen haben. Aktuell sind 184 Staaten weltweit dem Vertrag beigetreten. Er wurde in Deutschland am 20. Juni 1976 ratifiziert. Die Ratifikation ist die völkerrechtlich verbindliche Erklärung der Bestätigung eines völkerrechtlichen Vertrages durch die Vertragsparteien. Umgesetzt wird er durch EG/EU Recht in Form der Verordnungen VO (EG) Nr. 338/97, VO (EG) Nr. 865/2006 und VO (EU) 792/2012 und national durch das Bundesnaturschutzgesetz (BNatSchG) und die Bundesartenschutzverordnung (BArtSchV).

Das Recht der Europäischen Union (EU)[2] stellt ein Beispiel des **supranationalen Rechts** dar. Die Rechtssetzung erfolgt durch das EU-Parlament – also durch die gewählten Abgeordneten als Vertreterinnen und Vertreter der Bürgerinnen und Bürger – gemeinsam mit dem Rat der EU (auch als Ministerrat bezeichnet) – den Vertretungen der Regierungen der Mitgliedsstaaten. Damit erfolgt die Rechtssetzung durch zwei Kammern analog zu Bundestag (Parlament) und Bundesrat (Länderkammer) in Deutschland.

Das EU-Recht kennt neben den Beschlüssen, Empfehlungen und Stellungnahmen, die für unser Thema nicht relevant sind, als Rechtsquellen die **Verordnung** und die **Richtlinie**. Leider wird es jetzt etwas verwirrend. Eine **EWG/EG/EU-Verordnung**[3] wendet sich an die einzelnen Bürgerinnen und Bürger und stellt in allen Mitgliedsstaaten unmittelbar geltendes Recht dar. Eine **EWG/EG/EU-Richtlinie** ist dagegen nicht an die einzelnen Bürgerinnen und Bürger, sondern an die Mitgliedsstaaten gerichtet, die diese Richtlinie dann entsprechend durch nationale Gesetze oder Verordnungen umsetzen müssen. Ein Beispiel für eine EG/EU-Verordnung, die unser Thema betrifft, ist die Verordnung (EG-VO) Nr. 1069/2009[4], die den Kauf toter Eintagsküken regelt (siehe Kap. 7.1.1). Beispiele für eine EWG/EG/EU-Richtlinie mit Verbindung zu unserem Anliegen ist die Richtlinie

[1] Vielen Dank an Dr. Maria Dayen, Landestierärztin a.D., für die kritische Durchsicht dieses Kapitels und sehr wertvolle Hinweise

[2] Ursprünglich hieß der Vertrag zur Gründung der Europäischen Wirtschaftsgemeinschaft EWG-Vertrag. Durch den Vertrag von Maastricht 1992 wurde der EWG-Vertrag in EG-Vertrag umbenannt Mit dem Vertrag von Lissabon, der am 1. Dezember 2009 in Kraft trat, wurden die Europäische Gemeinschaft (EG) und die Europäische Union (EU) fusioniert und firmieren seitdem unter dem Namen Europäische Union (EU)

[3] Achtung: EWG/EG/EU-Verordnungen und nationale Verordnungen sind nicht das Gleiche! Beide sind unmittelbar geltendes Recht, sie kommen aber auf unterschiedliche Art und Weise zustande s. u.

[4] Bemerkt sei noch, dass das Erscheinungsjahr der Verordnungen vor 2015 hinter dem Schrägstrich, seither vor dem Schrägstrich zu finden ist, die VO (EU) 792/2012 ist also im Jahr 2012 veröffentlicht worden

2009/147/EG[1], die sogenannte Vogelschutzrichtlinie, die u. a. die Bejagung bestimmter Vogelarten einschränkt. Verfügbar sind die Normen der EU online im Rechtsinformationssystem EUR-Lex.

Das **nationale Recht** basiert auf (formellen) **Gesetzen**[2] und **Verordnungen**. In den Auswirkungen auf die Rechtsunterworfenen unterscheiden sie sich nicht, wohl aber in ihrem Zustandekommen. Das Grundgesetz (GG) schreibt die Teilung der Gewalten, also der gesetzgebenden (Legislative), der das Gesetz umsetzenden/anwendenden (Exekutive) und der rechtsprechenden Gewalt (Judikative) vor. Im Grundgesetz (Art. 72-74 GG) wird dabei die Gesetzgebungskompetenz geregelt. So wird dem Bund die **ausschließliche Gesetzgebungskompetenz** u. a. im Bereich des Waffen- und Sprengstoffrechts zugesprochen. Der **konkurrierenden Gesetzgebung** sind u. a. die Bereiche Tierschutz-, Naturschutz- oder Jagdrecht zugeordnet. Hier wird den Ländern die Befugnis zur Gesetzgebung eingeräumt, solange und soweit der Bund von seiner Gesetzgebungszuständigkeit nicht durch Gesetz Gebrauch gemacht hat. Dieses föderalistische System ist allseits im Schul- und Bildungsbereich, aber seit der SARS-Coronavirus-2-Pandemie auch im Gesundheitsbereich bekannt, wo es scheinbar in jedem Bundesland voneinander abweichende Landesregelungen gibt. Allerdings obliegt das Gesetzgebungsrecht auch hier dem Bund, „wenn und soweit die Herstellung gleichwertiger Lebensverhältnisse im Bundesgebiet oder die Wahrung der Rechts- oder Wirtschaftseinheit im gesamtstaatlichen Interesse eine bundesgesetzliche Regelung erforderlich macht". Für den Bereich Tierschutz gilt damit die Gesetzgebungskompetenz des Bundes als gegeben.

Während für z. B. das Jagdwesen den Ländern auch bei Ausübung der Gesetzgebungszuständigkeit vom Bund ausdrücklich zugestanden wird, durch Gesetz abweichende Regelungen im Landesrecht zu treffen, wird diese Möglichkeit für den Bereich Tierschutz nicht eingeräumt. So gibt es z. B. ein Bundesjagdgesetz und Jagdgesetze der Bundesländer sowie eine Bundeswildschutzverordnung und eine Verordnung zur Ausführung des bayerischen Jagdgesetzes, nicht jedoch ein zusätzliches Landes-Tierschutzgesetz.

Gesetze werden von Parlamenten erlassen, **Verordnungen** von der Exekutive, in der Regel einem Ministerium. Beide Verfassungsorgane sind sowohl auf Bundes- wie auf Bundeslandebene tätig. Mit der Aufnahme der Worte „und der Tiere" in Art. 20a Grundgesetz ist der Gesetzgeber verpflichtet, z. B. im Gesetzgebungsverfahren die Staatszielbestimmung „Tierschutz" gleichrangig mit anderen Staatszielbestimmungen abzuwägen, z. B. mit der Freiheit der Kunst oder der Berufsausübung.

Gesetze sind viel aufwändiger zu erlassen als Verordnungen. In Gesetzen wird das Allgemeine/Grundsätzliche geregelt. Regelungen spezieller Fragen, die ggf. nach dem Fortschreiten der politischen Diskussion leichter geändert werden sollen, in Verordnungen. Ein Ministerium kann eine Rechtsverordnung jedoch nur erlassen, wenn es in dem zuständigen Gesetz eine sogenannte Ermächtigungsgrundlage gibt. So ist z. B. in § 2a Tierschutzgesetz (TierSchG) festgelegt:[3]

[1] Bei Richtlinien vor 2015 wird die Kennzeichnung „EU", „EG" oder „EWG" mit Schrägstrich hinter die Nummer aus Jahreszahl und Ordnungszahl, seit 2015 in Klammern vor die Jahreszahl gesetzt (also z. B. Richtlinie 2009/147/EG für Richtlinien vor 2015). Ältere Richtlinien aus der Zeit der Europäischen Gemeinschaft oder der Europäischen Wirtschaftsgemeinschaft tragen weiter die entsprechende Kennzeichnung EG oder EWG (z. B. Richtlinie 92/43 EWG, die sogenannte FFH-Richtlinie aus dem Jahr 1992)

[2] Neben dem offiziellen Namen wird im sogenannten Vollzitat auch das Erscheinungsjahr und die letzte Änderung angegeben: „Tierschutzgesetz in der Fassung der Bekanntmachung vom 18. Mai 2006 (BGBl. I S. 1206, 1313), das zuletzt durch Artikel 2 Absatz 20 des Gesetzes vom 20. Dezember 2022 (BGBl. I S. 2752) geändert worden ist", außerdem wird eine Abkürzung angegeben, in dem Fall „TierSchG"

[3] Wörtlich zitierte Gesetzes- bzw. Verordnungstexte sind durch Kursivschrift und farbige Markierung gekennzeichnet

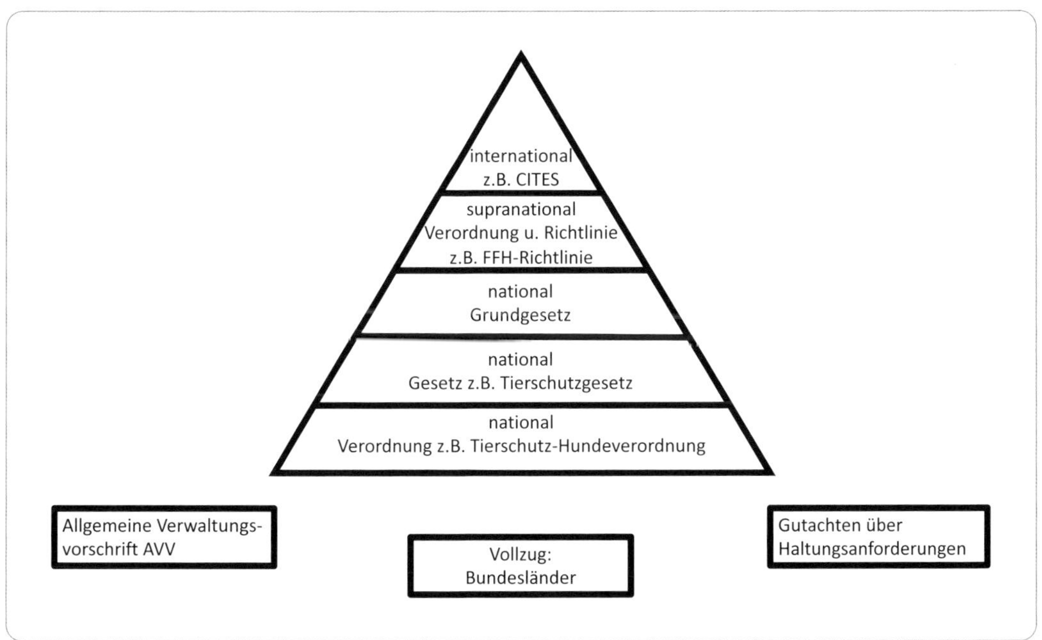

Abb. 16.1: Hierarchie der Rechtsnormen und der assoziierten Verwaltungsvorschrift und des Haltungsgutachtens

1) Das Bundesministerium für Ernährung und Landwirtschaft (Bundesministerium) wird ermächtigt, durch Rechtsverordnung mit Zustimmung des Bundesrates, soweit es zum Schutz der Tiere erforderlich ist, die Anforderungen an die Haltung von Tieren nach § 2 näher zu bestimmen und dabei insbesondere Vorschriften zu erlassen über Anforderungen
1. hinsichtlich der Bewegungsmöglichkeit oder der Gemeinschaftsbedürfnisse der Tiere,
2. […]

Das stellt die Ermächtigungsgrundlage zum Erlass u. a. der Tierschutz-Hundeverordnung (TierSchHuV) dar, was dort dann in der Eingangsformel auch erwähnt wird:

Das Bundesministerium für Verbraucherschutz, Ernährung und Landwirtschaft verordnet […] auf Grund des § 2a Abs. 1 […] des Tierschutzgesetzes […]:

Die Länder führen die Bundesgesetze als eigene Angelegenheit (Art. 83 GG) aus, soweit das Grundgesetz – wie z. B. für die Bereiche des Auswärtigen Amtes oder der Finanzverwaltung - nichts anderes bestimmt oder zulässt. Um den Vollzug der Gesetze möglichst einheitlich zu gestalten, kann der Bund – mit Zustimmung des Bundesrates – **Verwaltungsvorschriften** erlassen. Zudem richten länderspezifische „Erlasse" sich an die kommunalen Verwaltungsbehörden, um durch rechtsinterpretierende Vorgaben die Umsetzung der Rechtsvorgaben Vor-Ort möglichst zu vereinheitlichen.

Nur für die Verwaltung, nicht für die Rechtsunterworfenen gültig ist z. B. die **Allgemeine Verwaltungsvorschrift zum Tierschutzgesetz (AVV)**, in der z. B. der Verwaltung Hinweise gegeben werden, ab welchen Erlösen eine Vogelzucht als gewerblich im Sinne des § 11 TierSchG einzustufen ist (siehe 16.2.6).

Für den Bereich der Greifvogelhaltung gibt es zusätzlich noch das im Auftrag des Bundesministeriums erstellte **Sachverständigengutachten** über die Mindestanforderungen an die Haltung von Greifvögeln und Eulen von 1995 und mehrere Entwürfe einer Neufassung. Dieser Aktualisierungsprozess ist aber bisher nicht abgeschlossen und das endgültige neue Gutachten bisher nicht veröffentlicht worden. Diese Gutachten sind keine rechtsverbindliche Norm. Sie dienen aber der Verwaltung als vorweggenommenes (antizipiertes) Sachverständigenurteil. Die Verwaltung ist – so die Anwendung nicht durch Ländererlasse verpflichtend vorgegeben wird – nicht gezwungen sich daran zu halten, müsste aber sicherlich bei Klagen gegen abweichende Forderungen sehr gute Argumente vorbringen, um in einem Rechtsstreit zu bestehen.

16.2 Tierschutzgesetz und Tierschutzschlachtverordnung[1]

Greifvogelhaltung und Beizjagd unterliegen mannigfachen Rechtsnormen vom Jagdrecht über das Tiergesundheitsrecht und das Lebensmittelrecht bis zum Natur- und Artenschutzrecht. Dem Anliegen des Buches entsprechend wird nachfolgend nur das Tierschutzrecht inklusive des Schlachtrechts behandelt, und zwar nur insoweit es für Greifvogelhaltung und Beizjagd einschlägig ist. Der Verweis auf die Bestimmungen zur Verfütterung von Eintagsküken steht im Kapitel 7.1.1. Da Gesetze[2] und Verordnungen sowie Sachverständigengutachten geändert werden können, die Seiten eines gedruckten Buches sich aber nicht anpassen, empfiehlt es sich im Zweifelsfall den originalen Text zu Rate zu ziehen. Die Vollzitate der Rechtsquellen finden sich im Literaturverzeichnis, guten Zugang zur aktuellen Version erhält man über die Website **https://www.gesetze-im-internet.de/**. Das aktuelle Gutachten ist auf der Website des zuständigen Bundesministeriums veröffentlicht.

16.2.1 § 1 Grundsatz

Das deutsche Tierschutzgesetz regelt das Verhältnis des Menschen zu den Tieren. Die Stoßrichtung gibt der § 1 vor.

> *§ 1 Zweck dieses Gesetzes ist es, aus der Verantwortung des Menschen für **das Tier** als Mitgeschöpf dessen **Leben und Wohlbefinden zu schützen**. Niemand darf einem Tier **ohne vernünftigen Grund Schmerzen, Leiden oder Schäden zufügen**.*

16.2.1.1 Erläuterungen zu § 1

In § 1 ist zunächst das zu schützende Objekt angeführt, das Tier. Damit sind, das ist zunächst vermutlich nicht allen sofort klar gewesen, alle Tiere gemeint, also auch Muscheln, Insekten und Tintenfische und nicht nur Vögel und Säugetiere. Die besonderen Bestimmungen zum Schutz der Wirbeltiere und noch spezieller der warmblütigen Tiere folgen später.

Dann wird der Schutzzweck benannt, das Leben und das Wohlbefinden sind zu schützen. Eine Zuwiderhandlung ist nur zulässig, wenn ein vernünftiger Grund vorliegt. Der Schutz des Wohlbefindens kann – aus rein praktischen Gründen – nur für Tiere sichergestellt werden, die von Menschen gehalten oder durch menschliche Aktivitäten beeinflusst werden. Dies umfasst zum Beispiel die durch fehlerhafte Haltung verursachten Dicken Hände eines Wanderfalken, aber auch das von einem Mähwerk verletzte Rehkitz. Nicht von § 1 TierSchG erfasst ist hingegen ein

[1] Die Hervorhebungen in den folgenden Gesetzestexten erfolgten durch die Autorinnen, wobei der originale Gesetzestext kursiv dargestellt und farblich markiert wird

[2] Das deutsche TierSchG befindet sich zum Zeitpunkt des Erscheinens unseres Buches in der politischen Diskussion. Das Datum der Novellierung und der endgültige Text sind derzeit noch unbekannt

Amseljunges, das von einem Sturm aus dem Nest geweht wurde.

Der Schutz des Lebens gilt grundsätzlich auch für das Wild. Soll Wild erlegt werden, dann bedarf es eines vernünftigen Grundes.

Der Schutz vor Schmerzen ist selbsterklärend.

Nach dem Kommentar zum Tierschutzgesetz von Hirt, Maisack und Moritz (2016), im Folgenden HMM abgekürzt, sind Leiden „alle nicht bereits vom Begriff des Schmerzes umfassten Beeinträchtigungen im Wohlbefinden, die über ein schlichtes Unbehagen hinausgehen und eine nicht ganz unbedeutende Zeitspanne fortdauern […]". Teilweise (meist ergänzend) wird auch noch die Definition von Lorz und Metzger (1999) verwendet: „Leiden sind alle vom Begriff des Schmerzes nicht erfassten Beeinträchtigungen des Wohlbefindens, die über ein schlichtes Unbehagen hinausgehen und eine nicht ganz unwesentliche Zeitspanne fortdauern. Vornehmlich handelt es sich um Einwirkungen und Beeinträchtigungen des Wohlbefindens, die der Wesensart des Tieres zuwiderlaufen, instinktwidrig sind und vom Tier gegenüber seinem Selbst- oder Arterhaltungstrieb als lebensfeindlich empfunden werden." Diese Definitionen sind problematisch. Richter et al. (2009) stellen fest, dass bei der Definition des Leidens als Beeinträchtigung von Wohlbefinden immer ein Schaden diagnostizierbar sein muss, was den Begriff Leiden eigentlich überflüssig macht. Die im zweiten Teil der Definition verwendeten Begriffe werden in der heutigen Biologie nicht mehr verwendet, der Begriff „Instinkt", weil er stets umstritten war (Lexikon der Biologie, 1985) und der Begriff „Arterhaltung", weil es diesen „Trieb" schlicht nicht gibt.

Beim Schutz vor Schäden ist erwähnenswert, dass nicht nur Wunden gemeint sind, auch Verhaltensstörungen sind Schäden, bei Hunden etwa durch Zwingerhaltung erworbene Zwangsbewegungen (Stereotypien). Außerdem wird der Tod als der größtmögliche Schaden verstanden.

Damit tritt der vernünftige Grund in den Vordergrund. Das Töten von Tieren, auch das Erlegen auf der Beizjagd oder das Töten von Futtertieren, bedarf eines vernünftigen Grundes. Nach HMM ist zur Festlegung eines vernünftigen Grundes ein zweistufiges Verfahren anzuwenden. Es ist zu prüfen:

> „[…] ob ein nachvollziehbarer billigenswerter Zweck verfolgt wird.
>
> Ob die drei Elemente des Verhältnismäßigkeitsgrundsatzes
>
> - „Geeignetheit",
> - „Erforderlichkeit" und
> - „Verhältnismäßigkeit im engeren Sinne."
>
> gewahrt sind"

Legitime Zwecke für die Tötung des Wildes können beispielsweise der Schutz von menschlichem Leben und menschlicher Gesundheit, die Ernährung von Menschen und Tieren, die Verhinderung von Schäden in der Gartenbau-, Land- oder Forstwirtschaft, der Schutz von seltenen Bodenbrütern oder die Tierseuchenbekämpfung sein.

Als zweiter Schritt ist die Methode zu hinterfragen. Soll z. B. die Kaninchenpopulation auf einem Friedhof reduziert werden, um die Gräber zu schützen und der Myxomatose entgegenzutreten, so könnte Vergiften vorgeschlagen werden oder die Beizjagd. Geeignet sind beide Methoden. In der Erforderlichkeit unterscheiden sie sich nicht, aber in der Verhältnismäßigkeit. Während das Vergiften mit erheblichen Schmerzen verbunden ist und das Wildbret für den menschlichen Verzehr und als Atzung ausfällt, ist die Beizjagd eine nur kurzzeitig mit Schmerzen verbundene Methode und das Wildbret kann verwertet werden. Ein vernünftiger Grund für das Vergiften ist damit nicht gegeben, für die Beizjagd dagegen schon.

Die Tötung eines Tieres ist sogar geboten, wenn im Einzelfall eine objektive Abwägung

- der veterinärmedizinischen Behandlungsmöglichkeiten,
- der Belastung der Tiere durch die Anwendungen,
- des erwarteten Behandlungserfolges,
- sowie artenschutzrechtlicher Belange

mit dem Ergebnis erfolgt ist, dass ein Weiterleben des Tieres nur unter erheblichen Schmerzen und/oder Leiden möglich sein wird (§§ 16a und 17 TierSchG). Das erzwingt die Euthanasie, auch und gerade von nicht wieder auswilderbaren ehemaligen Wildvögeln, die nur unter erheblichen Schmerzen oder Leiden gehalten werden können.

16.2.2 § 2 Tierhaltung

Der § 2 wird als Tierhalternorm bezeichnet. Er beschreibt in dürren Worten die Grundlagen jeder tierschutzkonformen Tierhaltung. Die gelegentlich zu hörende Auffassung, dass es z. B. für die Haltung von Greifvögeln keine verbindliche Rechtsnorm gäbe, ist irrig, der § 2 gilt für jede Tierhaltung.

> *§ 2 Wer ein Tier hält, betreut oder zu betreuen hat,*
> *1. muss das Tier seiner Art und seinen Bedürfnissen entsprechend* ***angemessen ernähren, pflegen und verhaltensgerecht unterbringen****,*
> *2. darf die Möglichkeit des Tieres zu artgemäßer Bewegung nicht so einschränken, dass ihm Schmerzen oder vermeidbare Leiden oder Schäden zugefügt werden,*
> *3. muss über die für eine angemessene Ernährung, Pflege und verhaltensgerechte Unterbringung des Tieres* ***erforderlichen Kenntnisse und Fähigkeiten*** *verfügen.*

16.2.2.1 Erläuterungen zu § 2

Die allerwenigsten Tierschutzfälle entstehen, weil Tierhalterinnen absichtlich den Tieren Schmerzen, Leiden oder Schäden zufügen. Vielmehr fehlt es sehr oft an den nötigen Kenntnissen und Fähigkeiten. Den Unterschied zwischen Kenntnissen und Fähigkeiten kann man sich gut merken, wenn man sich eine erfahrene Metzgermeisterin vorstellt, die schon viele Tausend Schweine geschlachtet hat, aber nach einem Unfall bei klarem Verstand im Rollstuhl sitzt. Die Kenntnisse über das Schlachten besitzt sie weiterhin, nur die Fähigkeiten hat sie verloren. So kann unser Buch hoffentlich die Kenntnisse über eine angemessene Greifvogelunterbringung, Ernährung und Pflege vertiefen, die Fähigkeiten muss jede Falknerin jedoch durch Übung selbst aktiv erhalten.

16.2.3 § 3 Verbote

Der § 3 behandelt die Verbote, wobei im Folgenden nur die einschlägigen aufgelistet und dann kommentiert werden.

> *§ 3 Es ist verboten,*
> *1. einem Tier außer in Notfällen Leistungen abzuverlangen, denen es wegen seines Zustandes offensichtlich nicht gewachsen ist oder die offensichtlich seine Kräfte übersteigen,*

1a. […]
1b. […]
2. […]
3. […]

> *4. ein gezüchtetes oder aufgezogenes Tier einer wildlebenden Art in der freien Natur auszusetzen oder anzusiedeln, das nicht auf die zum Überleben in dem vorgesehenen Lebensraum erforderliche artgemäße Nahrungsaufnahme vorbereitet und an das Klima angepasst ist; die Vorschriften des Jagdrechts und des Naturschutzrechts bleiben unberührt,*
> *5. ein Tier auszubilden oder zu trainieren, sofern damit erhebliche Schmerzen, Leiden oder Schäden für das Tier verbunden sind,*
> *6. ein Tier zu einer Filmaufnahme, Schaustellung, Werbung oder ähnlichen Ver-*

anstaltung heranzuziehen, sofern damit Schmerzen, Leiden oder Schäden für das Tier verbunden sind,

7. ein Tier an einem anderen lebenden Tier auf Schärfe abzurichten oder zu prüfen,

8. ein Tier auf ein anderes Tier zu hetzen, soweit dies nicht die Grundsätze weidgerechter Jagdausübung erfordern,

8a. [...]

9. [...]

10. einem Tier Futter darzureichen, das dem Tier erhebliche Schmerzen, Leiden oder Schäden bereitet,

11. ein Gerät zu verwenden, das durch direkte Stromeinwirkung das artgemäße Verhalten eines Tieres, insbesondere seine Bewegung, erheblich einschränkt oder es zur Bewegung zwingt und dem Tier dadurch nicht unerhebliche Schmerzen, Leiden oder Schäden zufügt, soweit dies nicht nach bundes- oder landesrechtlichen Vorschriften zulässig ist,

12. [...]

13. [...]

16.2.3.1 Erläuterungen zu § 3

Zu § 3 Nummer 1. Beizvogel und Beizwild müssen von der Größe her zueinander passen, das schützt nicht nur den Beizvogel, sondern auch das Beizwild. Neben dem grundsätzlichen arttypischen Beutespektrum – man wird keinen Habichtsterzel auf Feldhasen fliegen – spielen auch der individuelle Trainingszustand und die Erfahrung des Beizvogels eine große Rolle.

Zu § 3 Nummer 4. Das wohl größte Tierschutzproblem im Zusammenhang mit Greifvögeln ist die Aufnahme und der Versuch der Rehabilitation von hilfsbedürftigen Wildvögeln durch nicht sachkundige Personen. Die Tierschutzrelevanz entsteht zum einen während der wohlgemeinten aber oft nicht adäquaten Versorgung des hilfsbedürftigen Pfleglings und zum anderen durch das Freilassen eines nicht wildbahntauglichen Vogels, der vermutlich qualvoll verhungert.

Zu § 3 Nummer 5. bis § 3 Nummer 8. Diese Nummern treffen für die Greifvogelhaltung, das Training und die Beizjagd nicht zu, die Vögel erleiden keine Schmerzen, Leiden oder Schäden, sie werden nicht auf Schärfe trainiert oder geprüft und auch nicht auf das Beizwild gehetzt, abgesehen davon, dass die Beizjagd eine weidgerechte Jagdmethode ist. Die Verbote wurden in das Buch trotzdem aufgenommen, da sie immer wieder als Argumente von Falknereigegnerinnen gebracht werden und deshalb den Falknerinnen bekannt sein sollten.

Zu § 3 Nummer 10. In der älteren Literatur wird gelegentlich empfohlen, den Vögeln Kandiszucker zur Steigerung der Beutebereitschaft zu verabreichen. Kandiszucker ist ein starkes Abführmittel, das zu einem schnellen starken Wasserverlust führt. Es ist nicht nur für den gemeinten Zweck unnütz, sondern schädlich und damit fällt es zurecht unter dieses Verbot.

Zu § 3 Nummer 11. Auch wenn der Text es eigentlich nicht hergibt, wird diese Bestimmung als Begründung für das Verbot der Telereizgeräte für Hunde herangezogen.

16.2.4 §§[1] 4 und 4a sowie Tierschutzschlachtverordnung, Töten und Schlachten

Zur Beizjagd gehört, dass Wild getötet wird. Greifvögel sind Beutetierfresser, ihre Nahrungstiere müssen vor der Verfütterung geschlachtet werden. Somit sind Töten und Schlachten Grundbestandteile des falknerischen Alltags. Aus Gründen der Weidgerechtigkeit, aber auch aus Gründen der Gesetzestreue muss sich jede Falknerin mit dem Thema Töten und Schlachten eingehend beschäftigen. Als Töten wird dabei im Folgenden das Erlegen im Rahmen der Jagd verstanden, also auch das möglichst rasche und schmerzarme Abfangen von

[1] Die Verdoppelung des Paragraphenzeichens §§ zeigt an, dass zwei oder mehr Paragraphen gemeint sind

Wild, falls es der Beizvogel nicht sofort getötet hat. Zur Definition des Begriffes Schlachten gehört, dass es durch Blutentzug erfolgt (Tierische Lebensmittel-Hygieneverordnung - Tier-LMHV). Das Schlachten von Futtertieren gehört nicht zur Jagdausübung, es hat deshalb nach den einschlägigen Bestimmungen für das Schlachten zu erfolgen.

Das Töten und Schlachten von Tieren kann mit erheblichen Schmerzen und Leiden verbunden sein. Das so weit als möglich zu reduzieren ist nicht nur eine tierschutzrechtliche Grundforderung, sondern gehört auch zur falknerischen Weidgerechtigkeit.

Rechtlich geregelt ist das Töten und Schlachten in den §§ 4 und 4a des Tierschutzgesetzes sowie in der Tierschutzschlachtverordnung. Die für uns relevanten Bestimmungen des Tierschutzgesetzes für das Schlachten und Töten lauten:

*§ 4 (1) Ein **Wirbeltier** darf nur unter wirksamer Schmerzausschaltung (Betäubung) in einem Zustand der Wahrnehmungs- und Empfindungslosigkeit oder sonst, soweit nach den gegebenen Umständen zumutbar, nur unter Vermeidung von Schmerzen getötet werden. Ist die Tötung eines Wirbeltieres **ohne Betäubung im Rahmen weidgerechter Ausübung der Jagd** oder auf Grund anderer Rechtsvorschriften zulässig […], so darf die Tötung nur vorgenommen werden, **wenn hierbei nicht mehr als unvermeidbare Schmerzen** entstehen. **Ein Wirbeltier töten darf nur, wer die dazu notwendigen Kenntnisse und Fähigkeiten hat.***

(1a) Personen, die berufs- oder gewerbsmäßig regelmäßig Wirbeltiere zum Zweck des Tötens betäuben oder töten, haben gegenüber der zuständigen Behörde einen Sachkundenachweis zu erbringen. […]

(2) Für das Schlachten eines warmblütigen Tieres gilt § 4a. […]

§ 4a
*(1) Ein **warmblütiges Tier** darf nur geschlachtet werden, wenn es vor Beginn des Blutentzugs zum Zweck des Schlachtens betäubt worden ist. […]*

Die **Verordnung des Rates (EG) Nr. 1099/2009** über den Schutz von Tieren zum Zeitpunkt der Tötung gilt ausdrücklich nicht für das Töten bei der Jagd, sie kann aber als Hinweisgeber herangezogen werden, indem sie für Geflügel den Genickbruch als Betäubungsmethode grundsätzlich zulässt. Allerdings sind die Angaben nicht eindeutig, in Anhang 1 Kapitel 1 wird als Obergrenze ein Lebendgewicht von bis zu 5 kg, in Kapitel 2 bis zu 3 kg angegeben.

Tierschutz-Schlachtverordnung

§ 3 Allgemeine Grundsätze
*(1) Zusätzlich zu den Anforderungen nach Artikel 3 Absatz 1 der Verordnung (EG) Nr. 1099/2009 sind die Tiere so zu betreuen, ruhigzustellen, zu betäuben, zu schlachten oder zu töten, **dass bei ihnen nicht mehr als unvermeidbare Aufregung oder Schäden verursacht werden**.*
*(2) Zusätzlich zu den Anforderungen nach Artikel 3 Absatz 3 der Verordnung (EG) Nr. 1099/2009 sind Vorrichtungen zum Ruhigstellen sowie Ausrüstungen und Anlagen für das Betäuben, Schlachten oder Töten der Tiere so zu planen, zu bauen, instand zu halten und zu verwenden, **dass ein rasches und wirksames Betäuben und Schlachten oder Töten möglich ist**.*

16.2.4.1 Erläuterungen zum Schlachtrecht

Die Grundintention des Schlachtrechts ist Schmerzen und Leiden zu minimieren, wie es auch der falknerischen Weidgerechtigkeit entspricht.

Grundvoraussetzung sind die theoretischen Kenntnisse und praktischen Fähigkeiten, die jede Falknerin erwerben und fortlaufend trainieren muss. Niemand fängt das vom Vogel geschlagene Wild gern ab oder hat Freude am Schlachten der Futtertiere, diese Scheu zu überwinden und rasch und kompetent zu handeln ist für den Tierschutz unabdingbar.

Bei privaten Jäger- bzw. Falknerinnen wird die Sachkunde vom Gesetzgeber als durch Jäger- und Falknerprüfung erworben vorausgesetzt, Mitarbeiterinnen von Zoos oder kommerziellen Haltungen, die berufsmäßig regelmäßig Futtertiere schlachten, benötigen einen entsprechenden Sachkundenachweis auch dann, wenn sie einen Jagd- bzw. Falknerjagdschein besitzen.

Ausschlaggebend ist, dass grundsätzlich vor der eigentlichen Tötung eine Betäubung vorzunehmen ist, es sei denn, das ist bei der weidgerechten (Beiz)Jagd aus praktischen Gründen nicht möglich. Das gebräuchliche Mittel zur Betäubung von Futtertieren oder kleinerem Wild ist ein präziser und kräftiger Schlag mit einem geeigneten Instrument aus Holz oder Metall auf den Kopf – nicht etwa auf den Hals – des Schlachttieres. Möglich ist für Kaninchen oder Meerschweinchen auch der Einsatz eines entsprechenden Bolzenschussgerätes. Die eigentliche Tötung kann dann durch offene oder gedeckte Durchtrennung der großen Blutgefäße im Hals, meist in Kombination mit Genickbruch oder komplette Durchtrennung des Halses oder durch Herzstich erfolgen. Der Kopfschlag alleine ist zur Tötung nicht ausreichend. Dieses Vorgehen ist auch beim Abfangen von kleinerem Wild bei der Jagd mit der Waffe anzuwenden. Ein auf den Boden Werfen von Futtertieren, etwa von Tauben oder Mäusen, wie es in älteren Büchern noch als tierschutzkonform beschrieben wird, ist unzulässig und abzulehnen.

Wenn der Vogel erfolgreich war, aber das Wild noch nicht getötet hat, muss es so schnell und so schmerzarm wie irgend möglich von der Falknerin abgefangen werden. Steht der Vogel auf der Beute, kann man schlechterdings keinen Kopfschlag ausführen, man würde ja den Vogel verletzen oder töten. Man kann dem Vogel das Wild auch nicht wegnehmen um es zu betäuben, das wäre für das Wild mit zusätzlichen Schmerzen verbunden und würde vom Vogel als Bestrafung empfunden, die ja vermieden werden muss (siehe 4.1.2.2). Bei entsprechend kleinem Wild und entsprechender Körperkraft der Falknerin ist der Genickbruch mit Zerreißen der großen Halsblutgefäße eine schnelle Möglichkeit, das Wild zu erlösen. In den anderen Fällen muss mit dem Messer ein Herz- oder Kopfstich ausgeführt oder, vor allem bei Flugwild, mit dem Messer, einer kurzschenkligen, starken Schere (Typ Seitenschneider) oder einer Geflügel-Genickzange, die Halswirbelsäule inklusive der dortigen Blutgefäße durchtrennt werden.

Da fast nichts bei Training oder Jagd so leicht verlorengeht wie das Messer und da auch bei Trainingsflügen nie gänzlich auszuschließen ist, dass der Vogel etwas schlägt, empfiehlt es sich ein zweites Messer an der Falknertasche bzw. -weste fest anzubinden (siehe auch 6.2.2).

16.2.5 §§ 5 und 6 schmerzhafte Eingriffe

Die Paragrafen 5 und 6 müssen gemeinsam betrachtet werden, sie behandeln schmerzhafte Eingriffe bei Tieren.

§ 5 (1) An einem Wirbeltier darf ohne Betäubung ein mit Schmerzen verbundener Eingriff nicht vorgenommen werden. Die Betäubung warmblütiger Wirbeltiere sowie von Amphibien und Reptilien ist von einem Tierarzt vorzunehmen. […]
Ist nach den Absätzen 2, 3 und 4 Nr. 1 eine Betäubung nicht erforderlich, sind alle Möglichkeiten auszuschöpfen, um die Schmerzen oder Leiden der Tiere zu vermindern.
(2) Eine Betäubung ist nicht erforderlich,

1. wenn bei vergleichbaren Eingriffen am Menschen eine Betäubung in der Regel unterbleibt oder der mit dem Eingriff verbundene Schmerz geringfügiger ist als die mit einer Betäubung verbundene Beeinträchtigung des Befindens des Tieres,

2. wenn die Betäubung im Einzelfall nach tierärztlichem Urteil nicht durchführbar erscheint.

(3) Eine Betäubung ist ferner nicht erforderlich

1. […]

7. für die Kennzeichnung

a) durch implantierten elektronischen Transponder,

b) […]

§ 6 (1) Verboten ist das vollständige oder teilweise Amputieren von Körperteilen oder das vollständige oder teilweise Entnehmen oder Zerstören von Organen oder Geweben eines Wirbeltieres. Das Verbot gilt nicht, wenn

1. der Eingriff im Einzelfall

a) nach tierärztlicher Indikation geboten ist oder

b) bei jagdlich zu führenden Hunden für die vorgesehene Nutzung des Tieres unerläßlich ist und tierärztliche Bedenken nicht entgegenstehen,

1a. eine nach artenschutzrechtlichen Vorschriften vorgeschriebene Kennzeichnung vorgenommen wird,

[…]

2. ein Fall des § 5 Abs. 3 Nr. 1 oder 7 vorliegt,

[…]

5. zur Verhinderung der unkontrollierten Fortpflanzung oder - soweit tierärztliche Bedenken nicht entgegenstehen - zur weiteren Nutzung oder Haltung des Tieres eine Unfruchtbarmachung vorgenommen wird.

[…]

Eingriffe nach

1. Satz 2 Nummer 1a, 1b, 2 und 3,

2. Nummer 2a, die nicht durch einen Tierarzt vorzunehmen sind, […] dürfen auch durch eine andere Person vorgenommen werden, die die dazu notwendigen Kenntnisse und Fähigkeiten hat.

[…]

16.2.5.1 Erläuterungen zu §§ 5 und 6

Was heißt das konkret? Schmerzhafte Eingriffe an Tieren, die über eine einfache Injektion hinausgehen, dürfen nur von Tierärztinnen vorgenommen werden. Dazu zählen z. B. Wundnähte, Knochennagelungen und Ähnliches, das dürfen auch Humanmedizinerinnen bei Tieren nicht durchführen. Eine Betäubung, sowohl eine Allgemeinnarkose wie auch eine örtliche Betäubung, ist ebenfalls Tierärztinnen vorbehalten, auch hier sind die Humanmedizinerinnen außen vor. Das gilt ebenso, wenn die Betäubung eigentlich nicht vorgeschrieben war, etwa beim ***Schiften***.

Was darf die Falknerin? Eingriffe, die nicht schmerzhaft sind, z. B. das Schiften oder Anbringen eines Senderrucksackes bzw. das Krallenschneiden bei Greifvogel, Frettchen oder Hund, dürfen von der Falknerin vorgenommen werden, allerdings ohne Betäubung, obwohl Tierärztinnen zum Schiften oder zur Anbringung der Rucksackmontage im Bedarfsfall eine kurzzeitige Betäubung einsetzen.

Beim Jagdhund ist noch die Kennzeichnung durch Mikrochip zu erwähnen und die Amputation der Rute sowie die Kastration. Während die Kennzeichnung von sonstigen Fachkundigen vorgenommen werden darf, sind die Amputation der Rute und die Kastration wieder nur Tierärztinnen unter bestimmten Bedingungen erlaubt. Über die Notwendigkeit der Rutenamputation wird auch in Jägerkreisen kontrovers diskutiert.

16.2.6 § 11 gewerbsmäßiger Umgang mit Tieren

Der § 11 stellt bestimmte Tätigkeiten mit Wirbeltieren oder Kopffüßern[1] unter eine Erlaub-

[1] zur Klasse der Kopffüßer gehört die Unterklasse der Tintenfische

nispflicht. So unterliegt z. B. das gewerbsmäßige Halten oder Züchten von Wirbeltieren (außer landwirtschaftlichen Nutztieren oder Gehegewild) und der Handel mit Wirbeltieren dem Erlaubnisvorbehalt.

§ 11
(1) Wer

[…]

3. Tiere in einem Tierheim oder in einer ähnlichen Einrichtung halten,
4. Tiere in einem Zoologischen Garten oder einer anderen Einrichtung, in der Tiere gehalten und zur Schau gestellt werden, halten,
5. Wirbeltiere, die nicht Nutztiere sind, zum Zwecke der Abgabe gegen Entgelt oder eine sonstige Gegenleistung in das Inland verbringen oder einführen oder die Abgabe solcher Tiere, die in das Inland verbracht oder eingeführt werden sollen oder worden sind, gegen Entgelt oder eine sonstige Gegenleistung vermitteln,
6. für Dritte Hunde zu Schutzzwecken ausbilden oder hierfür Einrichtungen unterhalten,
7. Tierbörsen zum Zwecke des Tausches oder Verkaufes von Tieren durch Dritte durchführen oder
8. gewerbsmäßig […],
a) Wirbeltiere, außer landwirtschaftliche Nutztiere und Gehegewild, züchten oder halten,
b) mit Wirbeltieren handeln,

[…]

d) Tiere zur Schau stellen oder für solche Zwecke zur Verfügung stellen,
e) Wirbeltiere als Schädlinge bekämpfen oder
f) für Dritte Hunde ausbilden oder die Ausbildung der Hunde durch den Tierhalter anleiten will,

bedarf der Erlaubnis der zuständigen Behörde.

[…]

16.2.6.1 Erläuterungen zu § 11

Die Vorschriften des § 11 sind überwiegend so klar, dass sich Erläuterungen erübrigen. Lediglich zu Nummer 8.a) lohnt sich ein Blick in die Allgemeine Verwaltungsvorschrift (AVV) zur Durchführung des Tierschutzgesetzes vom 9. Februar 2000. Bemerkenswert ist zunächst, dass die AVV seit dem Jahr 2000 bisher nicht geändert oder angepasst wurde.

Wichtig ist die Definition der Gewerbsmäßigkeit:

„Gewerbsmäßig […] handelt, wer die genannten Tätigkeiten selbstständig, planmäßig, fortgesetzt und mit der Absicht der Gewinnerzielung ausübt.
Die Voraussetzungen für ein gewerbsmäßiges Züchten sind in der Regel erfüllt, wenn eine Haltungseinheit folgenden Umfang oder folgende Absatzmengen erreicht:

- *Hunde: 3 oder mehr fortpflanzungsfähige Hündinnen oder 3 oder mehr Würfe pro Jahr,*
- *Katzen: 5 oder mehr fortpflanzungsfähige Katzen oder 5 oder mehr Würfe pro Jahr,*
- *Kaninchen, Chinchillas: mehr als 100 Jungtiere als Heimtiere pro Jahr,*
- *Meerschweinchen: mehr als 100 Jungtiere pro Jahr,*
- *Mäuse, Hamster, Ratten, Gerbils: mehr als 300 Jungtiere pro Jahr,*
- *Reptilien: mehr als 100 Jungtiere pro Jahr, bei Schildkröten: mehr als 50 Jungtiere pro Jahr.*

Ein gewerbsmäßiges Züchten liegt in der Regel vor, wenn bei Vögeln regelmäßig Jungtiere verkauft werden und

- *mehr als 25 züchtende Paare von Vogelarten bis einschließlich der Größe eines Nymphensittichs,*
- *mehr als 10 züchtende Paare von Vogelarten größer als Nymphensittiche (Ausnahme: Kakadu und Ara: 5 züchtende*

Paare) gehalten werden oder bei sonstigen Heimtieren ein Verkaufserlös von mehr als 4000 DM jährlich zu erwarten ist."

Ein Verkaufserlös von mehr als 2.000 € im Jahr ist bei Greifvögeln schnell erreicht, zumal es ja um den Erlös geht und nicht etwa um den Gewinn, die Unkosten für die Zucht werden nicht berücksichtigt, sie können bei der privaten Greifvogelzucht den Erlös leicht übertreffen.

Zu beachten ist außerdem § 11 Nummer 8.d). Hiernach ist auch das Zurverfügungstellen zu Schauzwecken genehmigungspflichtig. Das gilt z. B. auch, wenn private Falknerinnen unentgeltlich auf Jagdmessen oder ähnlichen Veranstaltungen ihre Vögel präsentieren, sobald die Messe selbst Eintritt verlangt und von einem kommerziellen Veranstalter organisiert wird.

16.2.7 § 16 Aufsicht durch die zuständige Behörde

Der Aufsicht nach § 16 TierSchG unterliegen u. a. Nutztierhaltungen, Schlacht und Transportbetriebe, aber auch Einrichtungen und Betriebe, denen eine Erlaubnis nach § 11 TierSchG erteilt wurde. Der § 16 regelt, dass die zuständige Behörde das Recht hat, diese Tierhaltungen routinemäßig zu kontrollieren und alle Informationen zu erlangen, die für eine sachgerechte Entscheidung über die Tierschutzkonformität notwendig sind.

§ 16

[…]

(2) Natürliche und juristische Personen und nicht rechtsfähige Personenvereinigungen haben der zuständigen Behörde auf Verlangen die Auskünfte zu erteilen, die zur Durchführung der der Behörde durch dieses Gesetz übertragenen Aufgaben erforderlich sind.

(3) Personen, die von der zuständigen Behörde beauftragt sind, […] dürfen zum Zwecke der Aufsicht über die in Absatz 1 bezeichneten Personen und Einrichtungen und im Rahmen des Absatzes 2

1. Grundstücke, Geschäftsräume, Wirtschaftsgebäude und Transportmittel des Auskunftspflichtigen während der Geschäfts- oder Betriebszeit betreten, besichtigen und dort zur Dokumentation Bildaufzeichnungen, mit Ausnahme von Bildaufzeichnungen von Personen, anfertigen,

2. zur Verhütung dringender Gefahren für die öffentliche Sicherheit und Ordnung

a) die in Nummer 1 bezeichneten Grundstücke, Räume, Gebäude und Transportmittel außerhalb der dort genannten Zeiten,

b) Wohnräume des Auskunftspflichtigen betreten, besichtigen sowie zur Dokumentation Bildaufzeichnungen, mit Ausnahme von Bildaufzeichnungen von Personen, anfertigen; das Grundrecht der Unverletzlichkeit der Wohnung (Artikel 13 des Grundgesetzes) wird insoweit eingeschränkt,

3. geschäftliche Unterlagen einsehen,

4. Tiere untersuchen und Proben, insbesondere Blut-, Harn-, Kot- und Futterproben, entnehmen,

5. Verhaltensbeobachtungen an Tieren auch mittels Bild- oder Tonaufzeichnungen durchführen.

Der Auskunftspflichtige hat die mit der Überwachung beauftragten Personen zu unterstützen, ihnen auf Verlangen insbesondere die Grundstücke, Räume, Einrichtungen und Transportmittel zu bezeichnen, Räume, Behältnisse und Transportmittel zu öffnen, bei der Besichtigung und Untersuchung der einzelnen Tiere Hilfestellung zu leisten, die Tiere aus den Transportmitteln zu entladen und die geschäftlichen Unterlagen vorzulegen. Die mit der Überwachung beauftragten Personen sind befugt, Abschriften oder Ablichtungen von Unterlagen nach Satz 1 Nummer 3 oder Ausdrucke oder Kopien von Datenträgern, auf denen Unterlagen nach Satz 1 Nummer 3 gespei-

chert sind, anzufertigen oder zu verlangen. Der Auskunftspflichtige hat auf Verlangen der zuständigen Behörde in Wohnräumen gehaltene Tiere vorzuführen, wenn der dringende Verdacht besteht, dass die Tiere nicht artgemäß oder verhaltensgerecht gehalten werden und ihnen dadurch erhebliche Schmerzen, Leiden oder Schäden zugefügt werden und eine Besichtigung der Tierhaltung in Wohnräumen nicht gestattet wird.
(4) Der zur Auskunft Verpflichtete kann die Auskunft auf solche Fragen verweigern, deren Beantwortung ihn selbst oder einen der in § 383 Abs. 1 Nr. 1 bis 3 der Zivilprozessordnung bezeichneten Angehörigen der Gefahr strafgerichtlicher Verfolgung oder eines Verfahrens nach dem Gesetz über Ordnungswidrigkeiten aussetzen würde

16.2.7.1 Erläuterungen zu § 16

Der Paragraf 16 ist so klar, dass sich Erläuterungen erübrigen.

16.2.8 § 16 a Verhütung und Beseitigung von Verstößen

Der § 16 a beschreibt den Werkzeugkasten für die zuständige Behörde zur Beseitigung von Verstößen und Verhütung künftiger Verstöße.

§ 16a
(1) Die zuständige Behörde trifft die zur Beseitigung festgestellter Verstöße und die zur Verhütung künftiger Verstöße notwendigen Anordnungen. Sie kann insbesondere
1. im Einzelfall die zur Erfüllung der Anforderungen des § 2 erforderlichen Maßnahmen anordnen,
2. ein Tier, das nach dem Gutachten des beamteten Tierarztes mangels Erfüllung der Anforderungen des § 2 erheblich vernachlässigt ist oder schwerwiegende Verhaltensstörungen aufzeigt, dem Halter fortnehmen und so lange auf dessen Kosten anderweitig pfleglich unterbringen, bis eine den Anforderungen des § 2 entsprechende Haltung des Tieres durch den Halter sichergestellt ist; ist eine anderweitige Unterbringung des Tieres nicht möglich oder ist nach Fristsetzung durch die zuständige Behörde eine den Anforderungen des § 2 entsprechende Haltung durch den Halter nicht sicherzustellen, kann die Behörde das Tier veräußern; die Behörde kann das Tier auf Kosten des Halters unter Vermeidung von Schmerzen töten lassen, wenn die Veräußerung des Tieres aus rechtlichen oder tatsächlichen Gründen nicht möglich ist oder das Tier nach dem Urteil des beamteten Tierarztes nur unter nicht behebbaren erheblichen Schmerzen, Leiden oder Schäden weiterleben kann,
3. demjenigen, der den Vorschriften des § 2, einer Anordnung nach Nummer 1 oder einer Rechtsverordnung nach § 2a wiederholt oder grob zuwidergehandelt und dadurch den von ihm gehaltenen oder betreuten Tieren erhebliche oder länger anhaltende Schmerzen oder Leiden oder erhebliche Schäden zugefügt hat, das Halten oder Betreuen von Tieren einer bestimmten oder jeder Art untersagen oder es von der Erlangung eines entsprechenden Sachkundenachweises abhängig machen, wenn Tatsachen die Annahme rechtfertigen, dass er weiterhin derartige Zuwiderhandlungen begehen wird; auf Antrag ist ihm das Halten oder Betreuen von Tieren wieder zu gestatten, wenn der Grund für die Annahme weiterer Zuwiderhandlungen entfallen ist […].

16.2.8.1 Erläuterungen zu § 16 a

Die Bestimmungen des § 16 a sind keines weiteren Kommentars bedürftig, zumal sie für Greifvogelhaltungen nur in den seltensten Fällen einschlägig sein dürften.

16.2.9 §§ 17 und 18 Straf- und Bußgeldvorschriften

Die Paragrafen 17 und 18 bestimmen die Strafen, die bei Verstößen gegen das Tierschutzgesetz zu gewärtigen sind. Dabei ist immer zu bedenken, dass eine Straftat nach § 17 im Vorstrafenregister erscheint und i. d. R. den Verlust des Jagd- und Falknerjagdscheins zur Folge hat.

§ 17
Mit Freiheitsstrafe bis zu drei Jahren oder mit Geldstrafe wird bestraft, wer
1. ein Wirbeltier ohne vernünftigen Grund tötet oder
2. einem Wirbeltier
a) aus Rohheit erhebliche Schmerzen oder Leiden oder
b) länger anhaltende oder sich wiederholende erhebliche Schmerzen oder Leiden zufügt.

§ 18
(1) Ordnungswidrig handelt, wer vorsätzlich oder fahrlässig
1. einem Wirbeltier, das er hält, betreut oder zu betreuen hat, ohne vernünftigen Grund erhebliche Schmerzen, Leiden oder Schäden zufügt,
[...]
4. einem Verbot nach § 3 Satz 1 zuwiderhandelt,
5. entgegen § 4 Abs. 1 ein Wirbeltier tötet,
[...]
6. entgegen § 4a Abs. 1 ein warmblütiges Tier schlachtet,
7. entgegen § 5 Abs. 1 Satz 1 einen Eingriff ohne Betäubung vornimmt oder, ohne Tierarzt zu sein, entgegen § 5 Abs. 1 Satz 2 eine Betäubung vornimmt,
8. einem Verbot nach § 6 Abs. 1 Satz 1 zuwiderhandelt oder entgegen § 6 Abs. 1 Satz 3 einen Eingriff vornimmt,
[...]
26. entgegen § 16 Abs. 2 eine Auskunft nicht, nicht richtig oder nicht vollständig erteilt oder einer Duldungs- oder Mitwirkungspflicht nach § 16 Abs. 3 Satz 2, auch in Verbindung mit einer Rechtsverordnung nach § 16 Abs. 5 Satz 2 Nr. 3, zuwiderhandelt oder
[...]
(2) Ordnungswidrig handelt auch, wer, abgesehen von den Fällen des Absatzes 1 Nr. 1, einem Tier ohne vernünftigen Grund erhebliche Schmerzen, Leiden oder Schäden zufügt.
[...]
(4) Die Ordnungswidrigkeit kann in den Fällen des Absatzes 1 Nummer 1 und 3 Buchstabe a, Nummer 4 bis 8, 11, 12, 17, 20, 20a, 22 und 25, des Absatzes 2 sowie des Absatzes 3 Nummer 1 Buchstabe a und Nummer 2 Buchstabe a mit einer Geldbuße bis zu fünfundzwanzigtausend Euro, in den übrigen Fällen mit einer Geldbuße bis zu fünftausend Euro geahndet werden.

16.2.9.1 Erläuterungen zu §§ 17 und 18

Die Bestimmungen der §§ 17 und 18 sind klar und keines weiteren Kommentars bedürftig.

16.2.10 §§ 18 a bis 20 a

Die Paragrafen 18a bis 20a enthalten das Thema Greifvogelhaltung betreffend die Möglichkeit für die Behörde bzw. das Gericht, Tiere, auf die sich eine Straftat nach § 17 oder eine Ordnungswidrigkeit nach § 18 bezieht, einzuziehen und die Tierhalterin mit einem Tierhalteverbot zu belegen. Die Widergabe des Textes kann unterbleiben.

16.3 Tierschutz-Hundeverordnung

Für die Haltung von Hunden, auch von Jagdhunden, gilt die Tierschutz-Hundeverordnung. Die Bestimmungen sind so klar, dass auf eine Erläuterung verzichtet werden kann.

§ 1 Anwendungsbereich
(1) Diese Verordnung gilt für das Halten und Züchten von Hunden (Canis lupus f. familiaris).
(2) Die Vorschriften dieser Verordnung sind nicht anzuwenden
1. während des Transportes,
2. während einer tierärztlichen Behand-

lung, soweit nach dem Urteil des Tierarztes im Einzelfall andere Anforderungen an die Haltung notwendig sind,
3. bei einer Haltung zu Versuchszwecken im Sinne des § 7 Absatz 2 des Tierschutzgesetzes, soweit für den verfolgten wissenschaftlichen Zweck andere Anforderungen an die Haltung unerlässlich sind.

§ 2 Allgemeine Anforderungen an das Halten
(1) Einem Hund ist nach Maßgabe des Satzes 3
1. ausreichend Auslauf im Freien außerhalb eines Zwingers zu gewähren,
2. mehrmals täglich in ausreichender Dauer Umgang mit der Person, die den Hund hält, betreut oder zu betreuen hat (Betreuungsperson), zu gewähren und
3. regelmäßig der Kontakt zu Artgenossen zu ermöglichen, es sei denn, dies ist im Einzelfall aus gesundheitlichen Gründen oder aus Gründen der Unverträglichkeit zum Schutz des Hundes oder seiner Artgenossen nicht möglich.
Abweichend von Satz 1 Nummer 2 ist Welpen bis zu einem Alter von zwanzig Wochen mindestens vier Stunden je Tag Umgang mit einer Betreuungsperson zu gewähren. Auslauf und Sozialkontakte sind der Rasse, dem Alter und dem Gesundheitszustand des Hundes anzupassen.
(2) Wer mehrere Hunde auf demselben Grundstück hält, hat sie grundsätzlich in der Gruppe zu halten, sofern andere Rechtsvorschriften dem nicht entgegenstehen. Die Gruppenhaltung ist so zu gestalten, dass
1. für jeden Hund der Gruppe
a) ein Liegeplatz zur Verfügung steht und
b) eine individuelle Fütterung sowie eine individuelle gesundheitliche Versorgung möglich sind und 2. keine unkontrollierte Vermehrung stattfinden kann. Von der Gruppenhaltung kann abgesehen werden, wenn dies wegen der Art der Verwendung, des Verhaltens oder des Gesundheitszustands des Hundes erforderlich ist. Nicht aneinander gewöhnte Hunde dürfen nur unter Aufsicht zusammengeführt werden.
(3) Einem einzeln gehaltenen Hund ist täglich mehrmals die Möglichkeit zum länger dauernden Umgang mit Betreuungspersonen zu gewähren, um das Gemeinschaftsbedürfnis des Hundes zu befriedigen.
(4) Ein Welpe darf erst im Alter von über acht Wochen vom Muttertier getrennt werden. Satz 1 gilt nicht, wenn die Trennung nach tierärztlichem Urteil zum Schutz des Muttertieres oder des Welpen vor Schmerzen, Leiden oder Schäden erforderlich ist. Ist nach Satz 2 eine vorzeitige Trennung mehrerer Welpen vom Muttertier erforderlich, sollen diese bis zu einem Alter von acht Wochen nicht voneinander getrennt werden.
(5) Es ist verboten, bei der Ausbildung, bei der Erziehung oder beim Training von Hunden Stachelhalsbänder oder andere für die Hunde schmerzhafte Mittel zu verwenden.

§ 3 Anforderungen an das Halten beim Züchten
(1) Wer mit Hunden züchtet, hat einer Hündin spätestens drei Tage vor der zu erwartenden Geburt bis zum Absetzen der Welpen eine Wurfkiste nach Maßgabe des Satzes 2 zur Verfügung zu stellen. Die Wurfkiste muss
1. der Größe der Hündin und der zu erwartenden Zahl und Größe der Welpen angemessen sein; insbesondere muss die Hündin in Seitenlage ausgestreckt in der Wurfkiste liegen können,
2. so gestaltet sein, dass die Gesundheit der Hündin und der Welpen sowie die Lufttemperatur kontrolliert werden können,
3. an der Innenseite der Seitenwände mit Abstandshaltern ausgestattet sein und
4. Oberflächen haben, die leicht zu reinigen und zu desinfizieren sind.
Eine Wurfkiste muss nicht zur Verfügung gestellt werden, wenn die Hündin und die Welpen im Freien gehalten werden und die Schutzhütte nach § 4 Absatz 1 Satz 1 Nummer

1 den dort in Absatz 2 genannten Anforderungen genügt und zusätzlich den Anforderungen nach Satz 2 Nummer 1 bis 4 entspricht.
(2) Eine Hündin mit Welpen muss so gehalten werden, dass sie sich von ihren Welpen zurückziehen kann.
(3) Innerhalb einer Wurfkiste oder einer Schutzhütte ist vom Züchter im Liegebereich der Welpen eine Lufttemperatur zu gewährleisten, die unter Berücksichtigung rassespezifischer Besonderheiten eine Unterkühlung oder Überhitzung der Welpen verhindert. Von einer Unterkühlung der Welpen ist in der Regel bei einer Lufttemperatur von unter 18 Grad Celsius während der ersten zwei Lebenswochen auszugehen.
(4) Werden Welpen in Räumen gehalten, muss ihnen vom Züchter ab einem Alter von fünf Wochen mindestens einmal täglich für eine angemessene Dauer Auslauf im Freien gewährt werden. Der Auslauf muss so beschaffen sein, dass von ihm keine Verletzungsgefahr oder sonstige Gesundheitsgefahr für die Welpen ausgeht. Insbesondere muss sichergestellt sein, dass die Welpen nicht mit Strom führenden Vorrichtungen oder Vorrichtungen, die elektrische Impulse aussenden, in Berührung kommen können. Die benutzbare Bodenfläche des Auslaufs muss der Zahl und der Größe der Welpen angemessen sein. Die Maße der benutzbaren Bodenfläche müssen mindestens die in § 6 Absatz 2 Satz 1 festgelegten Zwingermaße betragen. Die Einfriedung des Auslaufs muss aus gesundheitsunschädlichem Material bestehen und so beschaffen sein, dass die Welpen sie nicht überwinden können und sich nicht daran verletzen können.
(5) Wer gewerbsmäßig mit Hunden züchtet, muss sicherstellen, dass für jeweils bis zu fünf Zuchthunde und ihre Welpen eine Betreuungsperson zur Verfügung steht, die die dafür notwendigen Kenntnisse und Fähigkeiten gegenüber der zuständigen Behörde nachgewiesen hat. Eine Betreuungsperson darf bis zu drei Hündinnen mit Welpen gleichzeitig betreuen.

§ 4 Anforderungen an das Halten im Freien

(1) Wer einen Hund im Freien hält, hat dafür zu sorgen, dass dem Hund eine Schutzhütte, die den Anforderungen des Absatzes 2 entspricht, und
2. außerhalb der Schutzhütte ein witterungsgeschützter, schattiger und wärmegedämmter Liegeplatz, der weich oder elastisch verformbar ist und der so beschaffen ist, dass der Hund in Seitenlage ausgestreckt liegen kann, zur Verfügung stehen. Während der Tätigkeiten, für die ein Hund ausgebildet wurde oder wird, hat die Betreuungsperson dafür zu sorgen, dass dem Hund während der Ruhezeiten ein witterungsgeschützter und wärmegedämmter Liegeplatz zur Verfügung steht.
(2) Die Schutzhütte muss aus wärmedämmendem und gesundheitsunschädlichem Material hergestellt und so beschaffen sein, dass der Hund sich daran nicht verletzen und trocken liegen kann. Sie muss so bemessen sein, dass der Hund
1. sich darin verhaltensgerecht bewegen und ausgestreckt hinlegen kann sowie
2. den Innenraum mit seiner Körperwärme warmhalten kann, sofern die Schutzhütte nicht beheizbar ist.
(3) Abweichend von Absatz 1 dürfen Herdenschutzhunde während ihrer Tätigkeit oder ihrer Ausbildung zum Schutz von landwirtschaftlichen Nutztieren vor Beutegreifern im Freien gehalten werden, wenn
1. sichergestellt ist, dass jedem Herdenschutzhund ausreichend Schutz vor widrigen Witterungseinflüssen zur Verfügung steht, und
2. zeitweilig oder dauerhaft umzäunte Flächen, die mit Strom führenden Vorrichtungen zur Abwehr von Beutegreifern versehen sind, so bemessen sind, dass ein Herdenschutzhund mindestens sechs Meter

Abstand zu diesen Vorrichtungen halten kann. Sofern die örtlichen Gegebenheiten die Einhaltung des Abstandes nach Satz 1 Nummer 2 nicht zulassen, genügt abweichend davon ein Abstand von vier Metern.

§ 5 Anforderungen an das Halten in Räumen und Raumeinheiten

(1) Ein Hund darf nur in Räumen oder Raumeinheiten gehalten werden, bei denen der Einfall von natürlichem Tageslicht sichergestellt ist. Die Fläche der Öffnungen für das Tageslicht muss bei der Haltung in Räumen oder Raumeinheiten, die nach ihrer Zweckbestimmung nicht dem Aufenthalt von Menschen dienen, grundsätzlich mindestens ein Achtel der Bodenfläche betragen. Satz 2 gilt nicht, wenn dem Hund ständig ein Auslauf ins Freie zur Verfügung steht. Bei geringem Tageslichteinfall sind die Räume entsprechend dem natürlichen Tag-Nacht-Rhythmus zusätzlich zu beleuchten. In den Räumen oder Raumeinheiten muss eine ausreichende Frischluftversorgung sichergestellt sein.

(2) Ein Hund darf in Räumen oder Raumeinheiten, die nach ihrer Zweckbestimmung nicht dem Aufenthalt von Menschen dienen, nur dann gehalten werden, wenn

1. die benutzbare Bodenfläche die Anforderungen an die Maße nach § 6 Absatz 2 Satz 1 erfüllt,

2. für den Hund der freie Blick aus dem Gebäude oder der Raumeinheit heraus gewährleistet ist und

3. bis zu einer Hohe, die der aufgerichtete Hund mit den Vorderpfoten erreichen kann, keine stromführenden Vorrichtungen, mit denen der Hund in Berührung kommen kann, oder Vorrichtungen, die elektrische Impulse aussenden, vorhanden sind. Satz 1 Nummer 2 gilt nicht, wenn dem Hund tagsüber ständig ein Auslauf ins Freie zur Verfügung steht.

(3) Ein Hund darf in nicht beheizbaren Räumen oder Raumeinheiten nur gehalten werden, wenn

1. diese mit einer Schutzhütte nach § 4 Absatz 2 oder einem trockenen Liegeplatz, der weich oder elastisch verformbar ist und der einen ausreichenden Schutz vor Luftzug und Kälte bietet, ausgestattet sind sowie

2. außerhalb der Schutzhütte ein wärmegedämmter Liegebereich zur Verfügung steht, der weich oder elastisch verformbar ist.

§ 6 Anforderungen an die Zwingerhaltung

(1) Ein Hund darf in einem Zwinger nur gehalten werden, der den Anforderungen nach den Absätzen 2 bis 4 entspricht.

(2) In einem Zwinger muss dem Hund entsprechend seiner Widerristhöhe folgende uneingeschränkt benutzbare Bodenfläche zur Verfügung stehen, wobei die Länge jeder Seite mindestens der doppelten Körperlänge des Hundes entsprechen muss und keine Seite kürzer als zwei Meter sein darf: Widerristhöhe cm Bodenfläche mindestens qm bis 50 6 über 50 bis 65 8 über 65 10,

2. für jeden weiteren in demselben Zwinger gehaltenen Hund zusätzlich die Hälfte der für einen Hund nach Nummer 1 vorgeschriebenen Bodenfläche zur Verfügung stehen,

3. für jede Hündin mit Welpen das Doppelte der benutzbaren Bodenfläche nach Nummer 1 zur Verfügung stehen,

4. die Höhe der Einfriedung so bemessen sein, dass der aufgerichtete Hund mit den Vorderpfoten die obere Begrenzung nicht erreicht. Abweichend von Satz 1 Nr. 1 muss für einen Hund, der regelmäßig an mindestens fünf Tagen in der Woche den überwiegenden Teil des Tages außerhalb des Zwingers verbringt, die uneingeschränkt benutzbare Zwingerfläche mindestens sechs Quadratmeter betragen.

(3) Die Einfriedung des Zwingers muss aus gesundheitsunschädlichem Material bestehen und so beschaffen sein, dass der Hund sie nicht überwinden und sich nicht daran verlet-

zen kann. Der Boden muss trittsicher und so beschaffen sein, dass er keine Verletzungen oder Schmerzen verursacht und leicht sauber und trocken zu halten ist. Trennvorrichtungen müssen so beschaffen sein, dass sich die Hunde nicht gegenseitig beißen können. Mindestens eine Seite des Zwingers muss dem Hund freie Sicht nach außen ermöglichen. Befindet sich der Zwinger in einem Gebäude, muss für den Hund der freie Blick aus dem Gebäude heraus gewährleistet sein.

(4) In einem Zwinger dürfen bis zu einer Höhe, die der aufgerichtete Hund mit den Vorderpfoten erreichen kann, keine stromführenden Vorrichtungen, mit denen der Hund in Berührung kommen kann, oder Vorrichtungen, die elektrische Impulse aussenden, vorhanden sein.

(5) Werden mehrere Hunde auf einem Grundstück einzeln in Zwingern gehalten, so sollen die Zwinger so angeordnet sein, dass die Hunde Sichtkontakt zu anderen Hunden haben. Satz 1 gilt nicht für Zwinger, in denen sozial unverträgliche Hunde gehalten werden.

(6) (weggefallen)

§ 7 Anbindehaltung

(1) Hunde dürfen nicht angebunden gehalten werden.

(2) Abweichend von Absatz 1 ist die Anbindehaltung eines Hundes bei Begleitung einer Betreuungsperson während der Tätigkeiten, für die der Hund ausgebildet wurde oder wird, zulässig, wenn

1. die Anbindung mindestens drei Meter lang und gegen ein Aufdrehen gesichert ist,

2. das Anbindematerial von geringem Eigengewicht und so beschaffen ist, dass sich der Hund nicht verletzen kann, sowie

3. breite, nicht einschneidende Brustgeschirre oder Halsbänder verwendet werden, die so beschaffen sind, dass sie sich nicht zuziehen und nicht zu Verletzungen führen können.

§ 8 Fütterung und Pflege

(1) Die Betreuungsperson hat dafür zu sorgen, dass dem Hund in seinem gewöhnlichen Aufenthaltsbereich jederzeit Wasser in ausreichender Menge und Qualität zur Verfügung steht. Sie hat den Hund mit artgemäßem Futter in ausreichender Menge und Qualität zu versorgen.

(2) Die Betreuungsperson hat 1. den Hund unter Berücksichtigung des der Rasse entsprechenden Bedarfs regelmäßig zu pflegen und für seine Gesundheit Sorge zu tragen;

2. die Unterbringung mindestens zweimal täglich zu überprüfen und Mängel unverzüglich abzustellen;

3. für ausreichende Frischluft und angemessene Lufttemperaturen zu sorgen, wenn ein Hund ohne Aufsicht verbleibt; dies gilt insbesondere für den Aufenthalt in Fahrzeugen oder Wintergärten sowie sonstigen abgegrenzten Bereichen, in denen die Lufttemperatur schnell ansteigen kann;

4. den Aufenthaltsbereich des Hundes sauber und ungezieferfrei zu halten; Kot ist täglich zu entfernen.

§ 9 Ausnahmen für das vorübergehende Halten

Die zuständige Behörde kann von den Vorschriften des § 2 Abs. 2 und 3 sowie § 6 Abs. 1 in Verbindung mit Abs. 2 für das vorübergehende Halten von Hunden in Einrichtungen, die Fundhunde oder durch Behörden eingezogene Hunde aufnehmen, befristete Ausnahmen zulassen, wenn sonst die weitere Aufnahme solcher Hunde gefährdet ist.

§ 10 Ausstellungsverbot

Es ist verboten, Hunde auszustellen oder Ausstellungen mit Hunden zu veranstalten,

1. bei denen Körperteile, insbesondere Ohren oder Rute, tierschutzwidrig vollständig oder teilweise amputiert worden sind oder

2. bei denen erblich bedingt
a) Körperteile oder Organe für den artgemäßen Gebrauch fehlen oder untauglich oder umgestaltet sind und hierdurch Schmerzen, Leiden oder Schäden auftreten,
b) mit Leiden verbundene Verhaltensstörungen auftreten,
c) jeder artgemäße Kontakt mit Artgenossen bei ihnen selbst oder einem Artgenossen zu Schmerzen oder vermeidbaren Leiden oder Schäden führt oder
d) die Haltung nur unter Schmerzen oder vermeidbaren Leiden möglich ist oder zu Schäden führt. Satz 1 gilt entsprechend für sonstige Veranstaltungen, bei denen Hunde verglichen, geprüft oder sonst beurteilt werden.

§ 11 (weggefallen)

§ 12 Ordnungswidrigkeiten
(1) Ordnungswidrig im Sinne des § 18 Abs. 1 Nr. 3 Buchstabe a des Tierschutzgesetzes handelt, wer vorsätzlich oder fahrlässig
1. entgegen § 2 Abs. 4 Satz 1 einen Welpen vom Muttertier trennt,
2. entgegen § 3 Absatz 1 Satz 1 eine Wurfkiste nicht, nicht richtig oder nicht rechtzeitig zur Verfügung stellt,
3. entgegen § 3 Absatz 5 Satz 1 nicht sicherstellt, dass für jeweils bis zu fünf Zuchthunde und ihre Welpen eine dort genannte Betreuungsperson zur Verfügung steht,
4. entgegen § 4 Abs. 1 Satz 1 Nr. 1 oder Satz 2 nicht dafür sorgt, dass dem Hund eine Schutzhütte oder ein Liegeplatz zur Verfügung steht,
5. entgegen § 5 Absatz 1 Satz 1, Absatz 2 Satz 1 oder Absatz 3, § 6 Absatz 1 oder § 7 Absatz 1 einen Hund hält oder
6. entgegen § 8 Abs. 2 Nr. 2 einen Mangel nicht oder nicht rechtzeitig abstellt.
(2) Ordnungswidrig im Sinne des § 18 Absatz 1 Nummer 3 Buchstabe b des Tierschutzgesetzes handelt, wer vorsätzlich oder fahrlässig entgegen § 10 Satz 1, auch in Verbindung mit Satz 2, einen Hund ausstellt oder eine Ausstellung veranstaltet.

§ 13 Anwendungsbestimmungen
(1) § 2 Absatz 2 und die §§ 3 und 7 in der sich jeweils aus Artikel 1 Nummer 1 Buchstabe b und Nummer 2 und 6 der Verordnung zur Änderung der Tierschutz-Hundeverordnung und der Tierschutztransportverordnung vom 25. November 2021 (BGBl. I S. 4970) ergebenden Fassung sind erst ab dem 1. Januar 2023 anzuwenden. Bis zu dem in Satz 1 genannten Zeitpunkt sind die am 30. November 2021 geltenden Vorschriften weiter anzuwenden.
(2) § 6 Absatz 2 in der sich aus Artikel 1 Nummer 5 Buchstabe a der Verordnung zur Änderung der Tierschutz-Hundeverordnung und der Tierschutztransportverordnung vom 25. November 2021 (BGBl. I S. 4970) ergebenden Fassung ist erst ab dem 1. Januar 2024 anzuwenden. Bis zu dem in Satz 1 genannten Zeitpunkt ist die am 30. November 2021 geltende Vorschrift weiter anzuwenden.

§ 14 Inkrafttreten, Außerkrafttreten
Diese Verordnung tritt am 1. September 2001 in Kraft. Gleichzeitig tritt die Verordnung über das Halten von Hunden im Freien vom 6. Juni 1974 (BGBl. I S. 1265), geändert durch Artikel 2 Nr. 1 des Gesetzes vom 12. August 1986 (BGBl. I S. 1309), außer Kraft.

16.4 Gutachten

16.4.1 Greifvogel- und Eulengutachten

Bereits in den neunzehnhundertneunziger Jahren erstellte eine Sachverständigengruppe im Auftrag des Bundesministeriums für Ernährung, Landwirtschaft und Forsten (BMELF) ein **Gutachten über Mindestanforderungen für die Haltung von Greifvögeln und Eulen**, das 1995 veröffentlicht wurde und auf der Homepage des Bundesministeriums heruntergeladen werden kann.

Im Jahr 2016 wurde vom Bundesministerium für Ernährung und Landwirtschaft (BMEL) eine Neufassung des Gutachtens in Auftrag gegeben, die bis zum Erscheinen des Buches noch nicht abgeschlossen wurde. Es ist zu erwarten, dass die Neufassung dann wiederum auf der Homepage des Ministeriums zu finden sein wird.

16.4.2 Säugetiergutachten

Mit dem 2014 erschienenen **Gutachten über die Mindestanforderungen an die Haltung von Säugetieren** wurde das vom Bundesministerium für Ernährung und Landwirtschaft im Jahre 1996 herausgegebene Vorgängergutachten grundlegend überarbeitet und abgelöst, um den aktuellen wissenschaftlichen und tierhalterischen Kenntnisstand möglichst umfassend zu berücksichtigen. Einen wesentlichen Anstoß für das neue Gutachten gab zudem der Deutsche Bundestag mit seinem Beschluss vom 6. Mai 2009 (Bundestags-Drucksache 16/12868), der sich auf die Überarbeitung der Haltungsanforderungen für Delfine bezog. Das Gutachten richtet sich sowohl an die Tierhalter, unabhängig ob sie die Tiere wie ein Zoo zur Schau stellen oder ob diese der Öffentlichkeit nicht zugänglich gehalten werden, als auch an die zuständigen Aufsichtsbehörden der Länder und soll eine Orientierungshilfe für die Auslegung der allgemeinen Regelungen des Tierschutzgesetzes geben. Es konkretisiert die in § 2 des Tierschutzgesetzes niedergelegten Haltungsanforderungen von Säugetierarten.

Im Ersten Abschnitt des Gutachtens wird unterstrichen, dass der Anwendungsbereich sich neben Zoos, Tiergehegen, Gehegen oder vergleichbaren Einrichtungen, Tierhandlungen und Zirkusbetrieben auch auf die private Haustierhaltung erstreckt.

Bezüglich Frettchen finden sich hier auf Seite 197 im Abschnitt 21.8. Marder (Mustelidae) und Skunks (Mephitidae) folgende Angaben:

Abb. 16.2: Beispiel eines Frettchengeheges. Eine 6 m^2 große und 2,5 m hohe Papageienvoliere wurde auf gepflastertem Boden platziert und mit verschiedenen Kratzbäumen, hölzernen Schutzhütten, einer Badeschale, mehreren Drainagerohren, mehreren Katzenklos und einem Behälter mit Plastikbällen (Bällebad) ausgestattet. Herkömmliche Katzenklos werden von den Frettchen zum Kot und Urinabsatz genutzt und die Drainageröhren stellen beliebte Laufbahnen dar (Foto: D. Fischer)

Gehegeanforderungen:
Außengehege:
Wieselartige und Stinktiere
[…]
Frettchen: Mindestens 4 m² und 2,5 m Höhe für 2 Tiere; für jedes weitere erwachsene Tier 2 m² und 2,5 m Höhe mehr.

Weiterhin finden sich in den nachfolgenden Abschnitten Gehegeeinrichtung, Gehegebegrenzung, Klimatische Bedingungen, Haltungsansprüche, Fütterung/Ernährung sowie Pflege und Betreuung die folgenden Erläuterungen:

Gehegeeinrichtung
… bei den anderen Arten Naturboden (wie gewachsen) oder geeignetes Substrat. Bei grabenden Arten muss dafür gesorgt sein, dass sie nicht verschüttet werden. Zum Schlafen und insbesondere für die Jungenaufzucht sollen bei vielen Arten mindestens 2 Höhlen oder Boxen pro Tier angeboten werden, deren Eingänge in unterschiedliche Richtungen weisen. …
Gehegestrukturierung mit Kletterästen, hohlen Baumstämmen, Wurzeln, Strohballen– vor Regen geschützt –, Steinen, Felsen, Sonnen- und Regenschutz und erhöhten Liegeplätzen ist notwendig. Natürliche Vegetation bzw. künstliche Bepflanzungen in einem Teil des Geheges sowie Röhren sind als Deckung empfehlenswert....

Gehegebegrenzung
Allseitig geschlossene Gehege sind für gut kletternde Arten nötig. … Untergrabschutz ist erforderlich….

Klimatische Bedingungen
Ganzjährige Haltung in Außengehegen ist nur für winterharte Arten geeignet und erfordert wettergeschützte Schlafboxen mit Einstreu (z. B. Stroh). ... Schlafboxen für Dachse, die im Außengehege überwintern, müssen durch geeignete Isolierung gegen Durchfrieren geschützt sein, sodass der Verlust an Körperwärme minimal ist.

Haltungsansprüche:
Sozialgefüge/Vergesellschaftung:
Im Freiland leben die meisten Arten einzelgängerisch.

Nahezu alle Arten können jedoch paarweise gehalten werden. Dies ist zur Beschäftigung der Tiere anzustreben. ....
Viele Musteliden können mit anderen Arten vergesellschaftet werden, die nicht zu ihrem Beutespektrum gehören, so z. B. .... Je nach Artenkombination können Rückzugsmöglichkeiten erforderlich sein.

Lebensraumbereicherung:
Lebensraumbereicherung durch Beschäftigungsmaßnahmen ist insbesondere bei einzeln gehaltenen Tieren angezeigt. Sofern Frettchen in Gehegen der angegebenen Mindestgröße gehalten werden, ist ihnen regelmäßig Beschäftigung und Gelegenheit zu zusätzlicher Bewegung anzubieten. Bei allen Arten sind geruchliche Reize zur Lebensraumbereicherung besonders wichtig. Zudem sollen zur Lebensraumbereicherung unterschiedliche Formen der Futterdarreichung genutzt werden, z. B. Futter in Papprollen verstecken und mit Heu, Gras oder Holzwolle „versiegeln", mit Futter bestückte Äste oder Bambusrohre aufhängen, angesätes Gras. Wechselnde Gegenstände zum Klettern, Spielen und Verstecken einbringen, wie z. B. geflochtene Weidenkörbe, mit Holzwolle oder Heu gefüllte Jutesäcke, Holzkugeln, Aststücke oder der Art in ihrer Größe entsprechende Hartgummispielzeuge.

Tierärztliche Betreuungshinweise: *Hyperplasien der Nebennierenrinde sind sehr häufig und können zu Störungen des Elektrolythaushalts und zur Ausbildung von Nierensteinen führen. …*

17

Populationsdynamik und Auswirkungen der Jagd auf die Populationen des Wildes

17.1 KNACKPUNKT Biologische Konsequenzen der Jagd auf die Populationen des Wildes

Neben der notwendigen Rechtfertigung für die Jagd aus ethisch/rechtlichen Gesichtspunkten – wie in den Kapiteln 15 und 16 dargestellt wurde – müssen bei der Entscheidung, ob eine Tierpopulation bejagt werden darf, auch biologische Tatsachen berücksichtigt werden.

Die Entwicklung von Tierpopulationen über die Zeit, die sogenannte Populationsdynamik, ist zusätzlich auch für den Umgang mit hilfsbedürftigen Wildtieren von großer Bedeutung, was in Kapitel 18 dargestellt wird.

17.1.1 Elemente der Populationsentwicklung

Der Schlüsselbegriff ist das sogenannte biologische Gleichgewicht. Der Begriff Gleichgewicht klingt zunächst sehr positiv, wenn die Biologie im Gleichgewicht ist, dann ist doch alles in Ordnung, oder? Nun für die Ökologie mag das so sein oder auch nicht, für das Einzeltier jedoch sind die Konsequenzen aus dieser Erkenntnis meist nicht sehr positiv. Es ist eine simple mathematische Tatsache, dass wenn eine Population im Gleichgewicht ist, also weder wächst noch schrumpft, jedes Jahr so viele Individuen sterben wie dazu kommen. Stürben mehr, schwände die Population, stürben weniger, wüchse sie. Die Ursachen für die Sterblichkeit sind vielfältig und reichen von Zerstörung von Habitaten durch landwirtschaftliche Maßnahmen, innerartlicher Konkurrenz[2], Nahrungsmangel[3], Prädation und Infektionen bis zu Autounfällen. Diese Sterblichkeitsfaktoren sind in vielen Fällen dichteabhängig. Ist die Populationsdichte hoch, werden einzelne Individuen durch das arttypische Territorialverhalten an den Rand großer Straßen abgedrängt, wo das Unfallrisiko hoch ist, stecken sich vermehrt mit Krankheitserregern an und finden nicht genug Nahrung. Folglich steigt die Wahrscheinlichkeit zu sterben. Ist die Populationsdichte gering, können sich auch die zusätzlichen Jungtiere etablieren. Das geht so lange, bis die Biotopkapazität erreicht ist und wieder so viele sterben wie dazu kommen (Voland, 2013) (siehe Abb. 17.1).

Das biologische Gleichgewicht entspricht keiner feststehenden Individuenzahl, sondern die Tragekraft der Umwelt schwankt mit den Jahreszeiten, im Frühsommer/Sommer ist sie

[1] Das Thema ist äußerst komplex und kann hier nur in seinen Grundprinzipien dargestellt werden, z.B. wächst die Zahl der jährlichen Nachkommen je potentiellem Muttertier bei vielen Arten mit abnehmender Populationsgröße

[2] z. B. bei Wildkaninchen siehe v. Holst, 2000

[3] bei wildlebenden Greifvögeln ist der wichtigste Faktor die unzureichende Fähigkeit genügend Nahrung zu erlangen, d. h. die Vögel verhungern

in unseren Breiten für die meisten Tierarten am höchsten, hier steht die größte und auch qualitativ beste Biomasse aus Pflanzen zur Verfügung, die dann durch eine entsprechend große Zahl von Jungtieren der Pflanzenfresser auch eine hohe Nahrungsverfügbarkeit für Beutegreifer zur Folge hat. Im Flaschenhals bis zum nächsten Frühjahr sinkt dann die Biotopkapazität wieder und parallel dazu die Individuenzahl der Pflanzenfresser und der Prädatoren, bis das Ausgangsniveau wieder erreicht ist. Allerdings schwankt sie zwischen den Jahren in Abhängigkeit der ökologischen Rahmenbedingungen, gute und schlechte Jahre wechseln sich unregelmäßig ab (siehe Abb. 17.2).

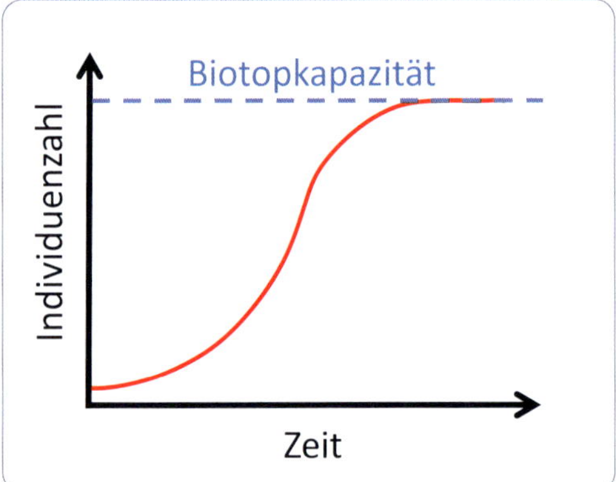

Abb. 17.1: Ausgehend von einer kleinen Gruppe nach der Erstbesiedelung einer bisher von der Art unbewohnten Insel, wächst die Population zunächst nahezu exponentiell, bevor dann der Sättigungseffekt eintritt, weil die Biotopkapazität erreicht wurde (Zeichnung: Th. Richter nach Voland, 2013)

Betrachtet man jetzt den Populationsverlauf einer Saison genauer, stellt man fest, dass die Sterblichkeit in zwei Ursachengruppen eingeteilt werden kann. Die erste Gruppe ist die unvermeidliche Sterblichkeit, die unabhängig von der Populationsdichte auf dem natürlichen Zufall oder auf dichteunabhängigen – meist vom Menschen zu verantwortenden – Faktoren beruht. Die zweite Gruppe ist dichteabhängig. Ist die Populationsgröße hoch, dann wird die Nahrung knapp, die Verfügbarkeit guter Reviere ist begrenzt, sodass einzelne Individuen an den Rand großer Straßen oder an andere gefährliche Grenzen verdrängt werden, die Ansteckungswahrscheinlichkeit mit Krankheitserregern wächst und viele weitere Sterblichkeitsfaktoren begrenzen die Individuenzahl. Diese Sterblichkeit nennt man kompensatorisch, da die einzelnen Sterblichkeitsfaktoren sich gegenseitig kompensieren (siehe Abb. 17.3).

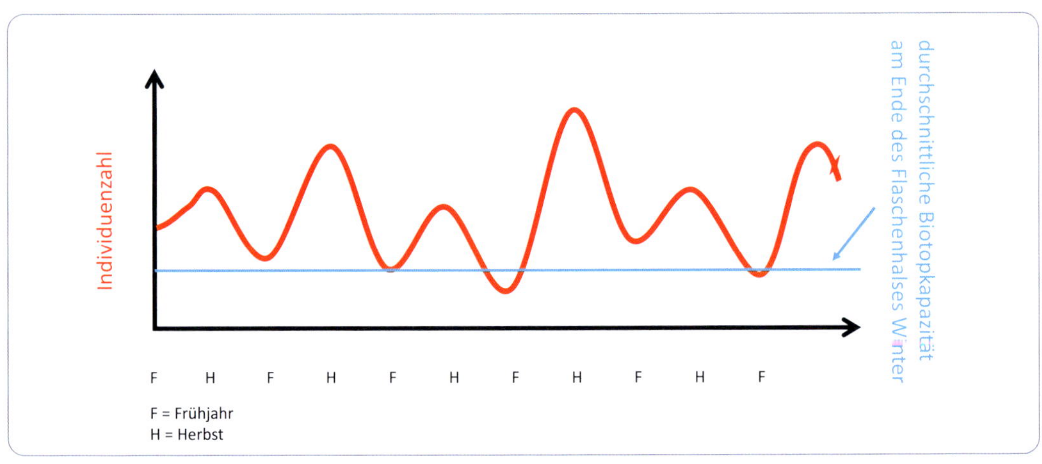

Abb. 17.2: Schwankungen der Biotopkapazität und damit der Populationsgröße über mehrere Jahre (Zeichnung: Th. Richter)

17.1.2 Konsequenzen der Jagd

Die Sterblichkeitsfaktoren im Bereich der kompensatorischen Sterblichkeit liegen meist eng beieinander. Fällt der erste Faktor weg, indem z. B. gefüttert wird, falls Nahrungsmangel erstlimitierend war, kommt der nächste zum Tragen. Im Falle bejagter Tierarten kommt der kompensatorischen Sterblichkeit eine zentrale Rolle zu (Kalchreuter, 1994). Ist der Bereich der kompensatorischen Sterblichkeit groß und liegt die Zahl der erlegten Tiere im Bereich der kompensatorischen Sterblichkeit, so hat die Jagd keinen Einfluss auf die Populationsgröße nach dem nächsten Flaschenhals im nächsten Winter (siehe Abb. 17.4). Die Population des Wildes bleibt also im Frühjahr gleich, ob gejagt wird oder nicht. Allerdings ist das natürliche Sterben in der Regel mit mehr Schmerzen und Leiden verbunden als das Sterben bei weidgerechter Jagd, insbesondere bei der Beizjagd. Es kann jedoch als positive Effekte der Jagd auch innerhalb der kompensatorischen Sterblichkeit zeitlich begrenzt eine Reduktion der Schäden in der Garten-, Land- und Forstwirtschaft geben und es kann umweltfreundlich entstandene Nahrung für Mensch und Beizvogel gewonnen werden. Soll die Population reduziert werden, muss mehr erlegt werden als der kompensatorischen Sterblichkeit entspricht (siehe Abb. 17.5). Ist die unvermeidliche Sterblichkeit im Vergleich zur kompensatorischen Sterblichkeit sehr groß, dann droht die Population auszusterben und Jagd ist aus biologischer Sicht nicht mehr zu verantworten (siehe Abb. 17.6); nur in diesem Fall kann die Rehabilitation hilfloser Wildtiere evtl. einen positiven Effekt auf die Populationsgröße haben (siehe Kapitel 18).

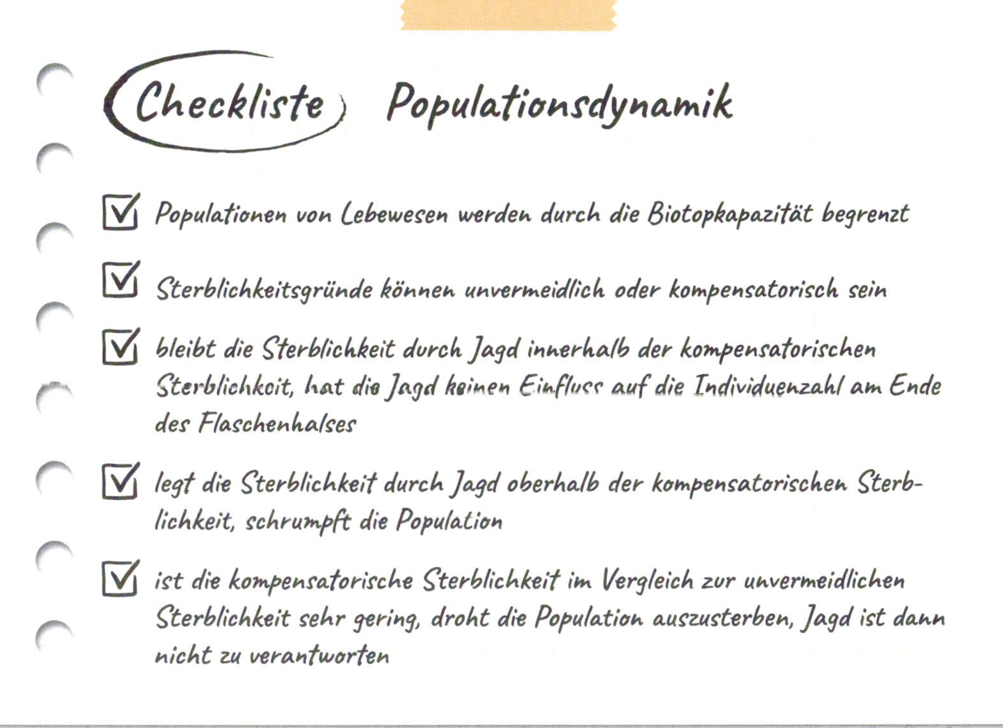

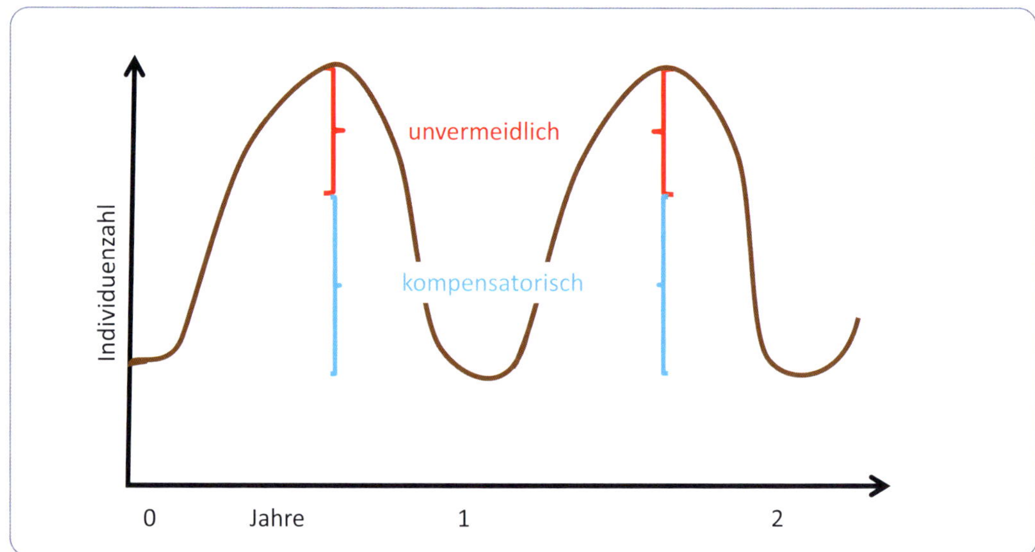

Abb. 17.3: Unvermeidliche und kompensatorische Sterblichkeit (Zeichnung: Th. Richter)

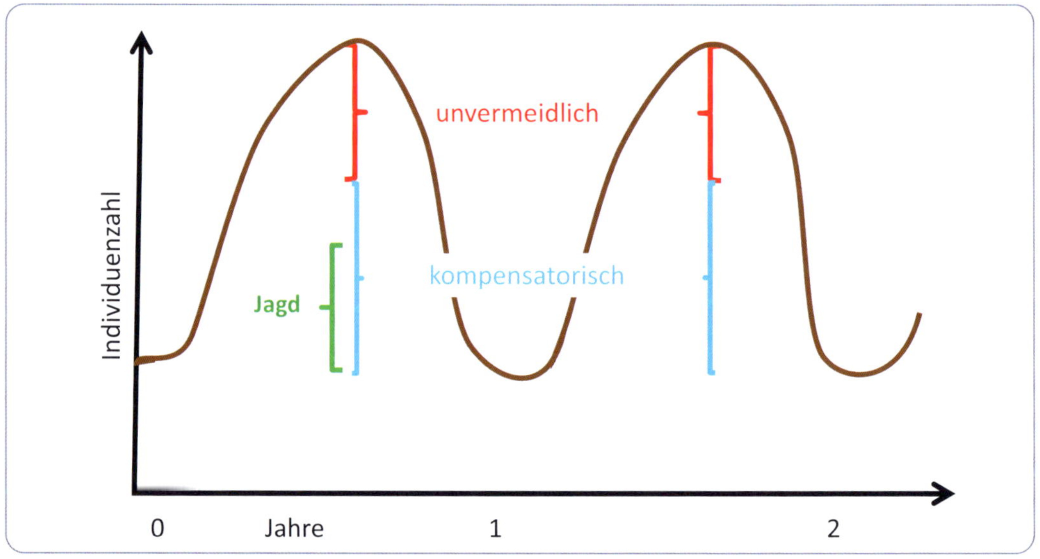

Abb. 17.4: Jagd innerhalb der kompensatorischen Sterblichkeit hat keinen Einfluss auf die Größe der Population des Wildes vor der nächsten Fortpflanzungssaison (Zeichnung: Th. Richter))

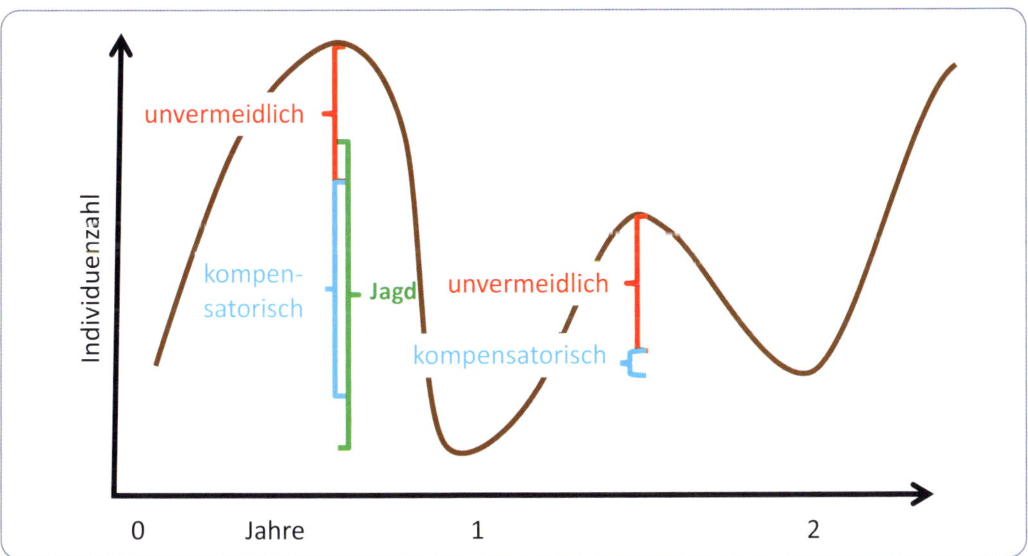

Abb. 17.5: Überkompensatorische Jagd reduziert die Population des Wildes, der Effekt wird aber in den nächsten Fortpflanzungsperioden ausgeglichen, sollte nicht jährlich wieder gejagt werden (Zeichnung: Th. Richter)

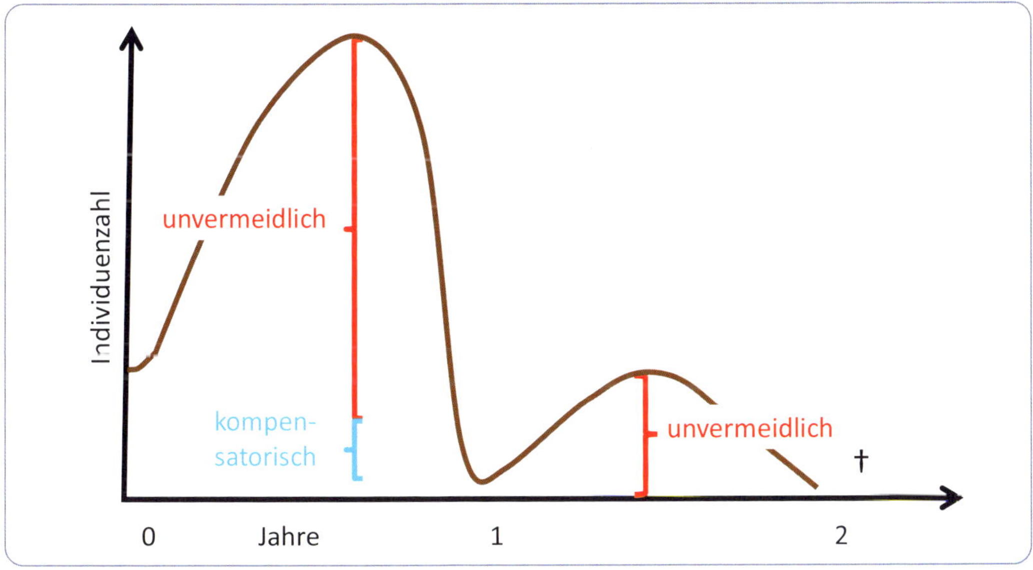

Abb. 17.6: Bei hoher unvermeidlicher Sterblichkeit ist keine Jagd zu verantworten und das Aussterben der Art zu befürchten (Zeichnung: Th. Richter)

18

Aufnahme und Rehabilitation hilfsbedürftiger Wildgreifvögel

Hilfsbedürftige Wildgreifvögel stellen ein Tierschutzproblem und ein rechtliches Problem dar. Fast alle Menschen empfinden Mitleid mit einem hilflosen Tier und wollen ihm aus Tierschutzgründen helfen. Fragen, die sich stellen, sind zunächst: Wer darf helfen? Wie weit soll die Hilfe gehen? Wie muss die Hilfe ggf. konkret gestaltet werden? Zur Beantwortung dieser Fragen sind zunächst ein Blick in die Gesetzbücher, dann eine ethisch-moralische Entscheidung, eine biologische Überlegung sowie eine medizinische Untersuchung notwendig.

18.1 Rechtsgrundlagen

Freilebende einheimische Greifvögel unterliegen sowohl dem Jagdrecht, sie fallen also unter den Begriff „Wild", als auch dem Natur- und Artenschutzrecht. Im Falle, dass sie in Menschenhand geraten oder dass Menschen direkt auf sie einwirken, unterliegen sie außerdem dem Tierschutzrecht und es greifen die Bestimmungen des Tierseuchenrechts. Unabhängig davon gilt im Umgang mit Tieren wie auch sonst immer das allgemeine Recht, welches im Grundgesetz und im Bürgerlichen Gesetzbuch niedergeschrieben ist.

Das Jagdrecht begründet das Recht zur Jagd, also zum Aufsuchen, Nachstellen, Erlegen und Fangen von Wild auf einem bestimmten Gebiet, allerdings haben alle Greifvögel eine ganzjährige Schonzeit und dürfen deshalb nicht bejagt werden. Damit verbunden ist aber auch die Pflicht zur Hege für die dem Jagdrecht unterstehenden Wildarten. Zudem besteht auch ein exklusives Aneignungsrecht von Wild, einschließlich aller aufgefundenen Greifvögel, gleichgültig ob lebend oder tot, für die Jagdausübungsberechtigten. Das bedeutet nicht, dass ihnen das Wild per se gehört, denn dieses ist herrenlos, aber sie haben das ausschließliche Recht, sich diese Tiere oder Teile dieser Tiere (z. B. Federn oder Eier) anzueignen. Diese Vorschrift ist in der Praxis jedoch realitätsfern, da die Finderinnen hilfsbedürftiger Wildgreifvögel die Jagdausübungsberechtigten in den seltensten Fällen kennen werden und sie auch Tierärztinnen meist unbekannt sind. Es wird wohl auch kaum eine Jagdausübungsberechtigte auf dem Aneignungsrecht bestehen, jedoch begeht man mit der Entnahme von Greifvögeln aus einem Jagdrevier streng genommen Jagdwilderei. Deshalb sollte jede Aufnahme von Greifvögeln der Jagdausübungsberechtigten, oder sofern diese nicht bekannt ist, der Polizei angezeigt werden. Diese verfügt üblicherweise über Kontaktdaten der jeweiligen Jagdausübungsberechtigten in ihrem Zuständigkeitsbereich und kann diese über den Sachverhalt informieren.

Zum Jagdrecht gehören auch die Vorgaben der Bundeswildschutzverordnung (BWildSchV), welche eine Haltung von zur Rehabilitation aufgefundenen Wildgreifvögeln nur in nach Bundeswildschutzverordnung anerkannten Auffang- und Pflegestationen erlaubt.

Das Natur- und Artenschutzrecht verbietet generell eine Aneignung geschützter Wildtiere. Dabei fallen laut Bundesnaturschutzgesetz (BNatSchG) alle heimischen Greifvogel-, Falken- und Eulenarten unter den Begriff der

„besonders geschützten Arten", die meisten sogar in die höhere Kategorie der „streng geschützten Arten". Die Aufnahme und Pflege hilfloser, verletzter oder kranker Wildtiere ist allerdings unter der Bedingung erlaubt, dass dies mit dem Ziel geschieht, sie gesund zu pflegen und wieder freizulassen, sobald das möglich ist.

Wörtlich heißt es dazu im § 45 (5) BNatSchG:

Abweichend von den Verboten des § 44 Absatz 1 Nummer 1 sowie den Besitzverboten ist es vorbehaltlich jagdrechtlicher Vorschriften ferner zulässig, verletzte, hilflose oder kranke Tiere aufzunehmen, um sie gesund zu pflegen. Die Tiere sind unverzüglich freizulassen, sobald sie sich selbstständig erhalten können. Im Übrigen sind sie an die von der für Naturschutz und Landschaftspflege zuständigen Behörde bestimmte Stelle abzugeben. Handelt es sich um Tiere der streng geschützten Arten, so hat der Besitzer die Aufnahme des Tieres der für Naturschutz und Landschaftspflege zuständigen Behörde zu melden. Diese kann die Herausgabe des aufgenommenen Tieres verlangen.

Tierseuchenrechtlich muss man bei der Aufnahme von Wildtieren beachten, dass man verpflichtet ist anzeigepflichtige Tierseuchen, also Anzeichen für z. B. Geflügelpest (Vogelgrippe) oder West-Nil-Virus-Infektionen, der zuständigen Veterinärbehörde anzuzeigen. Ansonsten ist man beim Betreiben einer Auffang- und Pflegestation an weitere Vorschriften des Tiergesundheitsgesetzes (TierGesG) und des Europäischen Animal Health Law (AHL) gebunden.

Im Bürgerlichen Gesetzbuch (BGB) wird im § 833 festgelegt, dass die Person, welche die Bestimmungsvollmacht über ein Tier innehat, auch die Kosten für dieses übernimmt - ein Sachverhalt, der bei der Übernahme eventuell entstehender Kosten für die Finderin nicht unerheblich sein kann. Man ist hier gut beraten, sich über landesspezifische Regelungen und Absprache zur Versorgung von Wildtieren und zur Kostenübernahme für diese Maßnahmen zu informieren, da dies leider in vielen Bundesländern unzureichend geregelt ist.

Das Tierschutzrecht kennt zwar kein förmliches Gebot der Aufnahme und Pflege hilfloser Tiere, ist aber eine Aufnahme erfolgt, so gelten die Prinzipien des § 1 TierSchG, dass keine Schmerzen, Leiden oder Schäden ohne vernünftigen Grund zugefügt werden dürfen (siehe 16.2.1). Daneben gelten auch bei der Versorgung und Haltung von Pfleglingen die Vorschriften des § 2 TierSchG, nach denen ein Tier seiner Art und seinen Bedürfnissen entsprechend angemessen ernährt, gepflegt und verhaltensgerecht untergebracht werden muss, und dass die für die Pflege verantwortliche Person über die für eine angemessene Ernährung, Pflege und verhaltensgerechte Unterbringung des Tieres erforderlichen Kenntnisse und Fähigkeiten verfügen muss (siehe 16.2.2). Außerdem wird mit dem § 3 TierSchG eine Vorgabe zur Freilassung gepflegter Wildtiere gemacht, welche bei der Rehabilitation von Wildtieren unbedingt beachtet werden sollte. Unter Nummer 4. heißt es:

es ist verboten ein gezüchtetes oder aufgezogenes Tier einer wildlebenden Art in der freien Natur auszusetzen oder anzusiedeln, das nicht auf die zum Überleben in dem vorgesehenen Lebensraum erforderliche artgemäße Nahrungsaufnahme vorbereitet und an das Klima angepasst ist

(siehe 16.2.3). Schlussendlich sind ggf. auch die Vorschriften der §§ 5 und 6 TierSchG zu beachten, die bestimmte schmerzhafte Eingriffe Tierärztinnen vorbehalten (siehe 16.2.5).

18.2 Ethische Aspekte

Ziel einer Rehabilitation ist die Erreichung oder Wiederherstellung der Wildbahntauglichkeit, also alle Voraussetzungen, um ohne menschliche Hilfe in der Natur zu überleben, uneingeschränkt Beute zu machen, sich in die Wildpopulation zu integrieren und sich zu reproduzieren. Ethisch unproblematisch ist die Situation, wenn die uneingeschränkte Wildbahntauglichkeit ohne Leiden für den Pflegling erreicht werden kann. Das ist bei sachgerechter Aufzucht von Jungvögeln zu erwarten. Es ist genauso unstrittig, dass die Freilassung eines Tieres, das zwar wegfliegen, sich aber nicht selbstständig ernähren kann, also einem langsamen und qualvollen Hungertod ausgesetzt sein wird, in hohem Maße tierschutzwidrig ist. Das passiert jedoch regelmäßig bei der nicht sachgerechten Aufzucht von Jungvögeln.

Ethisch zu hinterfragen ist, was mit Tieren geschehen soll, die bei fraglicher Prognose der Wildbahntauglichkeit einer mit erheblichem Leiden verbundenen Behandlung bedürfen oder die zwar sicher nicht mehr wildbahntauglich sind, aber unter Leiden in Menschenhand weiterleben können.

Wie in Kapitel 15.2 festgestellt wurde, gibt es sehr unterschiedliche moralische Vorstellungen, wie ganz allgemein mit Tieren umzugehen ist, aber kein objektives Kriterium, das es erlaubt, die verschiedenen möglichen Moralen einem Test zu unterziehen, dessen Ergebnis einem naturwissenschaftlichen Beweis entspräche.

Bezüglich des Umganges mit hilfsbedürftigen Wildvögeln, die nicht wieder ausgewildert werden können und unter der dann nötigen Dauerhaltung leiden oder deren Auswilderung fraglich ist und die einer sehr belastenden Behandlung bedürfen, gibt es zwei Sichtweisen, die oft in ihren extremeren Varianten vertreten werden. Dabei geht es um die Entscheidung zwischen Leiden und Leben. Das deutsche Tierschutzgesetz gibt uns im § 1 leider keine klare Hilfestellung. Es schützt das Leben genauso wie das Wohlbefinden. Eine Antwort, ob es besser ist weiterzuleben, auch wenn das mit (erheblichem) Leiden verbunden ist, oder ob es besser ist das Leiden so weit als möglich zu reduzieren, auch wenn das den Entschluss zur Beendigung des Lebens, also zur Euthanasie erzwingt, wird zumindest zunächst nicht gegeben. Allerdings führt der § 17 TierSchG aus,

> *dass mit Freiheitsstrafe bis zu drei Jahren oder mit Geldstrafe bestraft wird, wer [...] einem Wirbeltier [...] länger anhaltende oder sich wiederholende erhebliche Schmerzen oder Leiden zufügt.*

Im § 16a TierSchG ist festgelegt, dass die Behörde [...]

> *das Tier auf Kosten des Halters unter Vermeidung von Schmerzen töten lassen [kann], wenn*
>
> [...]
>
> *das Tier nach dem Urteil des beamteten Tierarztes nur unter nicht behebbaren erheblichen Schmerzen, Leiden oder Schäden weiterleben kann.*

Daraus kann man schließen, dass länger anhaltende oder sich wiederholende erhebliche Leiden nicht zugefügt werden dürfen und die Erlösung von diesen Leiden einen vernünftigen Grund für eine Euthanasie darstellt.

Die Autorinnen und Autoren des vorliegenden Buches vertreten die Auffassung, dass erhebliches Leiden in jedem Fall zu verhindern ist und nur mäßiges Leiden höchstens dann zugefügt werden darf, wenn es dafür einen vernünftigen Grund gibt. Dies wäre etwa eine medizinisch günstige Prognose, welche die temporär mit einer Behandlung einhergehenden Leiden und etwaigen Schmerzen vor dem Hintergrund rechtfertigt, dass eine Wildbahntauglichkeit und eine anschließende Freilassung erreicht werden können. Zudem kann die Einbringung in ein anerkanntes Zuchtprogramm aus Artenschutzsicht (siehe auch weiter unten) eine vernünftige Begründung für eine Behandlung darstellen, auch wenn die Tiere die Wildbahntauglichkeit durch eine Behandlung nicht wieder erreichen werden.

Die langfristige Haltung von nicht mehr wildbahntauglichen, adult in Menschenobhut genommenen Greifvögeln ist aus der Sicht des Tierschutzes problematisch und nur in seltenen Fällen sinnvoll und ethisch begründbar. Dies ist der Fall, wenn sie einerseits bei vertretbarem Stress und/oder sonstigem Leiden während der Eingewöhnungszeit, z. B. zur Zucht für ein Artenschutzprogramm, für die Wissenschaft oder für die Umwelterziehung eingesetzt werden. Andererseits kann dies vertretbar sein, wenn die Tiere bei besonders hervorragenden Haltungsbedingungen oder wegen der speziellen Stressresistenz der Art und/oder der besonderen Bedürfnissituation des Individuums gegenüber den Haltungsbedingungen durch die Dauerhaltung nicht leiden. Da diese Bedingungen in der Regel nicht gegeben sein werden, wird im Folgenden auch nicht weiter auf die Spezifika eingegangen. In jedem Fall ist das die Sache von Spezialistinnen und bedarf der speziellen jagd- und artenschutzrechtlichen Genehmigung.

18.3 Aspekte der Populationsdynamik

Neben dem Tierschutz wird auch der Artenschutz als Begründung für die Aufnahme von individuellen Wildgreifvögeln angeführt. Dieses Argument ist jedoch für die meisten Arten nicht gültig, wie die einfache biologische Beobachtung zeigt, die in Kapitel 17 angestellt wurde.

Kurz zusammengefasst ist festzustellen, dass der Lebensraum für alle Lebewesen begrenzt ist. Es können auf einer bestimmten Fläche nur so und so viele Pflanzen oder Tiere überleben, das gilt natürlich auch für Menschen. Das nennt die Biologie die Biotopkapazität oder Tragekraft des Lebensraumes (Carrying capacity). Eine Möglichkeit zur Abwanderung ist in der Realität meist auch nicht gegeben, da es in der Regel keine freien Lebensräume gibt. Seltene Ausnahmen bestätigen diese Regel. So war der Lebensraum der wilden Wanderfalken in Europa und Nordamerika durch die DDT-Vergiftung in den 1950er und 1960er Jahren praktisch leergefegt. Nach dem DDT-Verbot – in Deutschland 1972 – war und ist die Auswilderung von durch Falknerinnen gezüchtete Falken, die gegenwärtig in Polen immer noch praktiziert wird, sehr erfolgreich.

Fakt ist weiterhin, dass wilde Greifvögel bei einigermaßen intaktem Biotop und ohne menschliche Verfolgung während ihres Lebens einen erheblichen reproduktiven Überschuss hervorbringen. Wenn man in erster Näherung davon ausgeht, dass im Mittel aller Paare und Arten je erfolgreichem Brutpaar zwei Jungvögel pro Jahr flügge werden, dann verdoppelt sich die Zahl der Individuen in jeder Schlupfsaison[1].

Es ist ferner eine simple mathematische Tatsache, dass, wenn eine Population im Gleichgewicht ist, also weder wächst noch schrumpft, jedes Jahr so viele Individuen sterben wie dazu kommen. Stürben mehr, schwände die Population, stürben weniger, wüchse sie. Die Sterblichkeit kann man nach ihrer Ursache in die unvermeidliche und die kompensatorische Sterblichkeit einteilen (siehe Kapitel 17). Die Sterblichkeit betrifft natürlich nicht ausschließlich die dazugekommenen Jungtiere, sondern auch Alttiere aus der reproduzierenden Population, für die dann Jungtiere nach-

[1] Wie immer bei Mittelwerten gibt es neben einigen Greifvogelarten mit geringeren Reproduktionsraten, wie Geiern, Schrei- oder Schlangenadlern, die in der Regel nur einen Jungvogel pro Jahr und Brutpaar erzeugen, auch Arten, die eine höhere Reproduktionsrate von 3-5 Jungtieren pro Jahr und Brutpaar aufweisen

rücken können. Die Sterblichkeit im ersten Lebensjahr ist aber deutlich höher als in den Folgejahren.

Ein Effekt der Pflege und Rehabilitation einzelner Individuen für den Artenschutz ist gegeben, wenn die kompensatorische Sterblichkeit sehr gering, d. h. die Population kurz vor dem Aussterben ist.

Einen zusätzlichen biologischen Wert für die Population, der über die reine Individuenzahl hinausgeht, hat ein einzelnes Individuum ebenfalls bei sehr kleinen Populationen, weil dann die genetische Vielfalt bzw. genetische Verarmung von dem Beitrag jedes einzelnen Individuums abhängt.

Das heißt, dass ein positiver Beitrag zum Artenschutz nur bei den Arten zu erwarten ist, bei denen die Anzahl der rehabilitierbaren Individuen im Verhältnis zu den ohnehin sterbenden groß ist.

Spielt man diese Fragen anhand realer Zahlen von Greifvogelpopulationen in Deutschland durch, so kommt man bei einem angenommenen jährlichen Bruterfolg von 2 Jungvögeln pro Brutpaar zu folgenden Ergebnissen:

Art	Mäusebussard	Habicht	Wiesenweihe	Kornweihe
Anzahl Brutpaare	80.000	15.000	440	8
Anzahl flügge Jungvögel = Anzahl jährlich sterbende Vögel	160.000	30.000	880	16
Effekt der Einzeltierhilfe für die Population	keiner	keiner	groß	sehr groß

Tab. 18.1: Hypothetischer Bruterfolg und Wirkung auf die Population ausgewählter Greifvogelarten in Deutschland (Quelle der Bestandszahlen: Das Arten-Informationssystem des Dachverbands Deutscher Avifaunisten (DDA): https://www.dda-web.de/voegel/voegel-in-deutschland)

18.4 Gründe für Hilfsbedürftigkeit

Nach Richter und Hartmann (1993) kann man die Ursachen für die Hilfsbedürftigkeit der meisten Pfleglinge einer der folgenden fünf Fallgruppen zuordnen:

1. noch nicht flügge Jungvögel
2. akuter witterungsbedingter Nahrungsmangel
3. durch Erreger bedingte Krankheiten
4. Unfälle
5. bereits durch nichtsachkundige Laien gehalten.

Die obige Liste folgt der zu erwartenden Fallhäufigkeit, wobei Kombinationen der Ursachen häufig sind. Noch nicht flügge Jungvögel werden häufiger als die Individuen der anderen Fallgruppen von Laien gehalten und durch Erreger vorgeschädigte Vögel verunfallen häufiger als gesunde.

Bei den noch nicht flüggen Jungvögeln handelt es sich häufig um Ästlinge, die den Horst bereits verlassen haben, aber von den Eltern noch versorgt werden. Dieses arttypische Verhalten wird leider von mitleidigen, aber kenntnislosen Mitbürgerinnen oft als hilfsbedürftige Verlassenheit fehlinterpretiert. Die Jungvögel werden dann mitgenommen, anstatt sie einfach in Ruhe zu lassen. Falls das möglich ist, sollten sie sehr zeitnah wieder zurückgesetzt werden. Alternativ ist es auch möglich, die Jungvögel zu einem Horst mit gleichartigen Küken dazu zu setzen (Ammenaufzucht oder Fostering). Lediglich Jungvögel mit erkennbaren Krankheitszeichen, wie schlechtem Ernährungszustand oder offensichtlichen Verletzungen, bedürfen der tierärztlichen Untersuchung und Behandlung und der anschließenden Pflege in einer behördlich anerkannten Auffangstation. Die isolierte Aufzucht von Greifvögeln führt zu Fehlprägungen und ist im Fall der Auswilderung tierschutzwidrig. Menschenfern mit artgleichen Nestlingen aufgezogene Jungvögel müssen nach dem Ausfliegen noch während der sogenannten Bettelflugperiode über mehrere Wochen, bei den ganz großen Arten über Monate hinweg, betreut und mit Futter versorgt werden, wie es unter natürlichen Bedingungen die Altvögel tun würden. Diese schonende Auswilderungsmethode nennt sich falknerisch „Wildflugmethode" oder „hacking" und wissenschaftlich „soft release". Dazu ist die Bindung an einen Kunsthorst oder eine spezielle Auswilderungsvoliere, die verlassen und wieder bezogen werden können, notwendig. In diese Volieren kann ein Jungvogel nach erfolglosen Jagdversuchen zum Fressen zurückkommen, bis er mit zunehmendem Jagderfolg diese Unterstützungshilfe nicht mehr in Anspruch nehmen muss. In konventionellen Volieren aufgezogene Jungvögel, die ohne die Vorbereitung auf die Natur und ohne die Versorgung während der Bettelflugperiode einfach frei gelassen werden, verhungern.

Ein akuter witterungsbedingter Nahrungsmangel betrifft Mäusejäger bei länger anhaltender geschlossener Schneedecke und Individuen aller auf aktive Jagd angewiesenen Arten bei länger anhaltendem Nebel und/oder Sturm. Wenn sie so weit geschwächt sind, dass sie sich greifen lassen, sind sie meist nicht mehr in der Lage, normale Atzung aufzunehmen und zu verdauen. Sie müssen mit Spezialnahrung meistens zwangsgefüttert werden, benötigen oft zudem Infusionen und das erfordert wiederum Spezialkenntnisse, wie sie die greifvogelkundige Tierärztin und die Mitarbeiterinnen in den staatlich anerkannten Auffangstationen besitzen.

18.5 Notwendige tierärztliche Untersuchungen

Zielsetzung der tierärztlichen Erstuntersuchung bei Wildvogelpatienten muss sein, den Schweregrad der Erkrankung bzw. der Verletzung innerhalb kurzer Zeit zu erkennen und mittels Kategorisierung eine Einstufung der Behandlungsmaßnahmen und der Behandlungsdringlichkeit vorzunehmen. Bei der Rehabilitation von Wildvögeln muss alle Kraft und Zeit auf die Patienten gelegt werden, bei denen eine Wildbahntauglichkeit wiederherstellbar und eine Freilassung wahrscheinlich ist.

Bei der Aufnahme aus der Natur entnommener Wildgreifvögel liegt meist kein Vorbericht vor, sodass die Ursache der Hilfsbedürftigkeit nur vermutet werden kann. Sämtliche Hinweise zu einem vermeintlichen Unfallgeschehen und sonstige Informationen zu den Fundumständen sind wichtig, um die Art und den Grad der Erkrankung aufzudecken, zielgerichtete Behandlungsmaßnahmen abzuwägen und zu ergreifen und letztlich das Tier nach erfolgreicher Rehabilitation am Fundort bzw. in der Nähe des Fundortes wieder auswildern zu können. Folglich sollten so viele Informationen wie möglich neben dem genauen Fundort und den Kontaktdaten der Finderin notiert werden.

Die Eingangsuntersuchung von Wildgreifvögeln durch die Tierärztin entspricht in vielen Punkten der klinischen Allgemeinuntersuchung der Beizvögel, die unter 12.3.1.2.1 aufgeführt wurde. Die Untersuchung aus der

Distanz ist jedoch in vielen Fällen dadurch eingeschränkt, dass die Tiere in einem geschlossenen, von außen nicht einsehbaren Karton transportiert werden[1]. Somit wird sich nach der Entnahme aus dem Karton und Fixierung mittels Handtuch schnell die Adspektion aus der Nähe und die ***Palpation*** anschließen - wieder von oben nach unten und von der Mitte zur Seite. Dabei haben die Sinnesorgane (Augen, Ohren und Nase) eine besondere Bedeutung, da sie für ein Wildtier eine wichtige Rolle spielen und über die Wildbahntauglichkeit, Jagderfolg oder Fluchtvermögen entscheiden. Körperhaltung, Ernährungs- und Trainingszustand anhand der Bemuskelung, die Stellung und Belastung der Gliedmaßen, Haut und Gefieder werden nachfolgend analog zum Vorgehen beim Beizvogel beurteilt. Dabei nimmt die Suche nach versteckten Verletzungen einen vergleichsweise hohen Stellenwert ein. Der Schnabelrachenraum wird auf Auflagerungen, Verletzungen, Schleimhautfarbe und abweichenden Geruch untersucht. Lunge und Herz werden mit dem Stethoskop abgehört. Das Körpergewicht wird ermittelt. Anschließend werden die Flügel und Beine vom Ansatz bis zur Spitze abgetastet und angeschaut sowie der Gefiederzustand beurteilt.

Eine Augenuntersuchung mit Betrachtung des Augenhintergrundes (siehe 12.3.1.2.1) ist bei Wildvögeln essentiell. Verletzungen an dieser Stelle treten meist im Zuge eines Anflugtraumas auf und können trotz Behandlung einen Funktionsverlust des betroffenen Auges und schlimmstenfalls eine Erblindung des Tieres nach sich ziehen. Eine solche Diagnose würde bei einem Wildgreifvogel eine Auswilderung unmöglich machen und in der Regel eine Euthanasie des Tieres nahelegen. In jedem Fall ist diese Untersuchung Voraussetzung für die Initiierung aufwändiger, langwieriger und/oder schmerzhafter operativer

Abb. 18.1: Hilfsbedürftig aufgegriffener, wilder Baumfalke, der in einem Karton zur Tierarztpraxis transportiert wird. Vor der Abfahrt wurde die Kartonpappe vorsichtig mit mehreren Löchern (ca. 5mm Durchmesser) versehen, um eine ausreichende Belüftung sicherzustellen, und der Karton wurde oberseitig geschlossen (Foto: F. Seifert)

Eingriffe, da diese nicht gerechtfertigt sind, wenn das Tier nachfolgend die Wildbahntauglichkeit auf Grund der Sehbehinderung nicht erreichen kann.

Als Abschluss der klinischen Allgemeinuntersuchung sollte der Vogel in einem geschlossenen Raum, möglichst ohne Glasscheiben oder sonstige eine Verletzungsgefahr bergende Gegenstände, freistehend beobachtet werden. In diesem Raum sollte auch untersucht werden, wie der Vogel auf eine Annäherung des Menschen reagiert und ob dieser ein natürliches Abwehr- und Fluchtverhalten zeigt. Nur so können Verhalten, Kopf- und Körperhaltung, Gliedmaßenstellung sowie Steh-, Lauf- und Flugfähigkeit abgeschätzt werden.

Im Anschluss an die klinische Allgemeinuntersuchung ist in den meisten Fällen eine Röntgenuntersuchung erforderlich, um das Ausmaß von Erkrankungen oder den Grad von Verletzungen (z. B. von Knochenbrüchen) und die jeweiligen Therapieoptionen sowie

[1] Ausreichend große Kartons mit mehreren Luftlöchern im unteren Bereich haben sich als gefiederfreundliches und hygienisches Transportmittel für Wildvögel vielfach bewährt, da die Tiere im abgedunkelten Karton ruhig sind, keine Verletzungsgefahr besteht und der wahrscheinlich mit Krankheitserregern kontaminierte Karton danach entsorgt werden kann

die Prognose genauer einschätzen zu können (siehe 12.3.1.2.2.1). Das Erfordernis weiterer Untersuchungen und Untersuchungsmethoden ergibt sich je nach Einzelfall und vermutetem Erkrankungs- bzw. Verletzungsmuster (siehe 12.3.1.2.2 bis 12.3.1.2.5).

Wenn im Anschluss an diese Untersuchungen eine Chance auf Wildbahntauglichkeit gesehen wird, sollte eine parasitologische Schmelzuntersuchung sowie die Untersuchung eines Rachenabstrichs auf Trichomonaden durchgeführt werden, um eventuell vorhandene Parasiten zu beseitigen. Zwar ist ein gewisser Grad an Parasiten bei Wildvögeln normal, aber unter dem Stress durch Aufnahme, Transport und Therapie kann das innere Gleichgewicht zwischen Vogelorganismus und Parasiten gestört werden, sodass letztere die Oberhand gewinnen und das Tier schwächen oder schädigen. Außerdem sollte der Pflegling parasitenfrei in die Auffang- und Pflegestation gesetzt werden, insbesondere bei einer Unterbringung in Volieren, um die Haltungseinrichtung nicht mit Parasiten zu kontaminieren.

18.6 Entscheidung über Therapie oder Euthanasie bei Wildgreifvögeln

Im Gegensatz zu einem Haus- oder Heimtier ist, wie eingangs erwähnt, neben einer Beurteilung der erkrankungsbedingten akuten Schmerzen, Leiden und Schäden, den zur Verfügung stehenden Optionen der veterinärmedizinischen Therapie sowie der Prognose für ein Überleben auch die Prognose für eine zukünftige Wildbahntauglichkeit entscheidend (Kummerfeld et al., 2005). Ziel der Rehabilitation ist ja schließlich die schnellstmögliche Wiedereingliederung in die Wildpopulation.

Dabei ist dies kein starrer und festgeschriebener Bewertungsprozess, da ständig neue Erkenntnisse aus Wissenschaft und tierärztlicher Praxis in diesen Entscheidungsprozess mit einfließen. Die Therapiemethoden werden kontinuierlich verbessert und folglich ändert sich auch die Prognose für eine Heilung und auch für eine Wiederherstellung der Wildbahntauglichkeit. Ein gutes Beispiel ist in diesem Zusammenhang die Frakturversorgung bei Vögeln, insbesondere die Versorgung von Flügelfrakturen. Während in den Anfängen der Vogelmedizin ein Verband und kurz darauf die Installation eines Marknagels bereits das Höchstmaß der Frakturversorgung darstellten und dementsprechend die Flugfähigkeit in weniger als fünfzig Prozent der Fälle wiederhergestellt werden konnte, so kann heute durch Schrauben, Platten und insbesondere externe Fixateure ein Grad der Frakturversorgung geleistet werden, der beinahe den Standard in der Kleintiermedizin erreicht. Folglich ist die Prognose für eine Wiederherstellung der vollen Funktionsfähigkeit immer besser geworden, auch wenn gelenknahe, hochgradig infizierte oder stark gesplitterte Frakturen auch heute noch eine schlechte Prognose haben. Andererseits ist die operative Versorgung auch nicht immer Mittel der Wahl, da eine vergleichende Studie verschiedener Behandlungsmethoden belegte, dass bei Frakturen des Schultergürtels die Heilungsrate nicht-chirurgischer Behandlungen mittels Verbands höher war als die aufwändige und potentiell schmerzhafte Operation. Somit sind bei Schultergürtelfrakturen aktuell ein Flügel-Brust-Verband und Boxenruhe immer noch Mittel der Wahl (Cracknell et al., 2018).

Bei ausgerissenen Schwung- und Stoß-/Staartfedern, die für ein uneingeschränktes Fliegen erforderlich sind, muss ein Nachwachsen der Federn abgewartet werden. Dies kann, je nach Vogelart, einige Wochen in Anspruch nehmen. Sind die Federn an sich noch vorhanden, aber abgebrochen oder gekürzt, so kann das zerstörte Gefieder in vielen Fällen durch die falknerische Methode des Schiftens (Lierz und Fischer, 2011) wiederhergestellt und der Pflegling zeitnah wieder freigelassen werden (siehe Abb. 18.2).

Befunde und Diagnosen, die bei Greifvögeln eine Wildbahntauglichkeit einschränken und demnach gegen eine Freilassung sprechen, sind neben einer deutlichen Einschränkung oder dem Verlust des Sehsinns oder der Flugfähigkeit auch der Verlust eines Ständers (Kummerfeld et al., 2005). Mit nur einem Fang kann ein Greifvogel nicht ausreichend sicher Beute fangen oder sich nur unzureichend verteidigen. Außerdem wird es im Zuge einer Überbelastung des verbliebenen Ständers zur Bildung von schmerzhaften Druckstellen oder einer „Dicken Hand" (Pododermatitis) (siehe 13.5.1), Arthrosen und weiterführenden Schädigungen kommen, weshalb auch verschiedene, häufig medienwirksam angebrachte Beinprothesen auf lange Sicht dem Tierwohl nicht zuträglich sind. Der Verlust mancher Zehen, wie der Mittel- oder der Außenzehe, ist erfahrungsgemäß gut kompensierbar. Allerdings sind die Fangklaue (an der hinteren Zehe) und die Atzklaue (an der inneren Vorderzehe) für den Beutefang und das Töten der Beute wichtig, sodass eine Amputation dieser Zehen kritisch hinterfragt werden sollte. Nach einem gänzlichen oder großteiligen Verlust des Schnabels, der zur Nahrungsaufnahme erforderlich ist, kann bisher auch trotz moderner 3D-Druck-Schnabelprothesen-Technik eine Wildbahntauglichkeit langfristig nicht wieder hergestellt werden. Großflächige, infizierte Wunden, flächige Verbrennungen oder weitreichende Nekrosen, ein hochgradiger Madenbefall, völlige Auszehrung (Kachexie) sowie die vollständige Luxation eines Bein- oder Flügelgelenkes können in den meisten Fällen ebenso einen ***validen*** Euthanasiegrund darstellen wie eine Wirbelsäulenfraktur oder schwere Schädelfrakturen und komplizierte Trümmerbrüche der Gliedmaßenknochen.

Letztlich liegt es in der Verantwortung der behandelnden Tierärztin, den Grad der vorliegenden Schädigung zu beurteilen und im Hinblick auf die Therapieoptionen abzuwägen. Das Einschläfern der ihr anvertrauten Vogelpatienten zählt sicher zu einer der unangenehmsten Aufgaben des Berufes. Dennoch gehört es zu einem verantwortungsvollen tierärztlichen Handeln, da nur so in aussichtslosen Fällen rechtzeitig ein langes Leiden der Tiere ausgeschlossen werden kann. Natürlich erschwert es die Sache nur, wenn durch die Finderin oder auch durch die Medien ein emo-

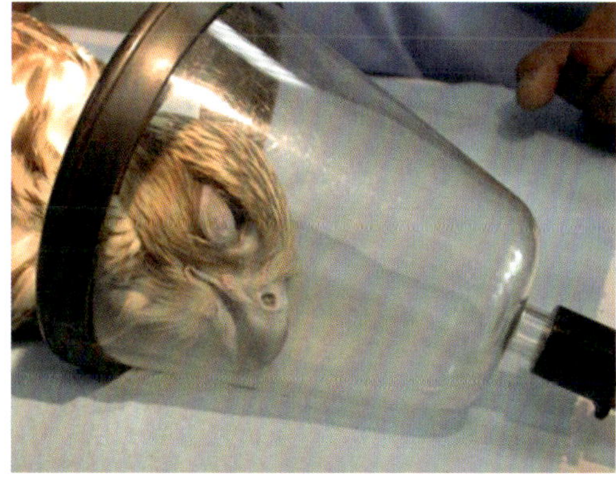

Abb. 18.2: Federreparatur einer Staartpenn bei einem Gerfalken durch die falknerische Methode des Schiftens. Die Ersatzfeder wird gerade über den hölzernen Splint in den verbliebenen Federkiel geschoben (links). Während der Prozedur wird der Falke durch Isofluran-Narkosegas über eine Kopfmaske betäubt (rechts; Fotos: D. Fischer)

tionaler Druck aufgebaut wird, der jedoch am fachlich fundierten Entschluss zur Euthanasie nichts ändern sollte. Bei klaren Euthanasiegründen wäre es begrüßenswert, wenn diese Entscheidung im Sinne des Tieres bereits von der zuerst konsultierten Tierärztin getroffen würde und das Tier nicht erst zu einer Fachklinik für Vögel überwiesen werden müsste. Letztgenanntes ist aber selbstverständlich bei zweifelhaften Fällen jederzeit möglich und unterstützenswert.

Im Falle einer fehlenden Wildbahntauglichkeit sollte nur im begründeten und behördlich zu genehmigenden Ausnahmefall (z. B. Integration in ein Artenschutzprojekt oder eine begründete und nicht belastende Nutzung im Rahmen von Forschung, Bildung und/oder Lehre) sowie wenn ein leidensfreies Weiterleben möglich ist, von einer Euthanasieentscheidung abgewichen werden. Dann haben die Untersuchung und die tiermedizinische Therapie jedoch eine andere Zielsetzung, nämlich die Prognose für ein leidensfreies Weiterleben zu stellen. Dabei sind im Einzelfall die individuellen Eigenschaften des Tieres, die Qualität der Haltung und der Einfluss der beabsichtigten Nutzung kritisch abzuwägen, um sicherzustellen, dass das Tier ohne Stress, Schmerzen und Leiden weiterlebt.

18.7 Tiermedizinische Erstmaßnahmen nach Eingangsuntersuchung

Tiermedizinische Erstmaßnahmen werden in vielen Fällen die Verabreichung von Flüssigkeit über eine subkutane oder intravenöse Infusion, die Gabe von Schmerzmitteln und eventuell eine antiinfektive Behandlung beinhalten. Erst nach Auffüllen des Flüssigkeitsmangels, der bei einer Vielzahl von Wildvogelpatienten vorliegt, sollte erste Atzung (Vorsicht: Bei stark abgemagerten Wildvögeln muss mit einer kleinen Atzungsmenge begonnen werden, die langsam gesteigert wird!) angeboten werden. Hier bieten sich gehäutete Eintagsküken an, da diese leicht verdaulich, energiereich und nahezu frei von Gewölle-bildenden Bestandteilen sind. Ersatzweise kann auch die Gabe von spezieller Rekonvaleszenznahrung erfolgen, welche zu einem Brei angerührt, durch tiermedizinisches Fachpersonal über eine Kropfsonde verabreicht werden kann. Nachfolgend kann die Fütterung artspezifisch umgestellt werden, wenn sichergestellt ist, dass der Magendarmtrakt funktionstüchtig und die Darmpassage ungestört ist.

18.8 Haltung während Therapie und Rehabilitation

Die Haltung aufgenommener Wildgreifvogelpatienten richtet sich nach der Art, dem Alter, dem Erkrankungsgrad und dem individuellen Verhalten des Greifvogels. Demnach kann es auch keine für alle Wildgreifvögel und für alle Situationen passende Haltung geben. In einer Auffang- und Pflegestation sollten deshalb verschiedene Haltungseinrichtungen vorhanden sein, um die verschiedenen Bedürfnisse der Greifvogelpatienten abzudecken. Die Haltung unterscheidet sich grundsätzlich während verschiedener Phasen:

1.) Erstversorgung und Stabilisierungsphase im Anschluss an die tierärztliche Eingangsuntersuchung:
Bei Wildgreifvögeln, die eine mögliche Chance auf Wiederherstellung der Wildbahntauglichkeit haben, werden zunächst symptombezogene Erstversorgungsmaßnahmen eingeleitet. Dazu ist über 2 bis 3 Tage eine Unterbringung in einem ausreichend dimensionierten Karton oder einer speziellen, mit Handtüchern oder Karton abgedunkelten Krankenbox aus Kunststoff oder Metall erforderlich. Wichtig sind bei dieser Form der temporären Haltung die hygienischen und die therapieunterstützenden Aspekte. So muss

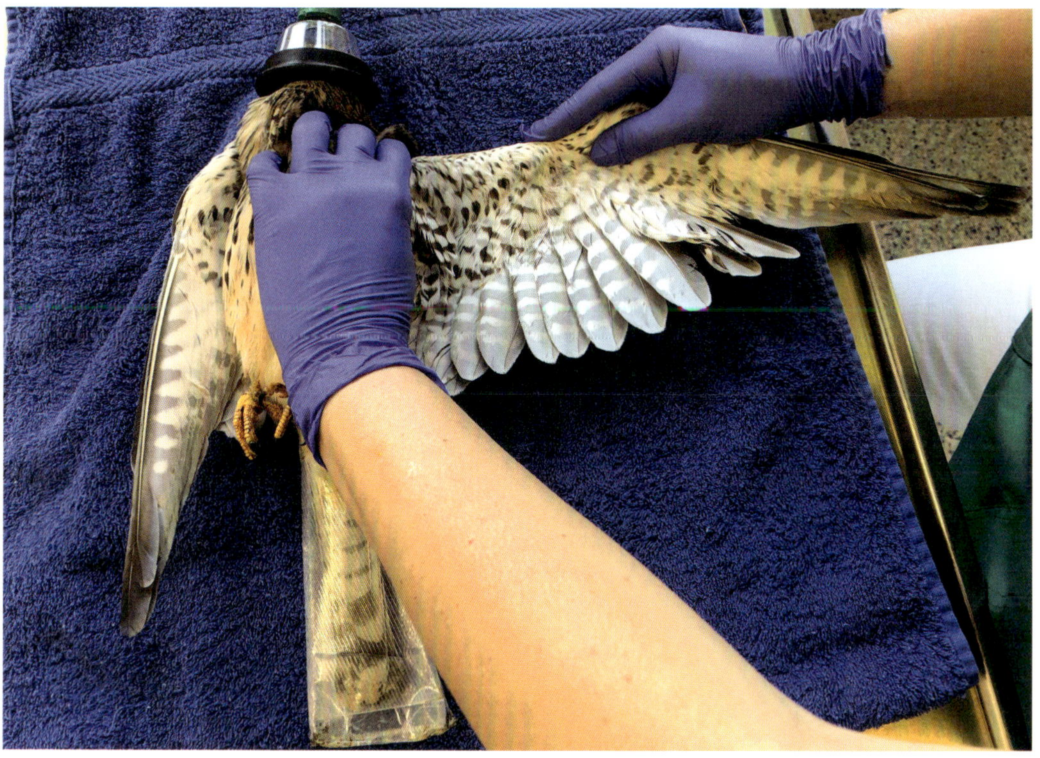

Abb. 18.3: Zur Verbesserung des Heilungsverlaufes ist insbesondere nach einer zeitlichen Ruhigstellung von Gliedmaßen, z.B. durch einen Verband oder einen Gips, eine Physiotherapie notwendig. Anfangs werden hierbei die Gelenke passiv bewegt, was wie bei dem abgebildeten Turmfalken häufig in Kurznarkose erfolgt (Foto: F. Seifert)

die Einrichtung leicht zu reinigen und zu desinfizieren bzw. im Falle eines Kartons leicht austauschbar sein. Andererseits muss das Tier zur Behandlung schnell erreichbar und leicht greifbar sein, ohne fluchtassoziierte Verletzungen zu riskieren. Die Tiere sollten ruhig und abgedunkelt und damit so stressarm wie möglich untergebracht sein. Turmfalken, Bussarde, Milane und Adler sind in den meisten Fällen recht ruhige stationäre Patienten, während Habichte, Sperber und einige Wanderfalken sehr hektisch und fluchtfreudig sein können. Falls nicht an der Außenluft, ist in Innenräumen eine Umgebungstemperatur von 16-21 °C angemessen, wobei die Temperatur bei geschwächten Tieren auch etwas erhöht werden kann (z. B. mit Hilfe von Infrarotstrahlern oder speziellen Intensivtherapie-Thermoboxen).

Während dieser beengten Unterbringung empfiehlt es sich, die Stoß-/Staartpennen durch Anlage eines Stoßschutzes zu schützen. Sämtlicher Schmelz sollte über 3 Tage gesammelt und anschließend parasitologisch untersucht werden.

Je nach Befund und Behandlung ist die Haltung unter Krankenstationsbedingungen im erforderlichen Umfang zu verlängern (z. B. bei Patienten mit Frakturen, die sich möglichst wenig bewegen sollten) oder nach erneuter Untersuchung und Bestätigung der Parasitenfreiheit eine Verlegung in größere Volieren der Auffang- und Pflegestation durchzuführen.

2.) Heilungs- und Erholungsphase:
Während der Heilung sollten Wildvogelpatienten mit der falknerischen Methode oder in artspezifisch dimensionierten Volieren untergebracht werden (siehe 6.1.1). Diese unterscheiden sich grundsätzlich wenig von den Volieren zur Unterbringung von Beizvögeln, allerdings ist hier stärker darauf zu achten, dass die Tiere möglichst von allen möglichen Störfaktoren der Umwelt abzuschirmen sind. Die Bauweise einer geschlossenen Zuchtvoliere entspricht am ehesten einer Voliere zur Unterbringung von Wildgreifvogelpatienten. Wegen des frequenten Wechsels der Bewohner ist wieder ein besonderes Augenmerk auf die Hygiene zu legen. Fütterung und Wassergabe sollten völlig ohne Betreten der Voliere möglich sein. Eine Schleuse und die Möglichkeit der Beleuchtung sollten vorhanden sein.

3.) Vorbereitungsphase für die Wiederauswilderung/Freilassung:
Die Prognose der Wildbahntauglichkeit kann für Greifvögel zusätzlich gesteigert werden, wenn nach der tiermedizinischen Versorgung eine Physiotherapie sowie ein individuell abgestimmtes Muskelaufbautraining durchgeführt werden. Ein aktiver Aufbau von Flugmuskulatur ist erforderlich, wenn die Patienten länger als etwa 14 Tage stationär gepflegt wurden. Insbesondere bei den obligat aktiv jagenden Arten (Adler einschließlich Seeadler, Falken, Habichte, Sperber und Weihen) ist dies vor der Freilassung notwendig. Wildgreifvögel müssen zum Zeitpunkt der Freilassung tatsächlich wildbahntauglich sein. Sie müssen gesund, gut bemuskelt, körperlich fit und fluggewandt sein. Außerdem müssen sie ein vollständig intaktes Gefieder aufweisen und zu einem artgemäßen Beuteerwerb fähig sein.

Ein Muskelaufbau kann bei einigen Arten wie Turmfalken, Mäusebussarden, Milanen und Weihen in großräumigen Flugvolieren erfolgen. Hierzu sollten die Auswilderungsvolieren neben einem ausreichenden Raumangebot und einer ausreichenden Höhe (2,5 bis 6 m) für die Auswilderung von aufgezogenen Jungvögeln nach der Wildflugmethode über Klappen im oberen Volierenteil verfügen, über welche die Pfleglinge die Voliere verlassen und bei Bedarf, z. B. zur Fütterung, wieder aufsuchen können („Wildflug“ oder „soft release“, siehe 18.4).

Bei einigen Flugspezialisten wie Baum- und Wanderfalken, Habichten oder Sperbern eignet sich ein falknerisches Training in den meisten Fällen sehr gut zur Vorbereitung auf ein Leben in der Natur, insbesondere wenn die Tiere noch nie selbstständig Beute geschlagen haben oder nach einer Flügeloperation einen Großteil ihrer Flugmuskulatur eingebüßt haben (Lierz und Launay, 2000; Lierz et al., 2003; Lierz et al., 2005; Kohls et al., 2006; Greshake, 2022). Eine Prägung auf den Menschen tritt durch das Training nicht ein, sodass es keine Einschränkung für die Auswilderung gibt. Tatsächlich gibt es keine bessere Trainingsmethode, um die Flugfertigkeit und Ausdauer sowie die Jagdfähigkeit und den Jagderfolg eines Wildgreifvogels vor einer Freilassung zu prüfen. Erste vergleichende Studien deuten zudem auf die Vorteile des falknerischen Trainings gegenüber der Freilassung aus einer Voliere hin, da Ernährungszustand, Körpergewicht und Trainingszustand sowie die mittlere Überlebenszeit bei falknerisch trainierten Habichten und Wanderfalken besser waren als bei den ausschließlich in Volieren gehaltenen Vögeln (Holz und Naisbitt, 2000; Holz et al., 2006).

Insgesamt kann nicht genug betont werden, dass wissenschaftliche Studien, die das Schicksal freigelassener rehabilitierter Wildgreifvögel beispielsweise durch Nachverfolgung mittels Sendertechnik untersuchen, ausgesprochen wichtig sind, um auch zukünftig die Behandlungs- und Nachsorgemaßnahmen beständig im Sinne des Tierschutzes und des Rehabilitationserfolges zu optimieren

Abb. 18.4: Die Berufsfeuerwehr Gießen unterstützte bei der Reintegrationsaktion eines Turmfalkennestlings, dessen Horst bei einem Unwetter zerstört wurde (Fotos: L. Fischer)

oder in einigen Fällen den Entschluss gegen eine Rehabilitation zu treffen (Fischer et al., 2014; Neubeck, 2009; Holz und Naisbitt, 2000; Holz et al., 2006).

18.9 Sonderfall Rehabilitation aufgefundener Nestlinge und Ästlinge

Bei der Handaufzucht von aufgefundenen Wildgreifvogelküken (Nestlingen oder auch Ästlingen) besteht stets die Gefahr der Fehlprägung auf den Menschen und der daraus folgenden Probleme nach einer Freilassung der Tiere. So werden die Attacken von Habichten und Mäusebussarden auf Spaziergängerinnen und Joggerinnen häufig mit einer vorangegangenen Fehlprägung auf den Menschen assoziiert.

Um eine Handaufzucht zu vermeiden, sollte nach Möglichkeit immer ein schnellstmögliches Zurücksetzen des Kükens ins eigene Nest erfolgen, sofern keine Verletzungen oder Erkrankungen vorliegen, die eine stationäre tiermedizinische Therapie erforderlich machen. Dies setzt voraus, dass der originäre Standort des Horstes bekannt ist oder aus den Funddaten rekonstruiert werden kann. Je nach Art sind neben Nistkästen, Kirchtürmen, Mauern und Wohngebäuden auch verlassene Nester von Rabenvögeln, anderen Greifvögeln oder Graureihern beliebte Nistplätze.

Abb. 18.5: Wüstenbussard-Amme füttert zwei juvenile, wilde Mäusebussarde (Foto: G. Koch)

Ist eine Rückführung in den Originalhorst nicht durchführbar, so sollte eine Integration in einen Horst arteigener Adoptiveltern versucht werden (Fostering Methode), sofern die darin befindlichen Jungvögel ähnlich alt sind und demnach keine Bevor- oder Benachteiligung der im Horst vorhandenen Küken gegenüber dem zugesetzten „Adoptivgeschwisterchen" besteht. Man bezeichnet dieses Vorgehen als „alloparentale Adoption". Es wurde schon mehrfach erfolgreich bei Greifvögeln eingesetzt, teils gezielt im Rahmen von Auswilderungs- und Artenschutzprojekten. Allerdings erfordert dies ein sehr gutes Netzwerk und eine enge Zusammenarbeit mit ortsansässigen Falknerinnen, Jägerinnen und Ornithologinnen, um darüber die Kenntnisse über die Lage und den Besatz von Horsten in der Umgebung zu erlangen. Beobachterinnen sollten genaue Auskunft über das Alter und die Anzahl der Jungtiere geben können, bevor ein fremdes Küken dazugesetzt wird.

Um die ausgewählten Horste zu erreichen, muss manchmal auf Unterstützung durch die Feuerwehr, die Bergwacht oder andere Höhenrettungsteams der Hilfsorganisationen zurückgegriffen werden (siehe Abb. 18.4).

Ist ein Zurücksetzen in Naturhorste nicht durchführbar, so können auch gehaltene Artgenossen als Ammenvögel für die Aufzucht der Findlinge genutzt werden, wobei dies der Zustimmung der zuständigen Artenschutzbehörde bedarf. Vor einem Verbringen eines ungekennzeichneten Wildvogels in den eigenen Bestand sollte dies artenschutzrechtlich abgeklärt werden. Unabhängig von der rechtlichen Situation birgt jegliches Verbringen von Wildvögeln in den eigenen Bestand ein gewisses Risiko der Übertragung von Krankheiten auf die eigenen Tiere. Vor Verbringen eines Findlings in einen bestandseigenen Horst mit artgleichen Ammenvögeln sollte eine gründliche veterinärmedizinische Untersuchung des Wildvogels mit besonderem Fokus auf übertragbare Krankheitserreger erfolgen. Vor allem eine parasitologische Untersuchung auf Ekto- und Endoparasiten ist zwingend erforderlich und ausschließlich gesunde Tiere sollten in andere Horste bzw. den eigenen Bestand verbracht werden. Die Ammentiere sollten zum Zeitpunkt des Unterschiebens der „Kuckuckskinder" selbst Küken versorgen oder zumindest noch auf eigenen Eiern liegen, um das Fremdküken dazuzusetzen bzw. die Annahme des Fremdkükens im direkten Tausch gegen die Eier durchführen zu können.

Wenn keine arteigenen Adoptiveltern zur Verfügung stehen, kann versucht werden gehaltene Tiere nah verwandter oder ähnlicher Arten als Amme heranzuziehen. Dies ist zwar auf Grund einer möglichen sexuellen Fehlprägung im frühen Nestlingsalter suboptimal, im späteren Alter aber unproblematisch und im Vergleich zur Handaufzucht allemal zu bevorzugen (siehe Abb. 18.5).

Ist eine Handaufzucht unvermeidlich, so sollte versucht werden hierbei so wenig Menschenkontakt wie möglich zu den Jungvögeln zu halten. Die Nutzung einer Handpuppe durch eine hinter einem Vorhang versteckte Pflegerin wurde diesbezüglich bereits erfolgreich bei

Greifvögeln zur bestmöglichen Verhinderung einer Fehlprägung auf den Menschen eingesetzt (siehe Abb. 4.4). Wichtig dabei ist in jedem Fall, dass nie ein Küken alleine großgezogen wird. Sind 1-3 weitere, gleichalte Artgenossen mitanwesend, so findet eine Kommunikation mit diesen und über die Geschwister auch eine Artprägung statt (siehe 4.1.1). Bei einer isolierten Handaufzucht ist davon auszugehen, dass die Küken nicht wildbahntauglich werden, da sie sich nicht in die Wildpopulation integrieren können und sich auch wahrscheinlich nicht reproduzieren werden.

Somit sollte zusammenfassend unter Nutzung einer guten Zusammenarbeit von Falknerinnen, Tierärztinnen, Naturschützerinnen, Feuerwehrleuten und Mitarbeitenden von Hilfsorganisationen eine fachlich orientierte und sinnvolle Rehabilitation von aufgefundenen Wildgreifvogelküken angestrebt werden, bei der die Küken nicht auf den Menschen geprägt werden. Nachfolgend gilt es, diese Tiere durch falknerisches Training oder die soft Release Methode auf einen artgemäßen Nahrungserwerb und ein Überleben in der Natur vorzubereiten.

Checkliste Aufnahme und Rehabilitation hilfsbedürftiger Wildgreifvögel

- ☑ Aufnahme und Rehabilitation hilfsbedürftiger Wildtiere sind rechtlich komplex und teilweise unbefriedigend geregelt
- ☑ ein ethisches Dilemma entsteht zwischen den Verpflichtungen, das Leben zu erhalten und Leiden zu verhindern
- ☑ da die Ursachen der Hilfsbedürftigkeit meist komplex sind, sind komplexe tierärztliche Untersuchungen und Maßnahmen nötig
- ☑ bei der Aufzucht von Nestlingen ist auf die Prägung und die Bettelflugperiode besonders zu achten
- ☑ Ästlinge sind meist nicht hilfsbedürftig und sollten unmittelbar zurückgesetzt werden
- ☑ Ziele einer Rehabilitation von Wildgreifvögeln muss die Erreichung der Wildbahntauglichkeit und eine Wiederauswilderung sein

19

Glossar

	Begriff	Erklärung
A	**Abfangen**	das möglichst rasche und schmerzarme Töten des gebeizten Wildes durch die Falknerin
	Abort	eine Fehlgeburt, auch Abgang genannt
	Abtragen	vertraut machen eines noch unausgebildeten Vogels
	ad libitum	übersetzt aus dem Lateinischen: nach belieben, bedeutet der uneingeschränkte Zugang zu etwas, meist Wasser oder Futter
	Adspektion	medizinische Untersuchung durch Betrachtung
	Anämie	Blutarmut
	Anamnese	medizinischer Vorbericht
	Antibiotikum, Plural: Antibiotika; adj. antibiotisch	Arzneimittel mit Wirkung gegen Bakterien
	Antidot	Gegengift/-mittel
	Antigen	Krankheitserreger oder Teil eines Krankheitserregers oder Impfstoffes (meist ein Protein), der eine Antikörperproduktion anregt
	Antiinfektivum, Plural: Antiinfektiva; adj.: antiinfektiv	Sammelbegriff für Arzneimittel zur Behandlung gegen Infektionskrankheiten, also für Arzneimittel, die entweder gegen Viren oder Bakterien oder Pilze oder Parasiten wirken, wobei es kein Arzneimittel gibt, das gegen mehrere dieser Gruppen wirkt
	Antikörper	spezielle Abwehreiweiße
	Antimykotikum; Plural: Antimykotika; adj. antimykotisch	Arzneimittel mit Wirkung gegen Pilze
	Antiparasitikum; Plural: Antiparasitika; adj. antiparasitisch	Arzneimittel mit Wirkung gegen Parasiten
	Anthropozentrik; adj.: anthropozentrisch	den Menschen in den Mittelpunkt stellen

Begriff	Erklärung
anzeigepflichtige Tierseuchen	für besonders gefährliche Tierseuchen wird vom Bundesministerium die Anzeigepflicht erlassen, zur Anzeige ist jedermann verpflichtet, der vom Auftreten, aber auch vom Verdacht des Auftretens der Tierseuche Kenntnis hat, insbesondere der Tierhalterin, eine Liste der anzeigepflichtigen Tierseuchen findet sich unter: **https://www.bmel.de/DE/themen/tiere/tiergesundheit/tierseuchen/anzeigepflichtige-tierseuchen.html** siehe auch meldepflichtige Tierkrankheiten
Apathie; adj.: apathisch	Teilnahmslosigkeit
Arthropoden	Stamm der Gliederfüßer, z. B. Zecken, Milben, Insekten
Atzbrett	Ablageort in der Voliere für die Atzung, es empfehlen sich perforierte Kunststoffkörbchen
Atzung	Futter des Greifvogels, der Vogel kröpft die Atzung, die Falknerin atzt den Vogel (auf)
aufatzen	die für den Tag vorgesehene Atzungsmenge geben
Aufbruch, aufbrechen	die entnommenen Innereien und das Ausnehmen des (Schalen)Wildes
Aufstellung eines Beizvogels	1. Anschaffung eines Beizvogels 2. Unterbringung eines Beizvogels
Aushaken/Aushakeln	das Ausnehmen von Federwild mittels eines Hakens durch die Kloake des Tieres, wobei es zu Zerreißungen und Flüssigkeitsaustritt des Magendarmtraktes kommt. Es wird aus lebensmittelhygienischen Gründen heute durch Eröffnung der Leibeshöhle ohne Verletzung des Magen-Darmtraktes durchgeführt.
Auswerfen	das Ausnehmen von Hase und Kaninchen. Nach Eröffnung der Bauchdecke wurden die Organe durch eine schleudernd/werfende Bewegung aus der Leibeshöhle entfernt. Das Ausnehmen der Eingeweide mit der Hand wird heute aus lebensmittelhygienischen Gründen dem Ausschleudern vorgezogen.
B **Badebrente**	siehe Brente
Ballieren	Flügelschlagen (Auf- und Abbewegung der Flügel) durch den sitzenden Beizvogel
Beireiten	das Kommen des Vogels zur Falknerin
Beizjagd; beizen	Jagd mit trainierten Greifvögeln auf freilebendes Wild in dessen natürlichem Lebensraum

	Begriff	Erklärung
	Bell, Plural: Bellen oder Bells	kugelförmige Glöckchen, die den Standort und/oder die Aktivität des Vogels akustisch anzeigen, traditionell mittels eines Bellriemens jeweils oberhalb von Geschüh und Ring, aber gelegentlich auch mit einer Klammer an einer Schwanzfeder befestigt
	Bellriemen	Riemchen, meist aus Leder, zur Befestigung des Bells am Ständer oberhalb Rings und des Geschühs
	Bisstöter	Falken töten die Beute durch Biss, siehe auch Grifftöter
	Block	Sitzgelegenheit mit flacher Oberfläche
	Branten	Pfoten des Raubwildes
	Brente	flache Wanne zum Baden und Schöpfen
C	**Carnivoren adj.: carnivor**	Tiere (auch Pflanzen und Pilze), die sich hauptsächlich oder ausschließlich von tierischem Gewebe ernähren, also Fleisch fressen
	Chemokine	Gruppe von Signalproteinen, die unter anderem Abwehrzellen anlocken
	Choane	bei Vögeln sind der Rachenraum und die Nasenhöhle nicht durchgehend getrennt, die Öffnung im Gaumen heißt Choane
D	**Dicke Hände**	Sohlen-Ballen-Geschwür, engl.: bumble foot, Pododermatitis, häufige Erkrankung bei Greifvögeln, besonders bei Falken
	Drahle	Metallwirbel, der ein Verwickeln von Geschüh und Leine verhindern soll
E	**EDTA-Blut**	Ethylen-diamin-tetra-Essigsäure ist ein Gerinnungshemmer für Blutproben
	Effloreszenz	krankhafte Hautveränderung, „Hautblüte“
	ELISA	Enzyme-linked Immunosorbent Assay, immunologischer Labortest zum Nachweis von antigenen Molekülen, also z. B. von Antikörpern aber auch von kompletten Viren
	Emphysem	Luftansammlung unter der Haut und/oder im Gewebe
	endotracheal	im Inneren der Luftröhre liegend
	Entität	etwas, das existiert, ein Seiendes, ein konkreter oder abstrakter Gegenstand
	Enzyme	Proteine, die als Biokatalysatoren chemische Reaktionen im Körper ermöglichen, z. B. Verdauungsenzyme für die Aufschlüsselung und Zersetzung der Nahrungsbestandteile im Magendarmtrakt

	Begriff	Erklärung
	Ethologie; adj.: ethologisch	Verhaltensbiologie, verhaltensbiologisch
	Eukaryoten, auch Eukaryonten; adj.: eukariot	Lebewesen mit echtem Zellkern, stellen mit den beiden anderen Domänen (Bakterien und Archaeen) die höchste Klassifizierungskategorie in der Systematik der Lebewesen dar
	Euthanasie; euthanasieren	wörtlich übersetzt: "guter Tod" beschreibt in der Tiermedizin das Einschläfern eines Tieres um es vor nicht behebbaren weiteren erheblichen Schmerzen und Leiden zu schützen
	Exkret	ausgeschiedenes Stoffwechselprodukt, z. B. Harn und Kot
	extraintestinal	außerhalb des Darmes
F	**Fang**	Fang ist beim Greifvogel gleichbedeutend mit Fuß und bezieht sich anatomisch auf den Gliedmaßenabschnitt des (Hinter)beins unterhalb des Intertarsal- oder Sprunggelenks, einschließlich aller Zehen vom Zehenansatz bis zur Krallenspitze. Damit wird der unteren Abschnitt des Laufes miteinbezogen, der Bestandteil des Zehengrundgelenks ist. Bei Falken wird stattdessen die Bezeichnung Hand und die dazu passende Bezeichnung Finger, bei den anderen Greifvögeln aber Fuß und Zehen verwendet. Siehe auch Ständer. Bei Hunden, Frettchen und karnivoren Wildtieren bezieht sich das Wort Fang auf das Maul/die Schnauze des Tieres.
	fakultativ	möglich aber nicht zwingend
	Federspiel	Beuteattrappe, teilweise in Vogelform, auf der Atzungsbrocken befestigt werden können, zum Herumschwingen/-schleudern an einer Schnur fixiert. Traditionell wurde es mit Federn des avisierten Beutewildes dekoriert, daher der Name, heute wird es meistens und besser ohne Federn verwendet
G	**Genossen machen**	die Jagdhunde dadurch belohnen, dass man ihnen von dem erlegten und aufgebrochenen Stück Wild etwas noch warmes Gescheide (Organe) und Schweiß (Blut) zu fressen gibt
	Gescheide	Organe des Wildes
	Geschirr	Ausrüstungsteile am Vogel, d. h. Geschühriemen, ggf. Geschühmanschetten, Drahle, Leine, Adresstafel und ggf. Bells und Bellriemen, Klammer und/oder Rucksack zur Senderbefestigung
	Geschlechtsdimorphismus	bei vielen Greifvogelarten sind die Geschlechter unterschiedlich groß wobei die männlichen Vögel deutlich kleiner sind als die weiblichen, daher auch der Ausdruck Terzel, in verballhorntem Latein, der um ein Drittel kleinere
	Glykoprotein	Makromolekül aus einem Protein und einer oder mehreren Zuckergruppen

	Begriff	Erklärung
	Grifftöter	Greife (Accipitriformes wie z. B. Habichte) töten die Beute mit den Füßen/Fängen, siehe auch Bisstöter
	Grimale	Federdefekte durch Wachstumsstörungen meist auf Grund von Stress (Stressbanden), Erkrankungen oder Fehlernährung
H	**Hämorrhagie**	Blutung aus einem verletzten/geschädigten Blutgefäß
	Hand des Falken	in der Falknersprache wird der Fuß des Falken als Hand bezeichnet, da er die Beute bzw. die Atzung wie mit einer Hand hält. Bei Greifen im engeren Sinn (Accipitriformes) wird auch die Bezeichnung Fang statt Fuß genutzt, siehe auch Ständer.
	Hand der Falknerin, leichte	einer Falknerin, die intuitiv und praktisch gut mit dem Vogel umgehen kann, wird eine leichte Hand attestiert
	Hand der Falknerin, schwere	einer Falknerin, die sich schwer tut, intuitiv und praktisch gut mit dem Vogel umzugehen, wird eine schwere Hand attestiert; das kann man durch Übung verbessern aber erfahrungsgemäß meist nicht nicht restlos verlieren
	herbivor	sich von Pflanzen ernährend, Pflanzen fressend
	Histologie; adj. histologisch	mikroskopische feingewebliche Untersuchung
	Hyperkeratose	überschießende Verhornung der äußeren Haut. Es kommt zu einer Verdickung des äußersten Teils der Epidermis, der sog. Hornschicht
I	**Ilius**	Darmverschluss
	Infantizid	Tötung abhängiger Jungtiere z. B. durch männliche Artgenossen, die nicht der Vater sein können, um eine frühere Brunst der Mütter zu erreichen und damit die eigenen Fortpflanzungschancen zu verbessern
	infauste Prognose	eine Heilung ist voraussichtlich unmöglich
	infiltrativ	eindringend oder verdrängend
J	**Jerkin (engl. Yerkin)**	männlicher Gerfalke
	Jule	Oberbegriff für Sprenkel, Blöcke und ähnliche Sitzgelegenheiten
K	**Kainismus**	Geschwistertötung (Kain und Abel) siehe auch Siblizid
	kalter Flügel	Knochen, gerne mit Federn aber nur wenig Muskelfleisch, als Beschäftigungsmaterial, an dem der Vogel längere Zeit arbeiten kann, um die Fasern vom Knochen zu trennen

	Begriff	Erklärung
	Kohlenhydrat **Plural: Kohlenhydrate**	Gruppe von Molekülen, die auch als Zucker bezeichnet werden; der Begriff Kohlehydrat ist falsch, da es sich um ein Hydrat des Kohlenstoffs und nicht der Kohle handelt
	Komplementsystem	System von Proteinen aus der Blutflüssigkeit, das der Immunantwort dient und dessen Proteine sich bei der Immunantwort an die Oberfläche von Mikroorganismen anheften
	Konjunktivalabstrich	Abstrich von der Bindehaut des Auges
	Konjunktivitis	Bindehautentzündung am Auge
	Koproantigen	Antigen im/aus dem Kot
	Kurzflügler	Habicht und Sperber werden oft als Kurzflügler bezeichnet, siehe auch Lang- und Rundflügler
	kröpfen	fressen durch den Beizvogel
L	**Lahnen**	der Bettelruf des Jungvogels wird bei manchen Vögeln beispielsweise bei Hungergefühl auch nach der Jugendzeit beibehalten
	Langfessel	traditioneller Begriff für Leine
	Langflügler	Falken werden oft als Langflügler bezeichnet, siehe auch Kurz- und Rundflügler
	Lanneret	männlicher Lannerfalke
	Lauf	Gliedmaßenabschnitt des (Hinter)beins zwischen Sprunggelenk und Zehengrundgelenk, also oberhalb der Zehen. Anatomisch wird hiermit der Bereich des Tarsometatarsus (= Laufknochen) beschrieben, ein vogeltypisches Verschmelzungsprodukt aus Fußwurzelknochen und Mittelfußknochen (Tarsal- und Metatarsalknochen) zu einem gemeinsamen Knochen.
	LED	englische Abkürzung für light-emitting diode, übersetzt lichtemittierende Diode
	Leine	Lederriemen oder Kunststoffseil, mit dem der Vogel an Sitzgelegenheiten oder auf der Faust fixiert wird, traditionell als Langfessel bezeichnet
	Leinenlänge	ca. 1 Meter
	Leiten	Wegtragen der Beute oder des Federspiels
	Letalität; **adj. letal**	tödlich; Tödlichkeit, ausgedrückt als Anzahl der Gestorbenen im Verhältnis zur Anzahl der Erkrankten (z. B. in Prozent), siehe auch Morbidität und Mortalität

	Begriff	Erklärung
	Liquor	Kurzform von Liquor cerebrospinalis, dem wissenschaftlichen Namen für die Gehirn- bzw. Rückenmarksflüssigkeit
	Lüften	Komfortverhalten des Vogels mit Baden und Gefiederpflege
	Lockschnur	ca. 20 m lange, sehr stabile ca. 3-5 mm starke Reepschnur, die ganz am Anfang des Trainings am offenen Geschüh befestigt wird, um ein Davonfliegen zu verhindern
M	**meldepflichtige Tierkrankheiten**	Tierkrankheiten bei denen das Bundesministerium einen Überblick über die Verbreitung haben will, werden der Meldepflicht unterstellt, meldepflichtig sind nicht die Tierhalter sondern nur die Leiter der Veterinäruntersuchungsämter, Leiter der Tiergesundheitsämter oder sonstiger öffentlicher oder privater Untersuchungsämter sowie Tierärzte, die in Ausübung ihres Berufes eine meldepflichtige Krankheit feststellen, eine Liste der meldepflichtigen Tierkrankheiten findet sich unter: **https://www.bmel.de/DE/themen/tiere/tiergesundheit/tierseuchen/meldepflichtige-tierkrankheiten.html** siehe auch anzeigepflichtige Tierseuchen, da Originaltext des Bundesministeriums nicht gegendert
	metabolisch	den Stoffwechsel betreffend
	Metaphylaxe; adj. metaphylaktisch	Arzneimitteleinsatz, sobald der Vogel zwar infiziert ist, aber noch keine Symptome erkennbar sind
	Morphologie; adj.: morphologisch	äußere Gestalt; die äußere Gestalt betreffend
	Morbidität	Anzahl der Erkrankten im Verhältnis zur Anzahl der Mitglieder der Population (z. B. in Prozent), siehe auch Letalität und Mortalität
	Mortalität	Anzahl der Gestorbenen im Verhältnis zur Anzahl der Mitglieder der Population (z. B. in Prozent), siehe auch Morbidität und Letalität
	multimodal	auf vielfältige Art und Weise, z.B verschiedene Behandlungsmethoden kombinierend
	Murphy's Law	alles, was schiefgehen kann, wird auch schiefgehen
N	**Nekrose**	Absterben von Zellen und Geweben
O	**obligat**	zwingend
	Ödem	Flüssigkeitsansammlung im Gewebe
	omnivor	sich von allem, also von Fleisch und Pflanzen ernährend (Allesfresser)
	oral	durch den Schnabel bzw. das Maul bzw. den Mund

	Begriff	Erklärung
P	**Palpation**	medizinische Untersuchung durch Betasten
	Papel	eine bis zu erbsengroße, knotige, erhabene Verdickung der Haut von weniger als 10 mm Durchmesser
	Pathogenität adj. pathogen	Pathogenität ist die Fähigkeit von Krankheitserregern und bestimmten chemischen Substanzen (z.B. von Toxinen) krankhafte Veränderungen in Organismen hervorzurufen.
	Pathozentrik; adj.: pathozentrisch	das Leiden in den Mittelpunkt stellen
	Penn; Plural: Pennen	etymologisch abgeleitet von penna (lat.: Feder); gemeint sind meist die 10 langen Schwungfedern an der Hand im Flügel und die 12 Federn am Stoß/Staart
	Petechien; adj.: petechial	punktförmige Blutungen, punktförmig blutend
	physiologisch	zwei Bedeutungen: 1. die innere Funktion des Körpers betreffend, z. B. die hormonale Steuerung 2. den normalen Lebensvorgängen entsprechend
	physisch	körperlich
	pneumatisiert	luftgefüllt, z. B. die großen Röhrenknochen bei Vögeln
	Pneumonie	Lungenentzündung
	ppm	englisch: Parts per Million, ein Teil auf eine Million Teile, 1 ppm = 0,0001%
	Prionen	Kunstwort aus: proteinaceous infectious particle, ein Protein, das in einer physiologischen Form im gesunden Gehirn vorkommt und zu einer pathologischen Form umgewandelt werden kann und dann eine spongiforme Enzephalopathie (schwammartige Gehirnerkrankung) z B. die BSE auslöst
	Protein	Eiweiß, veraltet: „Eiweißstoff", aus Aminosäuren aufgebautes Riesenmolekül, Strukturproteine z. B. Actin und Myosin im Muskel, Enzyme, Antikörper und vieles mehr, neben Wasser sind Proteine die Hauptbestandteile tierischer und menschlicher Körper
	Proglottid	Segment eines Bandwurms; Bandwürmer bestehen aus einem Kopf und einer oft sehr großen Anzahl von Bandwurmgliedern, den Proglottiden; die Eier enthaltenden Endproglottiden werden z. T. gut sichtbar mit dem Kot ausgeschieden

	Begriff	Erklärung
R	**Reck**	Sitzgelegenheit, unter der ein straff gespanntes Recktuch oder eine Platte verhindert, dass sich der Vogel verwickelt, je nach Konstruktion: u. a. niedere, mittlere, hohe oder Rundreck, in der Falknersprache mit weiblichem Geschlecht, „die Reck“
	restitutio ad integrum	vollständige Wiederherstellung nach einer Krankheit oder Verletzung
	Rezidiv	Rückfall bzw. Wiederauftreten von beispielsweise Krankheitsanzeichen
	Rundflügler	Bussarde und oft auch Harris Hawks werden als Rundflügler bezeichnet, siehe auch Kurz- und Langflügler
S	**Sakret**	männlicher Sakerfalke
	Schiften	die Reparatur von gebrochenen Pennen durch Einkleben eines Splints, z.B. einer Schiftnadel, die heutzutage meist aus Carbon, Fieberglas oder Bambus besteht
	Schmelz	Kot und Harn des Greifvogels, die gemeinsam ausgeschieden werden
	Schöpfen	trinken durch den Beizvogel
	Schweiß	Blut des Vogels und des Wildes, sobald es aus dem Körper ausgetreten ist
	Sekret	abgesonderte Flüssigkeit mit funktioneller Bedeutung, z. B. Sekret der Bauchspeicheldrüse
	Septikämie	Verbreitung und Vermehrung von Bakterien und meist ihren Toxinen über den Blutkreislauf, die in der Regel mit einer Auflösung der roten Blutkörperchen (Hämolyse) einhergeht; im Volksmund auch als Blutvergiftung bezeichnet
	Siblizid	Geschwistertötung, siehe auch Kainismus
	Sprenkel	bogenförmige Sitzgelegenheit
	Sprinz	männlicher Sperber
	sp.; Plural: spp.	Spezies (lat. species = Art) in der biologischen Taxonomie (s.u.) wird jeder Art ein zweiteiliger (binärer) Name zugeteilt, dessen erster Teil die Gattung und der zweite die Art bezeichnet. Ist die Art nicht bekannt oder unerheblich für eine Aussage, kann der Gattungsname mit der Abkürzung sp., sind mehrere Arten der gleichen Gattung gemeint mit spp. verwendet werden, z. B. *Aspergillus* spp.
	Staart	die Gesamtheit der Schwanzfedern eines Greifvogels; syn. Stoß

	Begriff	Erklärung
	Ständer	eine bei Vögeln, insbesondere im Geflügelbereich, aber auch bei Papageien und in der Falknerei gebräuchliche Bezeichnung für die Hintergliedmaße (also das Bein) der Vögel. Es schließt damit den Lauf, den Fang bzw. die Hand mit ein, auch wenn diese meist zur präziseren Beschreibung anstelle des Wortes Ständer benutzt werden, wenn sie explizit gemeint sind.
	Stereotypie	Zwangsbewegung
	Stoß	die Gesamtheit der Schwanzfedern eines Greifvogels; syn. Staart
	subletal	nicht sofort tödlich, siehe auch letal
	Substrat	Material, auf oder in dem ein Organismus wachsen kann, z.B. Nährboden für Mikroorganismen
	Substratbrücke	organisches Material, das den Kies durchzieht und an dem entlang z. B. Regenwürmer, aber auch Mikroorganismen aus dem Erdboden in die Voliere gelangen können
	synonym, syn.	gleichbedeutend, alternativer Name
T	**Taxon, Plural: Taxa**	eine Gruppe von Lebewesen, die in der biologischen Taxonomie unter einem Namen, also beispielsweise innerhalb einer Gattung, einer Familie, einer Ordnung oder eines Reiches zusammengefasst werden (siehe auch sp. und spp.)
	Taxonomie	in der Biologie werden Organismen gemeinsamer Abstammung nach einem einheitlichen Verfahren (Klassifikationsschema) in verschiedene Kategorien, sogenannte Taxa, eingeordnet, die gängige Taxonomie der Tiere umfasst 22 Stämme, darunter im Unterstamm der Wirbeltiere die Klassen der Fische, Amphibien, Reptilien, Vögel und Säugetiere, diese wiederum werden in Ordnungen, Familien, Gattungen, Arten und Unterarten (und teils noch weitere Untergliederungen) eingeordnet
	Tenazität	Widerstandsfähigkeit von Krankheitserregern gegen Umwelteinflüsse
	Terzel	bei den meisten Beizvogelarten wird das männliche Tier als Terzel bezeichnet, Ausnahmen: Sprinz, Sakret, Lanneret, Jerkin
	topisch	örtlich beschränkt
	Trachea	Luftröhre
U	**Ulcus; adj.: ulzerierend**	Geschwür; spezielle Form einer Entzündung
V	**valide**	gültig, belastbar

	Begriff	Erklärung
	validieren	etwas, z.B. die Gültigkeit oder Richtigkeit einer Methode, nach/durch Überprüfung bestätigen
	Vektor	belebter oder unbelebter Überträger von Infektionserregern, z B. Stechmücken, die Falknerin selbst oder auch der Reifen ihres Autos
	verbinzen	zerfleddern von Federn, insb. von Pennen
	verdrucken	Abstieg von Atzung aus dem Kropf in den Magen
	Vesikel	mit Flüssigkeit gefüllte Bläschen in der Haut oder Unterhaut
	Virulenz; adj. virulent	Fähigkeit eines Krankheitserregers, eine Erkrankung hervorrufen. Sie bestimmt den Grad der Pathogenität.
	Vogelhund	Jagdhund, der gelernt hat mit dem Beizvogel zu arbeiten, insb. muss er Abstand zum auf der Beute kröpfenden Vogel halten und darf ihn keineswegs durch Apportieren verletzen oder töten
	vs., versus	zwei oder mehrere Begriffe werden einander gegenüber gestellt
W	**Wasserbrente**	siehe Badebrente
	Wildbret	Fleisch von Wild, welches meist für den menschlichen Verzehr verwendet wird
Z	**Zimmerblock und Zimmersprenkel**	Sitzgelegenheiten, die statt eines Erdspießes eine schwere Bodenplatte haben, sodass sie auf befestigtem Boden – z. B. im Zimmer – aufgestellt werden können
	ZNS	Zentrales Nervensystem, d.h. Gehirn und Rückenmark
	Zoonose	Krankheit, die sowohl bei Tieren als auch bei Menschen vorkommen kann, z. B. Aviäre Influenza („Vogelgrippe")
	Zytokine	Gruppe von Proteinen, die Signale zwischen Zellen, z.B. Abwehrzellen übertragen

20

Literaturverzeichnis

ALBRECHT J. (2012) **Untersuchungen zur Wiedereingliederung in die Natur und zum Raumnutzungsverhalten eines rehabilitierten, subadulten, männlichen Seeadlers (Haliaeetus albicilla) mittels GPS-Satelliten-Telemetrie.** Fakultät Forst-, Geo- und Hydrowissenschaften (Hrsg.), Technische Universität Dresden: 1-135

ANGENVOORT J., FISCHER D., FAST C., ZIEGLER U., EIDEN M., LIERZ M., GROSCHUP M. H. (2014) **Limited efficacy of West Nile virus vaccines in large falcons (*Falco* spp.).** Veterinary Research 45: 41

ARBUCKLE K. (2010) **Suitability of day-old chicks as food for captive snakes.** Journal of animal physiology and animal nutrition, 94(6): e296-e307

ARENT L. R. (2001) **Reconditioning Raptors: A Training Manual for the Creance Technique.** Minneapolis, MN: The Raptor Center, University of Minnesota

ARENT L. R. (2007) **Raptors in captivity: guidelines for care and management.** Hancock House Publishing

BAILEY T. A. (2008) **Raptors: respiratory problems.** In: Chitty J., Lierz M. (Hrsg.), BSAVA Manual of raptors, pigeons and passerine birds, British Small Animal Veterinary Association, Gloucester, UK: 223-234

BAUERFEIND R., KIMMIG P., SCHIEFER H. G., SCHWARZ T., SLENCZKA W., ZAHNER H. (2013) **Zoonosen.** 4. Auflage, Deutscher Ärzteverlag: 298-303

BLAZEY B., AKIMKIN V. (2015) **Die neue Variante des Virus der Hämorrhagischen Kaninchenseuche (RHDV-2) -Erstnachweis nun auch in Baden-Württemberg.** Homepage des CVUA Stuttgart

BATTISTONI V., MONTEMAGGIORI A., IORI P. (2008) **Beyond falconry between tradition and modernity: a new device for bird strike hazard prevention at airports.** In: Tagungsband des International Bird Strike Committee, IBSC Meeting, Seminario Internacional Perigo Aviario e Fauna, Brasilien: 1-13

BAXTER A. T., ALLAN J. R. (2006) **Use of raptors to reduce scavenging bird numbers at landfill sites.** Wildlife Society Bulletin, 34(4): 1162-1168

BECKER-CARUS C., BUCHHOLTZ C., ETIENNE A., FRANCK D., MEDIONI J., SCHÖNE H., SEVENSTER P., STAMM A., TSCHANZ B. (1972) **Motivation, Handlungsbereitschaft, Trieb.** Zeitschrift für Tierpsychologie, 30: 321-326

BEDNAREK W. (2015) **Der Habicht in der Falknerei.** Vortrag anlässlich des Jungfalknerseminars des Deutschen Falkenordens (DFO), Ebberg, Schwerte.

BENTHAM J. (1789) **An Introduction to the principles of morals and legislation.** London 1823, zit. aus Kunzmann P., Dalski L., Gerdts W-R., Hartstang, S. (2016) **Verantwortung für Mensch und Tier.** Akademie für tierärztliche Fortbildung, Bundestierärztekammer e.V., Berlin

BERGMANN F., FISCHER D., FISCHER L., MAISCH H., RISCH T., DREYER S., SADEGHI B., GEELHAAR D., GRUND L., MERZ S., GROSCHUP M. H., ZIEGLER U. (2023) **Vaccination of zoo birds against West Nile virus — A Field Study.** Vaccines, 11(3): 652

BILDSTEIN K. L., BIRD D. M. (2007) **Raptor re-search and management techniques.** Hancock House Publishing, Surrey, BC, Kanada.

BIRD D. M., HO S. K. (1976) **Nutritive values of whole-animal diets for captive birds of prey.** Raptor Research, 10: 45-49

Blaha T., Richter Th. (2011) **Tierschutz in der Nutztierhaltung – Analyse des Status quo und Lösungsansätze.** Deutsches Tierärzteblatt, 8, Schlütersche Verlagsgesellschaft, Hannover: 1028-1038

Boch J., Schneidawind H. (1988) **Krankheiten des jagdbaren Wildes**, Paul Parey Verlag Hamburg und Berlin: 244

Buchholtz C. (1993) **Das Handlungsbereitschaftsmodell – ein Konzept zur Beurteilung und Bewertung von Verhaltensstörungen.** In: Buchholtz C. (Hrsg.), Leiden und Verhaltensstörungen bei Tieren, Birkhäuser, Basel, Boston, Berlin: 93-109

Cade T. (2011) **The Gerfalcon as a Companion.** In: High flying Gyrfalcon, Hardaswick V., Christopher K. L. (Hrsg.), Western Sporting, Sheridan, USA: 159-175

Chang G. J. J., Davis B. S., Stringfield C., Lutz C. (2007) **Prospective immunization of the endangered California condors (*Gymnogyps californianus*) protects this species from lethal West Nile virus infection.** Vaccine, 25(12): 2325-2330

Chaplin S. B., Müller L. R., Degerness L. A. (1993) **Physiological assessment of rehabilitated raptors prior to release.** In: Raptor Biomedicine, Redig P., Cooper J. E., Remple J. D., Hunter D. B. (Hrsg.), Minneapolis, MN, University of Minnesota Press: 167-173

Chitty J., Lierz M. (2008) **BSAVA Manual of raptors pigeons and passerine birds**, British Small Animal Veterinary, BSAVA Press

Chitty J., Monks D. (2018) **BSAVA Manual of avian practice: A Foundation Manual.** British Small Animal Veterinary, BSAVA Press

Cook A., Rushton S., Allan J., Baxter, A. (2008) **An evaluation of techniques to control problem bird species on landfill sites.** Environmental management, 41: 834-843

Coles B. H., Krautwald-Junghanns M., Orosz S. E., Tully T. (2008) **Essentials of avian medicine and surgery.** 3. Ausgabe, Blackwell Science Ltd

Cooper J. E. (2002) **Birds of prey - health and disease.** 3. Ausgabe, Blackwell Science Ltd

Cracknell J.M., Lawrie A. M., Yon L., Hopper J.S., Martinez Pereira Y., Smaller E., Pizzi R. (2018) **Outcomes of conservatively managed coracoid fractures in wild birds in the United Kingdom.** Journal of Avian Medicine and Surgery 32(1), 19-24. Doi: 10.1647/2016-195

Csermely D., Corona C. V. (1994) **Behavior and activity of rehabilitated Buzzards (*Buteo buteo*) released in northern Italy.** Journal of raptor research, 28: 100-107

Dawkins R. (1996) **Das egoistische Gen.** Rowohlt Taschenbuch Verlag, Orginalauflage (1976) The Selfish Gene. Oxford University Press

Deplazes P., Joachim A., Mathis A., Strube C., Taubert A., Samson-Himmelstjerna G. v., Zahner H. (2021) **Parasitologie für die Tiermedizin.** Thieme Verlag, Stuttgart, New York: 460 - 465

Dobiat C. (1996) **Zur Herkunft der Falknerei aus archäologisch-historischer Sicht.** In: Greifvögel und Falknerei – Jahrbuch des Deutschen Falkenordens, Neumann-Neudamm Verlag, Melsungen: 111-118

Domeyer M., Bradtka J. Mickisch M., Baer F., Fischer D. (2020) **Die Wiederansiedlung des Habichtskauzes (*Strix uralensis*) in Deutschland – ein Artenschutzprojekt mit Zoos und Falknern.** Greifvögel und Falknerei – Jahrbuch des Deutschen Falkenordens, Neumann-Neudamm Verlag, Melsungen, 235 - 239

Domeyer, M., Fischer D., J. Bradtka (2022) **Die Rückkehr des Habichtskauzes (*Strix uralensis*) nach Bayern.** Kurzfassung der Vorträge des 10. Internationalen Symposiums „Populationsökologie von Greifvogel- und Eulenarten – Population Ecology of Raptors and Owls". 20. – 23.10.2022, Halberstadt: 12.

Doss G. A., Mans C. (2016): **Changes in physiologic parameters and effects of hooding in red-tailed hawks (*Buteo***

jamaicensis) during manual restraint. Journal of avian medicine and surgery 30(2): 127-132

DREHMANN M., MAI S., CHITIMIA-DOBLER L., LINDAU A., FRANK A., FACHET K., HAUCK D., KNOLL S., STRUBE C., LÜHKEN R., FISCHER D., ZIEGLER L., MACKENSTEDT U. (2019) ***Ixodes frontalis*: eine vernachlässigte, aber ubiquitäre Zeckenart in Deutschland.** Tagungsband der 152. Jahresversammlung der Deutschen Ornithologen-Gesellschaft, 25.-29.09.2019 Marburg: 187

DREHMANN M., MAI S. CHITIMIA-DOBLER L., LINDAU A., FRANK A., FACHET K., HAUCK D., KNOLL S., STRUBE C., LÜHKEN R., FISCHER D., ZIEGLER L., MACKENSTEDT U. (2019) **Distribution of *Ixodes frontalis* in Germany.** Experimental & applied acarology: DOI 10.1007/s10493-019-00375-3

DUDEN (1996) **Die deutsche Rechtschreibung.** Dudenverlag, Mannheim, Leipzig, Wien, Zürich: 823

EHRENSPERGER F., RIEDERER L., FRIEDL A. (2018) **Tularämie nach Angriff eines Mäusebussards auf eine Joggerin: Ein „One Health"-Fallbericht.** Schweizer Archiv für Tierheilkunde, 160(3): 185-188. DOI 10.17236/sat00153

ERDENEBAT U. (2018) **A contribution to the history of Mongolean falconry.** In: Gersmann K.-H., Grimm O. (Hrsg.), Raptor and human, Wachholtz Verlag, Hamburg, Kiel: 587-602

ERICKSON W. A., MARSH R. E., SALMON T. P. (1990) **A review of falconry as a bird-hazing technique.** In: Tagungsband der Vertebrate Pest Conference, 14(14): 314-316

FAJARDO I., BABILONI G., MIRANDA Y. (2000) **Rehabilitated and wild barn owls (*Tyto alba*): dispersal, life expectancy and mortality in Spain.** Biological Conservation 94: 287-295

FAST C., ANGENVOORT J., FISCHER D., ZIEGLER U., LIERZ M., ULBERT S., GARCIA DE LA FUENTE J., GROSCHUP M. H. (2013) **Die Effizienz einer West-Nil-Virus Vakzinierung von Großfalken aus Sicht der Pathologie.** Tierärztliche Praxis, 41(3) K, A34: 6

FISCHER D., LIERZ M. (2009) **Dicke Hände – immer noch ein aktuelles Problem.** Jubiläumsausgabe, 50 Jahre Orden Deutscher Falkoniere 1959-2009: 16-18

FISCHER D. (2011) **Sohlenballengeschwüre bei Vögeln – Ein häufiges Problem in menschlicher Haltung.** Wildtierzeit, 1: 24-28

FISCHER D. (2017) **Untersuchungen zur minimalen Infektionsdosis, Diagnostik und Pathologie der Aspergillose bei Großfalken (*Falco* spp.) verschiedenen Alters mittels experimenteller Infektion.** Dissertationsschrift, 1. Auflage. Laufersweiler Verlag, Gießen

FISCHER D. (2018) **Erfolgreiche Rehabilitation eines Fischadlers.** Jahresheft des Ordens Deutscher Falkoniere: 32-33

FISCHER D. (2018) **Adoptionsverfahren als Methode der Aufzucht von aufgefundenen Greifvogelnestlingen im Zuge der Rehabilitation und des Greifvogelschutzes.** Greifvögel und Falknerei - Jahrbuch des Deutschen Falkenordens, Neumann-Neudamm Verlag, Melsungen: 329-334.

FISCHER D. (2019) **Mit vereinten Kräften wieder auf die Schwingen - Erfolgreiche Rehabilitation und Auswilderung eines Wanderfalken.** Tinnunculus 49: 36

FISCHER D. (2021) **Eignung, Relevanz und Bedeutung von Hühnerküken als Futtermittel.** Mündliche und schriftliche Stellungnahme als Einzelsachverständiger im Rahmen der 81. Sitzung des Ausschusses für Ernährung und Landwirtschaft des Deutschen Bundestages, öffentlichen Anhörung zu: a) Antrag der Fraktion der FDP „Echter Tierschutz statt nationaler Alleingang –Kükentöten europaweit beenden" (BT-Drucksache19/27816), b) Antrag der Fraktion DIE LINKE „Kükentöten wirklich beenden –Aufzucht männlicher Küken fördern" (BT-Drucksache 19/28773),

c) Gesetzentwurf der Bundesregierung „Entwurf eines Gesetzes zur Änderung des Tierschutzgesetzes - Verbot des Kükentötens" (BT-Drucksache19/27630), 03.05.2021, 14:00 - 16:00 Uhr, Online via Webex; URL: https://www.bundestag.de/resource/blob/838746/69fa521a-018a8283dcbfb8e7e733e300/02_G_Stellgn-Dr-Fischer-data.pdf

Fischer D. (2022) **Fighting Wildlife Poisoning – Training on treatment, handling and care of raptors that suffered from poisoning.** Wildlife Toxicology Workshop of the Peregrine Fund, Smithsonian Institution and Kenya Wildlife Service, 03.-08.10.2022, Naivasha, Nairobi and Juja, Kenya

Fischer D., Angenvoort J., Ziegler U., Fast C., Maier K., Eiden M. Chabierski S., Ulbert S., Groschup M. H., Lierz M. (2015) **DNA vaccines encoding the envelop protein of West Nile virus lineages 1 or 2 administered intramuscularly, via electroporation and with recombinant virus protein induce partial protection in large falcons (*Falco* spp.).** Veterinary research, 46: 87. DOI: 10.1186/s13567-015-0220-1

Fischer D., Angenvoort J., Ziegler U., Fast C., Maier K., Eiden, M. Chabierski S., Ulbert S., Groschup M. H., Lierz M. (2016) **DNA vaccines encoding the envelop protein of West Nile virus lineages 1 or 2 administered intramuscularly, via electroporation and with recombinant virus protein induce partial protection in large falcons (*Falco* spp.).** Falco, 47: 19

Fischer D., Hampel M., Lierz M. (2014) **Monitoring the success of veterinary treatment in rehabilitated and released birds of prey using radiotelemetry.** Tierärztliche Praxis, 42 (K): 29-35

Fischer D., Kothe R. (2020) **Zur Entstehung von Krankheitssymptomen bei Vögeln im Zusammenhang mit Zeckenbissen - Kleine Parasiten mit großer Wirkung.** Greifvögel und Falknerei - Jahrbuch des Deutschen Falkenordens, Neumann-Neudamm Verlag, Melsungen: 225-234

Fischer D., Lierz M. (2015) **Diagnostic procedures and available techniques for the diagnosis of aspergillosis in birds.** Journal of exotic pet medicine, 24 (3): 283-295

Fischer D., Lierz M. (2015) **Erste-Hilfe-Ausrüstung zur Erstversorgung des Beizvogels.** Greifvögel und Falknerei - Jahrbuch des Deutschen Falkenordens 2015, Neumann-Neudamm Verlag, Melsungen: 144-146

Fischer D., Lierz M. (2017) **Erfolgskontrolle der Rehabilitation durch die telemetrische Nachverfolgung rehabilitierter und ausgewilderter Greifvögel.** Greifvögel und Falknerei - Jahrbuch des Deutschen Falkenordens, Neumann-Neudamm Verlag, Melsungen: 157-168

Fischer D., Maier K. (2018) **Erste Hilfe bei verletzten und erkrankten Wüstenbussarden.** In: Niehues C. (Hrsg.), Harris Hawk - Faszination Wüstenbussard, Neumann-Neudamm Verlag, Melsungen: 221-242

Fischer D., Muir A., Aparici Plaza D., Herrmann K., Pynnonen-Oudman, K. (2019) **Usutu and West Nile virus management guidelines.** EAZA Executive Office, Amsterdam: 1-27

Fischer D., Müller J., Schneider H., Schmidt M., Lierz M. (2016) **Central nervous signs in a captive adult griffon vulture (*Gyps fulvus*) with suspected brain infarction.** Newsletter of the European Association of Avian Veterinarians, 7: 7-11

Fischer D., de Oliveira M. J., Baumgartner K., Will H., Wu S., Bosso P., Teles P. H. F., Cubas Z. S., Lierz M., Fersen L. v. (2022) **A pilot study about assisted reproduction in harpy eagles (*Harpia harpyja*) including semen collection, storage and analysis.** Theriogenology, 181: 190-201

Fischer D., Oberländer B., Peters M., Eley N., Bangoura B., Pantchev N., Lierz M. (2020) **Central nervous signs, blindness and cerebral vermicosis in free-ranging peregrine falcons (*Falco peregrinus*) associated**

with aberrant larval migrations. Veterinary parasitology, Regional Studies and Reports, DOI: 10.1016/j.vprsr.2020.100410

Fischer D., Ponitz B. (2015) **Aerodynamik und morphologische Anpassungen des Wanderfalken (*Falco peregrinus*) für den Sturzflug**. Greifvögel und Falknerei - Jahrbuch des Deutschen Falkenordens, Neumann-Neudamm Verlag, Melsungen: 76-81

Fischer D., Van Waeyenberghe L., Cray C., Gross M., Usleber E., Pasmans F, Martel A., Lierz M. (2014) **Comparison of diagnostic tools for the detection of aspergillosis in blood samples of experimentally infected falcons.** Avian diseases, 58 (4): 587-598

Fischer D., Van Waeyenberghe L., Failing K., Martel A., Lierz M. (2017) **Single tracheal inoculation of Aspergillus fumigatus conidia induced acute aspergillosis in juvenile falcons (*Falco* spp.)**. Avian pathology 47 (1): 33-46. DOI:10.1080/03079457.2017.1360470

Fischer D., Ziegler L. (2018) **Schiften eines Wespenbussards und eines Mäusebussards im Zuge einer erfolgreichen Rehabilitation - Mit neuen Federn ins Frühjahr**. Jahresheft des Ordens Deutscher Falkoniere: 36-37

Fischer D., Ziegler L., Enderlein D., Ziegler U., Kershaw O., Lierz M. (2014) **Acute mortality in American bald eagle nestlings associated with herpes virus infection**. Newsletter of the European Committee of the Association of Avian Veterinarians, 3: 8-11

Fischer D., Ziegler U. (2020) **Arbovirus infections in birds in Europe - A focus on free-ranging and captive raptors**. Newsletter of the European Association of Avian Veterinarians, 14: 11-17

Fischer L. (2020) **Die Hämorrhagische Krankheit der Kaninchen – auch eine Bedrohung für den Feldhasen?** Rheinisch-Westfälischer Jäger, 74 (4), Münster: 8-9

Fischer L. (2020) **Untersuchungen zu bislang undifferenzierten Mykoplasmenisolaten bei Greifvögeln sowie die Beschreibung von zwei neuen Spezies (*Mycoplasma hafezii* und *Mycoplasma seminis*).** Dissertationsschrift, 1. Auflage. Laufersweiler Verlag, Gießen

Fischer L. (2021) **Hasenpest in NRW – ein ständiger Begleiter? Aktuelle Tularämie-Fälle.** Rheinisch-Westfälischer Jäger, 75 (7), Münster: 20-21

Fischer L. (2022) **Graue Flitzer in Not.** Rheinisch-Westfälischer Jäger, 76 (7), Münster: 10-11

Fischer L. (2022) **Afrikanische Schweinepest in Deutschland – Aufklärung und Vorsorge in Wildparks & Zoos helfen allen!** Wildtierzeit, Fachzeitschrift des Deutschen-Wildgehege-Verbandes e.V.: 17-19

Fischer L. (2024) **Vergiftung von Greifvögeln - NRW ist trauriger Spitzenreiter.** Rheinisch-Westfälischer Jäger, 78 (6), Münster: 18.

Fischer L., Fischer D. (2022) **Die Gefahr für unsere Beizvögel durch virale Erreger.** Jahresheft des Ordens Deutscher Falkoniere: 56-57

Fischer L., Liebing J., Völker I., Baudler L., Curland N., Gethöffer F., Heffels-Redmann U., Wohlsein P., Siebert U., Lierz M. (2022) **Occurrence and relevance of *Mycoplasma* spp. in free-ranging pheasants in northwestern Germany**. European journal of wildlife research, 68 (7). DOI: 10.1007/s10344-021-01557-4

FLI (2017) **FAQ – Hämorrhagische Krankheit der Kaninchen (RHDV, RHDV-2).** https://www.openagrar.de/servlets/MCRFileNodeServlet/openagrar_derivate00002514/

Forbes N. A. (2007) **Risks assessment of food species fed to birds of prey, from bacteria, viruses, parasites and toxins.** Tagungsband des 2. International Symposium on Pet Bird Nutrition, 4.-5.10.2007, Hannover: 36-37

Forbes N. A., Colin G. F. (2000) **Raptor Nutrition.** Evesham, UK, Honeybrook Farm Animal Feeds: 1-34

Fox N. (1995) **Understanding the bird of prey,** Hancock House

Fraser D. (2008) **Understanding animal welfare.** Acta Veterinaria Scandinavica, 50: 1. DOI:10.1186/1751-0147-50-S1-S1

Gangl C. (2019) **Kaninchenkrankheit RHD, Chinaseuche auf dem Vormarsch.** Jagd in Bayern, 12/2019: 32

Globokar M., Fischer D., Pantchev N. (2017) **Occurrence of endoparasites in captive birds between 2005 to 2011 as determined by faecal flotation and review of literature.** Berliner und Münchener Tierärztliche Wochenzeitschrift 130 (11-12): 461-473. DOI:10.2376/0005-9366-16094

Graham J. E. (2016) **Blackwell's Five-Minute Veterinary Consult.** Avian, Blackwell

Grauvogl A. (1997) **Artgemäße und rentable Nutztierhaltung.** Verlag Agrar Union, München, Frankfurt, Münster-Hiltrup, Wien, Wabern

Greshake M. (2022) **Die Versorgung von Humerusfrakturen bei zwei aufgefundenen Wanderfalken: Diagnostik, Therapie und Rehabilitation.** Der Praktische Tierarzt, Schlütersche Fachmedien, 103, 572-581. DOI: 10.2376/0032-681X-2225

Grossmann E., Neumann F., Fischer U. (2022) **Räude.** Fachinformation des STUA Aulendorf Diagnostikzentrums, 02/2022

Habben M., Parry-Jones J., Fischer D. (2016) **EAZA Falconiformes and Strigiformes Taxon Advisory Group Husbandry and Management Guidelines for Demonstration Birds.** European Association for Zoos and Aquaria - Falconiformes and Strigiformes TAG E-book: 1-52

Hamilton L. T., Zwank P. J., Olsen G. H. (1988) **Movements and survival of released, rehabilitated hawks.** Journal of raptor research, 22: 22-26

Hardy J. W. (1995) **Guidelines for rehabilitation of birds of prey.** Sydney, NSW, Australia: New South Wales National Parks and Wildlife Service

Hartmann S., Blaha T., Kunzmann P., Richter Th. (2016) **Tierhaltungsverbote, Begründungen – Konsequenzen – Alternativen.** DVG-Fachgruppe Tierschutz, Tagungsband, DVG Gießen: 86-95

Hartmann S., Richter Th. (2020) **Sind die Kaninchen weg? Was war da los?** Greifvögel und Falknerei - Jahrbuch des Deutschen Falkenordens, Neumann-Neudamm Verlag, Melsungen: 215-224

Hartung J. (1988) **Zur Einschätzung der biologischen Wirkung von Spurengasen der Stallluft mit Hilfe von zwei bakteriellen Kurzzeittests.** VDI Verlag, Düsseldorf

Hassenstein B. (2001) **Verhaltensbiologie des Kindes.** 5. überarbeitete und erweiterte Auflage, Spektrum – Akademischer Verlag, Heidelberg: 261-264

Heidenreich M. (2001) **Birds of prey - medicine and management.** Wiley-Blackwell Science

Heidenreich M. (2013) **Greifvögel, Krankheiten, Haltung, Zucht.** Neumann-Neudamm Verlag, Melsungen

Herrmann T. J. (2008) **Klinische Untersuchungen zum Frakturgeschehen bei einheimischen Wildvögeln unter besonderer Berücksichtigung konservativer und operativer Therapiemaßnahmen.** Dissertationsschrift, Veterinärmedizinische Fakultät der Universität Leipzig

Hirt A., Maisack C., Moritz J. (2016) **Tierschutzgesetz.** Kommentar, 3. Auflage, Verlag Franz Vahlen, München

Holst v. D. (2000) **Populationsbiologische Untersuchungen an Wildkaninchen.** Greifvögel und Falknerei - Jahrbuch des Deutschen Falkenordens, Jana Verlag, Melsungen: 9-21

Holz P. H., Naisbitt R. (2000) **Fitness level as a determining factor in the survival of rehabilitated raptors released back into the wild – preliminary results.** In: Raptor

Biomedicine III, Lumeij J. T., Remple J. D., Redig P. T., Lierz M., Cooper J. E. (Hrsg.), Lake Worth, FL USA, Zoological Education Network: 321-325

Holz P. H., Naisbitt R., Mansell P. (2006) **Fitness level as a determining factor in the survival of rehabilitated peregrine falcons (*Falco peregrinus*) and brown goshawks (*Accipiter fasciatus*) released back into the wild.** Journal for avian medicine and surgery, 20: 15-20

Isenbuegel E. (1988) **Medizinische Betreuung und Auswilderung verunfallter Greifvögel.** Berliner und Münchener Tierärztliche Wochenschrift, 101: 310-315

Jiménez de Oya N., Escribano-Romero E., Blázquez A. B., Martín-Acebes M. A., Saiz J. C. (2019) **Current progress of avian vaccines against West Nile virus.** Vaccines, 7(4): 126

Johnston J. L. (2007) **Home range analysis of rehabilitated and released great horned owls (*Bubo virginianus*) in Denton County, Texas, through radio telemetry.** Denton, TX, USA, University of North Texas

Jones M. P., Orosz S. E. (2000) **The diagnosis of aspergillosis in birds.** Seminars in avian and exotic pet medicine, 9(2): 52-58

Junker K., Junker A., Ziegler L., Fischer D. (2019) **Erfolgreiche Bumblefoot-Behandlung bei einem Rotschwanzbussard (*Buteo jamaicensis*) durch gute Zusammenarbeit von Falknern und Tierärzten.** Greifvögel und Falknerei - Jahrbuch des Deutschen Falkenordens, Neumann-Neudamm Verlag, Melsungen: 211-218

Kahneman D. (2012) **Schnelles Denken, langsames Denken.** Siedler Verlag

Kalchreuter H. (1994) **Jäger und Wildtier, Auswirkungen der Jagd auf Tierpopulationen.** Verlag Dieter Hoffmann, Mainz

Kenward E. R. (2001) **A manual for wildlife radio tagging.** San Diego, CA, USA, Academic Press

Kenward R. (1982) **Das Funkverfolgen von Greifvögeln.** In: Der wilde Falk ist mein Gesell, Waller R. (Hrsg.), Neumann-Neudamm Verlag, Melsungen: 387-401

Klasing K. C. (1998) **Comparative avian nutrition.** CAB International, University of California, Davis, CA, USA

Klüh P. N., Schöneberg H. (2004) **Zum Auffinden verstoßener Greifvögel.** In: Falknerei – Der Leitfaden für Prüfung und Praxis, Schöneberg H. (Hrsg.), Verlag Peter N. Klüh, Darmstadt: 228-234

Kohls A., Hafez M. H., Greshake M., Korbel R., Kummerfeld N. (2007) **Falknerei und die Rehabilitation von Greifvögeln.** In: Greifvögel und Falknerei 2005/2006– Jahrbuch des Deutschen Falkenordens, Verlag Neudamm-Neudamm, Melsungen: 193-198

König H. E., Korbel, R., Liebich, H. G., Bragulla, H. (2012) **Anatomie der Vögel:** Klinische Aspekte und Propädeutik; Zier-, Greif-, Zoo-, Wildvögel und Wirtschaftsgeflügel, Schattauer Verlag, Hannover.

Korbel R. (2003) **Der traumatisierte Greifvogel – Untersuchung und Versorgung.** In: 2. Berliner Greifvogelseminar, Müller K., Krone O. (Hrsg.), FU Berlin, Berlin: 24.-35

Krautwald-Junghanns M.-E., Schumacher F., Tellhelm B. (1993) **Evaluation of the lower respiratory tract in psittacines using radiology and computer tomography.** Veterinary radiology and ultrasound, 34: 382-390

Krone O. (2000) **Endoparasites in free-ranging birds of prey in Germany.** In: Raptor Biomedicine III, Lumeij J. T., Remple J. D., Redig P. T., Lierz M., Cooper J. E. (Hrsg.), University of Minnesota Press, Lake Worth, FL, USA: 101-116

Krone O., Berger A., Schulte R. (2009) **Recording movement and activity pattern of a white-tailed sea eagle (*Haliaeetus albicilla*) by a GPS datalogger.** Journal of ornithology, 150: 273-280

Kummerfeld N. (2000) **Stromschlag bei Greifvögeln durch Freileitungen.** Greifvögel und Falknerei - Jahrbuch des Deutschen Falkenordens, Jana Verlag, Melsungen: 122-124

Kummerfeld N. (2003) **Tierschutzgerechte und tierärztlich kompetente Euthanasie von Zier- und Wildvögeln.** Praktischer Tierarzt, 84: 284-288

Kummerfeld N., Korbel R., Lierz M. (2005) **Hilfsbedürftige Vögel in amtlich überwachten Wildtierpflegestationen.** Amtstierärztlicher Dienst und Lebensmittelkontrolle, 3: 173-179

Kummerfeld N., Korbel R., Lierz M. (2005) **Therapie oder Euthanasie von Wildvögeln – tierärztliche und biologische Aspekte.** Tierärztliche Praxis, 33 (K): 431-439

Legler M., Kummerfeld N., Wohlsein P. (2017) **Atherosclerosis in birds of prey: a case study and the influence of a one-day-old chicken diet on total plasma cholesterol concentration in different raptor and owl species.** Berliner und Münchener Tierärztliche Wochenschrift, 130(7/8): 353-363

Legler M., Seiler C., Siewert C., Kummerfeld N., Seifert H. (2016) **Influence of "lure flying" and "vertical jumping" training on the skin temperature and radiation heat loss of the feet of falcons.** Wiener Tierärztliche Monatsschrift, 103(1/2): 9-16

Leix E. (2021) **Die Beizjagd.** Franck-Kosmos Verlag, Stuttgart

Lexikon der Biologie. Band 4. Herder Verlag, Freiburg im Breisgau 1985: 373 zit. nach Wikipedia, 01.02.2023, 9:30 Uhr

Lierz M. (1999) **Untersuchungen zum Krankheitsspektrum aufgefundener Greifvögel und Eulen in Berlin und Brandenburg.** Klaus Bielefeld Verlag, Friedland

Lierz M. (2000) **Veterinary aspects of a falcon release project.** Falco, 15: 12-14

Lierz M., Launey F. (2000) **Veterinary procedures for falcons re-entering the wild.** Veterinary record, 147: 518-520

Lierz, M. (2003): **Greifvogelrehabilitation in der tierärztlichen Praxis – Ein Tierschutzproblem?** Praktischer Tierarzt, 84:7, 514-517

Lierz M. (2007) **Diagnostic value of endoscopy and biopsy.** In: Harrison G. J., Lightfoot T. L. (Hrsg.), Clinical avian medicine, Spix Publishing, Palm Beach, FL, USA: 641-644

Lierz M. (2008) **Raptors: Endoscopy, biopsy and endosurgery.** In: BSAVA Manual of raptors, pigeons and passerine birds, Chitty J., Lierz M. (Hrsg.), British Small Animal Veterinary Association Limited, Gloucester, UK: 128-142

Lierz M., Greshake M., Korbel R., Kummerfeld N., Hafez H. M. (2005) **Falknerisches Training und Auswilderbarkeit von Greifvögeln – Ein Widerspruch?** Tierärztliche Praxis, 33 (K): 518-520

Lierz M., Hafez H. M., Korbel R., Krautwald-Junghanns M.-E., Kummerfeld N., Hartmann S., Richter Th. (2010) **Empfehlungen für die tierärzt- liche Bestandsbetreuung und die Beurteilung von Greifvogelhaltungen.** Tierärztliche Praxis, 38(05) (K): 313-324

Lierz M., Fischer D. (2011) **Clinical Technique: Imping in birds.** Journal of exotic pet medicine, 20 (2): 131-137

Lierz M., Fischer D. (2012) **Falcon with respiratory problems – Case 2.9.** In: Exotic Animal Medicine – Review and Test, Samour J. (Hrsg.), Elsevier Ltd.: 151-155

Lindner K. (1964) **Die deutsche Habichtslehre, das Beizbüchlein und seine Quellen.** Walter de Gruyter & Co. Berlin

Litzenburger L. (2018) **Schweine vor Gericht.** https://monde-diplomatique.de/artikel/!5524932, Zugriff 04.07.2023, 21:00

Llewellyn P. J., Brain P. F. (1983) **Guidelines for the rehabilitation of injured raptors.** International Zoo Yearbook, 23: 121-125

Llewellyn P. J. (1991) **Assessing adult raptors prior to release.** Raptor Rehabilitation Workshop, Newent, England

Lorenz K. (1978) **Vergleichende Verhaltensforschung.** Springer-Verlag, Wien, New York

Lorz A., Metzger E. (1999) **Tierschutzgesetz.** C. H. Beck'sche Verlagsbuchhandlung, München

Maier K., Fischer D. (2018). **Krankheiten der Wüstenbussarde.** In: Niehues, C. (Hrsg.), Harris Hawk - Faszination Wüstenbussard, Neumann-Neudamm Verlag, Melsungen: 209-220

Maier K., Fischer D., Hartmann A., Kershaw O., Prenger-Berninghof E., Pendl H., Schmidt M. J., Lierz M. (2014) **Vertebral osteomyelitis and septic arthritis associated with Staphylococcus hyicus in a juvenile peregrine falcon (*Falco peregrinus*).** Journal of avian medicine and surgery, 29(3): 216-223

Martell M., Redig P., Nibe J., Buhl G., Frenzel D. (1991) **Survival and movements of released, rehabilitated bald eagles.** Journal of raptor research, 25: 72-76

Mayr A. (2007) **Medizinische Mikrobiologie, Infektions- und Seuchenlehre.** Georg Thieme Verlag, Stuttgart

Mebs T. (2002) **Greifvögel Europas.** Franck-Kosmos Verlag, Stuttgart

Mebs T., Schmidt D. (2006) **Die Greifvögel Europas, Nordafrikas und Vorderasiens – Biologie, Kennzeichen, Bestände.** Kosmos Verlag, Stuttgart

Mellor D. J., Beausoleil N. J., Littlewood K. E., McLean A. N., McGreevy P. D., Jones B., Wilkins C. (2020) **The 2020 Five Domains Model: Including Human–Animal Interactions in Assessments of Animal Welfare.** Animals, Licensee MDPI, Basel, Switzerland

Melo M., Fischer D. (2019) **Update on West Nile Virus in European Countries.** Newsletter of the European Association of Avian Veterinarians, 12: 20-22

Meyburg B.-U., Müller K., Meyburg C., Navarra S. G., Karkow K., Altenkamp R., Sömmer P., Albrecht U. (2010) **Unfall, operative Versorgung, Freilassung und satellitentelemetrische Überwachung der Wiedereingliederung in die Natur eines subadulten Seeadlers (*Haliaeetus albicilla*).** In: 7. Internationales Symposium „Populationsökologie von Greifvogel- und Eulenarten", Halberstadt

Michel F., Fischer D., Eiden M., Fast C., Reuschel M., Müller K., Rinder M., Urbaniak S., Brandes F., Schwehn R., Lühken R., Groschup M. H., Ziegler U. (2018) **West Nile virus and Usutu virus monitoring of wild birds in Germany.** International journal of environmental research, Public Health 15: 171. DOI: 10.3390/ijerph15010171

Michel F., Sieg M., Fischer D., Keller M., Eiden M., Reuschel M., Schmidt V., Schwehn R., Rinder M., Urbaniak S., Müller K., Schmoock M., Lühken R., Wysocki P., Fast C., Lierz M., Korbel R., Vahlenkamp T. W., Groschup M. H., Ziegler U. (2019) **Evidence for West Nile Virus and Usutu Virus infections in wild and resident birds in Germany**, 2017 and 2018. Viruses, 11(7): 674. DOI: 10.3390/v11070674

Minneker, S., Fischer D. (2019) **Artenschutz durch Falkner - Schleiereulen finden ein neues Zuhause.** Tinnunculus 50: 33-34

Müller A. (2006) **Tierschutzethik.** In: Krankheitsursache Haltung, Beurteilung von Nutztierställen, ein tierärztlicher Leitfaden, Richter Th. (Hrsg.), Enke Verlag, Stuttgart

Müller K., Altenkamp R., Brunnberg L. (2007) **Tiermedizinische Versorgung von freilebenden Greifvögeln und Eulen.** Tierärztliche Umschau, 62: 205–211

Murray M. (2014) **Raptor gastroenterology.** Veterinary clinics: exotic animal practice, 17(2): 211-234

Naisbitt R., Holz P. (2004) **Captive raptor management and rehabilitation.** Hancock House Publishing

Nehls J. (2020) **Chinaseuche, Lebensgefahr für Langohren.** Wild und Hund 7/2020: 14-19

Neubeck K. (2009) **Evaluierung des Rehabilitationserfolges von Mäusebussarden (*Buteo buteo*) und Habichten (*Accipiter gentilis*) mittels Radiotelemetrie und Ringfunden.** Dissertationsschrift, Tierärztliche Fakultät, Ludwig-Maximilians-Universität München

Niehues C. (2018) **Harris Hawk - Faszination Wüstenbussard**, Neumann-Neudamm Verlag, Melsungen

Nimmervoll H., Hoby S., Robert N., Lommano E., Welle M., Ryser-Degiorgis M.-P. (2013) **Pathology of sarcoptic mange in red foxes (*Vulpes vulpes*): macroscopic and histologic characterization of three disease stages.** Journal of wildlife diseases, 49(1): 91-102

Nusbaum K. E., Wright J. C., Johnston W. B., Allison A. B., Hilton C. D., Staggs L. A., Stallknecht D. E., Shelnutt J. L. (2003) **Absence of humoral response in flamingos and red-tailed hawks to experimental vaccination with a killed West Nile virus vaccine.** Avian diseases, 47(3): 750-752

Oesen v. F. (1971) **Jäger-Einmaleins.** Landbuchverlag Hannover: 132

Orosz S. E. (2000) **Overview of aspergillosis: pathogenesis and treatment options.** Seminars in avian and exotic pet medicine, 9: 59-65

Phalen D. N. (2000) **Respiratory medicine of cage and aviary birds.** Veterinary Clinics: Exotic Animal Practice, 3: 423-452

Ponitz B., Schmitz A., Fischer D., Bleckmann H., Brücker C. (2014) **Diving-Flight Aerodynamics of a Peregrine Falcon (*Falco peregrinus*).** PLOS ONE, 9(2): e86506. DOI: 10.1371/journal.pone.0086506

Putten v. G. (2002) **Exoten, Exzesse und Ethologie.** DVG-Fachgruppe Tierschutz, Tagungsband, DVG Gießen: 159-167

Pye G. W., Bennett R. A., Newell S. M., Kindred J., Johns R. (2000) **Magnetic resonance imaging in psittacine birds with chronic sinusitis.** Journal of avian medicine and surgery, 14: 243-256

Quillfeldt P., Schumm Y. R., Marek C., Mader V., Fischer D., Marx M. (2018) **Prevalence and genotyping of Trichomonas infections in wild birds in central Germany.** PLOS ONE, 13(8): e0200798. DOI: 10.1371/journal.pone.0200798

Redig P. (1993) **Methods of evaluating the readiness of rehabilitated raptors for release.** Medical management of birds of prey. University of Minnesota, St. Paul, Minnesota: 157-160

Redig P., Tully T. N., Ritchie B. W., Roy A. F., Baudena M. A., Chang G. J. J. (2011) **Effect of West Nile virus DNA-plasmid vaccination on response to live virus challenge in red-tailed hawks (*Buteo jamaicensis*).** American journal of veterinary research, 72(8): 1065-1070

Reiter U. (2018) **Falconry in the Ancient Orient.** In: Raptor and human, Gersmann K.-H., Grimm O. (Hrsg.), Wachholtz Verlag, Hamburg-Kiel: 1631-1642

Richter Th. (2001) **Ethische Gedanken zur Jagdmoral.** Tagungsband der 60. Jahrestagung des Deutschen Forstvereins e. V., Dresden: 409-414

Richter Th. (Hrsg.) (2006) **Krankheitsursache Haltung.** Beurteilung von Nutztierställen, ein tierärztlicher Leitfaden, Enke Verlag, Stuttgart

Richter Th., Kunzmann P., Blaha T. (2009) **Tierschutz objektivieren.** DVG-Fachgruppe Tierschutz, Tagungsband, DVG Gießen: 6-12

Richter Th., Hartmann S. (2011) **Hilfen für Wildtiere unter dem Blickwinkel des Tier- und Artenschutzes.** DVG Fachgruppe Ethologie und Tierhaltung, Tagungsband, DVG Gießen: 159-174

Richter Th., Hartmann, S. (1993) **Die Versorgung und Rehabilitation von vorübergehend in Menschenhand geratenen Greifvögeln – Ein Tierschutzproblem.** Tierärztliche Umschau, 48: 239-250

Richter Th., Kunzmann P., Scholven B. (2013) **Ein Kodex für ein Zoohandelsunternehmen.** DVG Fachgruppe Tierschutz, Nürtingen, Tagungsband: 40-46

Richter Th. (2016) **Notzeit, Wildfütterung, Jagd und Tierschutz.** Österreichischer Jägertag, http://www.raumberg-gumpenstein.at/cm4/de/forschung/publikationen/ downloadsveranstaltungen/viewdownload/3132-jaegertagung-2016/28851-notzeit-wildfuetterung-jagd-und-tierschutz-vortrag.html

Richter Th., Blaha T., Kunzmann P. (2021) **Tierschutz**, In: Die Beizjagd, Leix E. (Hrsg.), Franck-Kosmos Verlag, Stuttgart: 186-188

Rolle M., Mayr A. (2002) **Medizinische Mikrobiologie, Infektions- und Seuchenlehre.** 7. Auflage, Enke Verlag: 167-169

Rose G. (1985) **Sick individuals and sick populations.** International Journal of Epidemiology, Band 14: 32-38, zit. nach Haak R. (2020) Oralprophylaxe und Kinderzahnheilkunde, aus: https://www.researchgate.net/publication/344475527_There_is_no_glory_in_prevention, 06.01.2023, 15:30

Sale R. (2015) **The Merlin.** Nowfinch Publishing Coberley, UK

Samour J. (2016) **Avian medicine.** 3rd edition, Mosby

Scanes C. G., Dridi, S. (2011) **Sturkies's Avian Physiology.** 7. Auflage, Elsevier Science Verlag. Amsterdam.

Sauspeter G., Fischer L. (2022): **Tödliche Gefahr für Raubwild und Hunde.** Rheinisch-Westfälischer Jäger, 76(5), Münster: 24-25

Scott D.E. (2018) **Raptor Medicine, Surgery and Rehabilitation.** 2. Ausgabe, CABI

Schmid K., Fischer D. (2018) **„Rocrow" eine alternative Trainingsmethode für Greifvögel.** Tinnunculus 47: 64-67

Schmitz A., Ondreka N., Poleschinski J., Fischer D., Schmitz H., Klein A., Bleckmann H., Bruecker C. (2018) **The peregrine falcon's rapid dive: on the adaptedness of the arm skeleton and shoulder girdle.** Journal of comparative physiology A: 1-13. DOI: 10.1007/s00359-018-1276-y

Schulz R., Fischer D. (2017) **RHD – Rabbit Hemorrhagic Disease und deren Auswirkung auf die Wildkaninchenbestände.** Tinnunculus 45: 62-65

Schulz R., Fischer D. (2017) **RHD - Rabbit Hemorrhagic Disease.** Jahresheft des Ordens Deutscher Falkoniere: 28-31

Schumm Y. R., Bakaloudis D., Barboutis C., Cecere J. G., Eraud C., Fischer D., Hering J., Hillerich K., Lormée H., Mader V., Masello J. F., Metzger B., Rocha G., Spina F., Quillfeld P. (2021) **Prevalence and genetic diversity of avian haemosporidian parasites in wild bird species of the order Columbiformes.** Parasitology research. DOI: 10.1007/s00436-021-07053-7

Schwarz T., Kelley C., Pinkerton M. E., Hartup B. K. (2015) **Computed tomographic anatomy and characteristics of respiratory aspergillosis in juvenile whooping cranes.** Veterinary radiology and ultrasound, 57: 16-23

Schwehn R., Engelke E., Seiler C., Fischer D., Pfarrer C., Fehr M., Legler M. (2018) **Blood supply of feet and toes in selected species of birds of prey and owls.** Anatomia histologia embryologia, 47(1): 68

Schwehn R., Engelke E., Seiler C., Fischer D., Pfarrer C., Fehr M., Legler M. (2022) **Blood supply of feet and toes in selected species of birds of prey and owls.** Tagungsband der 33. Virtual Conference of the European Association of Veterinary Anatomists, 28.-30.07.2021, Anatomy, Histology, Embryology, 51 (Suppl 1), O44: 20. DOI: 10.1111/ahe.12759

Schweitzer A. (1960) **Kultur und Ethik.** C. H. Beck, München

Selbitz, H.-J., Truyen, U., Valentin-Weigand P. (2015) **Tiermedizinische Mikrobiologie, Infektions- und Seuchenlehre.** 10. Auflage, Enke Verlag, Stuttgart

Sherrod S. K., Heinrich W. R., Burnham W. A., Barclay J. H., Cade T. J. (1987) **Hacking: A method for releasing Peregrine falcons and other birds of prey.** The Peregrine Fund, Boise, Idaho

SINGER P. (1997) **Alle Tiere sind gleich.** In: Krebs, A., Naturethik, Grundtexte der gegenwärtigen tier- und ökoethischen Diskussion, Frankfurt, Suhrkamp

SPEER B. (2015) **Current Therapy in Avian Medicine and Surgery.** Elsevier

STAUFFACHER M. (1993) **Refinement bei der Haltung von Laborkaninchen.** Sonderdruck aus: Der Tierschutzbeauftragte

STROBEL B. (2016) **Nachweis von RHDV-2 im Regierungsbezirk Karlsruhe bestätigt.** Homepage des CVUA Karlsruhe

SÜSS-DOMBROWSKI Ch. (2009) **Kaninchenseuche RHD hat Hochsaison.** Homepage des CVUA Stuttgart

TEUTSCH G. M. (1987) **Lexikon der Tierschutzethik.** Vandenhoeck & Ruprecht, Göttingen

THIÉRIOT E., MOLINA P., GIROUX J. F. (2011) **Comparing an intensive falconry program with selective culling to prevent gulls' presence.** Bird Strike North America Conference, Niagara Falls: 25.

THIÉRIOT E., PATENAUDE-MONETTE M., MOLINA P., GIROUX J. F. (2015) **The efficiency of an integrated program using falconry to deter gulls from landfills.** Animals, 5(2): 214-225

TSCHANZ B. (1984) **Artgemäß und verhaltensgerecht – ein Vergleich.** Der Praktische Tierarzt, 3/1984: 211-224

TSCHANZ B., FÖLSCH D. W., GRAF B., GRAUVOGL A., LOEFFLER K., MARX D., SCHNITZER U., UNSHELM J., VOETZ N., ZEEB K., BESSEI W., KÄMMER P., KOHLI E., LEHMANN M., SAMBRAUS H. H., SOMMER-WYSS T. (1987) **Bedarfsdeckung und Schadensvermeidung.** Deutsche Veterinärmedizinische Gesellschaft (DVG), Gießen

TUGENDHAT E. (1997) **Wer sind wir alle?** In: Naturethik, Grundtexte der gegenwärtigen tier- und ökoethischen Diskussion Krebs A. (Hrsg.), Suhrkamp, Frankfurt am Main

TULLY T. N., HARRISON G. J. (1994) **Pneumology.** In: Avian medicine: principles and applications, Ritchie B. W. (Hrsg.), Wingers, Lake Worth, FL, USA: 556-581

TVT, Arbeitskreis 8 (2006) **Stellungnahme zur Handaufzucht von Papageien.** Tierärztliche Vereinigung für Tierschutz, Bramsche

TYRES S. (2021) **The Specialist Falcon.** T. J. Books Limited, Padstow, Cornwall: 151

ULDAHL M., AUTIER DÉRIAN D., HARTMANN S., RICHTER Th. (2022) **A transparent Methodology for Society to Address Animal Welfare from the Intrinsic Value and the Justifying Reason to a Transparent Methodology for Society Addressing Animal Welfare – Proposal for an Ethical Based Framework for Decision Makers.** Journal of veterinary sciences, RRJVS, 6(3), eISSN:2581-3897

URBANIAK S., SEIFERT F., BEHN M., FISCHER D. (2019) **Erfolgreiche Rehabilitation von Raufußbussarden - Duplizität zweier Fälle.** Greifvögel und Falknerei - Jahrbuch des Deutschen Falkenordens, Neumann-Neudamm Verlag, Melsungen: 206-210

VAN WAEYENBERGHE L., FISCHER D., GARMYN A., COENYE T., DUCATELLE R., HAESEBROUCK F., PASMANS F., LIERZ M., MARTEL A. (2012) **Susceptibility of adult pigeons and hybrid falcons to experimental aspergillosis.** Avian pathology, 41(6): 563-567

VILLAGE A. (1990) **The Kestrel.** T. & A. Poyser, London

VOLAND E. (2013) **Grundriss der Soziobiologie.** 4. Auflage, Springer Spektrum Verlag, Berlin, Heidelberg

NICKEL R., SCHUMMER, A., SEIFERLE, E. (2004) **Lehrbuch der Anatomie der Haustiere.** Band V: Anatomie der Vögel. VOLLMERHAUS, B. (Hrsg.), Parey Verlag, Stuttgart.

VORBRÜGGEN S., BAILEY T., KRAUTWALD-JUNGHANNS M.-E. (2013) **Röntgenzeichen bei an Mykose des Respirationstrakts erkrankten Greifvögeln.** Tierärztliche Praxis, 41: 311-318

WALLACE L. (2018) **The early history of falconry in China.** In: Raptor and human, Gersmann K.-H., Grimm O. (Hrsg.), Wachholtz Verlag, Hamburg-Kiel: 1847-1863

WECHSLER B. (1992) **Ethologische Grundlagen zur Entwicklung alternativer Haltungsformen.** Archiv der Tierheilkunde, Schweiz, 134: 127-132

WILLKOMM H-D. (1986) **Die Weidmannssprache.** VEB Deutscher Landwirtschaftsverlag, Berlin: 18-20

WOLF P., LÜDTKE M., KAMPHUES J. (2008) **Investigation on feed and nutrient intake, amounts and composition of cast in three different birds of prey species fed day-old chicks or mice.** Tagungsband des 12. Congress of ESVCN, Wien, Österreich, 10: 12

WOLF P., LÜDTKE M., KAMPHUES J. (2009) **Investigations on cast production, energy and nutrient supply as well as protein requirement in birds of prey (eagle owl, common buzzard, kestrel falcon).** Tagungsband der Society for Nutrition and Physiology 18, 51: 78

WÜRBEL H. (2019) **Evidenzbasiertes Tierwohl – wissenschaftliche Beurteilung des Wohlergehens von Tieren.** DVG Fachgruppe Tierschutz, DVG Gießen: 3-8

ZIEGLER U., ANGENVOORT J., FISCHER D., FAST C., EIDEN M., RODRIGUEZ A. V., REVILLA-FERNÁNDEZ S., NOWOTNY N., GARCIA DE LA FUENTE J., LIERZ M., GROSCHUP M. H. (2012) **Pathogenesis of West Nile virus lineage 1 and 2 in experimentally infected large falcons.** Veterinary microbiology, 161(3-4): 263-273

ZIEGLER U., BERGMANN F., FISCHER D., MÜLLER K., HOLICKI C. M., SADEGHI B., SIEG M., KELLER M., SCHWEHN R., REUSCHEL M., FISCHER L., KRONE O., RINDER M., SCHÜTTE K., SCHMIDT V., EIDEN M., FAST C., GÜNTHER A., GLOBIG A., CONRATHS F. J., STAUBACH C., BRANDES F., LIERZ M., KORBEL R., VAHLENKAMP T. W., GROSCHUP M. H. (2022) **Spread of West Nile virus and Usutu virus in the German bird population, 2019-2020.** Microorganisms, 10: 807. DOI: 10.3390/microorganisms10040807

ZIEGLER U., FISCHER D. (2017) **Arbovirusinfektionen bei Vögeln - mittlerweile auch in Europa eine potentielle Bedrohung für gehaltene Eulen und Greifvögel.** Greifvögel und Falknerei - Jahrbuch des Deutschen Falkenordens, Neumann-Neudamm Verlag, Melsungen: 176-183

ZIEGLER U., JÖST H., MÜLLER K., FISCHER D., RINDER M., TIETZE D. T., DANNER K. J., BECKER N., SKUBALLA J., HAMANN H. P., BOSCH S., FAST C., EIDEN M., SCHMIDT-CHANASIT J., GROSCHUP M. H. (2015) **Epidemic spread of Usutu virus in southwest Germany in 2011 to 2013 and monitoring of wild birds for Usutu and West Nile viruses.** Vector-borne and zoonotic diseases, 15(8): 481-488. DOI: 10.1089/vbz.2014.1746

Internetquellen

AWI - Alfred-Wegener-Institut **Helmholtz-Zentrum für Polar- und Meeresforschung** (2024) https://heimische-auster.de/de/schueler/austernriffe-pazifische-auster

https://stiko-vet.fli.de/de/impftabelle/a-kleine-haustiere/a-1-hunde/staupe/ Zugriff 06.07.2023, 10:00

https://stiko-vet.fli.de/de/impftabelle/a-kleine-haustiere/a-3-frettchen/staupe/ Zugriff 12.07.2023, 10:00

https://www.fli.de/de/aktuelles/tierseuchengeschehen/afrikanische-schweinepest/

http://www.bundestieraerztekammer.de/downloads/btk/leitlinien/Antibiotika-Leitlinien_01-2015.pdf

https://www.spiegel.de/gesundheit/diagnose/nach-bussard-angriff-erkrankt-ein-raetselhafter-patient-a-1199544.html

https://kb.rspca.org.au/knowledge-base/what-are-the-five-domains-and-how-do-they-differ-from-the-five-freedoms Zugriff: 30.01.2022; 16:00

https://www.desinfektion-dvg.de/index.php?id=1800, Zugriff: 25.07.2023, 14:30

FLI-FAQ, 2017, zu RHD: **FAQ Hämorrhagische Krankheit der Kaninchen (RHDV, RHDV-2)**, Stand 02.05.2017 (openagrar.de), Zugriff: 05.07.2023, 18:00

LAVES zu Myxomatose: file:///D:/Downloads/Pferd_Jagd_2013_10_01_14__neu.pdf, Zugriff 02.07.2023, 15:04

Richter Th., Hartmann S., Lombard A., Molnár L., Timbrell G., Villa A., Fischer D. (2022), **Animal Welfare Course (online course)** of the International Association of Falconry and Conservation of Birds of Prey, Brussels, Belgium, URL: https://iaf.org/iaf-welfare-course-for-raptors-used-in-falconry-2022/, Zugriff 12.03.2023, 15:45

Süss-Dombrowski (2009) **Kaninchenseuche RHD hat Hochsaison** https://www.ua-bw.de/pubmobil/beitrag.asp?suid=1&ID=1229, Zugriff: 09.08.2023, 18:00

https://gute-falknerei.wixsite.com/tipps, Zugriff: 04.08.2023, 9:00

Strobel B. (2026) **Nachweis von RHDV-2 im Regierungsbezirk Karlsruhe bestätigt**, https://www.ua-bw.de/pub/allebeitraege.asp?subid=2&lang=DE&PageType=Beitrag&Thema_ID=8&Jahr=2016, Zugriff 03.07.2024, 9:00

Grossmann E., Neumann F., Fischer U. (2022) **Fuchsräude im Regierungsbezirk Tübingen – Fachinformation** https://www.stua-aulendorf.de/pdf/Wild_Merkblatt_Fuchsraeude.pdf, Zugriff 03.07.2024, 9:00

Rechtsnormen

Allgemeine Verwaltungsvorschrift zur Durchführung des Tierschutzgesetzes vom 9. Februar 2000

Animal Health Law (AHL), Regulation (EU) 2016/429 of the European Parliament and of the Council of 9 March 2016 on transmissible animal diseases and amending and repealing certain acts in the area of animal health ('Animal Health Law') OJ L 84, 31.3.2016, p. 1–208, Current consolidated version: 21/04/2021, ELI: http://data.europa.eu/eli/reg/2016/429/oj

Bürgerliches Gesetzbuch in der Fassung der Bekanntmachung vom 2. Januar 2002 (BGBl. I S. 42, 2909; 2003 I S. 738), das zuletzt durch Artikel 1 des Gesetzes vom 14. März 2023 (BGBl. 2023 I Nr. 72) geändert worden ist

Bundesartenschutzverordnung vom 16. Februar 2005 (BGBl. I S. 258, 896), die zuletzt durch Artikel 10 des Gesetzes vom 21. Januar 2013 (BGBl. I S. 95) geändert worden ist

Bundesjagdgesetz in der Fassung der Bekanntmachung vom 29. September 1976 (BGBl. I S. 2849), das zuletzt durch Artikel 291 der Verordnung vom 19. Juni 2020 (BGBl. I S. 1328) geändert worden ist

Bundesnaturschutzgesetz vom 29. Juli 2009 (BGBl. I S. 2542), das zuletzt durch Artikel 1 des Gesetzes vom 20. Juli 2022 (BGBl. I S. 1362, 1436) geändert worden ist

Bundeswildschutzverordnung (BWildSchV) vom 25. Oktober 1985 (BGBl. I S. 2040), die zuletzt durch Artikel 1 der Verordnung vom 28. Juni 2018 (BGBl. I S. 1159) geändert worden ist

Geflügelpest-Verordnung in der Fassung der Bekanntmachung vom 15. Oktober 2018 (BGBl. I S. 1665, 2664)

Grundgesetz (GG) für die Bundesrepublik Deutschland in der im Bundesgesetzblatt Teil III, Gliederungsnummer 100-1, veröffentlichten bereinigten Fassung, das zuletzt durch Artikel 1 des Gesetzes vom 19. Dezember 2022 (BGBl. I S. 2478) geändert worden ist

Richtlinie 1999/22/EG des Rates über die Haltung von Wildtieren in Zoos

Richtlinie 2009/147/EG des Europäischen Parlaments und des Rates (Vogelschutzrichtlinie)

Tiergesundheitsgesetz (TierGesG) in der Fassung der Bekanntmachung vom 21. November 2018 (BGBl. I S. 1938), das zuletzt durch Artikel 2 des Gesetzes vom 21. Dezember 2022 (BGBl. I S. 2852) geändert worden ist

Tierschutzgesetz (TierSchG) in der Fassung der Bekanntmachung vom 18. Mai 2006 (BGBl. I S. 1206, 1313), das zuletzt durch Artikel 105 des Gesetzes vom 10. August 2021 (BGBl. I S. 3436) geändert worden ist

Tierische Lebensmittel-Hygieneverordnung in der Fassung der Bekanntmachung vom 18. April 2018 (BGBl. I S. 480 (619)), die durch Artikel 2 der Verordnung vom 11. Januar 2021 (BGBl. I S. 47) geändert worden ist

Tierschutz-Hundeverordnung vom 2. Mai 2001 (BGBl. I S. 838), die durch Artikel 1 der Verordnung vom 25. November 2021 (BGBl. I S. 4970) geändert worden ist

Tierschutz-Schlachtverordnung vom 20. Dezember 2012 (BGBl. I S. 2982)

Verordnung (EG) Nr. 1069/2009 des Europäischen Parlaments und des Rates vom 21. Oktober 2009 mit Hygienevorschriften für nicht für den menschlichen Verzehr bestimmte tierische Nebenprodukte und zur Aufhebung der Verordnung (EG) Nr. 1774/2002 (Verordnung über tierische Nebenprodukte)

Verordnung (EG) Nr. 1099/2009 des Rates vom 24. September 2009 über den Schutz von Tieren zum Zeitpunkt der Tötung

Verordnung (EG) Nr. 338/97 des Rates vom 9. Dezember 1996 über den Schutz von Exemplaren wildlebender Tier- und Pflanzenarten durch Überwachung des Handels (nicht mehr in Kraft)

Verordnung (EG) Nr. 865/2006 der Kommission vom 4. Mai 2006 mit Durchführungsbestimmungen zur Verordnung (EG) Nr. 338/97 des Rates über den Schutz von Exemplaren wild lebender Tier- und Pflanzenarten durch Überwachung des Handels

Durchführungsverordnung (EU) Nr. 792/2012 der Kommission vom 23. August 2012 mit Bestimmungen für die Gestaltung der Genehmigungen, Bescheinigungen und sonstigen Dokumente gemäß der Verordnung (EG) Nr. 338/97 des Rates zum Schutz von Exemplaren wild lebender Tier- und Pflanzenarten durch Überwachung des Handels sowie zur Änderung der Verordnung (EG) Nr. 865/2006 der Kommission

Delegierte Verordnung (EU) 2023/361 der Kommission vom 28. November 2022 zur Ergänzung der Verordnung (EU) 2016/429 des Europäischen Parlaments und des Rates hinsichtlich Vorschriften für die Verwendung bestimmter Tierarzneimittel zur Prävention und Bekämpfung bestimmter gelisteter Seuchen (Text von Bedeutung für den EWR)

Wer sind wir?

Als Autorinnen und Autoren zeichnen zwei Ehepaare, alle vier sind Fachtierärztinnen bzw. Fachtierärzte und haben teils jahrzehntelange Erfahrung in der praktischen Falknerei.

Prof. Dr. Thomas (Tom) Richter ist pensionierter Hochschullehrer mit den Schwerpunkten Tierverhalten, Tierhaltung, Tiergesundheit und Tierschutz.

Dr. Susanne Hartmann war bis zu ihrer Pensionierung Leiterin des Chemischen und Veterinäruntersuchungsamtes Karlsruhe mit unter anderen den diagnostischen Labors für Pathologie, Bakteriologie, Virologie und Parasitologie.

Dr. Luisa Fischer ist Leiterin der Forschungsstelle für Jagdkunde und Wildtiermanagement des Landes Nordrhein-Westfalen mit dem Schwerpunkt Wildgesundheit. Sie war wie Dr. Dominik Fischer mehrere Jahre in leitender Funktion an einer auf Vögel spezialisierten Universitätsklinik mit angeschlossener Pathologie, Bestandsbetreuung und Labor (Klinik für Vögel, Reptilien, Amphibien und Fische der JLU Gießen) tätig.

Dr. Dominik Fischer hat von Kindesbeinen in einem Schaubetrieb mitgearbeitet (Wildfreigehege & Greifvogelstation Hellenthal), er ist Kurator und Tierarzt im Grünen Zoo Wuppertal.

Prof. Dr. Thomas (Tom) Richter
mit Kurtl

Dr. Luisa Fischer
mit Mephisto

Dr. Susanne Hartmann
mit Speedy

Dr. Dominik Fischer
mit Norma

CLAAS NIEHUES

HARRIS HAWK
Faszination Wüstenbussard

2. überarbeitete Auflage 2021

Hardcover
317 Seiten
Format: 17 x 24 cm

ISBN 978-3-7888-2002-2

Das vorliegende Buch über den Harris Hawk soll sowohl die Falkner ansprechen, die bereits seit Längerem einen Harris Hawk fliegen, als auch die Falkner, die sich mit dem Gedanken tragen, von einem solitärjagenden Beizvogel (Habicht, Falke oder Adler) zu einem sozialen, rudeljagenden Greifvogel zu wechseln. Sie finden in diesem Buch notwendiges Wissen, Anregungen und auch eigene Erfahrungen des Autors, damit sie ihren Harris Hawk besser verstehen und ihm gerecht werden können.

Es wendet sich aber auch an die Falkner, die sich nicht vorstellen können, einen dieser „neumodischen" Harris Hawks zu fliegen, sich aber dennoch mit ihnen beschäftigen möchten. Hier soll es dazu beitragen, einige Vorurteile ab- und Verständnis für die Beizjagd mit dem Wüstenbussard aufzubauen.

Claas Niehues, der seit fast 20 Jahren mit Greifvögeln jagt, inzwischen seinen dritten Harris Hawk fliegt und darüber hinaus mehrere Vögel eingeflogen und eingejagt hat, hat Wissen und Informationen zusammengetragen und um eigene Erfahrungen erweitert, um auf diese Art und Weise die Faszination, die den Harris Hawk ausmacht, deutlich zu machen.

Neumann-Neudamm Verlag • c/o NJN Media AG • Unter dem Schöneberg 1 • 34212 Melsungen Tel. 05661 9262-0
info@neumann-neudamm.de • www.neumann-neudamm.de

CHRISTIAN SAAR (HRSG.)
H.-A. HEWICKER (HRSG.)

Die Wiederansiedlung der WANDERFALKEN

Rückblicke auf ein erfolgreiches Artenschutzprojekt

Hardcover
480 Seiten
Format: 21 x 29,7 cm

ISBN 978-3-7888-2105-0

Die faszinierende Geschichte der Rettung und erfolgreichen Wiederansiedlung der Wanderfalken

Als um die Mitte des vorigen Jahrhunderts die Populationen des weltweit verbreiteten Wanderfalken in Europa und Nordamerika in erschreckendem Tempo zusammenbrachen, weckte dies vielfältige Initiativen bei vielen Ornithologen, Vogelschützern, Falknern und Jägern, die das drohende Aussterben dieser faszinierenden Vogelart nicht hinnehmen wollten und mit vielfältigen Aktivitäten Ursachen und Hintergründe aufzuklären versuchten und entsprechende Gegenmaßnahmen in Gang setzten.

37 wohlrenommierte Autoren berichten in 54 Kapiteln zur Wanderfalkenbiologie, über den Populationszusammenbruch, die dramatische Geschichte der Entdeckung der Chlorkohlenwasserstoffe aus Pflanzenschutzmitteln – wie zum Beispiel DDT – als Ursache des Absterbens der Küken im Ei und Zerbrechens der Eier durch zu dünne Eischalen sowie über die vielfältigen Schutzbemühungen und deren eindrucksvollen Erfolge. Dabei stehen die Vermehrung des Wanderfalken unter Haltungsbedingungen und die verschiedenen eingesetzten Methoden zur Auswilderung der unter menschlicher Obhut geschlüpften Wanderfalken in die freie Natur besonders im Fokus. Höhe- und Schlusspunkt dieser Bemühungen war dann die Wiederetablierung der völlig ausgestorbenen baumbrütenden Wanderfalkenpopulation im Osten Deutschlands.

Erstmals ist es gelungen, in dieser umfassenden Darstellung alle wesentlichen beteiligten Gruppierungen zu Wort kommen zu lassen. Obendrein wird von den damals in ihren Ländern zuständigen Hauptverantwortlichen über die Entwicklung und die Aktivitäten in Großbritannien, den USA und Kanada ausführlich berichtet.

Neumann-Neudamm Verlag • c/o NJN Media AG • Unter dem Schöneberg 1 • 34212 Melsungen Tel. 05661 9262-0
info@neumann-neudamm.de • www.neumann-neudamm.de